서울고시각

소방안전 관리자 1급
기출예상문제집

짧은시간안에 합격 쇼츠

**Stand by
Strategy
Satisfaction**

새로운 출제경향에 맞춘 수험서의 완벽서

머리말

현대사회는 과학기술 및 건축기술의 발달로 초고층아파트 등 초고층건축물이 증가하고 있고, 산업사회의 발달로 인한 대규모 화재를 초래할 수 있는 위험물이 현저히 증가하고 있다. 따라서 이와 같은 화재의 발생을 예방하거나 발생된 화재를 신속하게 진압하여 피해규모를 줄이기 위하여 이에 대응할 수 있는 특별한 조치가 충분하게 강구되어져야 할 것이고, 그러한 조치의 일환으로 소방안전관리자 제도를 두고 있다.

소방안전관리 책임자 제도를 규정하여 놓은 것은 동 제도가 확립되지 않으면 특수소방대상 건물 등에서 화재발생이 증가하게 되고 일단 화재가 발생하였을 경우 피해규모가 커지는 등 많은 문제점이 뒤따르게 되므로 이에 대한 대책으로 소방안전관리업무를 전담할 책임자를 정하여 놓고 그 소방안전관리자로 하여금 충분히 업무를 수행할 수 있도록 하기 위하여 소방안전관리자가 하여야 할 업무범위와 그 업무를 충분하게 이행하지 아니하였을 경우 그 책임을 추궁할 수 있도록 하기 위하여 소방안전관리자의 직위·직무·책임 등을 법으로 규제하여 제도화한 것이다.

요즘 자주 발생하는 대규모 재난이나 대규모 화재 위험의 증가로 소방안전관리자를 필요로 하는 곳은 더욱 늘어날 전망이다. 이에 서울고시각에서는 1급 소방안전관리자 시험을 준비하는 수험생 여러분의 수험준비에 도움이 되고자 본서를 출간하게 되었다.

본서의 특징

1. 최근 개정된 법령과 한국소방안전원 교재(2025년 7월 발행)에 맞춰 개정하여 수험생 여러분의 합격에 만전을 기하도록 하였다.
2. 대폭 늘어난 시험과목을 철저히 대비할 수 있도록 다수의 새로운 문제를 수록하였다.
3. 1급 소방안전관리자 시험에 출제될 중요 부분을 모두 문제로 구성하였고, 그에 대한 충분한 해설을 수록하여 문제를 푸는 것만으로도 내용을 정리할 수 있도록 하였다.
4. 최신 기출문제를 복원 수록하여 실제 시험에 철저히 대비할 수 있도록 하였다.
5. 중요 사항을 다시 한 번 확인할 수 있도록 단원 말미에 OX 문제를 수록하였다.

　본서가 수험생 여러분의 합격에 다소나마 도움이 되어 달성하고자 하는 바를 꼭 이루게 되기를 간절히 기원하며, 아울러 저자는 앞으로도 미비점을 보완하고 개선해 나갈 것을 약속드린다. 끝으로 이 책의 출간에 도움을 주신 서울고시각 김용관 회장님과 김용성 사장님 이하 편집부 직원 여러분께 지면으로나마 감사의 말씀을 전한다.

편저자 씀

1 근거법령 : 화재의 예방 및 안전관리에 관한 법률

2 시험일시 : 한국소방안전원 사이트 시험일정 참고

3 시험과목

시험 과목	내 용
1과목	소방안전관리자 제도
	소방관계법령
	건축관계법령
	소방학개론
	화기취급감독 및 화재위험작업 허가·관리
	공사장 안전관리 계획 및 감독
	위험물·전기·가스 안전관리
	종합방재실 운영
	피난시설, 방화구획 및 방화시설의 관리
	소방시설의 종류 및 기준
	소방시설(소화·경보·피난구조·소화용수·소화활동설비)의 구조
2과목	소방시설(소화·경보·피난구조·소화용수·소화활동설비)의 점검·실습·평가
	소방계획 수립 이론·실습·평가(화재안전취약자의 피난계획 등 포함)
	자위소방대 및 초기대응체계 구성 등 이론·실습·평가
	작동기능점검표 작성 실습·평가
	업무수행기록의 작성·유지 및 실습·평가
	구조 및 응급처치 이론·실습·평가
	소방안전 교육 및 훈련 이론·실습·평가
	화재 시 초기대응 및 피난 실습·평가

※ 근거 : 「화재의 예방 및 안전관리에 관한 법률 시행규칙」 별표4

4 시험방법 및 시간

시험 방법	배 점	문항수	시 간
객관식 (선택형, 4지 1선택)	1문제 4점	50문항 (과목별 25문항)	1시간(60분)

5 시험접수 방법

구 분	시도지부 방문접수 (근무시간 : 9:00 ~ 18:00)	안전원 사이트 접수 (www.kfsi.or.kr)
접수시 관련 서류	• 응시수수료(현금, 카드 등) • 사진 1매 • 응시자격별 증빙서류(해당자 한함)	• 응시수수료 결제 　(신용카드, 무통장입금) ※ 증빙자료 접수 불가 　(시스템 개발 진행 중)
증빙이 불필요한 경우	가 능	가 능
증빙이 필요한 경우 (최초 학력, 경력, 학경력, 관련자격증의 경우)	가 능	가 능 단, 사전심사 필요 (5~7일 소요)

6 응시자 제출서류 및 수수료

① 기본 제출 서류
　㉠ 사진 1매(가로3.5cm×세로4.5cm)
　㉡ 응시자격별 증빙서류 각 1부("유형별 제출서류" 참고)
② 수수료 : 12,000원

7 합격자 결정

매 과목 100점을 만점으로 하여 매 과목 40점 이상, 전 과목 평균 70점 이상 득점한 사람

8 시험 응시자 유의 사항

1. 응시자는 응시표에서 정한 입실 시간(시험시작 30분 전까지 입실)까지 응시표, 신분증, 필기도구(컴퓨터용 흑색 수성 싸인펜), 사진(미제출자에 한함)을 지참하고 지정된 좌석에 착석하여 시험감독관의 시험안내에 따라야 함.
2. 신분증을 지참하지 않을 경우 응시할 수 없음.
　※ 신분증의 범위 : 공무원증, 주민등록증(주민등록증발급확인서 포함), 운전면허증, 여권 및 학생증(사진이 부착된 학생증에 한함)에 한함
3. 시험 OMR 답안카드 작성은 컴퓨터용 흑색 수성 싸인펜만을 사용하여야 함.
4. 답안카드에 시험교시, 응시번호, 성명 등을 기재·표기하지 않거나 틀리게 작성하여 발생하는 불이익은 응시자의 책임으로 함.
5. 시험시간 중에는 수정액, 수정테이프 등을 일체 사용할 수 없음.
6. 시험실내에는 어떠한 통신장비(휴대전화기, 무선호출기, PDA 등) 및 MP3, 녹음기 등을 사용할 수 없으며, 휴대를 제한할 수 있음.

7. 시험문제지 및 답안지는 공개하지 않으며, 시험종료 후에는 답안카드와 함께 문제지를 제출하여야 함. 만일 문제지를 반납하지 않거나 응시표 등에 문제를 옮겨 적어가는 경우는 부정행위로 처리함.
8. 부정한 행위를 한 자에 대하여는 그 시험을 무효로 하고, 그 처분이 있는 날로부터 2년간 소방안전관리에 관한 시험응시자격을 정지함.
9. 시험 시간 중에는 화장실을 사용하거나 퇴실할 수 없으며, 시험 종료 30분전부터 답안 제출 후 중도 퇴실할 수 있음.
10. 시험장 내에서 흡연을 할 수 없으며, 시험장의 시설물이 훼손되지 않도록 주의하야 함.
11. 응시자는 시험시행 공고문, 응시표, 장소 공고 등에서 정한 주의사항을 유의하여야 하며, 이를 준수하지 않을 경우에는 본인에게 불이익이 될 수 있음.

9 지부별 연락처

지부(지역)	연락처	지부(지역)	연락처
서울지부 (서울 영등포)	02-850-1378	서울동부지부 (서울 신설동)	02-850-1392
부산지부 (부산 금정구)	051-553-8423	대구경북지부 (대구 중구)	053-431-2393
인천지부 (인천 서구)	032-569-1971	울산지부 (울산 남구)	052-256-9011
경기지부 (수원 팔달구)	031-257-0131	경기북부지부 (파주)	031-945-3118
대전충남지부 (대전 대덕구)	042-638-4119	경남지부 (창원 의창구)	055-237-2071
충북지부 (청주 서원구)	043-237-3119	광주전남지부 (광주 광산구)	062-942-6679
강원지부 (횡성군)	033-345-2119	전북지부 (전북 완주군)	063-212-8315
제주지부 (제주시)	064-758-8047		

제1과목

PART 01 소방안전관리제도 / 1

　　　소방안전관리제도　　　　　　　　　　　　　　　　　　　2

PART 02 소방관계법령 / 15

　제1장　소방기본법　　　　　　　　　　　　　　　　　　　　16
　제2장　화재의 예방 및 안전관리에 관한 법률　　　　　　　　35
　제3장　소방시설 설치 및 관리에 관한 법률　　　　　　　　　54
　제4장　다중이용업소의 안전관리에 관한 특별법
　　　　 (약칭 '다중이용업소법')　　　　　　　　　　　　　　73
　제5장　초고층 및 지하연계 복합건축물 재난관리에 관한 특별법
　　　　 (약칭 '초고층재난관리법')　　　　　　　　　　　　　78
　제6장　재난 및 안전관리 기본법　　　　　　　　　　　　　　86
　제7장　위험물안전관리법　　　　　　　　　　　　　　　　　 92
　제8장　종합문제　　　　　　　　　　　　　　　　　　　　　102

PART 03 건축관계법령 / 107

　　　건축관계법령　　　　　　　　　　　　　　　　　　　　108

PART 04 소방학개론 / 121

　제1장　연소이론　　　　　　　　　　　　　　　　　　　　　122
　제2장　화재이론　　　　　　　　　　　　　　　　　　　　　136
　제3장　소화이론　　　　　　　　　　　　　　　　　　　　　147

PART 05 공사장 안전관리 계획 및 화기취급 감독 등 / 153

- 제1장 공사장 안전관리 계획 및 감독 — 154
- 제2장 화기취급 감독 및 화재위험작업 허가·관리 — 161

PART 06 위험물·전기·가스 안전관리 / 165

- 제1장 위험물안전관리 — 166
- 제2장 전기안전관리 — 171
- 제3장 가스안전관리 — 174

PART 07 종합방재실 운영 / 179

- 종합방재실의 운영 — 180

PART 08 피난시설, 방화구획 및 방화시설의 관리 / 189

- 피난시설, 방화구획 및 방화시설의 관리 — 190

PART 09 소방시설의 종류 / 205

- 소방시설의 종류 — 206

PART 10 소방시설(소화·경보·피난구조·소화용수·소화활동설비)의 구조 / 209

- 제1장 소화설비의 구조 — 210
- 제2장 경보설비의 구조 — 231
- 제3장 피난구조설비의 구조 — 238
- 제4장 소화용수설비, 소화활동설비의 구조 — 249

차례 contents

PART 01 소방시설(소화설비, 경보설비, 피난구조설비)의 점검·실습·평가 / 261

제1장	소화설비의 점검·실습·평가	262
제2장	경보설비의 점검·실습·평가	294
제3장	피난구조설비의 점검·실습·평가	309
제4장	소화용수설비, 소화활동설비의 점검·실습·평가	315

PART 02 소방계획의 수립 이론·실습·평가 / 319

소방계획의 수립 이론·실습·평가   320

PART 03 자위소방대 및 초기 대응체계 구성·운영 / 325

자위소방대 및 초기대응체계 구성·운영   326

PART 04 작동기능점검표 작성·실습·평가 / 333

작동기능점검표 작성·실습·평가   334

PART 05 응급처치 이론·실습·평가 / 339

응급처치 이론·실습·평가   340

PART 06 소방안전 교육 및 훈련 이론·실습·평가 / 347

소방안전 교육 및 훈련 이론·실습·평가   348

PART 07	**화재 시 초기대응 및 피난 실습·평가** / 353
	화재 시 초기대응 및 피난 실습·평가　　　354

부 록	**2025 기출문제** / 357

1급 소방안전관리자 기출예상문제집

제1과목

PART 01

소방안전관리제도

PART 01 소방안전관리제도

01 다음 중 특급 소방안전관리대상물에 해당하지 않는 것은?

① 높이 150m인 지상 50층 아파트
② 지하층을 포함하여 40층인 빌딩
③ 연면적 5만㎡인 상가건물
④ 높이 200m인 40층 아파트

해설 연면적이 10만㎡ 이상인 특정소방대상물이 특급 소방안전관리대상물에 해당한다.

02 다음 중 특급 소방안전관리대상물에 해당하는 것은?

① 연면적 1만5천 제곱미터 이상인 특정소방대상물
② 가스 제조설비를 갖추고 도시가스사업의 허가를 받아야 하는 시설 또는 가연성 가스를 100톤 이상 1천톤 미만 저장·취급하는 시설
③ 수련시설 및 숙박시설
④ 50층 이상(지하층은 제외한다)이거나 지상으로부터 높이가 200미터 이상인 아파트

해설 특급 소방안전관리대상물
㉠ **50층** 이상(지하층은 **제외**)이거나 지상으로부터 높이가 **200미터** 이상인 **아파트**
㉡ **30층** 이상(지하층을 포함)이거나 지상으로부터 높이가 **120미터** 이상인 특정소방대상물(아파트 제외)
㉢ 위 ㉡에 해당하지 아니하는 특정소방대상물로서 연면적이 **10만제곱미터** 이상인 특정소방대상물(아파트 제외)
※ 제외 : 동·식물원, 철강 등 불연성 물품을 저장·취급하는 창고, 위험물 저장 및 처리 시설 중 제조소등, 지하구

tip
① 아파트의 경우 층수 산정에서 지하층이 제외되는 것은 아파트의 주목적이 주거이므로 사람이 거주할 수 없는 지하층은 층수 산정에서 제외하는 것이다.
② 보통 1층의 높이를 4m로 보므로 50층×4m=200m
30층×4m=120m

정답 01.③ 02.④

> **심화문제** 다음 중 특급 소방안전관리대상물에 해당하지 않는 것은?
> ① 지하층을 포함한 30층 이상의 특정소방대상물
> ② 지상으로부터 높이가 120미터 이상인 특정소방대상물
> ③ 연면적이 10만 제곱미터 이상인 특정소방대상물
> ④ 철강 등 불연성 물품을 저장·취급하는 창고
>
> 답 ④

03 다음 중 1급 소방안전관리대상물에 해당하는 것은?

① 가연성 가스를 100톤 이상 1천톤 미만 저장·취급하는 시설
② 지하구
③ 높이가 120미터 이상인 아파트
④ 보물 또는 국보로 지정된 목조건축물

해설 1급 소방안전관리대상물
㉠ **30층** 이상(지하층 **제외**)이거나 지상으로부터 높이가 **120미터** 이상인 **아파트**
㉡ 연면적 **1만5천제곱미터** 이상인 특정소방대상물(아파트 및 연립주택 제외)
㉢ 위 ㉡에 해당하지 아니하는 특정소방대상물로서 지상층의 층수가 **11층** 이상인 특정소방대상물(아파트 및 연립주택 제외)
㉣ **가연성 가스를 1천톤** 이상 저장·취급하는 시설
※ 제외 : 동·식물원, 철강 등 불연성 물품을 저장·취급하는 창고, 위험물 저장 및 처리 시설 중 제조소등, 지하구

> **심화문제** 다음 중 1급 소방안전관리대상물에 해당하지 않는 것은?
> ① 층수가 11층 이상인 특정소방대상물
> ② 가연성가스를 1천톤 이상 저장·취급하는 시설
> ③ 위험물 저장 및 처리시설 중 제조소등
> ④ 연면적 1만5천 제곱미터 이상인 특정소방대상물
>
> 답 ③

04 다음 중 2급 소방안전관리대상물에 해당하지 않는 것은?

① 가스 제조설비를 갖추고 도시가스사업의 허가를 받아야 하는 시설
② 호스릴(Hose Reel) 방식의 물분무등소화설비만을 설치한 특정소방대상물
③ 지하구
④ 보물 또는 국보로 지정된 목조건축물

정답 03.③ 04.②

> **해설** 2급 소방안전관리대상물
> ㉠ **옥내**소화전설비, **스프링**클러설비, **물분무**등소화설비[호스릴(Hose Reel) 방식의 물분무등소화설비만을 설치할 수 있는 경우 제외]를 설치해야 하는 특정소방대상물
> ㉡ 가스제조설비를 갖추고 도시가스사업허가를 받아야 하는 시설 또는 **가연성 가스**를 **100톤 이상 1천톤 미만** 저장·취급하는 시설
> ㉢ **지하구**
> ㉣ 「공동주택관리법」 제2조 제1항 제2호의 어느 하나에 해당하는 **공동주택**(옥내소화전설비 또는 스프링클러설비가 설치된 공동주택으로 한정)
> ㉤ 「문화유산의 보존 및 활용에 관한 법률」 제23조에 따라 **보물** 또는 **국보**로 지정된 **목조**건축물

> **심화문제** 다음 중 2급 소방안전관리대상물에 해당하는 것은?
> ① 스프링클러설비를 설치하는 특정소방대상물
> ② 층수가 11층 이상인 특정소방대상물
> ③ 연면적 1만5천 제곱미터 이상인 특정소방대상물
> ④ 지상으로부터 높이가 120미터 이상인 특정소방대상물
>
> 답 ①

▶ 교재 1권 p.11

05 다음 〈보기〉에서 특급 소방안전관리대상물에 해당하는 것은 모두 몇 개인가?

보기
㉠ 35층 아파트
㉡ 연면적 3만m²인 병원
㉢ 가연성 가스 700톤을 저장하는 시설
㉣ 높이 150m인 근린생활시설
㉤ 지하구
㉥ 보물로 지정된 목조건축물
㉦ 연면적 10만m²인 수련시설
㉧ 25층 아파트

① 6개 ② 4개
③ 3개 ④ 2개

> **해설** 특급 소방안전관리대상물에 해당하는 것은 ㉣, ㉦ 2개이다.
> ㉠ 35층 아파트 → 1급 소방안전관리대상물
> ㉡ 연면적 3만m²인 병원 → 1급 소방안전관리대상물
> ㉢ 가연성 가스 700톤을 저장하는 시설 → 2급 소방안전관리대상물
> ㉤ 지하구 → 2급 소방안전관리대상물
> ㉥ 보물로 지정된 목조건축물 → 2급 소방안전관리대상물
> ㉧ 25층 아파트 → 2급 소방안전관리대상물

정답 05.④

06. 다음 〈보기〉에서 1급 소방안전관리대상물에 해당하는 것은 모두 몇 개인가?

보기

㉠ 국보로 지정된 목조건축물
㉡ 가연성 가스 900톤을 취급하는 시설
㉢ 식물원
㉣ 지하구
㉤ 높이가 150m인 아파트
㉥ 철강을 취급하는 창고

① 1개 ② 3개
③ 5개 ④ 6개

해설 1급 소방안전관리대상물에 해당하는 것은 ㉤ 1개이다.

㉠ 국보로 지정된 목조건축물 → 2급 소방안전관리대상물
㉡ 가연성 가스 900톤을 취급하는 시설 → 2급 소방안전관리대상물
㉢ 식물원 → 1급 소방안전관리대상물 제외 대상
㉣ 지하구 → 2급 소방안전관리대상물
㉥ 철강을 취급하는 창고 → 1급 소방안전관리대상물 제외 대상

07. 다음 〈보기〉에서 2급 소방안전관리대상물에 해당하는 것은 모두 몇 개인가?

보기

㉠ 호스릴 방식 물분무등소화설비를 설치해야 하는 특정소방대상물
㉡ 자동화재탐지설비를 설치해야 하는 특정소방대상물
㉢ 가스제조설비를 갖추고 도시가스사업허가를 받아야 하는 시설
㉣ 가연성 가스 700톤을 저장하는 시설
㉤ 높이가 150m인 오피스텔
㉥ 옥내소화전설비를 설치해야 하는 특정소방대상물
㉦ 연면적 1만5천m²인 근린생활시설

① 1개 ② 3개
③ 5개 ④ 6개

해설 2급 소방안전관리대상물에 해당하는 것은 ㉢, ㉣, ㉥ 3개이다.

㉠ 호스릴 방식 물분무등소화설비를 설치해야 하는 특정소방대상물 → 2급 소방안전관리대상물 제외 대상
㉡ 자동화재탐지설비를 설치해야 하는 특정소방대상물 → 3급 소방안전관리대상물
㉤ 높이가 150m인 오피스텔 → 특급 소방안전관리대상물
㉦ 연면적 1만5천m²인 근린생활시설 → 1급 소방안전관리대상물

정답 06.① 07.②

PART 01 소방안전관리제도

▶ 교재 1권
p.13

08 상중하
다음 중 소방안전관리보조자를 두어야 하는 대상물에 해당하지 않는 것은?

① 500세대 이상인 아파트
② 직원들이 24시간 상시근무하는 바닥면적의 합계가 1,000m²인 모텔
③ 연면적 15,000m² 이상인 특정소방대상물
④ 의료시설

해설 소방안전관리보조자 대상물
소방안전관리자를 두어야 하는 특정소방대상물 중 다음에 해당하는 것
㉠ 「건축법 시행령」 별표 1 제2호 가목에 따른 **아파트**(**300세대** 이상만 해당)
㉡ 연면적이 **1만5천제곱미터** 이상인 특정소방대상물(아파트 및 연립주택 제외)
㉢ ㉠, ㉡을 제외한 공동주택 중 **기숙사**, **의료**시설, **노유자**시설, **수련**시설 및 **숙박**시설(숙박시설로 사용되는 바닥면적의 합계가 1천500제곱미터 미만이고 관계인이 24시간 상시 근무하고 있는 숙박시설을 제외)

▶ 교재 1권
p.12~14

09 상중하
연면적 42,000m²인 업무시설에 선임해야 할 소방안전관리자 및 소방안전관리보조자의 최소인원은?

① 소방안전관리자 1명, 소방안전관리보조자 1명
② 소방안전관리자 2명, 소방안전관리보조자 1명
③ 소방안전관리자 1명, 소방안전관리보조자 2명
④ 소방안전관리자 2명, 소방안전관리보조자 2명

해설 연면적 42,000m²인 업무시설은 1급 소방안전관리대상물로 1급 이상의 자격을 가진 1명의 소방안전관리자를 선임하면 된다. 소방안전관리보조자의 경우 15,000m²에 1명의 소방안전관리보조자를 선임해야 하고, 15,000m²를 초과할 때마다 1명을 추가로 선임해야 하므로 42,000÷15,000=2.8(소수점 이하는 버리고) 따라서 2명의 소방안전관리보조자를 선임해야 한다.

▶ 교재 1권
p.14

10 상중하
890세대의 아파트에 소방안전관리보조자는 최소 몇 명이 선임되어야 하는가?

① 2명
② 3명
③ 4명
④ 5명

해설 아파트 300세대 이상의 경우 소방안전관리보조자를 선임해야 하고 300세대마다 1명의 소방안전관리보조자를 추가로 선임해야 하므로 소방안전관리보조자는 2명을 선임해야 한다.

정답 08.② 09.③ 10.①

11

연면적 8만m²인 공장의 경우 소방안전관리보조자를 최소 몇 명 두어야 하는가? (단, 방재실에 자위소방대가 24시간 상시 근무하고 무인방수차를 운용한다)

① 1명　　② 2명
③ 3명　　④ 4명

해설 아파트를 제외한 연면적 1만5천m²인 특정소방대상물의 경우 최소 1명의 소방안전관리보조자를 두어야 하고, 초과되는 연면적 1만5천m²마다 1명을 추가로 선임해야 하지만, 특정소방대상물의 방재실에 자위소방대가 24시간 상시 근무하고 소방자동차 중 소방펌프차, 소방물탱크차, 소방화학차 또는 무인방수차를 운용하는 경우에는 3만m²마다 1명을 추가로 선임해야 한다. 1명(1만5천m²) + 2명(6만5천m²) = 3명
따라서 최소 3명을 선임해야 한다.

▶ 소방안전관리보조자 최소 선임기준

대상	기본 선임	추가 선임
㉠ 300세대 아파트	1명	초과 300세대마다 1명
㉡ 연면적 1만5천m² 이상 특정소방대상물	1명	연면적 1만5천m²마다 1명
		방재실에 자위소방대 24시간 상시 근무 and 소방펌프차, 소방물탱크차, 소방화학차, 무인방수차 운용 3만m²마다 1명 추가 선임
㉢ ㉠, ㉡을 제외한 공동주택(기숙사), 의료시설, 노유자시설, 수련시설 및 숙박시설	1명	

12

다음 소방대상물에 대한 설명으로 옳지 않은 것은? (아래 제시된 조건 외에 나머지는 무시한다)

- 용도 : 업무시설
- 층수 : 지하 2층, 지상 10층
- 연면적 : 14,700m²
- 소방시설 설치현황 : 자동화재탐지설비, 옥내소화전설비, 스프링클러설비

① 특정소방대상물이다.
② 2급 소방안전관리대상물이다.
③ 소방안전관리보조자를 선임하여야 한다.
④ 종합점검 대상이다.

해설 ① 동 건물은 건축물 등의 규모·용도 및 수용인원 등을 고려하여 소방시설을 설치하여야 하는 소방대상물인 특정소방대상물에 해당한다.
② 연면적이 15,000m² 이하이고 11층 미만인 소방대상물이므로 2급 소방안전관리대상물에 해당한다.
③ 아파트 및 연립주택을 제외한 연면적 15,000m² 이상인 특정소방대상물이 소방안전관리자를 선임하여야 하는 선임대상물에 해당하므로 14,700m²인 동 건물은 소방안전관리보조자 선임대상물에 해당하지 않는다.
④ 스프링클러설비가 설치된 소방대상물이므로 종합점검 대상이다.

정답 11.③ 12.③

▶ 소방안전관리자 선임자격 및 자격시험 응시자격

구분	선임자격	자격시험 응시자격
특급	① 소방기술사, 소방시설관리사 ② 소방설비기사 자격 취득 후 **5년** 이상 1급 실무경력 ③ 소방설비**산업**기사 자격 취득 후 **7년** 이상(5년＋2글자＝7년) 1급 실무경력 ④ 소방공무원으로 **20년** 이상 근무경력 ⑤ 특급 시험 합격자	① 1급 5년 이상(소방설비기사 2년, 소방설비산업기사 3년) 실무경력 ② 1급 선임자격 갖춘 후 특급·1급 보조자로 7년 이상 실무경력 ③ 소방공무원 10년 이상 근무경력 ④ 특급 보조자로 10년 이상 실무경력
1급	① 소방설비기사, 소방설비산업기사 ② 소방공무원으로 **7년** 이상 근무경력 ③ 1급 시험 합격자	① 5년 이상 2급 이상 실무경력 ② 2급 선임자격 취득 후 특급·1급 보조자로 5년 이상 실무경력 ③ 2급 선임자격 취득 후 2급 보조자로 7년 이상 실무경력 ④ 산업안전(산업)기사 자격 취득 후 2년 이상 2·3급 실무경력
2급	① **위험물**기능장, 위험물산업기사, 위험물기능사 ② 소방공무원으로 **3년** 이상 근무경력 ③ 2급 시험 합격자	① 소방본부 또는 소방서에서 1년 이상 화재진압 또는 보조 업무 종사경력 ② 의용소방대원 3년 이상 근무경력 ③ 군부대 및 의무소방대 1년 이상 근무경력 ④ 자체소방대 3년 이상 근무경력 ⑤ 경호공무원 또는 별정직공무원 2년 이상 안전검측 업무 근무경력 ⑥ 경찰공무원 3년 이상 근무경력 ⑦ 보조자로 3년 이상 실무경력 ⑧ 3급 안전관리자로 2년 이상 실무경력 ⑨ 건축·산업·기계·전기 등 기사 자격자
3급	① 소방공무원으로 **1년** 이상 근무경력 ② 3급 시험 합격자	① 의용소방대원 2년 이상 근무경력 ② 자체소방대원 1년 이상 근무경력 ③ 경호공무원 또는 별정직공무원 1년 이상 안전검측 업무 근무경력 ④ 경찰공무원으로 2년 이상 근무경력 ⑤ 보조자로 2년 이상 실무경력

13 다음 중 특급 소방안전관리자의 선임자격이 없는 자는?

① 소방기술사 또는 소방시설관리사의 자격이 있는 사람
② 소방설비산업기사의 자격을 가지고 7년 이상 1급 소방안전관리대상물의 소방안전관리자로 근무한 실무경력이 있는 사람
③ 소방공무원으로 20년 이상 근무한 경력이 있는 사람
④ 소방설비기사의 자격을 가지고 3년 이상 1급 소방안전관리대상물의 소방안전관리자로 근무한 실무경력이 있는 사람

정답 13.④

해설 소방설비기사의 자격을 가지고 **5년** 이상 1급 소방안전관리대상물의 소방안전관리자로 근무한 실무경력이 있는 사람이다.

> **심화문제** 다음 중 특급 소방안전관리자의 선임자격이 없는 자는?
> ① 소방설비기사의 자격을 가지고 5년 이상 1급 소방안전관리대상물의 소방안전관리자로 근무한 실무경력이 있는 사람
> ② 소방공무원으로 10년 이상 근무한 경력이 있는 사람
> ③ 소방설비산업기사의 자격을 가지고 7년 이상 1급 소방안전관리대상물의 소방안전관리자로 근무한 실무경력이 있는 사람
> ④ 소방기술사 또는 소방시설관리사의 자격이 있는 사람
>
> 답 ②

▶ 특급 소방안전관리자 선임자격 및 자격시험 응시자격

선임자격	① 소방기술사, 소방시설관리사 ② 소방설비기사 자격 취득 후 **5년** 이상 1급 실무경력 ③ 소방설비**산업**기사 자격 취득 후 **7년** 이상 1급 실무경력 ④ 소방공무원으로 **20년** 이상 근무경력 ⑤ 특급 시험 합격자
자격시험 응시자격	① 1급 5년 이상 실무경력 ② 1급 선임자격 갖춘 후 특급·1급 보조자로 7년 이상 실무경력 ③ 소방공무원 10년 이상 근무경력 ④ 특급 보조자로 10년 이상 실무경력

14. 1급 소방안전관리자가 될 수 있는 사람은?

① 소방공무원으로 7년 이상 근무한 경력이 있는 사람
② 산업안전기사의 자격을 취득한 후 2년 이상 2급 또는 3급 소방안전관리대상물의 소방안전관리자로 근무한 실무경력이 있는 사람
③ 전기공사산업기사의 자격을 취득한 후 3년 이상 3급 소방안전관리대상물의 소방안전관리자로 실무경력이 있는 사람
④ 위험물기능장 자격을 가진 사람으로 위험물안전관리자로 선임된 사람

해설 법 개정으로 기존에 산업안전기사 또는 산업안전산업기사, 위험물기능장·위험물산업기사 또는 위험물기능사, 각종 가스 안전관리자, 전기안전관리자로 선임된 사람들에 대한 1급 소방안전관리자 선임자격 부여 규정은 폐지되었다.

▶ 1급 소방안전관리자 선임자격 및 자격시험 응시자격

선임자격	① 소방설비기사, 소방설비산업기사 ② 소방공무원으로 **7년** 이상 근무경력 ③ 1급 시험 합격자
자격시험 응시자격	① 5년 이상 2급 이상 실무경력 ② 2급 선임자격 취득 후 특급·1급 보조자로 5년 이상 실무경력 ③ 2급 선임자격 취득 후 2급 보조자로 7년 이상 실무경력 ④ 산업안전(산업)기사 자격 취득 후 2년 이상 2·3급 실무경력

정답 14. ①

PART 01 소방안전관리제도

▶ 교재 1권 p.13

15 상 중 하

다음 중 2급 소방안전관리자의 선임자격이 있는 자는?

① 건축사 자격이 있는 사람
② 위험물기능사 자격이 있는 사람
③ 광산보안기사 자격을 가진 사람으로서 광산안전관리자로 선임된 사람
④ 전기공사기사 자격이 있는 사람

해설   법 개정으로 위험물기능장·위험물산업기사 또는 위험물기능사 자격이 있는 사람을 제외하고 건축사·산업안전기사·산업안전산업기사·건축기사·건축산업기사·일반기계기사·전기기능장·전기기사·전기산업기사·전기공사기사 또는 전기공사산업기사, 광산보안기사 또는 광산보안산업기사 자격을 가진 사람에 대한 2급 소방안전관리자 선임자격 부여 규정은 폐지되었다.

▶ 2급 소방안전관리자 선임자격 및 자격시험 응시자격

선임자격	① 위험물기능장, 위험물산업기사, 위험물기능사 ② 소방공무원으로 3년 이상 근무경력 ③ 2급 시험 합격자
자격시험 응시자격	① 소방본부 또는 소방서에서 1년 이상 화재진압 또는 보조 업무 종사경력 ② 의용소방대원 3년 이상 근무경력 ③ 군부대 및 의무소방대 1년 이상 근무경력 ④ 자체소방대 3년 이상 근무경력 ⑤ 경호공무원 또는 별정직공무원 2년 이상 안전검측 업무 근무경력 ⑥ 경찰공무원 3년 이상 근무경력 ⑦ 보조자로 3년 이상 실무경력 ⑧ 3급 안전관리자로 2년 이상 실무경력 ⑨ 건축·산업·기계·전기 등 기사 자격자

▶ 교재 1권 p.13

16 상 중 하

다음 중 3급 소방안전관리자의 선임자격이 있는 자는?

① 의용소방대원으로 2년 이상 근무한 경력이 있는 사람
② 소방공무원으로 1년 이상 근무한 경력이 있는 사람
③ 자체소방대의 소방대원으로 1년 이상 근무한 경력이 있는 사람
④ 경호공무원으로 1년 이상 안전검측 업무에 종사한 경력이 있는 사람

해설   ①③④는 모두 자격시험 응시자격자일 뿐 선임자격을 갖는 사람이 아니다.

▶ 3급 소방안전관리자 선임자격 및 자격시험 응시자격

선임자격	① 소방공무원으로 1년 이상 근무경력 ② 3급 시험 합격자
자격시험 응시자격	① 의용소방대원 2년 이상 근무경력 ② 자체소방대원 1년 이상 근무경력 ③ 경호공무원 또는 별정직공무원 1년 이상 안전검측 업무 근무경력 ④ 경찰공무원으로 2년 이상 근무경력 ⑤ 보조자로 2년 이상 실무경력

정답   15.②   16.②

17 아래 표는 A건물의 일반현황이다. 이 건물의 소방안전관리자로 선임될 수 없는 자는?

규모/구조	연면적 11,000m^2/철근콘크리트조
용도	판매시설
소방시설	자동화재탐지설비, 물분무등소화설비, 스프링클러설비, 소화용수설비, 소화기
건축물현황	지하 4층, 지상 5층

① 1급 소방안전관리자 강습교육을 수료한 자
② 위험물산업기사
③ 의용소방대원으로 3년 근무하고 2급 소방안전관리자 시험에 합격한 자
④ 소방공무원으로 3년 근무한 경력이 있는 자

해설 A건물의 연면적이 11,000m^2이므로 2급 소방안전관리대상물이다. 따라서 2급 이상 소방안전관리자의 자격을 가진 사람을 선임해야 하는데 1급 소방안전관리자 강습교육만을 수료한 자는 아직 시험에 합격하지 않아 1급 소방안전관리자 자격이 없으므로 이 건물의 소방안전관리자로 선임될 수 없다.

18 아래 표는 ○○건물의 일반현황이다. 이 건물의 소방안전관리자로 선임될 수 있는 자는?

규모/구조	연면적 16,000m^2/철근콘크리트조
용도	근린생활시설
소방시설	자동화재탐지설비, 물분무등소화설비, 스프링클러설비, 소화용수설비, 소화기
건축물현황	지하 4층, 지상 5층

① 소방설비기사
② 소방공무원으로 3년간 근무한 자
③ 특급소방안전관리자 강습교육을 수료한 자
④ 대학에서 소방안전 관련 교과목을 12학점 이상 이수한 자

해설 ○○건물 연면적이 16,000m^2이므로 1급 소방안전관리대상물이다.
② 소방공무원으로 7년 이상 근무한 경력이 있는 사람이어야 한다.
③ 강습교육 후 특급이나 1급 소방안전관리자 시험에 합격해야 한다.
④ 대학에서 소방안전 관련 교과목을 12학점 이상 이수하고 졸업 후 1급 소방안전관리자 시험에 합격해야 한다.

정답 17.① 18.①

PART 01 소방안전관리제도

▶ 교재 1권
p.12~13

19 상 중 하

A는 아래와 같은 건물을 신축하였다. 이 건물의 소방안전관리자로 선임될 수 있는 사람은?

- 용도 : 업무시설
- 층고 : 지하1층, 지상 10층
- 면적 : 연면적 2,440m^2
- 소방시설 : 소화기, 옥내소화전설비, 자동화재탐지설비, 피난시설(완강기), 제연설비

① 의용소방대원으로 3년 동안 근무한 사람
② 1급 소방안전관리자 강습교육을 수료한 사람
③ 위험물기능사 자격을 가진 사람
④ 소방공무원으로 2년 동안 근무한 사람

해설 A가 신축한 건물은 11층 미만인 건물이고 연면적 15,000m^2 미만이므로 2급 소방안전관리대상물이다. ③의 위험물기능사 자격을 가진 사람만이 2급 소방안전관리대상물의 소방안전관리자로 선임될 수 있다.

① 의용소방대원으로 3년 동안 근무한 사람 → 소방청장이 실시하는 2급 소방안전관리대상물의 소방안전관리에 관한 시험에 합격해야 소방안전관리자로 선임될 수 있다.
② 1급 소방안전관리자 강습교육을 수료하기만 해서는 소방안전관리자로 선임될 자격이 없다.
④ 소방공무원으로 2년 동안 근무한 사람 → 3년

정답 19.③

20 다음의 특정소방대상물에 소방안전관리자로 선임될 수 있는 자격조건으로 옳은 것은?

- 용도 : 아파트
- 층수 : 지상 47층, 지하 4층
- 높이 : 150미터

① 소방공무원으로 5년 이상 근무한 경력으로 소방안전관리자 자격증을 발급받은 사람
② 소방설비산업기사 자격과 1년의 소방시설설계업 경력이 있는 사람이 소방안전관리자 자격증을 발급받은 경우
③ 특급 소방안전관리대상물의 소방안전관리자에 대한 강습교육을 수료한 사람
④ 위험물기능장 자격으로 소방안전관리자 자격증을 발급받은 사람

해설
② 아파트의 경우 지하층을 제외하고 50층 미만 30층 이상일 경우(높이 200m 미만 120m 이상일 경우) 1급 소방안전관리대상물이므로 소방설비기사 또는 소방설비산업기사 자격이 있는 사람은 이 아파트의 소방안전관리자로 선임될 자격조건에 해당된다.
① 소방공무원으로 **7년** 이상 근무한 경력이 있어야 1급 소방안전관리대상물의 선임자격이 된다.
③ 특급 소방안전관리대상물의 소방안전관리자에 대한 강습교육만을 수료한 사람은 1급 소방안전관리대상물의 선임자격이 없다.
④ 위험물기능장 자격은 2급 소방안전관리대상물의 선임자격이 되고 1급 소방안전관리대상물의 선임자격은 없다.

정답 20.②

O× 문제

01
50층 이상이거나 지상으로부터 높이가 200미터 이상인 아파트는 특급 소방안전관리대상물이다. ○×

○

02
연면적 1만5천 제곱미터 이상인 것은 1급 소방안전관리대상물에 해당한다. ○×

○

03
「문화유산의 보존 및 활용에 관한 법률」에 따라 보물 또는 국보로 지정된 목조건축물은 2급 소방안전관리대상물이다. ○×

○

04
소방공무원으로 10년 이상 근무한 경력이 있는 사람은 특급 소방안전관리자의 선임자격이 있다. ○×

× 소방공무원으로 **20년** 이상 근무한 경력이 있는 사람은 특급 소방안전관리자의 선임자격이 있다.

05
소방공무원으로 5년 이상 근무한 경력이 있는 사람은 1급 소방안전관리자의 선임자격이 있다. ○×

× 소방공무원으로 **7년** 이상 근무한 경력이 있는 사람은 1급 소방안전관리자의 선임자격이 있다.

1급 소방안전관리자 기출예상문제집

제1과목

PART 02
소방관계법령

소방기본법

PART 02 / CHAPTER 01

01 ▶ 교재 1권 p.22

다음 중 소방기본법의 목적으로 볼 수 없는 것은?
① 화재예방·경계 및 진압
② 화재, 재난·재해 등 위급한 상황에서의 구조·구급
③ 화재로부터 공공의 안전을 확보
④ 공공의 안녕 및 질서 유지와 복리증진에 이바지함

해설 소방기본법의 목적(법 제1조)
이 법은 **화재를 예방·경계**하거나 **진압**하고 화재, 재난·재해, 그 밖의 위급한 상황에서의 **구조·구급** 활동 등을 통하여 국민의 생명·신체 및 재산을 보호함으로써 공공의 안녕 및 질서 유지와 복리증진에 이바지함을 목적으로 한다.

02 ▶ 교재 1권 p.22

다음 중 소방기본법상 소방대상물에 포함되지 않는 것은?
① 건축물　　　　　　② 운행 중인 차량
③ 선박건조구조물　　④ 운항 중인 선박

해설 항구 안에 매어둔 선박은 소방기본법상 소방대상물에 포함되나 **운항 중인** 선박은 해당되지 않는다.

03 ▶ 교재 1권 p.23

다음 중 소방기본법상 관계인에 해당하지 않는 것은?
① 건물의 시공자　　② 건물의 점유자
③ 건물의 관리인　　④ 건물의 소유자

해설 "관계인"이란 소방대상물의 **소유자·관리자** 또는 **점유자**를 말한다(법 제2조 제3호).

정답 01.③　02.④　03.①

04 소방기본법에 대한 내용으로 옳은 것은?

① 소방대상물에 대한 정의는 단편·확정적인 개념이다.
② 관계지역은 각종 소방활동상 필요한 지역이라 할 수 있으며 법규에 따라 정해진 획일적 개념이다.
③ 상황에 따라 소유자·관리자 또는 점유자 외의 사람도 관계인이라 할 수 있다.
④ 소방대장이란 소방업무를 담당하는 직제에 있어서의 명칭이다.

해설
① 소방대상물에 대한 정의는 단편·확정적인 개념이 아니고 다분히 선언적이고 포괄적인 개념이다.
② 관계지역은 각종 소방활동상 필요한 지역이라 할 수 있으며 이는 현장상황에 따라 신축적 또는 탄력적으로 적용되어야 하는 개념이다.
④ 소방대장이란 화재·재난·재해 그 밖의 위급한 상황에서 직접 소방대를 지휘하는 사실상의 현장지휘자(IC : Incident Command)를 말함이다.

05 소방신호 중 경계신호에 해당하는 것은?

① 타종신호 – 난타
② 사이렌신호 – 1분간 1회
③ 타종신호 – 1타와 연2타를 반복
④ 사이렌신호 – 10초 간격을 두고 1분씩 3회

해설 경계신호에 해당하는 것
㉠ 타종신호 – 1타와 연2타를 반복
㉡ 사이렌신호 – 5초 간격을 두고 30초씩 3회

06 소방신호의 종류와 방법으로 옳지 않은 것은?

① 경계신호의 타종신호는 연3타 반복한다.
② 발화신호의 사이렌신호는 5초 간격을 두고 5초씩 3회 울리는 방법으로 한다.
③ 해제신호의 타종신호는 상당한 간격을 두고 1타씩 반복한다.
④ 훈련신호의 사이렌신호는 10초 간격을 두고 1분씩 3회 울리는 방법으로 한다.

해설 경계신호의 타종신호는 1타와 연2타를 반복한다.

정답 04.③ 05.③ 06.①

PART 02 소방관계법령

07. 소방신호의 종류와 방법의 연결이 잘못된 것은?

① 경계신호 – 사이렌신호는 5초 간격을 두고 30초씩 3회
② 발화신호 – 타종신호는 난타
③ 해제신호 – 사이렌신호는 1분간 1회
④ 훈련신호 – 타종신호는 연2타반복

해설 훈련신호의 타종신호는 연3타반복이다.

08. 소방신호의 종류와 방법 연결이 잘못된 것은?

종별 \ 신호방법	신호발령	신호방법 타종신호	신호방법 사이렌신호
① 경계신호	화재예방상 필요하다고 인정되거나 화재위험경보 시	1타와 연2타를 반복	5초 간격을 두고 30초씩 3회
② 발화신호	화재가 발생한 때	난타	5초 간격을 두고 5초씩 3회
③ 해제신호	소화활동이 필요 없다고 인정되는 때	상당한 간격을 두고 2타씩 반복	1분간 3회
④ 훈련신호	훈련상 필요하다고 인정되는 때	연3타반복	10초 간격을 두고 1분씩 3회

해설 ▶ 소방신호의 종류와 방법

종별 \ 신호방법	신호발령	신호방법 타종신호	신호방법 사이렌신호
경계신호	화재예방상 필요하다고 인정되거나 화재위험경보 시	1타와 연2타를 반복	5초 간격을 두고 30초씩 3회
발화신호	화재가 발생한 때	난타	5초 간격을 두고 5초씩 3회
해제신호	소화활동이 필요 없다고 인정되는 때	상당한 간격을 두고 1타씩 반복	1분간 1회
훈련신호	훈련상 필요하다고 인정되는 때	연3타반복	10초 간격을 두고 1분씩 3회

정답 07.④ 08.③

09 다음 중 그 장소에서 화재로 오인할 만한 우려가 있는 불을 피우거나 연막 소독을 하려는 자가 관할 소방본부장 또는 소방서장에게 신고하여야 하는 곳이 아닌 것은?

① 시장지역
② 위험물의 저장 및 처리시설이 밀집한 지역
③ 산업단지
④ 공장·창고가 밀집한 지역

해설 화재로 오인할 만한 우려가 있는 불을 피우거나 연막 소독을 할 경우 신고하여야 하는 장소
 ㉠ **시장**지역
 ㉡ **공장·창고**가 밀집한 지역
 ㉢ **목조**건물이 밀집한 지역
 ㉣ **위험물**의 저장 및 처리시설이 밀집한 지역
 ㉤ **석유화학제품**을 생산하는 공장이 있는 지역
 ㉥ 그 밖에 시·도의 조례로 정하는 지역 또는 장소

> 심화문제 다음 중 그 장소에서 화재로 오인할 만한 우려가 있는 불을 피우거나 연막 소독을 하려는 자가 관할 소방본부장 또는 소방서장에게 신고하여야 하는 곳이 아닌 것은?
> ① 위험물의 저장 및 처리시설이 밀집한 지역
> ② 석유화학제품을 생산하는 공장이 있는 지역
> ③ 시장지역
> ④ 그 밖에 소방청장이 정하는 지역 또는 장소
> 답 ④

10 다음 중 화재로 오인할 만한 우려가 있는 불을 피우거나 연막소독를 하려는 자가 시·도의 조례로 정하는 바에 따라 관할 소방본부장 또는 소방서장에게 신고하여야 하는 지역 또는 장소로 옳지 않은 것은?

① 목조건물이 밀집한 지역
② 시장지역
③ 석유화학제품을 생산하는 공장이 있는 지역
④ 소방시설·소방용수시설 또는 소방출동로가 없는 지역

해설 소방시설·소방용수시설 또는 소방출동로가 없는 지역은 화재예방강화지구에 해당한다.

정답 09.③ 10.④

11. 다음 중 화재 등의 통지를 해야 하는 장소에 해당하는 것은 모두 몇 개인가?

㉠ 그 밖에 소방청장이 정하는 지역 또는 장소
㉡ 창고가 밀집된 지역
㉢ 위험물의 저장 및 처리시설이 밀집한 지역
㉣ 산업단지
㉤ 목조건물이 밀집한 지역
㉥ 소방출동로가 없는 지역
㉦ 시장지역

① 2개
② 3개
③ 4개
④ 5개

해설 화재 등의 통지를 해야 하는 장소에 해당하는 것은 ㉡, ㉢, ㉤, ㉦ 4개이다.

㉠ 그 밖에 **소방청장**이 정하는 지역 또는 장소 → 그 밖에 **시·도**의 조례로 정하는 지역 또는 장소
㉣ 산업단지 → 화재예방강화지구의 지정대상
㉥ 소방출동로가 없는 지역 → 화재예방강화지구의 지정대상

12. 다음 중 소방자동차의 우선 통행 등에 대한 내용으로 옳지 않은 것은?

① 모든 차와 사람은 소방자동차가 화재진압을 위하여 출동을 할 때에는 이를 방해하여서는 아니 된다.
② 소방자동차의 우선 통행 시 「도로교통법」이 정하는 바에 의하되 운전자의 주의의무는 면제된다.
③ 소방자동차는 화재진압 및 구조·구급활동을 위하여 출동할 때에는 사이렌을 사용할 수 있다.
④ 소방자동차는 화재진압 훈련을 위하여 사이렌을 사용할 수 있다.

해설 소방자동차가 긴급자동차로서 특례를 인정받는 범위는 「도로교통법」이 정하는 범위 내에 한하며 「도로교통법」에서는 특례를 인정하면서도 운전자의 주의의무를 명시하고 있다.

정답 11.③ 12.②

13 화재가 발생하여 소방대장이 소방활동구역을 지정하였다. 다음 중 소방대장이 소방활동구역의 출입을 제한할 수 있는 사람은?

① 갑 : '저는 건물주의 변호사입니다. 건물주가 저를 선임하려고 합니다.'
② 을 : '저는 의사입니다. 환자를 돌보려고 합니다.'
③ 병 : '저는 기자입니다. 화재사고를 보도하려고 합니다.'
④ 정 : '저는 소방안전관리자입니다.'

해설 변호사는 예외적으로 소방활동구역에 출입할 수 있는 사람이 아니다.
② 의사·간호사 그 밖의 구조·구급업무에 종사하는 사람은 소방활동구역에 출입할 수 있다.
③ 취재인력 등 보도업무에 종사하는 사람은 소방활동구역에 출입할 수 있다.
④ 소방안전관리자는 소방활동구역 안에 있는 소방대상물의 관리자로 소방활동구역에 출입할 수 있다.

14 소방활동구역에 출입이 제한될 수 있는 사람은?

① 보험손해사정인 등 보험업무 종사자
② 수사업무 종사자
③ 의사 및 간호사 그 밖에 구조·구급업무 종사자
④ 취재인력 등 보도업무 종사자

해설 **소방활동구역 출입가능자**
㉠ 소방활동구역 안에 소방대상물의 소유자·관리자 또는 점유자
㉡ 전기·가스·수도·통신·교통의 업무에 종사하는 사람으로서 원활한 소방활동을 위하여 필요한 사람
㉢ 의사·간호사 그 밖의 구조·구급업무에 종사하는 사람
㉣ 취재인력 등 보도업무에 종사하는 사람
㉤ 수사업무에 종사하는 사람
㉥ 그 밖에 소방대장이 소방활동을 위하여 출입을 허가한 사람

정답 13. ① 14. ①

15. 다음 〈보기〉에서 소방활동구역이 설정된 경우 출입이 허용되지 않는 사람을 모두 고르면?

―보기―
㉠ 경찰
㉡ 교도관
㉢ 인터넷 설치기사
㉣ 소방대상물의 소유자
㉤ 간호사
㉥ 원활한 소방활동을 위해 수도 업무에 종사하는 사람

① ㉡, ㉢
② ㉡, ㉣
③ ㉠, ㉥
④ ㉢, ㉤

해설 소방활동구역이 설정된 경우 출입이 허용되지 않는 사람은 ㉡, ㉢이다.

▶ **소방활동구역의 출입자**
- ㉠ 소방활동구역 안에 있는 소방대상물의 소유자·관리자 또는 점유자
- ㉡ 전기·가스·수도·통신·교통의 업무에 종사하는 사람으로서 원활한 소방활동을 위하여 필요한 사람
- ㉢ 의사·간호사 그 밖의 구조·구급업무에 종사하는 사람
- ㉣ 취재인력 등 보도업무에 종사하는 사람
- ㉤ 수사업무에 종사하는 사람
- ㉥ 그 밖에 소방대장이 소방활동을 위하여 출입을 허가한 사람

16. 「소방기본법」상 소방활동 등에 대한 내용으로 옳지 않은 것은?

① 소방대장은 소방활동을 위하여 긴급하게 출동할 때에는 소방자동차의 통행과 소방활동에 방해가 되는 주차 또는 정차된 차량 및 물건을 제거할 수 있다.
② 소방서장은 화재 등 위급한 상황이 발생한 현장에 소방활동구역을 정하여 출입을 제한할 수 있다.
③ 소방본부장은 사람을 구출하기 위하여 필요할 때에는 화재가 발생한 토지를 일시적으로 사용할 수 있다.
④ 소방서장은 화재 등 위급한 상황이 발생하여 사람의 생명을 위험하게 할 것으로 인정할 때에는 일정한 구역을 지정하여 그 구역에 있는 사람에게 그 구역 밖으로 피난할 것을 명할 수 있다.

해설 **소방대장**은 화재 등 위급한 상황이 발생한 현장에 소방활동구역을 정하여 출입을 제한할 수 있다.

정답 15.① 16.②

17 상 중 하

소방관계법령에 관한 내용으로 옳지 않은 것은?

① 관계인은 소방대상물의 소유자·관리자 및 점유자를 말한다.
② 위험물의 저장 및 처리 시설이 밀집한 지역을 화재예방강화지구로 지정할 수 있다.
③ 시·도지사는 소방활동구역을 정하고, 그 출입을 제한할 수 있다.
④ 소방공무원, 의무소방원 및 의용소방대원 등으로 구성된 조직체를 소방대라 한다.

해설 소방활동구역을 정하고, 그 출입을 제한할 수 있는 자는 소방대장이다.

18 상 중 하

다음 중 한국소방안전원에 대한 내용으로 옳지 않은 것은?

① 한국소방안전원은 소방 관계 종사자의 기술 향상을 위하여 설립되었다.
② 한국소방안전원은 법률에 의하여 설립된 특수법인이다.
③ 한국소방안전원은 공공성 제고를 위해 소방안전에 관한 지방자치단체와의 협력을 업무의 하나로 하고 있다.
④ 소방안전원 설립목적의 공공성에 비추어 설립근거와 업무의 근거에 대한 가장 기본적인 사항들을 「소방기본법」에서 규정하고 있다.

해설 소방안전에 관한 지방자치단체와의 협력은 한국소방안전원의 업무에 포함되지 않는다. "소방안전에 관한 **국제협력**"을 업무로 하고 있다.

19 상 중 하

다음 중 한국소방안전원의 업무가 아닌 것은?

① 소방산업의 발전 및 소방기술의 향상을 위한 지원
② 화재예방과 안전관리의식 고취를 위한 대국민 홍보
③ 소방기술과 안전관리에 관한 각종 간행물 발간
④ 소방기술과 안전관리에 관한 교육 및 조사·연구

해설 안전원의 업무(법 제41조)
안전원은 다음 각 호의 업무를 수행한다.
㉠ 소방기술과 **안전**관리에 관한 **교육** 및 **조사·연구**
㉡ 소방기술과 안전관리에 관한 각종 **간행물 발간**
㉢ 화재 예방과 안전관리의식 고취를 위한 **대국민 홍보**
㉣ 소방업무에 관하여 행정기관이 **위탁**하는 **업무**
㉤ 소방안전에 관한 **국제협력**
㉥ 그 밖에 회원에 대한 기술지원 등 정관으로 정하는 사항

정답 17.③ 18.③ 19.①

> 다음 중 한국소방안전원의 업무가 아닌 것은?
> ① 소방업무에 관하여 행정기관이 위탁하는 업무
> ② 소방기술과 안전관리에 관한 조사·연구
> ③ 화재 예방과 안전관리의식 고취를 위한 대국민 교육
> ④ 소방기술과 안전관리에 관한 각종 간행물 발간
>
> 답 ③

20 한국소방안전원에 대한 설명으로 틀린 것은?

① 교육·훈련 등 행정기관이 위탁하는 업무를 수행한다.
② 소방 관계 종사자의 기술 향상을 위해 설립했다.
③ 위험물안전관리자로 선임된 사람으로서 회원이 되려는 사람은 회원자격이 있다.
④ 임원은 행정안전부장관이 임명한다.

해설 한국소방안전원에 임원으로 원장 1명을 포함한 9명 이내의 이사와 1명의 감사를 두고, 원장과 감사는 소방청장이 임명한다(법 제44조의2). 「소방기본법」에 이사에 대한 임명규정은 없다.

21 한국소방안전원에 대한 설명으로 옳지 않은 것은?

① 소방기술과 안전관리기술의 향상을 위해 설립되었다.
② 소방기술과 안전관리에 관한 조사 업무를 수행한다.
③ 소방안전관리자로 선임된 사람으로서 회원이 되려는 사람은 회원의 자격에 해당된다.
④ 방염처리 물품의 성능검사 실시기관이다.

해설 방염처리 물품에 대한 성능검사 실시 기관은 선처리물품의 경우 한국소방산업기술원, 현장처리물품의 경우 시·도지사(관할소방서장)가 실시기관이다.

정답 20.④ 21.④

▶ 교재 1권 p.31

22 소방기본법령과 관련된 사항으로 옳은 것은?

① 소방대상물의 관계인은 소유자·점유자 및 시공자이다.
② 건축물, 차량, 항해중인 선박, 산림은 소방대상물이다.
③ 한국소방안전원은 소방기술과 안전관리에 관한 교육 및 조사·연구 업무를 수행한다.
④ 한국소방안전원은 소방점검·위험물탱크시설 등 성능검사기관이다.

해설 ① 소방대상물의 관계인은 소유자·점유자 및 관리자이다.
② 항구에 매어둔 선박이 소방대상물이고, 항해중인 선박은 소방대상물이 아니다.
④ 소방점검·위험물탱크시설 등 성능검사기관은 한국소방산업기술원이다.

▶ 교재 1권 p.31

23 다음 중 소방기본법의 내용으로 옳은 것은?

① 소방대상물은 건축물, 차량, 선박(항구에서 벗어나 항해 중인 선박), 산림 그 밖의 인공구조물 또는 물건을 말한다.
② 관계인은 소방대상물의 소유자·관리자 또는 시공자를 말한다.
③ 한국소방안전원은 소방시설, 위험물 탱크시설 등의 성능검사기관이다.
④ 한국소방안전원은 교육훈련 등 행정기관이 위탁한 업무를 수행한다.

해설 ④ 한국소방안전원은 소방업무에 관하여 행정기관이 위탁하는 업무를 수행한다.

① 소방대상물은 건축물, 차량, 선박(항구에서 벗어나 항해 중인 선박), 산림 그 밖의 인공구조물 또는 물건을 말한다. × → 항구에 매어둔 선박
② 관계인은 소방대상물의 소유자·관리자 또는 시공자를 말한다. × → 점유자
③ 한국소방안전원은 소방시설, 위험물 탱크시설 등의 성능검사기관이다. × → 성능검사 기관이 아니다.

▶ 교재 1권 p.32

24 소방기본법상 벌칙 중 5년 이하 징역 또는 5천만원 벌금에 해당하지 않는 것은?

① 소방활동 종사명령에 따른 사람을 구하는 일을 방해한 사람
② 소방자동차의 출동을 방해한 사람
③ 정당한 사유 없이 소방대의 생활안전활동을 방해한 사람
④ 소방활동 종사명령에 따른 불 끄는 일을 방해한 사람

해설 정당한 사유 없이 소방대의 생활안전활동을 방해한 사람은 100만원 이하의 벌금에 처한다.

정답 22.③ 23.④ 24.③

▶ 벌칙(법 제50조)
다음 각 호의 어느 하나에 해당하는 사람은 5년 이하의 징역 또는 5천만원 이하의 벌금에 처한다.
1. 제16조 제2항을 위반하여 다음 각 목의 어느 하나에 해당하는 행위를 한 사람

> 가. 위력(威力)을 사용하여 출동한 소방대의 화재진압·인명구조 또는 구급활동을 방해하는 행위
> 나. 소방대가 화재진압·인명구조 또는 구급활동을 위하여 현장에 출동하거나 현장에 출입하는 것을 고의로 방해하는 행위
> 다. 출동한 소방대원에게 폭행 또는 협박을 행사하여 화재진압·인명구조 또는 구급활동을 방해하는 행위
> 라. 출동한 소방대의 소방장비를 파손하거나 그 효용을 해하여 화재진압·인명구조 또는 구급활동을 방해하는 행위

2. 제21조 제1항을 위반하여 소방자동차의 출동을 방해한 사람
3. 제24조 제1항에 따른 사람을 구출하는 일 또는 불을 끄거나 불이 번지지 아니하도록 하는 일을 방해한 사람
4. 제28조를 위반하여 정당한 사유 없이 소방용수시설 또는 비상소화장치를 사용하거나 소방용수시설 또는 비상소화장치의 효용을 해치거나 그 정당한 사용을 방해한 사람

25 소방기본법상 벌칙이 가장 무거운 것은?

① 정당한 사유 없이 소방대의 생활안전활동을 방해한 자
② 피난명령을 위반한 자
③ 관계인의 소방활동을 위반하여 정당한 사유 없이 소방대가 현장에 도착할 때까지 사람을 구출하는 조치를 하지 아니한 사람
④ 소방활동 종사명령에 따른 불을 끄거나 불이 번지지 아니하도록 하는 일을 방해한 사람

해설 ①②③은 모두 100만원 이하의 벌금에 처한다.
④는 5년 이하의 징역 또는 5천만원 이하의 벌금에 처한다.

정답 25.④

26 화재가 발생하거나 불이 번질 우려가 있는 소방대상물 또는 토지의 강제처분을 방해한 자에 대한 처벌로 맞는 것은?

① 5년 이하의 징역 또는 5천만원 이하의 벌금
② 3년 이하의 징역 또는 3천만원 이하의 벌금
③ 300만원 이하의 벌금
④ 100만원 이하의 벌금

해설 화재가 발생하거나 불이 번질 우려가 있는 소방대상물 또는 토지의 강제처분을 방해한 자는 3년 이하의 징역 또는 3천만원 이하의 벌금에 처한다.

27 다음 중 소방기본법상 100만원 이하의 벌금에 처할 사유가 아닌 것은?

① 정당한 사유 없이 소방대가 현장에 도착할 때까지 사람을 구출하는 조치를 하지 아니한 경우
② 피난명령을 위반한 경우
③ 정당한 사유 없이 물의 사용을 방해한 경우
④ 소방활동구역을 출입한 경우

해설 소방활동구역을 출입한 경우 200만원 이하의 과태료에 처할 사유이다.

28 정당한 사유 없이 소방대의 생활안전활동을 방해한 자에 대한 처벌로 맞는 것은?

① 100만원 이하의 과태료
② 100만원 이하의 벌금
③ 200만원 이하의 과태료
④ 300만원 이하의 벌금

해설 정당한 사유 없이 소방대의 생활안전활동을 방해한 자에 대해서는 100만원 이하의 벌금에 처한다.

▶ 100만원 이하의 벌금에 처할 사유

> ㉠ 정당한 사유 없이 소방대의 생활안전활동을 방해한 자
> ㉡ 정당한 사유 없이 소방대가 현장에 도착할 때까지 사람을 구출하는 조치 또는 불을 끄거나 불이 번지지 아니하도록 하는 조치를 하지 아니한 소방대상물의 관계인
> ㉢ 피난명령을 위반한 사람
> ㉣ 정당한 사유 없이 물의 사용이나 수도의 개폐장치의 사용 또는 조작을 하지 못하게 하거나 방해한 자
> ㉤ 「소방기본법」 제27조 제2항에 따른 긴급조치를 정당한 사유 없이 방해한 자

정답 26.② 27.④ 28.②

29 소방기본법령에 따른 벌칙사항 중 100만원 이하의 벌금사항에 해당하지 않는 것은?

① 피난명령을 위반한 자
② 정당한 사유 없이 소방용수시설을 사용하거나 소방용수시설의 효용을 해치거나 그 정당한 사용을 방해한 사람
③ 정당한 사유 없이 소방대의 생활안전활동을 방해한 자
④ 정당한 사유 없이 소방대가 현장에 도착할 때까지 사람을 구출하는 조치 또는 불을 끄거나 불이 번지지 아니하도록 하는 조치를 하지 아니한 사람

해설 정당한 사유 없이 소방용수시설을 사용하거나 소방용수시설의 효용을 해치거나 그 정당한 사용을 방해한 사람은 5년 이하의 징역 또는 5천만원 이하의 벌금에 처한다.

30 다음 중 소방기본법상 일정한 장소나 지역에서 화재로 오인할 만한 우려가 있는 불을 피우거나 연막소독을 실시하고자 하는 자가 신고를 하지 아니하여 소방자동차를 출동하게 한 경우 20만원 이하의 과태료에 처하게 되는데 그 장소나 지역이 아닌 것은?

① 시장지역
② 공장·창고 밀집지역
③ 노후·불량건축물 밀집지역
④ 위험물의 저장 및 처리시설 밀집지역

해설 아래의 지역 또는 장소에서 화재로 오인할 만한 우려가 있는 불을 피우거나 연막소독을 실시하고자 하는 자가 신고를 하지 아니하여 소방자동차를 출동하게 한 자
㉠ **시장**지역
㉡ **공장·창고** 밀집지역
㉢ **목조**건물 밀집지역
㉣ **위험물**의 저장 및 처리시설 밀집지역
㉤ **석유화학** 제품을 생산하는 공장지역
㉥ 그 밖에 시·도 조례로 정하는 지역 또는 장소

③ 노후·건축건물 밀집지역은 화재예방강화지구에 해당한다.
plus ㉠ 「산업입지 및 개발에 관한 법률」 제2조 제8호에 따른 산업단지
㉡ 소방시설·소방용수시설 또는 소방출동로가 없는 지역

정답 29.② 30.③

31

▶ 교재 1권
p.25, p.32

상 중 하

「소방기본법」상 벌칙으로 옳은 것은?

① 정당한 사유 없이 소방대의 생활안전활동을 방해한 자에게는 300만원 이하의 벌금에 처한다.
② 정당한 사유 없이 소방용수시설의 효용을 해친 자에게는 5년 이하의 징역 또는 5천만원 이하의 벌금에 처한다.
③ 화재 또는 구조·구급이 필요한 상황을 거짓으로 알린 자에게 100만원 이하의 벌금에 처한다.
④ 불이 번질 우려가 있는 소방대상물에 대한 강제처분을 방해한 자에게는 1년 이하의 징역 또는 1천만원 이하의 벌금에 처한다.

해설 ① 정당한 사유 없이 소방대의 생활안전활동을 방해한 자에게는 100만원 이하의 벌금에 처한다.
③ 화재 또는 구조·구급이 필요한 상황을 거짓으로 알린 자에게 500만원 이하의 과태료에 처한다.
④ 불이 번질 우려가 있는 소방대상물에 대한 강제처분을 방해한 자에게는 3년 이하의 징역 또는 3천만원 이하의 벌금에 처한다.

32

▶ 교재 1권
p.27, p.32

상 중 하

다음 중 소방기본법상 가장 무거운 벌칙에 해당하는 것은?

① 정당한 사유 없이 소방대의 생활안전활동을 방해한 자
② 피난명령을 위반한 자
③ 소방활동구역을 출입한 자
④ 소방대가 현장에 출입하는 것을 고의로 방해하는 자

해설 ④는 5년 이하의 징역 또는 5천만원 이하의 벌금에 처할 사유이다.
①, ②는 100만원 이하의 벌금에 처할 사유이다.
③은 200만원 이하의 과태료에 처할 사유이다.

33

▶ 교재 1권
p.32

상 중 하

다음 중 벌칙으로 맞는 것은?

① 정당한 사유 없이 물의 사용을 못하게 하거나 방해한 자에게 300만원 이하의 벌금에 처한다.
② 피난명령을 위반한 사람은 100만원 이하의 벌금에 처한다.
③ 소방자동차의 출동을 방해한 사람은 3년 이하의 징역 또는 3천만원 이하의 벌금에 처한다.
④ 정당한 사유 없이 소방대의 생활안전활동을 방해한 사람은 100만원 이하의 과태료를 부과한다.

정답 31.② 32.④ 33.②

해설 ① 정당한 사유 없이 물의 사용을 못하게 하거나 방해한 자에게 100만원 이하의 벌금에 처한다.
③ 소방자동차의 출동을 방해한 사람은 5년 이하의 징역 또는 5천만원 이하의 벌금에 처한다.
④ 정당한 사유 없이 소방대의 생활안전활동을 방해한 사람은 100만원 이하의 벌금에 처한다.

34 다음 중 소방기본법상 100만원 이하의 벌금에 처할 사람은?

① 사람을 구출하는 일을 방해한 사람
② 화재 또는 구조·구급이 필요한 상황을 거짓으로 알린 사람
③ 소방자동차의 출동에 지장을 준 사람
④ 정당한 사유 없이 소방대의 생활안전활동을 방해한 사람

해설 ① 사람을 구출하는 일을 방해한 사람은 5년 이하의 징역 또는 5천만원 이하의 벌금에 처한다.
② 화재 또는 구조·구급이 필요한 상황을 거짓으로 알린 사람은 500만원 이하의 과태료를 부과한다.
③ 소방자동차의 출동에 지장을 준 사람은 200만원 이하의 과태료를 부과한다.

35 소방기본법상 5년 이하의 징역 또는 5천만원 이하의 벌금에 처할 사유가 아닌 것은?

① 화재 또는 구조·구급이 필요한 상황을 거짓으로 알린 사람
② 위력을 사용하여 출동한 소방대의 구급활동을 방해한 사람
③ 소방대가 인명구조를 위하여 현장에 출동하는 것을 고의로 방해한 사람
④ 정당한 사유 없이 비상소화장치의 효용을 해친 사람

해설 화재 또는 구조·구급이 필요한 상황을 거짓으로 알린 사람에게는 500만원 이하의 과태료를 부과한다.

정답 34.④ 35.①

36 소방기본법령에 따른 벌칙사항으로 옳은 것은?

① 정당한 사유 없이 소방용수시설을 사용한 자는 300만원 이하의 벌금에 처한다.
② 피난명령을 위반한 자는 200만원 이하의 벌금에 처한다.
③ 정당한 사유 없이 소방대의 생활안전활동을 방해한 자는 100만원 이하의 벌금에 처한다.
④ 소방자동차의 출동을 방해한 자는 3년 이하의 징역 또는 3천만원 이하의 벌금에 처한다.

해설 ① 정당한 사유 없이 소방용수시설을 사용한 자는 5년 이하의 징역 또는 5천만원 이하의 벌금에 처한다.
② 피난명령을 위반한 자는 100만원 이하의 벌금에 처한다.
④ 소방자동차의 출동을 방해한 자는 5년 이하의 징역 또는 5천만원 이하의 벌금에 처한다.

37 다음 소방관계법령을 위반한 사람들 중 가장 높은 벌금에 해당되는 사람은?

① 갑 : 저는 화재 또는 구조·구급이 필요한 상황을 거짓으로 알렸습니다.
② 을 : 저는 피난하라는 피난명령을 위반하였습니다.
③ 병 : 저는 정당한 사유없이 소방용수시설을 사용했습니다.
④ 정 : 저는 정당한 사유없이 소방대의 생활안전활동을 방해하였습니다.

해설 ③ 정당한 사유없이 소방용수시설을 사용하면 5천만원 이하의 벌금에 해당한다.
① 화재 또는 구조·구급이 필요한 상황을 거짓으로 알린 경우 500만원 이하의 과태료에 해당한다.
② 피난명령을 위반한 경우 100만원 이하의 벌금에 해당한다.
④ 정당한 사유없이 소방대의 생활안전활동을 방해한 경우 100만원 이하의 벌금에 해당한다.

38 다음 중 벌칙의 종류가 다른 것은?

① 정당한 사유없이 물의 사용을 방해한 경우
② 구조·구급이 필요한 상황을 거짓으로 알린 경우
③ 불이 번지지 아니하도록 하는 일을 방해한 경우
④ 불이 번질 우려가 있는 소방대상물의 강제처분을 방해한 경우

해설 ①, ③, ④는 모두 벌금에 처할 경우이고, ②는 500만원 이하의 과태료에 처할 경우이다.

정답 36.③ 37.③ 38.②

39. 다음 〈보기〉에서 100만원 이하의 벌금에 처할 사유로 맞는 것은 모두 몇 개인가?

|보기|
- ㉠ 석유화학제품을 생산하는 공장이 있는 지역에서 화재로 오인할 만한 우려가 있는 불을 피우고자 하는 자가 신고를 하지 아니하여 소방자동차를 출동하게 한 경우
- ㉡ 「소방기본법」 제27조 제2항에 따른 긴급조치를 정당한 사유 없이 방해한 경우
- ㉢ 출동한 소방대원에게 폭행을 행사하여 화재진압 활동을 방해한 경우
- ㉣ 정당한 사유 없이 수도의 개폐장치의 사용 또는 조작을 하지 못하게 하거나 방해한 경우

① 4개 ② 3개
③ 2개 ④ 1개

해설 100만원 이하의 벌금에 처할 사유는 ㉡, ㉣ 2개이다.

㉠ 석유화학제품을 생산하는 공장이 있는 지역에서 화재로 오인할 만한 우려가 있는 불을 피우고자 하는 자가 신고를 하지 아니하여 소방자동차를 출동하게 한 경우 → 20만원 이하의 과태료

㉢ 출동한 소방대원에게 폭행을 행사하여 화재진압 활동을 방해한 경우 → 5년 이하의 징역 또는 5천만원 이하의 벌금

정답 39.③

40 다음 〈보기〉에서 5년 이하의 징역 또는 5천만원 이하의 벌금에 처할 사유로 맞는 것은 모두 몇 개인가?

|보기|
㉠ 위력을 사용하여 출동한 소방대의 인명구조 활동을 방해하는 경우
㉡ 불이 번질 우려가 있는 소방대상물의 강제처분을 방해한 경우
㉢ 화재 또는 구조·구급이 필요한 상황을 거짓으로 알린 경우
㉣ 공장·창고가 밀집한 지역에서 연막소독을 실시하고자 하는 자가 신고를 하지 아니하여 소방자동차를 출동하게 한 경우
㉤ 비상소화장치의 효용을 해친 경우
㉥ 소방대상물의 관계인이 불이 번지지 아니하도록 하는 조치를 하지 아니한 경우
㉦ 사람을 구출하는 일을 방해한 경우

① 5개 ② 4개
③ 3개 ④ 2개

해설 5년 이하의 징역 또는 5천만원 이하의 벌금에 처할 사유는 ㉠, ㉤, ㉦ 3개이다.

㉡ 불이 번질 우려가 있는 소방대상물의 강제처분을 방해한 경우 → 3년 이하의 징역 또는 3천만원 이하의 벌금
㉢ 화재 또는 구조·구급이 필요한 상황을 거짓으로 알린 경우 → 500만원 이하의 과태료
㉣ 공장·창고가 밀집한 지역에서 연막소독을 실시하고자 하는 자가 신고를 하지 아니하여 소방자동차를 출동하게 한 경우 → 20만원 이하의 과태료
㉥ 소방대상물의 관계인이 불이 번지지 아니하도록 하는 조치를 하지 아니한 경우 → 100만원 이하의 벌금

정답 40.③

OX 문제

01
항해 중인 선박은 소방대상물에 포함되지 않는다. ○✕

○

02
소방대상물의 소유자·관리자·시공자를 관계인이라 한다. ○✕

✕ 소방대상물의 소유자·관리자·점유자를 관계인이라 한다.

03
소방대는 화재를 진압하기 위해 소방공무원, 의무소방원, 의용소방대원, 자치소방대로 구성된 조직체이다. ○✕

✕ 소방대는 화재를 진압하기 위해 소방공무원, 의무소방원, 의용소방대원으로 구성된 조직체이다.

04
한국소방안전원은 법인격 없는 사단으로 한다. ○✕

✕ 한국소방안전원은 법인으로 한다.

05
소방자동차의 출동을 방해한 사람은 3년 이하의 징역 또는 3천만원 이하의 벌금에 처한다. ○✕

✕ 소방자동차의 출동을 방해한 사람은 **5년 이하의 징역 또는 5천만원 이하의 벌금**에 처한다.

06
정당한 사유 없이 물의 사용이나 수도의 개폐장치의 사용 또는 조작을 하지 못하게 하거나 방해한 자는 200만원 이하의 벌금에 처한다. ○✕

✕ 정당한 사유 없이 물의 사용이나 수도의 개폐장치의 사용 또는 조작을 하지 못하게 하거나 방해한 자는 **100만원 이하의 벌금**에 처한다.

07
피난명령을 위반한 사람은 100만원 이하의 벌금에 처한다. ○✕

○

08
목조건물 밀집지역에서 화재로 오인할 만한 우려가 있는 불을 피우고자 하는 자가 신고를 하지 아니하여 소방자동차를 출동하게 한 경우에는 200만원 이하의 과태료에 처한다. ○✕

✕ 목조건물 밀집지역에서 화재로 오인할 만한 우려가 있는 불을 피우고자 하는 자가 신고를 하지 아니하여 소방자동차를 출동하게 한 경우에는 **20만원 이하의 과태료**에 처한다.

CHAPTER 02
PART 02 화재의 예방 및 안전관리에 관한 법률

▶ 교재 1권
p.34~36

01 상중하

화재안전조사에 대한 설명으로 틀린 것은?

① 시·도지사가 실시한다.
② 자체점검이 불성실하다고 인정되는 경우 실시한다.
③ 관계인에게 필요한 보고를 하도록 하거나 자료의 제출을 요구하는 방식으로 한다.
④ 소방대상물의 개수·이전·제거, 사용 금지 또는 제한을 명할 수 있다.

[해설] 소방관서장이 실시한다.

▶ 교재 1권
p.35

02 상중하

다음 중 화재안전조사를 실시할 수 있는 경우가 아닌 것은?

① 자체점검이 불성실하거나 불완전하다고 인정되는 경우
② 화재예방강화지구 등 법령에서 화재안전조사를 하도록 규정되어 있는 경우
③ 국가적 행사 등 주요 행사가 개최되는 장소 및 그 주변의 관계 지역에 대하여 소방안전관리 실태를 조사할 필요가 있는 경우
④ 화재가 발생할 우려가 있는 곳에 대한 조사가 필요한 경우

[해설] 화재안전조사를 실시하는 경우
㉠ **자체점검**이 **불성실**하거나 **불완전**하다고 인정되는 경우
㉡ 화재예방강화지구 등 법령에서 화재안전조사를 하도록 규정되어 있는 경우
㉢ 화재예방안전진단이 불성실하거나 불완전하다고 인정되는 경우
㉣ **국가적** 행사 등 주요 행사가 개최되는 장소 및 그 주변의 관계 지역에 대하여 소방안전관리 실태를 조사할 필요가 있는 경우
㉤ 화재가 자주 발생하였거나 발생할 우려가 **뚜렷한** 곳에 대한 조사가 필요한 경우
㉥ 재난예측정보, 기상예보 등을 분석한 결과 소방대상물에 화재 발생 위험이 크다고 판단되는 경우
㉦ ㉠부터 ㉥까지에서 규정한 경우 외에 화재, 그 밖의 긴급한 상황이 발생할 경우 인명 또는 재산 피해의 우려가 **현저하다고** 판단되는 경우

정답 01.① 02.④

PART 02 소방관계법령

다음 중 화재안전조사를 실시해야 하는 경우가 아닌 것은?
① 긴급한 상황이 발생할 경우 인명 또는 재산 피해의 우려가 있다고 판단되는 경우
② 화재가 자주 발생하였던 곳에 대한 조사가 필요한 경우
③ 법령에서 화재안전조사를 하도록 규정되어 있는 경우
④ 자체점검이 불성실하다고 인정되는 경우

답 ①

▶ 교재 1권 p.35

03
다음 중 화재안전조사 항목에 해당하지 않는 것은?
① 소방안전관리 업무 수행에 관한 사항
② 소방계획서의 작성·비치에 관한 사항
③ 방염에 관한 사항
④ 화재의 예방조치 등에 관한 사항

해설 화재안전조사 항목
㉠ 화재의 예방조치 등에 관한 사항
㉡ 소방안전관리 업무 수행에 관한 사항
㉢ 피난계획의 수립 및 시행에 관한 사항
㉣ 소화·통보·피난 등의 훈련 및 소방안전관리에 필요한 교육에 관한 사항
㉤ 소방자동차 전용구역의 설치에 관한 사항
㉥ 「소방시설공사업법」에 따른 시공, 감리 및 감리원의 배치에 관한 사항
㉦ 소방시설의 설치 및 관리에 관한 사항
㉧ 건설현장 임시소방시설의 설치 및 관리에 관한 사항
㉨ 피난시설, 방화구획 및 방화시설의 관리에 관한 사항
㉩ 방염에 관한 사항
㉪ 소방시설등의 자체점검에 관한 사항
㉫ 「다중이용업소의 안전관리에 관한 특별법」, 「위험물안전관리법」 및 「초고층 및 지하연계 복합건축물 재난관리에 관한 특별법」의 안전관리에 관한 사항
㉬ 그 밖에 소방대상물에 화재의 발생 위험이 있는지 등을 확인하기 위해 소방관서장이 화재안전조사가 필요하다고 인정하는 사항

정답 03.②

04 화재안전조사에 대한 설명으로 옳지 않은 것은?

① 자체점검이 불성실하다고 인정되는 경우 실시할 수 있다.
② 소방안전관리 업무 수행에 관한 사항을 조사할 수 있다.
③ 시·도지사는 조사대상, 조사기간 및 조사사유 등 조사계획을 소방관서의 인터넷 홈페이지나 전산시스템을 통해 7일 이상 공개해야 한다.
④ 사전 통지 없이 화재안전조사를 실시하는 경우에는 화재안전조사를 실시하기 전에 관계인에게 조사사유 및 조사범위 등을 현장에서 설명해야 한다.

해설 **소방관서장**은 사전에 관계인에게 조사대상, 조사기간 및 조사사유 등 조사계획을 우편, 전화, 전자메일 또는 문자전송 등을 통해 통지하고 소방관서의 인터넷 홈페이지나 전산시스템을 통해 7일 이상 공개해야 한다.

05 화재안전조사에 대한 설명으로 옳지 않은 것은?

① 화재안전조사 실시권자는 소방청장, 소방본부장, 소방서장이다.
② 국가적 행사 등 주요행사가 개최될 장소에는 화재안전조사를 실시할 수 없다.
③ 화재안전조사 항목에는 소방안전관리 업무수행에 관한 사항이 포함된다.
④ 화재안전조사 실시권자는 사전 통지 없이 화재안전조사를 실시할 수 있다.

해설 국가적 행사 등 주요행사가 개최될 장소 및 그 주변의 관계 지역에 대하여 소방안전관리 실태를 조사할 필요가 있는 경우에는 화재안전조사를 실시할 수 있다.

06 화재예방강화지구에 대한 설명으로 옳지 않은 것은?

① 위험물의 저장 및 처리 시설이 밀집한 지역을 화재예방강화지구로 지정할 수 있다.
② 소방관서장은 화재발생 우려가 크거나 화재가 발생할 경우 피해가 클 것으로 예상되는 지역에 대하여 화재예방강화지구로 지정할 수 있다.
③ 소방관서장은 화재 발생의 위험이 큰 경우 목재, 플라스틱 등 가연성이 큰 물건의 제거, 이격, 적재 금지 등을 명령할 수 있다.
④ 누구든지 화재예방강화지구에서는 모닥불, 흡연 등 화기를 취급하는 행위를 하여서는 아니된다.

해설 **시·도지사**가 화재발생 우려가 크거나 화재가 발생할 경우 피해가 클 것으로 예상되는 지역에 대하여 화재의 예방 및 안전관리를 강화하기 위해 지정·관리하는 지역이 화재예방강화지구이다.

정답 04.③ 05.② 06.②

07 특정소방대상물의 소방안전관리에 대한 내용으로 옳지 않은 것은?

① 소방안전관리대상물의 관계인은 소방안전관리업무를 수행하기 위하여 소방안전관리자 자격증을 발급받은 사람을 소방안전관리자로 선임해야 한다.
② 다른 법령에 따라 전기 등의 안전관리자는 특급, 1급 및 2급 소방안전관리대상물의 소방안전관리자를 겸할 수 없다.
③ 소방안전관리대상물의 관계인은 소방안전관리업무를 대행하는 관리업자로 하여금 업무를 대행하게 할 수 있다.
④ 관계인이 대행하게 한 경우 감독할 수 있는 사람을 지정하여 소방안전관리자로 선임할 수 있고, 선임된 자는 선임된 날부터 3개월 이내에 강습교육을 받아야 한다.

해설 다른 법령에 따라 전기·가스·위험물 등의 안전관리자는 **특급 및 1급** 소방안전관리대상물의 소방안전관리자를 겸할 수 없다.

08 소방안전관리자의 선임에 관해 틀린 것은?

① 소방안전관리자를 선임하지 않은 경우 300만원 이하의 벌금에 처한다.
② 소방안전관리자를 선임한 경우에는 선임한 날부터 14일 이내에 관할 소방서장에게 신고하여야 한다.
③ 1급, 2급 소방안전관리대상물 선임대상 소방안전관리대상물의 관계인은 한 차례 선임연기가 가능하다.
④ 소방안전관리자를 해임한 경우 30일 이내에 소방안전관리자를 선임해야 한다.

해설 2, 3급 소방안전관리대상물 또는 소방안전관리보조자 선임대상 소방안전관리대상물의 관계인은 한차례 선임연기가 가능하다.

09 소방안전관리자의 선임 및 해임에 대한 내용으로 옳은 것은?

① 관계인이 소방안전관리자를 선임하지 아니한 경우 300만원 이하의 벌금에 처한다.
② 소방안전관리대상물의 관계인은 소방안전관리자를 해임한 경우 14일 이내에 소방안전관리자를 선임해야 한다.
③ 관계인이 소방안전관리자를 해임한 경우 14일 이내에 관할 소방서장에게 신고해야 한다.
④ 관계인이 소방안전관리자를 선임한 경우 30일 이내에 한국소방안전원장에게 신고해야 한다.

해설
② 소방안전관리대상물의 관계인은 소방안전관리자를 해임한 경우 30일 이내에 소방안전관리자를 선임해야 한다.
③ 해임한 경우 14일 이내에 관할 소방서장에게 신고해야 하는 규정은 법령 개정으로 삭제되었다.
④ 관계인이 소방안전관리자를 선임한 경우 14일 이내에 소방본부장 또는 소방서장에게 신고해야 한다.

10 소방안전관리자 현황표의 기재사항으로 틀린 것은?

① 소방안전관리대상물의 관계인
② 소방안전관리대상물의 등급
③ 소방안전관리자의 선임일자
④ 소방안전관리대상물의 명칭

해설 소방안전관리자의 성명이 기재사항이다. 소방안전관리대상물의 관계인은 기재사항이 아니다.

11 소방안전관리자의 선임 연기를 신청할 수 있는 대상이 아닌 것은?

① 소방안전관리보조자 선임대상 소방안전관리대상물
② 1급 소방안전관리대상물
③ 2급 소방안전관리대상물
④ 3급 소방안전관리대상물

해설 2급, 3급 소방안전관리대상물 또는 소방안전관리보조자 선임대상 소방안전관리대상물의 관계인은 소방안전관리자의 선임연기를 신청할 수 있다.

12 다음 중 소방안전관리자의 선임 연기를 신청할 수 있는 대상이 아닌 것은?

① 높이가 120미터 이상인 아파트
② 보물 또는 국보로 지정된 목조건축물
③ 가연성 가스를 100톤 이상 1천톤 미만 저장·취급하는 시설
④ 지하구

해설 소방안전관리자 선임 연기를 신청할 수 있는 대상은 2급, 3급 소방안전관리대상물 또는 소방안전관리보조자 선임대상 소방안전관리대상물의 관계인이므로 특급, 1급 소방안전관리대상물은 그 대상에서 제외된다. ① 높이가 120미터 이상인 아파트는 1급 소방안전관리대상물이므로 소방안전관리자 선임 연기를 신청할 수 없다.

정답 10.① 11.② 12.①

13. 다음 중 특정소방대상물의 관계인의 업무에 해당하지 않는 것은?

① 피난시설, 방화구획 및 방화시설의 유지·관리
② 소방시설이나 그 밖의 소방 관련 시설의 관리
③ 소방훈련 및 교육
④ 그 밖에 소방안전관리에 필요한 업무

해설 특정소방대상물의 관계인의 업무
㉠ 피난시설, 방화구획 및 방화시설의 유지·관리
㉡ 소방시설이나 그 밖의 소방 관련 시설의 관리
㉢ 화기취급의 감독
㉣ 화재발생 시 초기대응
㉤ 그 밖에 소방안전관리에 필요한 업무

> **심화문제** 다음 중 특정소방대상물의 관계인의 업무가 아닌 것은?
> ① 화기취급의 감독   ② 소방계획서의 작성 및 시행
> ③ 방화시설의 유지·관리   ④ 소방시설의 관리
>
> 답 ②

14. 소방안전관리자를 선임하지 아니하는 특정소방대상물의 관계인의 업무에 해당하지 않는 것은?

① 화기취급의 감독
② 피난시설, 방화구획 및 방화시설의 유지·관리
③ 자위소방대 및 초기대응체계의 구성, 운영 및 교육
④ 소방시설이나 그 밖의 소방 관련 시설의 관리

해설 특정소방대상물의 관계인의 업무
㉠ 피난시설, 방화구획 및 방화시설의 유지·관리
㉡ 소방시설이나 그 밖의 소방 관련 시설의 관리
㉢ 화기취급의 감독
㉣ 화재발생 시 초기대응
㉤ 그 밖에 소방안전관리에 필요한 업무

정답 13.③ 14.③

15 다음 중 소방안전관리자의 업무 내용이 아닌 것은?

① 화기취급의 감독
② 피난시설, 방화구획 및 방화시설의 유지·관리
③ 소방훈련 및 교육
④ 소방시설의 점검 및 수리

해설   소방안전관리자의 업무 내용
㉠ 피난**계획**에 관한 사항과 소방**계획**서의 작성 및 시행
㉡ **자위**소방대 및 초기대응체계의 구성·운영 및 교육
㉢ 피난**시설**, 방화**구획** 및 방화시설의 유지·관리
㉣ 소방**시설**이나 그 밖의 소방 관련 **시설**의 관리
㉤ 소방**훈련** 및 **교육**
㉥ **화기**(火氣) **취급**의 **감독**
㉦ 소방안전관리에 관한 업무수행에 관한 기록·유지
㉧ 화재발생 시 초기대응
㉨ 그 밖에 소방안전관리에 필요한 업무

▶ 관계인과 소방안전관리자의 업무 비교

관계인	소방안전관리자
	㉠ 피난**계획**에 관한 사항과 소방**계획**서의 작성 및 시행
	㉡ **자위**소방대 및 초기대응체계의 구성·운영 및 교육
㉠ 피난**시설**, 방화**구획** 및 방화시설의 유지·관리	㉢ 피난**시설**, 방화**구획** 및 방화시설의 유지·관리
㉡ 소방**시설**이나 그 밖의 소방 관련 **시설**의 관리	㉣ 소방**시설**이나 그 밖의 소방 관련 **시설**의 관리
	㉤ 소방**훈련** 및 **교육**
㉢ **화기**(火氣) **취급**의 **감독**	㉥ **화기**(火氣) **취급**의 **감독**
	㉦ 소방안전관리에 관한 업무수행에 관한 기록·유지
㉣ 화재발생 시 초기대응	㉧ 화재발생 시 초기대응
㉤ 그 밖에 소방안전관리에 필요한 업무	㉨ 그 밖에 소방안전관리에 필요한 업무

16 화재 시 소방안전관리자의 조치사항으로 잘못된 것은?

① 화재신고
② 방화문 개방
③ 초기소화
④ 피난 안내

해설   화재 시에 방화문을 개방하면 화재가 오히려 확대된다.

정답   15.④   16.②

※ [17~19] 김○○씨는 아래와 같은 건물을 건축하여 아래 표시된 날짜에 사용승인을 받았다. 아래 질문에 대해 각각 답하시오(소방안전관리자로 선임된 자는 2019년 9월 15일에 수강을 완료하였다).

소방대상물 명칭	대건 빌딩
용도	업무시설
층수	지하 2층, 지상 12층
면적	연면적 16,000m²
소방시설	소화기구, 옥내소화전설비, 자동화재탐지설비, 스프링클러설비, 피난구조설비, 유도등설비
사용승인일	20년 1월 15일
업무대행	없음

17 이 건물의 소방안전관리대상물 등급과 소방안전관리보조자 선임 인원 수는?

	소방안전관리대상물 등급	소방안전관리보조자 수
①	특급	소방안전관리보조자 대상 ×
②	1급	1명
③	1급	소방안전관리보조자 대상 ×
④	특급	1명

해설 건물의 연면적이 16,000m²이므로 1급 소방안전관리대상물이다. 연면적이 16,000m²이므로 소방안전관리보조자 1명을 선임해야 한다.

18 이 건물의 소방안전관리자는 언제까지 선임해야 하는가?

① 2020년 1월 30일 ② 2020년 2월 14일
③ 2020년 1월 22일 ④ 2020년 7월 14일

해설 이 건물의 사용승인일부터 30일 이내에 소방안전관리자를 선임해야 하므로 2020년 2월 14일까지 선임해야 한다.

정답 17.② 18.②

19 이 건물의 소방안전관리자가 사용승인일에 선임되었다고 할 때 언제까지 실무교육을 수강해야 하는가?

① 2021년 9월 14일
② 2021년 6월 14일
③ 2020년 7월 14일
④ 2020년 9월 14일

해설 소방안전관리 강습교육을 받은 후 1년 이내에 소방안전관리자로 선임된 경우 해당 강습교육을 받은 날에 실무교육을 받은 것으로 본다. 따라서 19년 9월 15일에 강습교육을 완료하였으므로 21년 9월 14일까지 실무교육 받아야 한다.

[20~22] 다음 소방안전관리대상물의 현황을 보고 물음에 답하시오(아래 제시된 내용을 제외한 나머지 현황은 무시함).

용도	공동주택(아파트)
규모	지상 27층, 지하 2층 연면적 145,000m² 지상으로부터 높이 130m 2,200세대
소방시설	소화기, 옥내소화전설비, 스프링클러설비, 자동화재탐지설비, 유도등
소방안전관리 현황	전(前) 소방안전관리자 해임일 : 2024년 1월 10일

20 전(前) 소방안전관리자 해임일에 새로운 소방안전관리자를 선임한 경우 실무교육 이수 기한은? (단, 새로운 소방안전관리자는 강습 및 실무교육 이수이력 없음)

① 2025년 1월 9일
② 2026년 1월 9일
③ 2024년 4월 9일
④ 2024년 7월 9일

해설 전(前) 소방안전관리자 해임일인 2024년 1월 10일로부터 6개월 이내에 이수해야 하므로 2024년 7월 9일까지 실무교육을 이수해야 한다.

PART 02 소방관계법령

21 소방안전관리대상물의 소방안전관리자 선임에 관한 사항으로 옳은 것은?

① 대학에서 소방안전관리에 관한 학과를 졸업한 사람을 선임할 수 있다.
② 소방안전관리자의 선임기간은 2024년 2월 3일까지이다.
③ 선임한 날부터 14일 이내에 소방본부장 또는 소방서장에게 신고하여야 한다.
④ 소방안전관리자 선임연기신청을 할 수 있다.

해설
① 대학에서 소방안전관리에 관한 학과를 졸업한 사람은 소방안전관리자 시험을 볼 수 있는 자격을 취득할 뿐 선임자격은 없다.
② 전(前) 소방안전관리자 해임일인 2024년 1월 10일부터 30일 이내에 소방안전관리자를 선임해야 하므로 소방안전관리자의 선임기간은 2024년 2월 9일까지이다.
④ 공동주택인 아파트로 높이 130m이므로 1급 소방안전관리대상물에 해당되어 소방안전관리자 선임연기신청이 불가능하다.

22 소방안전관리대상물 등급 및 소방안전관리보조자 선임인원을 옳게 짝지은 것은?

① 1급, 8명
② 특급, 7명
③ 1급, 7명
④ 특급, 8명

해설 공동주택인 아파트로 높이 130m이므로 1급 소방안전관리대상물에 해당된다. 아파트는 300세대에 소방안전관리보조자를 1명 선임해야 하고, 매 300세대를 초과할 때마다 1명을 추가로 선임해야 하므로 2,200 ÷ 300 = 7.33.. 소수점 이하의 숫자는 버리고 계산하면 되므로 7명을 선임하면 된다.

23 다음 중 소방시설관리업자로 하여금 업무를 대행하게 할 수 있는 대상물은?

① 높이 250m인 아파트
② 10층 오피스텔
③ 연면적 20,000m²인 건물
④ 가연성 가스 2천톤을 저장·취급하는 시설

해설 10층 오피스텔은 2급 소방안전관리대상물로 업무대행이 가능하다.
▶ 업무대행 불가
㉠ 아파트를 제외한 대상물은 **특급, 1급** 중 연면적 15,000m² 이상은 업무대행 불가
㉡ 아파트의 경우 **특급** 및 **1급**은 업무대행 불가

정답 21.③ 22.③ 23.②

24 소방안전관리 업무를 대행하는 자를 감독할 수 있는 자를 소방안전관리자로 선임할 수 있는 경우는?

① 1급 소방안전관리대상물 ○○빌딩에 1급 소방안전관리자 선임자격이 없는 관리소장
② 특급 소방안전관리대상물 ○○빌딩에 특급 소방안전관리자 선임자격이 없는 관리소장
③ 9층, 연면적 21,000㎡인 ○○빌딩에 1급 소방안전관리자 선임자격이 없는 소유자
④ 12층, 연면적 14,000㎡인 ○○빌딩에 1급 소방안전관리자 선임자격이 없는 소유자

해설 12층, 연면적 14,000㎡인 ○○빌딩은 1급 소방안전관리대상물이지만 연면적이 15,000㎡ 미만이므로 업무대행이 가능하다. 이를 감독할 수 있는 자를 소방안전관리자로 선임 가능하다.

▶ 업무대행 불가

㉠ 아파트를 제외한 대상물은 **특급, 1급** 중 연면적 **15,000㎡** 이상은 업무대행 불가
㉡ 아파트의 경우 **특급** 및 **1급**은 업무대행 불가

25 관리의 권원이 분리되어 있는 경우 그 관리의 권원별 관계인이 소방안전관리자를 선임해야 하는 특정소방대상물이 아닌 것은?

① 지하층을 포함한 층수가 11층 이상 또는 연면적 30,000㎡ 이상인 복합건축물
② 지하가
③ 판매시설 중 도매시장
④ 판매시설 중 전통시장

해설 지하층을 **제외한** 층수가 11층 이상 또는 연면적 30,000㎡ 이상인 복합건축물이 해당된다.

26 건설현장 소방안전관리대상물이 아닌 것은?

① 대수선하려는 부분의 연면적의 합계가 18,000㎡인 경우
② 12층 건축물로 용도변경하려는 부분의 연면적이 6,000㎡인 경우
③ 냉동창고로 신축하려는 부분의 연면적이 7,000㎡인 경우
④ 지하1층, 지상 10층인 건물로 개축하려는 부분의 연면적이 5,000㎡인 경우

정답 24.④ 25.① 26.④

해설 ▶ 건설현장 소방안전관리대상물
  ㉠ 신축·증축·개축·재축·이전·용도변경 또는 대수선을 하려는 부분의 연면적 합계가 15,000m² 이상인 것
  ㉡ 신축·증축·개축·재축·이전·용도변경 또는 대수선을 하려는 부분의 연면적이 5,000m² 이상인 것 중 다음의 어느 하나에 해당하는 것
    ⓐ 지하층의 층수가 2개층 이상인 것
    ⓑ 지상층의 층수가 11층 이상인 것
    ⓒ 냉동창고, 냉장창고 또는 냉동·냉장창고

27 다음 중 건설현장 소방안전관리자 업무에 해당하는 것은?

① 화재발생 시 초기대응
② 피난시설, 방화구획 및 방화시설의 관리
③ 임시소방시설의 설치 및 관리에 대한 감독
④ 자위소방대의 구성, 운영 및 교육

해설 ①②④는 소방안전관리자의 업무에 해당한다.
▶ 건설현장 소방안전관리자 업무
  ㉠ 건설현장의 소방계획서 작성
  ㉡ 임시소방시설의 설치 및 관리에 대한 감독
  ㉢ 공사진행 단계별 피난안전구역, 피난로 등의 확보와 관리
  ㉣ 건설현장의 작업자에 대한 소방안전 교육 및 훈련
  ㉤ 초기대응체계의 구성·운영 및 교육
  ㉥ 화기취급의 감독, 화재위험작업의 허가 및 관리
  ㉦ 그 밖에 건설현장의 소방안전관리와 관련하여 소방청장이 고시하는 업무

28 건설현장 소방안전관리자에 대한 내용으로 옳지 않은 것은?

① 선임기간은 소방시설공사 착공 신고일부터 건축물 사용승인일까지 선임하여야 한다.
② 선임한 날부터 14일 이내에 소방본부장 또는 소방서장에게 신고해야 한다.
③ 신축하려는 부분의 연면적의 합계가 15,000m² 이상인 것은 건설현장 소방안전관리대상물에 포함된다.
④ 건설현장 소방안전관리자가 업무를 하지 않은 경우 1차 위반은 50만원, 2차 위반은 100만원, 3차 위반은 150만원의 과태료를 부과한다.

해설 건설현장 소방안전관리자가 업무를 하지 않은 경우 1차 위반은 100만원, 2차 위반은 200만원, 3차 위반은 300만원의 과태료를 부과한다.

정답 27.③ 28.④

29 다음 중 피난계획에 포함되어야 할 항목을 모두 고른 것은?

㉠ 각 거실에서 옥외(옥상 또는 피난안전구역을 제외한다)로 이르는 피난경로
㉡ 화재경보의 수단 및 방식
㉢ 장애인, 노인, 임산부, 영유아 및 어린이 등 이동이 어려운 사람의 현황
㉣ 피난약자 및 피난약자를 동반한 사람의 피난동선과 피난방법

① ㉠, ㉡
② ㉠, ㉡, ㉢
③ ㉡, ㉢, ㉣
④ ㉠, ㉡, ㉢, ㉣

해설 ㉠ 각 거실에서 옥외(옥상 또는 피난안전구역을 **포함한다**)로 이르는 피난경로

▶ 피난계획에 포함되어야 할 항목
ⓐ 화재경보의 수단 및 방식
ⓑ 층별, 구역별 피난대상 인원의 연령별·성별 현황
ⓒ 장애인, 노인, 임산부, 영유아 및 어린이 등 이동이 어려운 사람("피난약자")의 현황
ⓓ 각 거실에서 옥외(옥상 또는 피난안전구역을 포함한다)로 이르는 피난경로
ⓔ 피난약자 및 피난약자를 동반한 사람의 피난동선과 피난방법
ⓕ 피난시설, 방화구획, 그 밖에 피난에 영향을 줄 수 있는 제반 사항

30 다음 중 피난유도 안내정보의 제공방법으로 맞는 것을 모두 고르면?

㉠ 피난안내도를 층마다 보기 쉬운 위치에 게시하는 방법
㉡ 엘리베이터, 출입구 등 시청이 용이한 장소에 피난안내영상을 제공하는 방법
㉢ 반기별 1회 이상 피난안내방송을 실시하는 방법
㉣ 연 1회 이상 피난안내 교육을 실시하는 방법

① ㉠, ㉡
② ㉠, ㉢
③ ㉡, ㉢
④ ㉢, ㉣

해설 맞는 것은 ㉠, ㉡이다.
㉢ 분기별 1회 이상 피난안내방송을 실시하는 방법
㉣ 연 2회 피난안내 교육을 실시하는 방법

정답 29.③ 30.①

31

소방안전관리대상물 근무자 및 거주자 등에 대한 소방훈련에 대한 설명으로 옳지 않은 것은?

① 연 1회 이상 실시해야 한다.
② 소방본부장 또는 소방서장이 화재예방을 위하여 필요하다고 인정하여 2회의 범위에서 추가로 실시할 것을 요청하는 경우에는 소방훈련과 교육을 실시해야 한다.
③ 관계인은 소방훈련·교육실시 결과기록부에 기록하고, 소방훈련 및 교육을 실시한 날부터 2년간 보관해야 한다.
④ 2급 소방안전관리대상물의 관계인은 소방훈련 및 교육을 한 날부터 30일 이내에 소방훈련 및 교육 결과를 소방본부장 또는 소방서장에게 제출하여야 한다.

해설 특급 또는 1급 소방안전관리대상물의 관계인은 소방훈련 및 교육을 한 날부터 30일 이내에 소방훈련 및 교육 결과를 소방본부장 또는 소방서장에게 제출하여야 한다.

32

소방본부장 또는 소방서장이 근무자등에게 불시에 소방훈련과 교육을 실시할 수 있는 불특정 다수인이 이용하는 특정소방대상물이 아닌 것은?

① 의료시설
② 숙박시설
③ 노유자시설
④ 교육연구시설

해설 ▶ 불시에 소방훈련과 교육을 실시할 수 있는 특정소방대상물
㉠ 의료시설, 교육연구시설, 노유자시설
㉡ 그 밖에 화재 발생 시 불특정 다수의 인명피해가 예상되어 소방본부장 또는 소방서장이 소방훈련·교육이 필요하다고 인정하는 특정소방대상물

정답 31.④ 32.②

33 소방안전관리자 갑과 소방안전관리보조자 을, 병, 정의 실무교육에 대한 대화 내용 중 옳지 않은 이야기를 한 사람은?

> 갑. 소방안전관리자로 최초로 선임된 경우 선임된 날로부터 6개월 이내에 실무교육을 받아야 해.
> 을. 그 후에는 2년마다 1회 이상 실무교육을 받아야 한다네.
> 병. 소방안전관리 강습교육을 받은 후 1년 이내에 소방안전관리자로 선임된 사람은 해당 강습교육을 수료한 날에 실무교육을 이수한 것으로 본다는구만.
> 정. 소방안전관리보조자의 경우 소방안전관리자 강습교육 또는 실무교육이나 소방안전관리보조자 실무교육을 받은 후 2년 이내에 소방안전관리보조자로 선임된 사람은 해당 강습교육을 수료하거나 실무교육을 이수한 날에 실무교육을 이수한 것으로 본다고 하네.

① 갑
② 을
③ 병
④ 정

해설 정. 소방안전관리보조자의 경우 소방안전관리자 강습교육 또는 실무교육이나 소방안전관리보조자 실무교육을 받은 후 **1년** 이내에 소방안전관리보조자로 선임된 사람은 해당 강습교육을 수료하거나 실무교육을 이수한 날에 실무교육을 이수한 것으로 본다.

34 다음 소방안전관리자의 자격의 정지 및 취소 중 성격이 다른 하나는?

① 소방안전관리업무를 게을리한 경우
② 실무교육을 받지 아니한 경우
③ 화재의 예방 및 안전관리에 관한 법률을 위반한 경우
④ 소방안전관리자 자격증을 다른 사람에게 빌려준 경우

해설 ①②③은 소방안전관리자 자격을 **취소하거나 정지시킬 수 있는** 사유이나, ④는 **반드시 취소해야** 하는 사유이다.

35 다음 중 소방안전 특별관리시설물에 해당하지 않는 것은?

① 석유비축시설
② 가스공급시설
③ 전통시장으로서 점포가 500개 이상인 전통시장
④ 수용인원 500명 이상인 영화상영관

해설 수용인원 **1,000명** 이상인 영화상영관이 해당된다.

정답 33.④ 34.④ 35.④

36 다음 중 화재예방안전진단 대상의 기준으로 옳지 않은 것은?

① 여객터미널의 연면적이 5,000m² 이상인 공항시설
② 역 시설의 연면적이 5,000m² 이상인 철도시설
③ 여객이용시설 및 지원시설의 연면적이 5,000m² 이상인 항만시설
④ 연면적이 5,000m² 이상인 발전소

해설 공항시설의 경우 여객터미널의 연면적이 1,000m² 이상인 공항시설이 기준이다.

37 다음 중 가장 무거운 벌칙 사유는?

① 소방안전관리자 자격증을 다른 사람에게 빌려준 자
② 소방안전관리자를 선임하지 아니한 자
③ 피난유도 안내정보를 제공하지 아니한 자
④ 화재안전조사 결과에 따른 조치명령을 정당한 사유없이 위반한 자

해설
④ 화재안전조사 결과에 따른 조치명령을 정당한 사유없이 위반한 자는 3년 이하의 징역 또는 3천만원 이하의 벌금에 처한다.
① 소방안전관리자 자격증을 다른 사람에게 빌려준 자는 1년 이하의 징역 또는 1천만원 이하의 벌금에 처한다.
② 소방안전관리자를 선임하지 아니한 자는 300만원 이하의 벌금에 처한다.
③ 피난유도 안내정보를 제공하지 아니한 자는 300만원 이하의 과태료를 부과한다.

38 다음 중 300만원 이하의 벌금에 처할 사유가 아닌 것은?

① 화재예방안전진단을 받지 아니한 자
② 소방안전관리자에게 불이익한 처우를 한 관계인
③ 소방시설 등이 법령에 위반된 것을 발견하였음에도 필요한 조치를 할 것을 요구하지 아니한 소방안전관리자
④ 소방안전관리보조자를 선임하지 아니한 자

해설 화재예방안전진단을 받지 아니한 자는 1년 이하의 징역 또는 1천만원 이하의 벌금에 처한다.

정답 36.① 37.④ 38.①

39. 다음 중 과태료의 내용으로 옳지 않은 것은?

	위반행위	과태료
①	기간 내에 선임신고를 하지 아니한 자	200만원 이하의 과태료
②	소방안전관리자를 겸한 자	300만원 이하의 과태료
③	피난유도 안내정보를 제공하지 아니한 자	200만원 이하의 과태료
④	실무교육을 받지 아니한 소방안전관리자	100만원 이하의 과태료

해설 피난유도 안내정보를 제공하지 아니한 자에게는 300만원 이하의 과태료를 부과한다.

40. 아래 내용에 해당하는 사람에게 적용할 수 있는 벌칙사항으로 옳은 것은?

- 소방시설·피난시설·방화시설 및 방화구획 등이 법령에 위반된 것을 발견하고도 필요한 조치를 요구하지 않은 소방안전관리자
- 소방안전관리자를 선임하지 아니한 자
- 소방안전관리자에게 불이익한 처우를 한 관계인

① 300만원 이하의 과태료
② 300만원 이하의 벌금
③ 1년 이하의 징역 또는 1천만원 이하의 벌금
④ 3년 이하의 징역 또는 3천만원 이하의 벌금

해설 소방시설·피난시설·방화시설 및 방화구획 등이 법령에 위반된 것을 발견하고도 필요한 조치를 요구하지 않은 소방안전관리자, 소방안전관리자를 선임하지 아니한 자, 소방안전관리자에게 불이익한 처우를 한 관계인에게는 300만원 이하의 벌금에 처한다.

정답 39.③ 40.②

OX 문제

01
소방관서장이 화재발생 우려가 크거나 화재가 발생할 경우 피해가 클 것으로 예상되는 지역에 대하여 화재의 예방 및 안전관리를 강화하기 위해 지정·관리하는 지역을 화재예방강화지구라고 한다. ☐☒

✕ **시·도지사**가 화재발생 우려가 크거나 화재가 발생할 경우 피해가 클 것으로 예상되는 지역에 대하여 화재의 예방 및 안전관리를 강화하기 위해 지정·관리하는 지역을 화재예방강화지구라고 한다.

02
소방관서장은 사전에 관계인에게 조사대상, 조사기간 및 조사사유 등 조사계획을 우편, 전화, 전자메일 또는 문자전송 등을 통해 통지하고 소방관서의 인터넷 홈페이지나 전산시스템을 통해 10일 이상 공개해야 한다. ☐☒

✕ 소방관서장은 사전에 관계인에게 조사대상, 조사기간 및 조사사유 등 조사계획을 우편, 전화, 전자메일 또는 문자전송 등을 통해 통지하고 소방관서의 인터넷 홈페이지나 전산시스템을 통해 **7일** 이상 공개해야 한다.

03
소방관서장은 화재안전조사 결과를 공개하는 경우 30일 이상 해당 소방관서 인터넷 홈페이지 또는 전산시스템을 통해 공개해야 한다. ☐☒

◯

04
소방관서장은 화재 발생 위험이 큰 물건 등을 옮겨서 보관한 경우에는 그 날부터 30일 동안 해당 소방관서의 인터넷 홈페이지에 그 사실을 공고해야 하며, 보관기간은 공고기간의 종료일 다음 날부터 14일까지로 한다. ☐☒

✕ 소방관서장은 화재 발생 위험이 큰 물건 등을 옮겨서 보관한 경우에는 그 날부터 **14일** 동안 해당 소방관서의 인터넷 홈페이지에 그 사실을 공고해야 하며, 보관기간은 공고기간의 종료일 다음 날부터 **7일**까지로 한다.

05
소방안전관리자를 선임하는 경우 10일 이내에 소방본부장 또는 소방서장에게 신고하여야 한다. ☐☒

✕ 소방안전관리자를 선임하는 경우 **14일** 이내에 소방본부장 또는 소방서장에게 신고하여야 한다.

06
소방안전관리자는 소방안전관리업무 수행에 관한 기록을 월 1회 이상 작성·관리해야 한다. ☐☒

◯

07
지상층의 층수가 11층 이상이고 연면적 15,000㎡ 이상인 특정소방대상물은 소방안전관리업무의 대행이 가능하다. ☐☒

✕ 연면적 15,000㎡ 이상인 특정소방대상물과 아파트의 경우 소방안전관리업무의 대행은 불가하다.

O× 문제

08
특급 및 1급, 2급 소방안전관리대상물의 관계인은 소방훈련 및 교육을 한 날부터 30일 이내에 소방훈련 및 교육 결과를 소방본부장 또는 소방서장에게 제출하여야 한다.

× **특급 및 1급** 소방안전관리대상물의 관계인은 소방훈련 및 교육을 한 날부터 30일 이내에 소방훈련 및 교육 결과를 소방본부장 또는 소방서장에게 제출하여야 한다.

09
소방청장은 실무교육을 실시하려는 경우에는 실무교육 실시 20일 전까지 일시·장소, 그 밖에 실무교육 실시에 필요한 사항을 인터넷 홈페이지에 공고하고 교육대상자에게 통보해야 한다.

× 소방청장은 실무교육을 실시하려는 경우에는 실무교육 실시 **30일** 전까지 일시·장소, 그 밖에 실무교육 실시에 필요한 사항을 인터넷 홈페이지에 공고하고 교육대상자에게 통보해야 한다.

10
소방안전관리자는 선임된 날부터 6개월 이내, 그 이후에는 2년마다 1회 이상 실무교육을 받아야 한다.

○

11
철도시설 중 역 시설의 연면적이 1,000m² 이상인 철도시설은 화재예방안전진단 대상이다.

× 철도시설 중 역 시설의 연면적이 **5,000m²** 이상인 철도시설은 화재예방안전진단 대상이다.

12
소방안전관리자 자격증을 다른 사람에게 빌려 주거나 빌리거나 이를 알선한 자는 300만원 이하의 벌금에 처한다.

× 소방안전관리자 자격증을 다른 사람에게 빌려 주거나 빌리거나 이를 알선한 자는 **1년 이하의 징역 또는 1천만원 이하의 벌금**에 처한다.

13
소방시설·피난시설·방화시설 및 방화구획 등이 법령에 위반된 것을 발견하였음에도 필요한 조치를 할 것을 요구하지 아니한 소방안전관리자에게는 300만원의 과태료를 부과한다.

× 소방시설·피난시설·방화시설 및 방화구획 등이 법령에 위반된 것을 발견하였음에도 필요한 조치를 할 것을 요구하지 아니한 소방안전관리자는 **300만원의 벌금**에 처한다.

14
소방안전관리업무를 하지 아니한 특정소방대상물의 관계인 또는 소방안전관리대상물의 소방안전관리자에게는 100만원 이하의 과태료를 부과한다.

× 소방안전관리업무를 하지 아니한 특정소방대상물의 관계인 또는 소방안전관리대상물의 소방안전관리자에게는 **300만원** 이하의 과태료를 부과한다.

PART 02 소방시설 설치 및 관리에 관한 법률

CHAPTER 03

▶ 교재 1권 p.53~54

01 건축물에서 채광·환기·통풍 또는 출입 등을 위하여 만든 창·출입구 그 밖에 이와 비슷한 것을 무엇이라 하는가?
① 무창층
② 개구부
③ 피난층
④ 댐퍼

해설 건축물에서 **채광·환기·통풍** 또는 **출입** 등을 위하여 만든 **창·출입구** 그 밖에 이와 비슷한 것을 개구부라 한다.

▶ 교재 1권 p.54

02 무창층의 설명으로 맞는 것은?
① 지름 60cm 이하의 원이 통과할 수 있을 것
② 해당 층의 바닥면으로부터 개구부의 밑부분까지의 높이가 1.5m 이내일 것
③ 개구부의 면적의 합계가 해당 층의 바닥면적의 $\frac{1}{50}$ 이하일 것
④ 화재 시 건축물로부터 쉽게 피난할 수 있도록 창살이나 그 밖의 장애물이 설치되지 않을 것

해설 ① 지름 **50cm 이상**의 원이 통과할 수 있을 것
② 해당 층의 바닥면으로부터 개구부의 밑부분까지의 높이가 **1.2m** 이내일 것
③ 개구부의 면적의 합계가 해당 층의 바닥면적의 $\frac{1}{30}$ 이하일 것

▶ 교재 1권 p.54

03 다음 중 무창층이 되기 위한 개구부의 요건으로 맞는 것은?
① 크기는 지름 60cm 이상의 원이 통과할 수 있을 것
② 해당 층의 바닥면으로부터 개구부 밑 부분까지의 높이가 1.5m 이내일 것
③ 도로 또는 차량이 진입할 수 없는 벽으로 향할 것
④ 화재 시 건축물로부터 쉽게 피난할 수 있도록 개구부에 창살이나 그 밖의 장애물이 설치되지 않을 것

정답 01.② 02.④ 03.④

해설 무창층이 되기 위한 개구부의 요건
㉠ 크기는 지름 **50cm** 이상의 원이 통과할 수 있을 것
㉡ 해당 층의 바닥면으로부터 개구부 밑부분까지의 높이가 **1.2m** 이내일 것
㉢ 도로 또는 차량이 진입할 수 있는 **빈터**를 향할 것
㉣ 화재 시 건축물로부터 쉽게 피난할 수 있도록 **창살**이나 그 밖의 **장애물**이 설치되지 않을 것
㉤ 내부 또는 외부에서 **쉽게 부수거나 열** 수 있을 것

① 크기는 지름 60cm 이상의 원이 통과할 수 있는 크기일 것 → 50cm
② 해당 층의 바닥면으로부터 개구부 밑 부분까지의 높이가 1.5m 이내일 것 → 1.2m
③ 도로 또는 차량이 진입할 수 없는 벽으로 향할 것 → 있는 빈터

04 다음 〈보기〉에서 밑줄 친 다음 요건에 해당하는 내용으로 옳지 않은 것은?

|보기|
"무창층"이란 지상층 중 <u>다음 요건</u>을 모두 갖춘 개구부(건축물에서 채광·환기·통풍 또는 출입 등을 위하여 만든 창·출입구, 그 밖에 이와 비슷한 것)의 면적의 합계가 해당 층의 바닥면적의 30분의 1 이하가 되는 층을 말한다.

① 크기는 지름 50cm 이상의 원이 통과할 수 있을 것
② 해당 층의 바닥면으로부터 개구부 밑부분까지의 높이가 1.5m 이내일 것
③ 도로 또는 차량이 진입할 수 있는 빈터를 향할 것
④ 화재 시 건축물로부터 쉽게 피난할 수 있도록 창살이나 그 밖의 장애물이 설치되지 않을 것

해설 해당 층의 바닥면으로부터 개구부 밑부분까지의 높이가 **1.2m** 이내일 것이다.

05 건축허가 동의에 대한 내용으로 옳지 않은 것은?

① 동의요구권자는 건축허가등의 권한이 있는 행정기관이다.
② 동의권자는 시공지 또는 소재지 관할 소방본부장·소방서장이다.
③ 동의 회신은 5일 이내(특급의 경우 10일)에 해야 한다.
④ 보완이 필요할 경우 7일 이내 기간을 정하여 보완 요구 가능하다.

해설 보완이 필요할 경우 4일 이내 기간을 정하여 보완 요구 가능하다.

정답 04.② 05.④

06 건축허가등의 동의에 대한 설명으로 옳지 않은 것은?

① 건축물의 신축·개축·이전·용도변경 또는 대수선의 허가·협의는 동의를 받아야 한다.
② 동의권자는 시공지 또는 소재지 관할 소방본부장·소방서장이다.
③ 건축허가청에서 건축허가등의 취소 시 7일 이내에 소방본부장 또는 소방서장에게 취소 통보한다.
④ 차고·주차장으로 사용되는 층 중 바닥면적이 100m² 이상인 층이 있는 시설은 동의대상물이다.

해설 차고·주차장으로 사용되는 층 중 바닥면적이 **200m²** 이상인 층이 있는 시설은 동의대상물이다.

07 다음 건축허가등의 동의를 받아야 할 대상물이 아닌 것은?

① 연면적 400m² 이상인 건축물
② 연면적 100m² 이상인 학교시설
③ 차고·주차장으로 사용되는 층 중 바닥면적이 200m² 이상인 층이 있는 차고
④ 무창층이 있는 건축물로서 바닥면적이 100m² 이상인 층이 있는 것

해설 무창층이 있는 건축물로서 바닥면적 **150m²** 이상인 층이 있는 것이 건축허가등의 동의를 받아야 할 대상이다.

08 건축허가등의 동의 대상물의 범위에 해당하지 않는 것은?

① 연면적 200m² 이상인 노유자시설
② 승강기 등 기계장치에 의한 주차시설로서 자동차 20대 이상을 주차할 수 있는 시설
③ 차고·수차장으로 사용되는 층 중 바닥면적이 200m² 이상인 층이 있는 시설
④ 무창층이 있는 공연장으로서 바닥면적이 150m² 이상인 층이 있는 것

해설 지하층 또는 무창층이 있는 공연장으로서 바닥면적이 100m² 이상인 층이 있는 것이 동의 대상물이다.

정답 06.④ 07.④ 08.④

09 건축허가 동의 대상물의 범위로 틀린 것은?

① 연면적 300m² 이상의 건축물
② 차고, 주차장 바닥면적이 200m² 이상인 층이 있는 시설
③ 지하층 또는 무창층이 있는 건축물로서 바닥면적이 150m²인 층이 있는 건축물
④ 항공기격납고, 항공관제탑

해설 연면적 400m² 이상의 건축물이다.

> **심화문제** 다음 건축허가등의 동의를 받아야 할 대상물이 아닌 것은?
> ① 승강기 등 기계장치에 의한 주차시설로서 자동차 20대 이상을 주차할 수 있는 시설
> ② 항공기격납고, 관망탑, 항공관제탑
> ③ 정신의료기관 중 입원실이 없는 정신건강의학과 의원
> ④ 노인주거복지시설·노인의료복지시설 및 재가노인복지시설
>
> 답 ③

10 건축허가등의 동의 대상물에 해당하지 않는 것은?

① 위험물 저장 및 처리시설
② 차고·주차장으로 사용되는 바닥면적이 100m² 이상인 층이 있는 건축물이나 주차시설
③ 항공기격납고, 관망탑, 항공관제탑, 방송용 송수신탑
④ 연면적 400m² 이상인 건축물

해설 차고·주차장으로 사용되는 바닥면적이 **200m²** 이상인 층이 있는 건축물이나 주차시설이 허가동의 대상이다.

11 다음 〈보기〉 중 건축허가등의 동의를 받아야 할 대상물이 아닌 것은 모두 몇 개인가?

|보기|

㉠ 연면적 300m²인 장애인 의료재활시설
㉡ 5층 건축물
㉢ 지하구
㉣ 연면적이 120m²인 정신의료기관
㉤ 연면적 100m²인 수련시설
㉥ 군사용 송·수신탑

① 3개 ② 4개
③ 5개 ④ 6개

정답 09.① 10.② 11.②

해설 건축허가등의 동의를 받아야 할 대상물이 아닌 것은 ⓒ, ⓔ, ⓜ, ⓗ 4개이다.

- ⓒ 5층 건축물 → 6층 이상
- ⓔ 연면적이 120m²인 정신의료기관 → 300m²
- ⓜ 연면적 100m²인 수련시설 → 200m²
- ⓗ 군사용 송수신탑 → 방송용 송수신탑

▶ 건축허가 동의 대상물 범위

구 분		연면적 / 층수 / 대수 / 저장용량
㉠ 일반 건축물		400m²
		6층 이상
㉡ 학교시설		100m²
㉢ 노유자시설 및 수련시설		200m²
㉣ 정신의료기관(입원실 없는 정신건강의학과 의원 제외)		300m²
㉤ 장애인 의료재활시설		
㉥ 차고·주차장	건축물이나 주차시설 바닥면적	200m²
	승강기 등 기계장치에 의한 주차시설	자동차 20대 이상
㉦ 지하층 또는 무창층이 있는 건축물	바닥면적	150m²
	공연장	100m²
㉧ 항공기격납고, 관망탑, 항공관제탑, 방송용 송수신탑		면적 층수 제한 없음
㉨ 공동주택, 입원실 또는 인공신장실이 있는 의원, 조산원, 산후조리원, 숙박시설, 위험물 저장 및 처리 시설, 풍력발전소, 전기저장시설, 지하구		
㉩ 요양병원(의료재활시설 제외)		
㉢에 해당되지 않는 노유자시설	노인 관련시설, 아동복지시설, 장애인 거주시설, 정신질환자 관련시설	
	노숙인 관련시설 중 노숙인자활시설, 노숙인 재활시설 및 노숙인요양시설	
	결핵환자나 한센인이 24시간 생활하는 노유자시설	
㉪ 공장 또는 창고시설로서 저장·취급하는 특수가연물		750배 이상
㉫ 가스시설로서 지상에 노출된 탱크의 저장용량의 합계		100톤 이상

▶ 교재 1권 p.59

12 상 중 하
다음 중 방염성능기준 이상의 실내장식물 등을 설치하여야 할 장소가 아닌 것은?

① 체력단련장
② 실내 배드민턴장
③ 11층 아파트
④ 의료시설 중 종합병원

해설 건축물의 층수가 11층 이상인 것은 해당되지만 **아파트는 제외**된다.

정답 12.③

13 방염기준 방염성능 이상의 실내장식물 등을 설치하여야 할 장소가 아닌 것은?

① 노유자시설
② 숙박시설
③ 교육연구시설 중 합숙소
④ 근린생활시설 중 일반업무시설

해설 근린생활시설 중 의원, 치과의원, 한의원, 조산원, 산후조리원, 체력단련장, 공연장 및 종교집회장만 해당된다.

14 다음 중 방염대상 물품이 아닌 것은?

① 노래연습장 가죽소파
② 스크린
③ 두께 1.5mm 실크벽지
④ 무대막

해설 단란주점, 유흥주점 및 노래연습장에서 사용하는 섬유류 또는 합성수지류 등을 원료로 하여 제작된 소파·의자가 방염대상 물품이다.

▶ 방염대상 물품

㉠ 창문에 설치하는 **커튼**류(블라인드를 포함)
㉡ 카펫, 벽지류(두께가 **2mm 미만인 종이벽지 제외**)
㉢ 전시용 **합판** 또는 **섬유판**, 무대용 합판 또는 섬유판
㉣ **암막**·무대막(영화영상관에서 설치하는 **스크린**과 가상체험 체육시설업에 설치하는 스크린을 포함)
㉤ 섬유류 또는 **합성수지류** 등을 원료로 하여 제작된 **소파·의자**(단란주점영업, 유흥주점영업 및 노래연습장업에 한함)

15 다음 〈보기〉 중 방염대상 물품에 해당하는 것은 모두 몇 개인가?

|보기|

㉠ 건물 외장합판
㉡ 방음용 커튼
㉢ 너비 7cm인 반자돌림대
㉣ 두께 1.8mm 실크벽지
㉤ 가상체험 체육시설업 스크린
㉥ 사무용 책상
㉦ 계산대

① 3개
② 4개
③ 5개
④ 6개

정답 13.④ 14.① 15.①

해설 방염대상 물품에 해당하는 것은 ㉡, ㉣, ㉤ 3개이다.
▶ 방염대상 물품

구 분	대 상
제조 또는 가공 공정에서 방염처리를 한 물품(설치 현장에서 방염처리한 합판·목재류 포함)	㉠ 창문에 설치하는 **커튼류**(블라인드 포함) ㉡ **카펫, 벽지류**(두께가 **2mm 미만**인 종이벽지 제외) ㉢ 전시용 **합판·목재** 또는 **섬유판**, 무대용 합판·목재 또는 섬유판 ㉣ **암막·무대막**(**스크린**과 가상체험 체육시설업에 설치하는 스크린 포함) ㉤ 섬유류 또는 **합성수지류** 등을 원료로 하여 제작된 **소파·의자**(단란주점영업, 유흥주점영업 및 노래연습장에 한함)
건축물 **내부**의 **천장**이나 **벽**에 부착하거나 설치하는 것[가구류(옷장, 찬장, 식탁, 식탁용 의자, 사무용 책상, 사무용 의자, 계산대 및 그 밖에 이와 비슷한 것을 말한다. 이하 이 조에서 같다)와 너비 **10cm** 이하인 **반자돌림대** 등과 내부마감재료는 **제외**]	㉠ **종이류**(두께 **2mm 이상**)·합성수지류 또는 섬유류를 주원료로 한 물품 ㉡ **합판**이나 목재 ㉢ 공간을 구획하기 위하여 설치하는 간이 **칸막이** ㉣ **흡음재**(흡음용 커튼 포함) 또는 **방음재**(방음용 커튼 포함)

16
다음 중 방염성능기준 이상의 실내장식물 등을 설치하여야 할 장소가 아닌 것은?

① 정신의료기관
② 실내수영장
③ 촬영소
④ 영화관

해설 건축물의 옥내에 있는 운동시설은 포함되지만 수영장은 제외된다.
▶ 방염성능기준 이상의 실내장식물 등을 설치하여야 할 장소

㉠ 근린생활시설 중 의원, 치과의원, 한의원, 조산원, 산후조리원, 체력단련장, 공연장 및 종교집회장
㉡ 건축물의 옥내에 있는 시설 중 종교시설, 운동시설(수영장은 제외), 문화 및 집회시설
㉢ 의료시설, 교육연구시설 중 합숙소
㉣ 노유자 시설, 숙박이 가능한 수련시설, 숙박시설
㉤ 방송통신시설 중 방송국 및 촬영소
㉥ 다중이용업소
㉦ ㉠~㉥의 시설에 해당하지 않는 것으로서 층수가 11층 이상인 것(아파트등은 제외)

정답 16.②

17 방염에 대해 ( )에 들어갈 말로 짝지은 것은?

> ⓐ 건축물의 층수가 (㉠) 이상인 것
> ⓑ 영화상영관에 설치하는 스크린과 (㉡)에 설치하는 스크린
> ⓒ 노유자시설·숙박시설 또는 장례식장에서 사용하는 침구류는 방염물품 (㉢) 설치 사항

	㉠	㉡	㉢
①	6층	가상체험 체육시설업	권장
②	6층	단란주점	의무
③	11층	가상체험 체육시설업	권장
④	11층	노래연습장	의무

해설
ⓐ 건축물의 층수가 (11층) 이상인 것
ⓑ 영화상영관에 설치하는 스크린과 (가상체험 체육시설업)에 설치하는 스크린
ⓒ 노유자시설·숙박시설 또는 장례식장에서 사용하는 침구류는 방염물품 (권장) 설치 사항

18 방염처리된 제품의 사용을 권장할 수 있는 경우가 아닌 것은?

① 의료시설에서 사용하는 침구류
② 노유자시설에서 사용하는 소파
③ 판매시설에서 사용하는 의자
④ 숙박시설에서 사용하는 침구류

해설 방염처리된 제품의 사용을 권장할 수 있는 경우
㉠ 다중이용업소·의료시설·노유자시설·숙박시설 또는 장례식장에서 사용하는 **침구류**·소파 및 의자
㉡ 건축물 내부의 천장 또는 벽에 부착하거나 설치하는 **가구류**

19 방염처리된 제품의 사용을 권장할 수 있는 장소가 아닌 것은?

① 의료시설
② 노유자시설
③ 숙박시설
④ 종교시설

해설 방염처리된 제품의 사용을 권장할 수 있는 장소는 다중이용업소·의료시설·노유자시설·숙박시설 또는 장례식장이다.

정답 17.③ 18.③ 19.④

20
방염성능기준에서 소방청장이 정하여 고시한 방법으로 발연량을 측정하는 경우 최대 연기밀도는?

① 최대 연기밀도 100 이하
② 최대 연기밀도 300 이하
③ 최대 연기밀도 400 이하
④ 최대 연기밀도 500 이하

해설 방염성능기준에서 소방청장이 정하여 고시한 방법으로 발연량을 측정하는 경우 최대 연기밀도는 400 이하여야 한다.

21
방염성능기준에 대한 내용으로 옳은 것은?

① 버너의 불꽃을 제거한 때부터 불꽃을 올리며 연소하는 상태가 그칠 때까지 시간은 30초 이내일 것
② 버너의 불꽃을 제거한 때부터 불꽃을 올리지 않고 연소하는 상태가 그칠 때까지 시간은 20초 이내일 것
③ 탄화한 면적은 20cm² 이내, 탄화한 길이는 50cm 이내일 것
④ 불꽃에 의하여 완전히 녹을 때까지 불꽃의 접촉 횟수는 3회 이상일 것

해설
① 버너의 불꽃을 제거한 때부터 불꽃을 올리며 연소하는 상태가 그칠 때까지 시간은 **20초** 이내일 것
② 버너의 불꽃을 제거한 때부터 불꽃을 올리지 않고 연소하는 상태가 그칠 때까지 시간은 **30초** 이내일 것
③ 탄화한 면적은 **50cm²** 이내, 탄화한 길이는 **20cm** 이내일 것

22
다음 중 종합점검의 대상이 아닌 것은?

① 물분무등소화설비가 설치된 연면적 5,000m² 이상인 특정소방대물
② 공공기관 중 연면적이 700m² 이상으로 자동화재탐지설비가 설치된 것
③ 제연설비가 설치된 터널
④ 안마시술소의 다중이용업 영업장이 설치된 연면적 2,000m² 이상인 특정소방대상물

해설 공공기관 중 연면적이 1,000m² 이상으로 옥내소화전설비 또는 자동화재탐지설비가 설치된 것이 종합점검의 대상이 된다.

정답 20.③ 21.④ 22.②

23 30층 이상, 높이 120미터 이상 또는 연면적 10만 제곱미터 이상인 소방대상물에 대한 종합점검 연간 횟수로 맞는 것은?

① 연 1회 이상
② 연 2회 이상
③ 연 3회 이상
④ 연 4회 이상

해설 30층 이상, 높이 120미터 이상 또는 연면적 10만 제곱미터 이상인 특급 소방안전 관리대상물에 대해서는 반기별로 1회 이상의 종합점검을 실시해야 한다.

24 2023년 4월 16일에 사용승인을 받은 창조빌딩(1급 소방안전관리대상물)은 언제까지 종합점검을 받아야 하는가?

① 2024년 4월 15일
② 2024년 4월 30일
③ 2023년 10월 30일
④ 2024년 10월 31일

해설 종합점검은 건축물 사용승인일이 속하는 달에 연 1회 실시한다. 따라서 2023년 4월 16일에 사용승인을 받은 건축물은 2024년 4월 안에 실시하면 되기 때문에 2024년 4월 30일까지 종합점검을 받아야 한다.

25 2023년 3월 2일 사용승인을 받은 금호고등학교 건물은 언제까지 종합점검을 받아야 하는가?

① 2024년 3월 1일
② 2023년 9월 30일
③ 2024년 6월 30일
④ 2024년 3월 30일

해설 학교의 경우에는 해당 건축물의 사용승인일이 1월에서 6월 사이에 있는 경우에는 6월 30일까지 종합점검을 실시할 수 있다.

26 2023년 5월 15일에 종합점검을 받은 천호빌딩은 다음 작동점검을 언제까지 받아야 하는가?

① 2023년 8월 14일
② 2023년 11월 30일
③ 2024년 5월 14일
④ 2024년 5월 30일

해설 종합점검 대상 건축물은 종합점검을 받은 달부터 6개월이 되는 달에 작동점검을 실시한다. 따라서 2023년 5월 15일에 종합점검을 받은 건축물은 그로부터 6개월이 되는 달인 2023년 11월 30일까지 작동점검을 받아야 한다.

정답 23.② 24.② 25.③ 26.②

27

하나의 대지경계선 안에 2023년 2월 14일에 사용승인을 받은 트리움건물과 2023년 3월 18일 사용승인을 받은 대흥빌딩이 있다. 이 경우 언제까지 종합점검을 받아야 하는가?

① 2024년 3월 31일
② 2024년 2월 28일
③ 2023년 6월 30일
④ 2024년 9월 30일

해설 하나의 대지경계선 안에 2개 이상의 점검대상 건축물이 있는 경우 사용승인일이 가장 빠른 건축물의 사용승인일이 기준이 되므로 2023년 2월 14일의 다음 연도 말일인 2024년 2월 28일까지 종합점검을 받아야 한다.

28

소방시설의 자체점검에 대한 설명으로 옳은 것은?

① 고시원업의 영업장이 설치된 연면적 2,500m²인 특정소방대상물은 종합점검 대상에 해당하지 않는다.
② 선임된 소방안전관리자는 선임자격의 종류와 무관하게 종합점검을 실시할 수 있는 자격자에 해당한다.
③ 특급 및 1급 소방안전관리대상물은 연 1회 자체점검을 실시하여야 한다.
④ 특정소방대상물의 규모, 설치된 소방시설, 건축물의 사용승인일에 따라 자체점검의 종류 및 실시하는 시기 등이 다르다.

해설
① 고시원업의 영업장이 설치된 연면적 2,000m² 이상인 특정소방대상물은 종합점검대상이다.
② 소방안전관리자로 선임된 소방시설관리사 및 소방기술사여야 종합점검을 실시할 수 있다.
③ 특급 소방안전관리대상물은 연 2회(반기에 1회 이상) 실시하여야 한다.

정답 27.② 28.④

[29~32] 소방안전관리자 A가 작성한 성동구 제4호 도로터널의 자체점검계획이다. 다음 현황표를 보고 물음에 답하시오(아래에 제시된 현황 외에는 무시한다).

- 명칭 : 성동구 제4호 터널
- 소재지 : 서울시 성동구 소재
- 총 길이 : 1,750m
- 건축물 사용승인일 : 2010.4.17.
- 업무대행 여부 : 해당없음
- 소방시설 설치현황 : 소화기구, 옥내소화전설비, 자동화재탐지설비, 유도등, 제연설비

29

위 터널에 대해서 소방시설 자체점검을 실시하지 않았을 때 벌칙사항으로 옳은 것은?

① 3년 이하의 징역 또는 3천만원 이하의 벌금
② 1년 이하의 징역 또는 1천만원 이하의 벌금
③ 300만원 이하의 벌금
④ 300만원 이하의 과태료

해설 소방시설등에 대하여 스스로 점검을 하지 않거나 관리업자등으로 하여금 정기적으로 점검하지 않은 자는 1년 이하의 징역 또는 1천만원 이하의 벌금에 처한다.

30

2025년 종합점검 실시 시기로 옳은 것은?

① 4월
② 8월
③ 11월
④ 종합점검 대상 아님

해설 제연설비가 설치된 터널은 종합점검 대상이다. 종합점검은 사용승인일이 속하는 달에 실시해야 하므로 사용승인일이 4월 17일이므로 4월에 종합점검을 실시해야 한다.

31

2025년 작동점검 실시 시기로 옳은 것은?

① 3월
② 5월
③ 10월
④ 12월

해설 종합점검 대상인 특정소방대상물의 작동점검은 종합점검을 받은 후 6개월이 되는 달에 실시해야 하므로 작동점검을 10월에 실시해야 한다.

정답 29.② 30.① 31.③

PART 02 소방관계법령

32 위 특정소방대상물을 소방시설관리업자에게 의뢰하여 자체점검을 실시하였을 때 그 내용으로 옳지 않은 것은?

① 작동점검과 종합점검을 모두 실시해야 하는 대상이다.
② 관계인은 소방시설등 자체점검 실시결과보고서를 소방본부장 또는 소방서장에게 서면이나 소방청장이 지정하는 전산망을 통하여 보고해야 한다.
③ 점검결과를 2년간 자체 보관하여야 한다.
④ 소방시설등 자체점검 실시결과보고서의 제출기한은 점검일로부터 30일 이내이다.

해설 관계인은 점검이 끝난 날부터 15일 이내에 소방시설등 자체점검 실시결과보고서를 소방본부장 또는 소방서장에게 서면이나 소방청장이 지정하는 전산망을 통하여 보고해야 한다.

[33~35] 다음은 ○○빌딩의 소방대상물 개요이다. 다음 조건을 보고 물음에 답하시오. (아래 제시된 조건 외에는 무시한다)

소재지	경기도 군포시 △△동	층수	지상2층, 지하1층
용도	업무시설	연면적	1,480m²
소방시설	소방시설		사용승인일	2010.4.14
			점검내용
	소화시설	소화기	내용연수 경과
	경보시설	자동화재탐지설비	이상 없음

33 2025년 4월 이내에 실시하여야 하는 자체점검으로 맞는 것은?

① 외관점검 ② 안진시설 등 세부점검
③ 종합점검 ④ 작동점검

해설 ○○빌딩은 면적이 1,480m²이고, 스프링클러설비도 설치되어 있지 않은 특정소방대상물로 종합점검 대상이 아니라 작동점검 대상이다. 따라서 2025년 4월 이내에 실시하여야 하는 자체점검은 작동점검이다.

정답 32.④ 33.④

34. 위 ○○빌딩에 대해 자체점검할 때 필요한 점검장비가 아닌 것은?

① 전류전압측정계
② 폐쇄력측정기
③ 절연저항계
④ 음량계

해설 절연저항계, 음량계, 전류전압측정계는 모두 자동화재탐지설비 자체점검 시 필요한 점검장비이다. 폐쇄력측정기는 제연설비 자체점검 시 필요한 점검장비에 해당한다.

35. 소방시설관리업자에게 의뢰하여 자체점검을 실시하였을 때 그 내용으로 옳지 않은 것은?

① 분말소화기는 제조연월로부터 10년 초과되었다.
② 열·연기감지기 시험기를 이용하여 자동화재탐지설비를 점검하였다.
③ 2025년 작동점검은 4월까지 실시해야 한다.
④ 2025년 종합점검은 10월까지 실시해야 한다.

해설 ○○빌딩은 면적이 1,480m²이고, 스프링클러설비도 설치되어 있지 않은 특정소방대상물로 종합점검 대상이 아니라 작동점검 대상이다. 따라서 종합점검은 실시하지 않는다.

36. 다음은 □□건물의 개요이다. 2023년 소방시설등 자체점검 계획으로 가장 적합한 것은? (아래 제시된 개요 외에는 무시한다)

○ 주용도 : 업무시설
○ 층수 : 지하 3층, 지상 6층
○ 연면적 : 5,960m²
○ 사용승인일 : 2000.3.15.
○ 소방시설 설치현황 : 소화기, 옥내소화전설비, 유도등, 자동화재탐지설비, 비상방송설비, 비상조명등

① 소방시설관리업자로 하여금 3월 중 종합점검만 실시하도록 계획한다.
② 소방시설관리업자로 하여금 3월 중 작동점검만 실시하도록 계획한다.
③ 소방시설관리업자로 하여금 3월 중 작동점검, 9월 중 종합점검을 실시하도록 한다.
④ 소방시설관리업자로 하여금 3월 중 종합점검, 9월 중 작동점검을 실시하도록 한다.

해설 소화설비 중 옥내소화전설비만 설치된 위 건물은 작동점검대상으로 3월 중 작동점검만 실시하도록 계획하면 된다.

정답 34.② 35.④ 36.②

37. 대한민국 안전대상을 수상한 우수 소방대상물의 종합점검 면제 대상 및 기간으로 잘못 짝지어진 것은?

① 대통령 표창 - 5년
② 국무총리 표창 - 3년
③ 장관 표창 - 2년
④ 시·도지사 표창 - 1년

해설 대통령, 국무총리 표창 모두 3년이다.

38. 종합점검 면제 대상 및 기간에 대한 내용으로 옳지 않은 것은?

① 대한민국 안전대상을 수상한 우수 소방대상물 중 장관 표창은 2년 동안 종합점검을 면제한다.
② ①의 경우 특정소방대상물의 관계인은 1년에 1회 이상 작동점검을 실시해야 한다.
③ 종합점검 면제기간은 포상일 다음 연도부터 기산한다.
④ 특급 소방안전관리 대상물 중 연 2회 종합점검 대상인 경우에는 모두 면제한다.

해설 특급 소방안전관리 대상물 중 연 2회 종합점검 대상인 경우에는 종합점검 1회를 면제한다.

39. 공동주택(아파트등으로 한정) 세대별 점검방법에 대한 내용으로 옳지 않은 것은?

① 관리자 및 입주민은 2년 주기로 모든 세대에 대하여 점검을 해야 한다.
② 아날로그감지기 등 특수감지기가 설치되어 있는 경우에는 수신기에서 원격 점검할 수 있으며, 점검할 때 세대를 나누어 1회 점검 시 전체 세대수의 50퍼센트 이상 점검해야 한다.
③ 관리자는 수신기에서 원격 점검이 불가능한 경우 매년 작동점검만 실시하는 공동주택은 1회 점검 시 마다 전체 세대수의 50퍼센트 이상 점검하도록 자체점검 계획을 수립·시행해야 한다.
④ 관리자는 수신기에서 원격 점검이 불가능한 경우 종합점검을 실시하는 공동주택은 1회 점검 시 마다 전체 세대수의 30퍼센트 이상 점검하도록 자체점검 계획을 수립·시행해야 한다.

해설 아날로그감지기 등 특수감지기가 설치되어 있는 경우에는 수신기에서 원격 점검할 수 있으며, 점검할 때마다 모든 세대를 점검해야 한다.

정답 37.① 38.④ 39.②

40 관계인의 자체점검 결과 중대위반사항에 해당하지 않는 것은?

① 소화펌프(가압송수장치 포함), 동력·감시제어반의 고장으로 소방시설이 작동하지 않는 경우
② 화재 수신기의 고장으로 화재경보음이 자동으로 울리지 않는 경우
③ 소화배관 등이 폐쇄·차단되어 소화수 또는 소화약제가 자동 방출되지 않는 경우
④ 방화문 또는 자동방화셔터 주변에 적치물을 쌓아놓아 사용에 지장을 준 경우

해설 방화문 또는 자동방화셔터가 훼손되거나 철거되어 본래의 기능을 못하는 경우가 해당된다.

41 자체점검 결과의 조치 등에 대한 내용으로 옳은 것은?

① 관리업자등은 자체점검을 실시한 경우에는 그 점검이 끝난 날부터 14일 이내에 소방시설등 자체점검 실시결과 보고서에 소방시설등점검표를 첨부하여 관계인에게 제출해야 한다.
② 관계인은 점검이 끝난 날부터 20일 이내에 소방시설등 자체점검 실시결과 보고서에 점검인력 배치확인서, 소방시설등의 자체점검 결과 이행계획서를 첨부하여 소방본부장 또는 소방서장에게 서면이나 소방청장이 지정하는 전산망을 통하여 보고해야 한다.
③ 소방본부장 또는 소방서장에게 자체점검 실시결과 보고를 마친 관계인은 소방시설등 자체점검 실시결과 보고서를 점검이 끝난 날부터 2년간 자체 보관해야 한다.
④ 자체점검결과 보고를 마친 관계인은 보고한 날부터 14일 이내에 소방시설등 자체점검기록표를 작성하여 특정소방대상물의 출입자가 쉽게 볼 수 있는 장소에 20일 이상 게시해야 한다.

해설 ① 관리업자등은 자체점검을 실시한 경우에는 그 점검이 끝난 날부터 **10일** 이내에 소방시설등 자체점검 실시결과 보고서에 소방시설등점검표를 첨부하여 관계인에게 제출해야 한다.
② 관계인은 점검이 끝난 날부터 **15일** 이내에 소방시설등 자체점검 실시결과 보고서에 점검인력 배치확인서, 소방시설등의 자체점검 결과 이행계획서를 첨부하여 소방본부장 또는 소방서장에게 서면이나 소방청장이 지정하는 전산망을 통하여 보고해야 한다.
④ 자체점검결과 보고를 마친 관계인은 보고한 날부터 **10일** 이내에 소방시설등 자체점검기록표를 작성하여 특정소방대상물의 출입자가 쉽게 볼 수 있는 장소에 **30일** 이상 게시해야 한다.

정답 40.④ 41.③

42 다음 중 처벌이 가장 무거운 사유는?

① 자체점검 결과 중대위반사항이 발견된 경우 필요한 조치를 하지 않은 관계인
② 공사현장에 임시소방시설을 설치·관리하지 아니한 자
③ 소방시설에 폐쇄·차단 등의 행위를 한 자
④ 소방시설등에 대하여 스스로 점검을 하지 않거나 관리업자등으로 하여금 정기적으로 점검하게 하지 않은 자

해설
① 300만원 이하의 벌금에 처한다.
② 300만원 이하의 과태료를 부과한다.
③ 5년 이하의 징역 또는 5천만원 이하의 벌금에 처한다.
④ 1년 이하의 징역 또는 1천만원 이하의 벌금에 처한다.

43 소방시설에 차단행위를 하여 사람을 사망에 이르게 한 경우 처벌로 맞는 것은?

① 10년 이하의 징역 또는 1억원 이하의 벌금
② 7년 이하의 징역 또는 7천만원 이하의 벌금
③ 5년 이하의 징역 또는 5천만원 이하의 벌금
④ 3년 이하의 징역 또는 3천만원 이하의 벌금

해설 소방시설에 차단행위를 하여 사람을 사망에 이르게 한 자는 10년 이하의 징역 또는 1억원 이하의 벌금에 처한다.

44 피난시설, 방화구획 또는 방화시설을 폐쇄·훼손·변경 등의 행위를 한 자에 대한 벌칙으로 옳은 것은?

① 피난시설, 방화구획 또는 방화시설을 폐쇄·훼손·변경 등의 행위를 한 자가 1차 위반인 경우 50만원 이하의 과태료에 처한다.
② 피난시설, 방화구획 또는 방화시설을 폐쇄·훼손·변경 등의 행위를 한 자가 2차 위반인 경우 200만원 이하의 과태료에 처한다.
③ 피난시설, 방화구획 또는 방화시설을 폐쇄·훼손·변경 등의 행위를 한 자가 3차 위반인 경우 100만원 이하의 과태료에 처한다.
④ 피난시설, 방화구획 또는 방화시설을 폐쇄·훼손·변경 등의 행위를 한 자에게는 500만원 이하의 벌금에 처한다.

해설 피난시설, 방화구획 또는 방화시설을 폐쇄·훼손·변경 등의 행위를 한 자가 1차 위반인 경우 100만원, 2차 위반인 경우 200만원, 3차 이상 위반인 경우 300만원의 과태료를 부과한다.

정답 42.③ 43.① 44.②

45 300만원 이하의 과태료에 처할 사유가 아닌 것은?

① 관계인에게 점검 결과를 제출하지 아니한 관리업자등
② 자체점검결과 관계인에게 중대위반사항을 알리지 아니한 관리업자등
③ 피난시설, 방화구획 또는 방화시설을 폐쇄·훼손·변경 등의 행위를 한 자
④ 소방시설을 화재안전기준에 따라 설치·관리하지 아니한 자

해설 ② 300만원 이하의 벌금에 처할 사유이다.

▶ 300만원 이하의 과태료에 처할 사유
 ㉠ 소방시설을 화재안전기준에 따라 설치·관리하지 아니한 자
 ㉡ 공사현장에 임시소방시설을 설치·관리하지 아니한 자
 ㉢ 피난시설, 방화구획 또는 방화시설을 폐쇄·훼손·변경 등의 행위를 한 자
 ㉣ 방염대상물품을 방염성능기준 이상으로 설치하지 아니한 자
 ㉤ 관계인에게 점검 결과를 제출하지 아니한 관리업자등
 ㉥ 점검결과를 보고하지 아니하거나 거짓으로 보고한 자
 ㉦ 자체점검 이행계획을 기간 내에 완료하지 아니한 자 또는 이행계획 완료 결과를 보고하지 아니하거나 거짓으로 보고한 자
 ㉧ 점검기록표를 기록하지 아니하거나 특정소방대상물의 출입자가 쉽게 볼 수 있는 장소에 게시하지 아니한 관계인

정답 45.②

OX 문제

01
무창층의 개구부의 크기는 지름 70cm 이상의 원이 통과할 수 있어야 한다. ◯☒

☒ 무창층의 개구부의 크기는 지름 **50cm** 이상의 원이 통과할 수 있어야 한다.

02
무창층의 개구부는 해당 층의 바닥면으로부터 개구부 밑부분까지의 높이가 1.5m 이내여야 한다. ◯☒

☒ 무창층의 개구부는 해당 층의 바닥면으로부터 개구부 밑부분까지의 높이가 **1.2m** 이내여야 한다.

03
차고·주차장으로 사용되는 바닥면적이 150m² 이상인 층이 있는 건축물이나 주차시설은 건축허가 동의대상이다. ◯☒

☒ 차고·주차장으로 사용되는 바닥면적이 **200m²** 이상인 층이 있는 건축물이나 주차시설은 건축허가 동의대상이다.

04
두께가 2mm 미만인 종이벽지류는 제조 및 가공공정에서 방염처리를 해야 하는 방염대상 물품에 해당한다. ◯☒

☒ 두께가 **2mm 미만**인 종이벽지류는 제조 및 가공공정에서 방염처리를 해야 하는 방염대상 물품에서 **제외된다**.

05
특급 소방안전관리대상물은 연 1회 이상을 종합점검을 실시해야 한다. ◯☒

☒ 특급 소방안전관리대상물은 **반기별로 1회** 이상을 종합점검을 실시해야 한다.

06
관계인은 종합점검을 실시한 경우에는 점검이 끝난 날부터 7일 이내에 소방시설등 점검결과보고서에 점검인력 배치확인서, 소방시설등의 자체점검 결과 이행계획서를 첨부하여 소방본부장 또는 소방서장에게 제출하여야 한다. ◯☒

☒ 관계인은 종합점검을 실시한 경우에는 점검이 끝난 날부터 **15일** 이내에 소방시설등 점검결과보고서에 점검인력 배치확인서, 소방시설등의 자체점검 결과 이행계획서를 첨부하여 소방본부장 또는 소방서장에게 제출하여야 한다.

07
소방시설에 폐쇄·차단 등의 행위를 한 자는 7년 이하의 징역 또는 7천만원 이하의 벌금에 처한다. ◯☒

☒ 소방시설에 폐쇄·차단 등의 행위를 한 자는 **5년** 이하의 **징역** 또는 **5천만원** 이하의 **벌금**에 처한다.

08
자체점검을 실시하지 않은 자는 2년 이하의 징역 또는 2천만원 이하의 벌금에 처한다. ◯☒

☒ 자체점검을 실시하지 않은 자는 **1년** 이하의 **징역** 또는 **1천만원** 이하의 **벌금**에 처한다.

09
소방시설을 화재안전기준에 따라 설치·관리하지 않은 경우 100만원 이하의 과태료에 처한다. ◯☒

☒ 소방시설을 화재안전기준에 따라 설치·관리하지 않은 경우 **300만원** 이하의 과태료에 처한다.

CHAPTER 04

PART 02 다중이용업소의 안전관리에 관한 특별법(약칭 '다중이용업소법')

01 화재발생 시 인명피해가 발생할 우려가 높은 불특정다수인이 출입하는 다중이용업이 아닌 것은?

① 노래연습장업
② 산후조리원업
③ 백화점
④ 목욕장업

해설 백화점은 판매시설에 해당한다.

02 다중이용업과 그 요건의 연결이 잘못된 것은?

① 제과점영업 − 지하층 : 66m² 이상 / 지상층 : 100m² 이상
② 학원 − 수용인원 300명 이상인 것
③ 일반목욕장업 − 층별, 면적 구분 없이 수용인원 300명 이상
④ 공유주방을 운영하는 휴게음식점영업 − 지하층 : 66m² 이상 / 지상층 100m² 이상

해설 일반목욕장업 − 층별, 면적 구분 없이 수용인원 **100명** 이상인 경우 해당된다.

03 다중이용업소법상 안전시설등에 해당하지 않는 것은?

① 소방시설
② 비상구
③ 영업장 외부 피난통로
④ 영상음향차단장치

해설 영업장 **내부** 피난통로가 안전시설등에 해당된다.

정답 01.③ 02.③ 03.③

04 다중이용업소법상 안전시설등에 대한 내용으로 옳지 않은 것은?

① 소화설비는 소화기 또는 자동확산소화기, 간이스프링클러설비(캐비닛형 간이스프링클러설비를 포함), 옥내소화전설비 등이 해당된다.
② 경보설비는 비상벨설비 또는 자동화재탐지설비, 가스누설경보기 등이 해당된다.
③ 그 밖의 안전시설에는 영상음향차단장치, 누전차단기, 창문 등이 해당된다.
④ 피난구조설비에는 피난기구, 피난유도선, 유도등, 유도표지 또는 비상조명등, 휴대용비상조명등 등이 해당된다.

해설 소화설비는 소화기 또는 자동확산소화기, 간이스프링클러설비(캐비닛형 간이스프링클러설비를 포함)를 말한다. 옥내소화전설비는 포함되지 않는다.

05 불특정다수인이 이용하는 다중이용업소에서 설치하여야 하는 소방시설로 옳은 것은?

① 스프링클러설비, 공기안전매트, 비상조명등
② 자동확산소화기, 공기호흡기, 누전차단기
③ 소화기, 유도등, 비상방송설비
④ 자동화재탐지설비, 피난기구, 휴대용비상조명등

해설
① 스프링클러설비, 공기안전매트는 해당하지 않는다.
② 공기호흡기, 누전차단기는 해당하지 않는다.
③ 비상방송설비는 해당하지 않는다.

06 실내장식물에 해당하는 것은?

① 가구류
② 너비 10cm인 반자돌림대
③ 내부마감재료
④ 두께 3mm인 종이류를 주원료로 하는 물품

해설 가구류, 너비 10cm 이하인 반자돌림대, 내부마감재료는 실내장식물에 해당하지 않는다.

정답 04.① 05.④ 06.④

07 다음 중 실내장식물에 해당하지 않는 것은?

① 흡음이나 방음을 위하여 설치하는 흡음재 또는 방음재
② 붙박이 옷장
③ 공간을 구획하기 위하여 설치하는 간이 칸막이
④ 합판이나 목재

해설 건축물 내부의 천장 또는 벽에 붙이는(설치하는) 것으로서 가구류(옷장, 찬장, 식탁, 식탁용 의자, 사무용 책상, 사무용 의자 및 계산대, 그 밖에 이와 비슷한 것)는 실내장식물에 해당하지 않는다.

08 다중이용업소법상 소방안전교육에 대한 내용으로 옳지 않은 것은?

① 교육실시권자는 소방청장, 소방본부장, 소방서장이다.
② 교육대상자는 다중이용업주, 종업원, 다중이용업을 하려는 자이다.
③ 소방안전교육을 실시하려는 때에는 교육 일시 및 장소 등 소방안전교육에 필요한 사항을 교육일 30일 전까지 소방청·소방본부 또는 소방서의 홈페이지에 게재하여야 한다.
④ 수시교육 및 보수교육 대상자에게는 교육일 14일 전까지 알려야 한다.

해설 수시교육 및 보수교육 대상자에게는 교육일 **10일** 전까지 알려야 한다.

09 다중이용업주와 종업원이 받아야 하는 소방안전교육의 교육과정으로 옳지 않은 것은?

① 다중이용업소에서 화재가 발생한 경우 초기대응 및 대피요령
② 심폐소생술 등 응급처치 요령
③ 화재안전과 관련된 법령 및 제도
④ 소방시설설계 도면의 작성 요령

해설 소방시설설계 도면의 작성 요령은 해당하지 않는다.
▶ **소방안전교육의 교육과정**
㉠ 화재안전과 관련된 법령 및 제도
㉡ 다중이용업소에서 화재가 발생한 경우 초기대응 및 대피요령
㉢ 소방시설 및 방화시설(防火施設)의 유지·관리 및 사용방법
㉣ 심폐소생술 등 응급처치 요령

정답 07.② 08.④ 09.④

10. 피난안내도의 비치 및 피난안내 영상물 상영에 관한 설명 중 옳지 않은 것은?

① 피난안내도는 영업장 주출입구 부분 또는 구획된 실의 벽, 탁자 등 손님이 쉽게 볼 수 있는 위치에 비치한다.
② 피난안내 영상물은 영화상영관 및 비디오물소극장업의 경우 매회 영화상영 또는 비디오물 상영 시작 전, 노래연습장업은 매회 새로운 이용객이 입장하여 노래방 기기 등을 작동할 때 상영한다.
③ 피난안내도는 한글 및 1개 이상의 외국어를 사용하여 작성하여야 한다.
④ 영화상영관 중 전체 객석 수의 합계가 200석 이상인 영화상영관의 경우 피난안내 영상물은 장애인을 위한 한국수어·폐쇄자막·화면해설 등을 이용하여 상영해야 한다.

해설 영화상영관 중 전체 객석 수의 합계가 **300석** 이상인 영화상영관의 경우 피난안내 영상물은 장애인을 위한 한국수어·폐쇄자막·화면해설 등을 이용하여 상영해야 한다.

11. 피난안내 영상물에 포함될 내용이 아닌 것은?

① 화재 시 대피할 수 있는 비상구 위치
② 구획된 실(室) 등에서 비상구 및 출입구까지의 피난동선
③ 소화기, 옥내소화전 등 소방시설의 위치 및 사용방법
④ 심폐소생술 등 응급처치 요령

해설 심폐소생술 등 응급처치 요령은 해당되지 않는다.
▶ 피난안내 영상물에 포함될 내용
㉠ 화재 시 대피할 수 있는 비상구 위치
㉡ 구획된 실(室) 등에서 비상구 및 출입구까지의 피난동선
㉢ 소화기, 옥내소화전 등 소방시설의 위치 및 사용방법
㉣ 피난 및 대처방법

정답 10.④ 11.④

O× 문제

01
"다중이용업"이란 불특정 다수인이 이용하는 영업 중 화재 등 재난 발생 시 생명·신체·재산상의 피해가 발생할 우려가 높은 것으로서 행정안전부령으로 정하는 영업을 말한다. O×

× "다중이용업"이란 불특정 다수인이 이용하는 영업 중 화재 등 재난 발생 시 생명·신체·재산상의 피해가 발생할 우려가 높은 것으로서 **대통령령**으로 정하는 영업을 말한다.

02
일반목욕장업은 층별, 면적 구분 없이 수용인원 100명 이상이면 다중이용업에 해당된다. O×

O

03
다중이용업소법상 소화설비는 소화기 또는 자동확산소화기, 스프링클러설비를 말한다. O×

× 다중이용업소법상 소화설비는 소화기 또는 자동확산소화기, **간이스프링클러설비(캐비닛형 간이스프링클러설비를 포함)**를 말한다.

04
다중이용업소법상 실내장식물에서 건축물 내부의 천장 또는 벽에 붙이는(설치하는) 것으로서 가구류와 너비 10cm 이하인 반자돌림대 등과 내부마감재료를 제외한다. O×

O

05
소방청장·소방본부장 또는 소방청장은 소방안전교육을 실시하려는 때에는 교육 일시 및 장소 등 소방안전교육에 필요한 사항을 교육일 10일 전까지 소방청·소방본부 또는 소방서의 홈페이지에 게재하여야 한다. O×

× 소방청장·소방본부장 또는 소방청장은 소방안전교육을 실시하려는 때에는 교육 일시 및 장소 등 소방안전교육에 필요한 사항을 교육일 **30일** 전까지 소방청·소방본부 또는 소방서의 홈페이지에 게재하여야 한다.

06
다중이용업소법상 관련 조항을 위반한 다중이용업주와 교육대상 종업원은 위반행위가 적발된 날부터 6개월 이내에 수시교육을 받아야 한다. O×

× 다중이용업소법상 관련 조항을 위반한 다중이용업주와 교육대상 종업원은 위반행위가 적발된 날부터 **3개월** 이내에 수시교육을 받아야 한다.

07
피난안내도는 한글 및 1개 이상의 외국어를 사용하여 작성하여야 한다. O×

O

08
다중이용업주는 다중이용업소의 안전관리를 위하여 정기적으로 안전시설등을 점검하고 그 점검결과서를 작성하여 2년간 보관하여야 한다. O×

× 다중이용업주는 다중이용업소의 안전관리를 위하여 정기적으로 안전시설등을 점검하고 그 점검결과서를 작성하여 **1년간** 보관하여야 한다.

CHAPTER 05

PART 02
초고층 및 지하연계 복합건축물 재난관리에 관한 특별법 (약칭 '초고층재난관리법')

01 초고층재난관리법상 용어의 정의로 옳지 않은 것은?

① 초고층 건축물이란 층수가 50층 이상 또는 높이가 200m 이상인 건축물을 말한다.
② 지하연계 복합건축물은 지하부분이 지하역사 또는 지하도상가와 연결된 건축물로서 층수가 11층 이상이거나 용도별 바닥면적 등을 고려하여 대통령령으로 정하는 산정기준에 따른 수용인원이 5천명 이상인 건축물로 건축물 안에 문화 및 집회시설, 판매시설, 운수시설, 업무시설, 숙박시설, 위락시설 중 테마파크업의 시설 또는 종합병원과 요양병원의 시설이 하나 이상 있는 건축물을 말한다.
③ 관계지역이란 건축물 및 시설물과 그 주변지역을 포함하여 재난의 예방·대비·대응 및 수습 등의 활동에 필요한 지역으로 대통령령으로 정하는 지역을 말한다.
④ 관리주체는 초고층 건축물등 또는 일반건축물등의 소유자·관리자 또는 점유자를 말한다.

해설 관리주체는 초고층 건축물등 또는 일반건축물등의 소유자 또는 관리자(그 건축물 등의 소유자와 관리계약 등에 따라 관리책임을 진 자를 포함)를 말한다.

02 초고층재난관리법상 용어의 정의로 옳지 않은 것은?

① 관계지역이란 건축물 및 시설물과 그 주변지역을 포함하여 재난의 예방·대비·대응 및 수습 등의 활동에 필요한 지역으로 대통령령으로 정하는 지역을 말한다.
② 일반건축물등은 관계지역 안에서 초고층 건축물등을 포함한 건축물 또는 시설물을 말한다.
③ 관계인은 초고층 건축물등 또는 일반건축물등의 소유자·관리자 또는 점유자를 말한다.
④ 총괄재난관리자는 초고층 건축물등의 재난 및 안전관리 업무를 총괄하는 자를 말한다.

해설 일반건축물등은 관계지역 안에서 초고층 건축물등을 **제외한** 건축물 또는 시설물을 말한다.

03 피난안전구역 설치에 대한 내용으로 옳은 것은?

① 초고층 건축물은 피난 또는 지상으로 통하는 직통계단과 직접 연결되는 피난안전구역을 지상층으로부터 최소 30개 층마다 1개소 이상 설치할 것
② 30층 이상 49층 이하 지하연계복합건축물은 피난층 또는 지상으로 통하는 직통계단과 직접 연결되는 피난안전구역을 해당 건축물 전체 층수의 3분의 1에 해당하는 층으로부터 상하 5개층 이내에 1개소 이상 설치할 것
③ 16층 이상 29층 이하 지하연결 복합건축물은 지상층별 거주밀도가 m^2당 2.5명을 초과하는 층은 해당 층의 사용형태별 면적의 10분의 1에 해당하는 면적을 피난안전구역으로 설치할 것
④ 초고층 건축물등의 지하층이 문화 및 집회시설로 사용되는 경우 해당 지하층에 피난안전구역을 설치할 것

해설
① 초고층 건축물은 피난 또는 지상으로 통하는 직통계단과 직접 연결되는 피난안전구역을 지상층으로부터 **최대** 30개 층마다 1개소 이상 설치할 것
② 30층 이상 49층 이하 지하연계복합건축물은 피난층 또는 지상으로 통하는 직통계단과 직접 연결되는 피난안전구역을 해당 건축물 전체 층수의 **2분의 1**에 해당하는 층으로부터 상하 5개층 이내에 1개소 이상 설치할 것
③ 16층 이상 29층 이하 지하연결 복합건축물은 지상층별 거주밀도가 m^2당 **1.5명**을 초과하는 층은 해당 층의 사용형태별 면적의 10분의 1에 해당하는 면적을 피난안전구역으로 설치할 것

04 총괄재난관리자의 자격으로 옳지 않은 것은?

① 건축기술사
② 소방시설관리사
③ 건축산업기사로 재난 및 안전관리에 관한 실무경력이 5년인 사람
④ 주택관리사로 재난 및 안전관리에 관한 실무경력이 5년인 사람

해설 건축산업기사로 재난 및 안전관리에 관한 실무경력이 **7년** 이상인 사람이 해당된다.

▶ **총괄재난관리자의 자격**
㉠ 건축사와 건축·기계·전기·토목 또는 안전관리 분야 기술사
㉡ 특급 소방안전관리대상물의 소방안전관리자로 선임될 수 있는 자격을 갖춘 사람
㉢ 건축·기계·전기·토목 또는 안전관리 분야 기사 또는 기능장으로서 재난 및 안전관리에 관한 실무경력이 **5년** 이상인 사람
㉣ 건축·기계·전기·토목 또는 안전관리 분야 산업기사로서 재난 및 안전관리에 관한 실무경력이 **7년** 이상인 사람
㉤ 주택관리사로서 재난 및 안전관리에 관한 실무경력이 **5년** 이상인 사람

정답 03.④ 04.③

PART 02 소방관계법령

▶교재 1권 p.84

05 초고층 및 지하연계 복합건축물 재난관리에 관한 특별법의 적용대상이 아닌 것은?
① 층수가 50층 건축물
② 높이가 200미터인 건축물
③ 지하부분이 지하역사와 연결된 건축물로서 판매시설이 있는 수용인원 5천명 이상인 건축물
④ 지하부분이 지하도상가와 연결된 건축물로서 문화 및 집회시설이 있는 10층 건축물

해설 지하부분이 지하도상가와 연결된 건축물로서 문화 및 집회시설이 있는 **11층 이상**인 건축물이 해당된다.

▶교재 1권 p.87

06 ☐☐ 초고층 건축물등의 관리주체가 2023년 5월 4일 총괄재난관리자 A를 지정하였다. A는 언제까지 총괄재난관리자에 대한 교육을 받아야 하는가? (한 달은 30일로 가정한다)
① 2023년 11월 3일
② 2024년 5월 3일
③ 2023년 8월 3일
④ 2023년 6월 3일

해설 총괄재난관리자로 지정한 날부터 6개월 이내에 소방청장이 실시하거나 소방청장이 지정하는 기관에서 총괄재난관리자에 대한 교육을 받아야 한다. 따라서 2023년 5월 4일부터 6개월 이내인 2023년 11월 3일까지 총괄재난관리자에 대한 교육을 받아야 한다.

▶교재 1권 p.87

07 총괄재난관리자의 교육 내용에 해당하지 않는 것은?
① 피난안전구역의 설치·운영에 관한 사항
② 소방시설의 설치·운영에 관한 사항
③ 재난관리 일반
④ 종합방재실의 설치·운영에 관한 사항

해설 소방시설의 설치·운영에 관한 사항은 포함되지 않는다.

정답 · 05.④ 06.① 07.②

▶ 총괄재난관리자의 교육 내용
㉠ 재난관리 일반
㉡ 법 및 하위법령의 주요 내용
㉢ 재난예방 및 피해경감계획 수립에 관한 사항
㉣ 관계인, 상시근무자 및 거주자에 대하여 실시하는 재난 및 테러 등에 대한 교육·훈련에 관한 사항
㉤ 종합방재실의 설치·운영에 관한 사항
㉥ 종합재난관리체제의 구축에 관한 사항
㉦ 피난안전구역의 설치·운영에 관한 사항
㉧ 유해·위험물질의 관리 등에 관한 사항
㉨ 그 밖에 소방청장이 필요하다고 인정하는 사항

08 초고층 건축물등의 관리주체가 실시해야 하는 교육 및 훈련 중 관계인 및 상시근무자에 대한 교육 및 훈련에 해당하지 않는 것은?

① 재난 발생 상황 보고·신고 및 전파에 관한 사항
② 피난안전구역의 위치에 관한 사항
③ 2차 피해 방지 및 저감(低減)에 대한 사항
④ 현장 통제와 재난의 대응 및 수습에 관한 사항

[해설] 피난안전구역의 위치에 관한 사항은 거주자 등에 대한 교육 및 훈련에 해당한다.

09 초고층 건축물등의 관리주체가 실시해야 하는 교육 및 훈련 중 거주자 등에 대한 교육 및 훈련에 해당하지 않는 것은?

① 피난층으로의 대피요령 등에 관한 사항
② 테러 예방 및 대응 활동에 관한 사항(입점자의 경우만 해당)
③ 피난안전구역의 위치에 관한 사항
④ 외부기관 출동 관련 상황 인계에 관한 사항

[해설] 외부기관 출동 관련 상황 인계에 관한 사항은 관계인 및 상시근무자에 대한 교육 및 훈련에 해당한다.

정답 08.② 09.④

▶ 교육 및 훈련

관계인 및 상시근무자에 대한 교육 및 훈련	거주자 등에 대한 교육 및 훈련
㉠ 재난 발생 상황 보고·신고 및 전파에 관한 사항 ㉡ 입점자, 이용자 및 거주자(장애인 및 노약자를 포함한다)의 대피 유도에 관한 사항 ㉢ 현장 통제와 재난의 대응 및 수습에 관한 사항 ㉣ 재난 발생 시 임무, 재난 유형별 대처 및 행동 요령에 관한 사항 ㉤ 2차 피해 방지 및 저감에 관한 사항 ㉥ 외부기관 출동 관련 상황 인계에 관한 사항 ㉦ 테러 예방 및 대응 활동에 관한 사항	㉠ 피난안전구역의 위치에 관한 사항 ㉡ 피난층(직접 지상으로 통하는 출입구가 있는 층 및 피난안전구역을 말함)으로의 대피요령 등에 관한 사항 ㉢ 피해 저감을 위한 사항 ㉣ 테러 예방 및 대응 활동에 관한 사항(입점자의 경우만 해당한다)

10 초고층 및 지하연계 복합건축물 재난관리에 관한 특별법령에 관련된 내용으로 옳지 않은 것은?

① 초고층 건축물등의 관리주체는 관계인, 상시근무자 및 거주자에 대하여 매년 1회 이상 교육 및 훈련을 하여야 한다.
② 초고층 건축물등의 관리주체는 교육 및 훈련의 종류·내용·시기·횟수 및 참여 대상 등을 주요 내용으로 하는 다음 연도 교육 및 훈련계획을 수립하여 매년 12월 15일까지 특별자치시장·특별자치도지사 또는 시장·군수·구청장에게 제출하여야 한다.
③ 초고층 건축물등의 관리주체는 교육 및 훈련을 하였을 때에는 교육 및 훈련을 한 날부터 10일 이내에 재난 및 테러 등에 대한 교육·훈련 실시 결과서를 특별자치시장·특별자치도지사 또는 시장·군수·구청장에게 제출하고, 3년간 보관하여야 한다.
④ 초고층 건축물등의 관리주체는 통합안전점검을 요청하려면 희망하는 날 30일 전까지 신청서를 시·도지사 또는 시장·군수·구청장에게 제출하여야 한다.

해설 초고층 건축물등의 관리주체는 교육 및 훈련을 하였을 때에는 교육 및 훈련을 한 날부터 10일 이내에 재난 및 테러 등에 대한 교육·훈련 실시결과서를 특별자치시장·특별자치도지사 또는 시장·군수·구청장에게 제출하고, **1년간** 보관하여야 한다.

정답 10.③

11 초기대응대 구성·운영에 대한 내용으로 옳은 것은?

① 초고층 건축물등의 관리주체는 신속한 초기 대응을 위하여 초기대응대를 구성·운영할 수 있다.
② 초기대응대는 해당 초고층 건축물등에 상주하는 3명 이상의 관계인으로 구성한다.
③ 초기대응대는 해당 초고층 건축물이 공동주택인 경우 2명 이상의 관계인으로 구성할 수 있다.
④ 총괄재난관리자는 초기대응대에 대하여 교육 및 훈련을 매년 1회 이상 하여야 한다.

해설 ① 초고층 건축물등의 관리주체는 신속한 초기 대응을 위하여 초기대응대를 **구성·운영하여야 한다**.
② 초기대응대는 해당 초고층 건축물등에 상주하는 **5명** 이상의 관계인으로 구성한다.
③ 초기대응대는 해당 초고층 건축물이 공동주택인 경우 **3명** 이상의 관계인으로 구성할 수 있다.

12 초기대응대의 역할로 옳지 않은 것은?

① 재난 초기 대응
② 테러 예방 및 대응 활동
③ 구조 및 응급처치
④ 거주자 및 입점자 등의 대피 및 피난 유도

해설 테러 예방 및 대응 활동에 관한 사항은 관계인, 상시근무자 및 거주자의 교육 및 훈련 사항이다.
▶ 초기대응대의 역할
㉠ 재난 발생 장소 등 현황 파악, 신고 및 관계지역에 대한 전파
㉡ 거주자 및 입점자 등의 대피 및 피난 유도
㉢ 재난 초기 대응
㉣ 구조 및 응급조치
㉤ 긴급구조기관에 대한 재난정보 제공
㉥ 그 밖에 재난예방 및 피해경감을 위하여 필요한 사항

13. 초기대응대의 교육 및 훈련 내용으로 옳지 않은 것은?

① 재난 발생 장소 확인 방법
② 불을 사용하는 설비 및 기구 등의 열원(熱源) 차단 방법
③ 소방 및 피난 시설 작동 및 점검 방법
④ 위험물품 응급조치 방법

해설 소방 및 피난 시설 '작동' 방법이다.

▶ 초기대응대의 교육 및 훈련 내용
㉠ 재난 발생 장소 확인 방법
㉡ 재난의 신고 및 관계지역 전파 등의 방법
㉢ 초기 대응 및 신체 방호 방법
㉣ 층별 거주자 및 입점자 등의 피난 유도 방법
㉤ 응급구호 방법
㉥ 소방 및 피난 시설 작동 방법
㉦ 불을 사용하는 설비 및 기구 등의 열원(熱源) 차단 방법
㉧ 위험물품 응급조치 방법
㉨ 소방대 도착 시 현장 유도 및 정보 제공 등
㉩ 안전 방호 방법
㉪ 그 밖에 재난 초기 대응에 필요한 사항

정답 13.③

OX 문제

01
층수가 50층 이상 또는 높이가 200m 이상인 건축물을 지하연계 복합건축물이라 한다. ○×

× 층수가 50층 이상 또는 높이가 200m 이상인 건축물을 **초고층 건축물**이라 한다.

02
관리주체는 초고층 건축물등 또는 일반건축물등의 소유자·관리자 또는 점유자를 말한다. ○×

× 관리주체는 초고층 건축물등 또는 일반건축물등의 **소유자 또는 관리자**(그 건축물등의 소유자와 관리계약 등에 따라 관리책임을 진 자를 포함)를 말한다.

03
초고층 건축물인 경우 피난층 또는 지상으로 통하는 직통계단과 직접 연결되는 피난안전구역을 지상층으로부터 최소 30개 층마다 1개소 이상 설치해야 한다. ○×

× 초고층 건축물인 경우 피난층 또는 지상으로 통하는 직통계단과 직접 연결되는 피난안전구역을 지상층으로부터 **최대** 30개 층마다 1개소 이상 설치해야 한다.

04
30층 이상 49층 이하인 지하연계복합건축물의 경우 피난층 또는 지상으로 통하는 직통계단과 직접 연결되는 피난안전구역을 해당 건축물 전체 층수의 3분의 1에 해당하는 층으로부터 상하 3개층 이내에 1개소 이상 설치해야 한다. ○×

× 30층 이상 49층 이하인 지하연계복합건축물의 경우 피난층 또는 지상으로 통하는 직통계단과 직접 연결되는 피난안전구역을 해당 건축물 전체 층수의 **2분의 1**에 해당하는 층으로부터 상하 **5개층** 이내에 1개소 이상 설치해야 한다.

05
총괄재난관리자로 선임된 날부터 6개월 이내에 소방청장이 실시하거나 소방청장이 지정하는 기관이 실시하는 교육을 받아야 하며, 그 후 2년마다 1회 이상 보수교육을 받아야 한다. ○×

○

06
시·도지사는 제출받은 상시근무자등 교육훈련계획을 같은 해 12월 30일까지 소방청장에게 제출해야 한다. ○×

× 시·도지사는 제출받은 상시근무자등 교육훈련계획을 **다음 해 1월 10일까지** 소방청장에게 제출해야 한다.

07
초기대응대는 해당 초고층 건축물등에 상주하는 5명 이상의 관계인으로 구성한다(다만, 공동주택은 3명 이상의 관계인으로 구성할 수 있음). ○×

○

PART 02
CHAPTER 06 재난 및 안전관리 기본법

▶ 교재 1권 p.91

01 상중하

「재난 및 안전관리 기본법」상 용어의 정의로 옳지 않은 것은?

① 재난이란 국민의 생명·신체·재산과 국가에 피해를 주거나 줄 수 있는 것으로서 자연재난, 사회재난으로 구분한다.
② 재난관리란 재난이나 그 밖의 사고로부터 사람의 생명·신체 및 재산의 안전을 확보하기 위하여 하는 모든 활동을 말한다.
③ 안전기준이란 각종 시설 및 물질 등의 제작·유지관리 과정에서 안전을 확보할 수 있도록 적용하여야 할 기술적 기준을 체계화한 것을 말하며, 안전기준의 분야·범위 등은 대통령령으로 정한다.
④ 재난관리주관기관이란 재난이나 그 밖의 각종 사고에 대하여 그 유형별로 예방·대비·대응 및 복구 등의 업무를 주관하여 수행하도록 대통령령으로 정하는 관계 중앙행정기관을 말한다.

해설 재난관리란 재난의 예방·대비·대응 및 복구를 위하여 하는 활동을 말한다. 재난이나 그 밖의 사고로부터 사람의 생명·신체 및 재산의 안전을 확보하기 위하여 하는 모든 활동은 안전관리의 정의이다.

▶ 교재 1권 p.91

02 상중하

「재난 및 안전관리 기본법」상 자연재난에 해당하지 않는 것은?

① 가뭄   ② 폭염
③ 미세먼지   ④ 조류(藻類) 대발생

해설 환경오염사고인 미세먼지는 사회재난에 해당한다.

▶ 교재 1권 p.91

03 상중하

「재난 및 안전관리 기본법」상 자연재난의 분류로 옳지 않은 것은?

① 화산폭발   ② 황사
③ 자연우주물체의 추락 ④ 가축전염병

정답 01.② 02.③ 03.④

해설 「가축전염병예방법」에 따른 가축전염병의 확산 등으로 인한 피해는 사회재난에 해당한다.

04 「재난 및 안전관리 기본법」상 국가안전관리기본계획의 수립 등에 대한 내용으로 옳지 않은 것은?

① 국무총리는 대통령령으로 정하는 바에 따라 국가안전관리기본계획의 수립지침을 작성하여 관계 중앙행정기관의 장에게 통보하여야 한다.
② 관계 중앙기관의 장은 수립지침에 따라 그 소관에 속하는 재난 및 안전관리업무에 관한 기본계획을 작성한 후 국무총리에게 제출하여야 한다.
③ 국무총리는 관계 중앙행정기관의 장이 제출한 기본계획을 종합하여 국가안전관리기본계획을 작성하여 대통령의 승인을 받아 이를 관계 중앙행정기관의 장에게 통보하여야 한다.
④ 중앙행정기관의 장은 확정된 국가안전관리기본계획 중 그 소관 사항을 관계 재난관리책임기관의 장에게 통보하여야 한다.

해설 국무총리는 관계 중앙행정기관의 장이 제출한 기본계획을 종합하여 국가안전관리기본계획을 작성하여 **중앙위원회의 심의를 거쳐 확정한 후** 이를 관계 중앙행정기관의 장에게 통보하여야 한다.

05 「재난 및 안전관리 기본법」상 집행계획에 대한 내용으로 옳지 않은 것은?

① 관계 중앙행정기관의 장은 통보받은 국가안전관리기본계획에 따라 그 소관 업무에 관한 집행계획을 작성하여 중앙위원회의 심의를 거쳐 국무총리의 승인을 받아 확정한다.
② 관계 중앙행정기관의 장은 확정된 집행계획을 행정안전부장관, 시·도지사 및 재난관리책임기관의 장에게 각각 통보하여야 한다.
③ 재난관리책임기관의 장은 통보받은 집행계획에 따라 세부집행계획을 작성하여 관할 시·도지사와 협의한 후 소속 중앙행정기관의 장의 승인을 받아 이를 확정하여야 한다.
④ ③의 경우 그 재난관리책임기관의 장이 공공기관이나 공공단체의 장인 경우에는 그 내용을 지부 등 지방조직에 통보하여야 한다.

해설 관계 중앙행정기관의 장은 통보받은 국가안전관리기본계획에 따라 그 소관 업무에 관한 집행계획을 작성하여 **조정위원회**의 심의를 거쳐 국무총리의 승인을 받아 확정한다.

정답 04.③ 05.①

06
「재난 및 안전관리 기본법」상 재난의 예방·대비에 대한 내용으로 옳지 않은 것은?

① 재난관리책임기관의 장은 소관 관리대상 업무의 분야에서 재난 발생을 사전에 방지하기 위하여 재난에 대응할 조직의 구성 및 정비 등 조치를 하여야 한다.
② 재난관리책임기관의 장은 재난관리를 효율적으로 수행하기 위하여 국가재난관리기준을 제정하여 운영하여야 한다.
③ 재난관리책임기관의 장은 재난을 효율적으로 관리하기 위하여 재난유형에 따라 위기관리 매뉴얼을 작성·운용하여야 한다.
④ ③의 경우 재난대응활동계획과 위기관리 매뉴얼이 서로 연계되도록 하여야 한다.

해설 **행정안전부장관**은 재난관리를 효율적으로 수행하기 위하여 국가재난관리기준을 제정하여 운영하여야 한다.

07
다음 〈보기〉에서 설명하고 있는 것은?

| 보기 |

국가적 차원에서 관리가 필요한 재난에 대하여 재난관리 체계와 관계 기관의 임무와 역할을 규정한 문서이다.

① 위기관리 실무매뉴얼
② 위기관리 표준매뉴얼
③ 위기대응 실무매뉴얼
④ 현장조치 행동매뉴얼

해설 국가적 차원에서 관리가 필요한 재난에 대하여 재난관리 체계와 관계 기관의 임무와 역할을 규정한 문서는 위기관리 표준매뉴얼이다.

정답 06.② 07.②

08 「재난 및 안전관리 기본법」상 재난의 대응에 대한 내용으로 옳지 않은 것은?

① 행정안전부장관은 대통령령으로 정하는 재난이 발생하거나 발생할 우려가 있는 경우 사람의 생명·신체 및 재산에 미치는 중대한 영향이나 피해를 줄이기 위하여 긴급조치가 필요하다고 인정하면 중앙위원회의 심의를 거쳐 재난사태를 선포할 수 있다.
② 행정안전부장관은 재난상황이 긴급하여 중앙위원회의 심의를 거칠 시간적 여유가 없다고 인정하는 경우에는 중앙위원회의 심의를 거치지 않고 재난사태를 선포할 수 있다.
③ ②의 경우 행정안전부장관은 지체 없이 중앙위원회의 승인을 받아야 하고, 승인을 받지 못하면 선포된 재난사태는 그 즉시 효력을 잃는다.
④ 행정안전부장관 및 지방자치단체의 장은 재난사태가 선포된 지역에 대하여 해당 지역에 대한 여행 등 이동 자제 권고 등의 조치를 할 수 있다.

해설 ②의 경우 행정안전부장관은 지체 없이 중앙위원회의 승인을 받아야 하고, 승인을 받지 못하면 선포된 재난사태를 **즉시 해제하여야 한다**.

09 다음 중 재난유형별 대응체계의 연결이 올바른 것은?

	단계	내용	비고
①	관심(Blue)	징후가 있으나 그 활동이 낮으며 가까운 기간 내에 국가 위기로 발전할 가능성이 비교적 낮은 상태	징후활동 감시
②	주의(Yellow)	징후활동이 매우 활발하고 전개속도, 경향성 등이 현저한 수준으로서 국가위기로의 발전 가능성이 농후한 상태	대비계획 점검
③	경계(Orange)	징후활동이 비교적 활발하고 국가위기로 발전할 수 있는 일정 수준의 경향성이 나타나는 상태	대규모 인원 피난
④	심각(Red)	징후활동이 매우 활발하고 전개속도, 경향성 등이 심각한 수준으로서 확실시되는 상태	즉각 대응 태세 돌입

정답 08.③ 09.①

단계	내용	비고
관심(Blue)	징후가 있으나 그 활동이 낮으며 가까운 기간 내에 국가 위기로 발전할 가능성이 비교적 낮은 상태	징후활동 감시
주의(Yellow)	징후활동이 비교적 활발하고 국가위기로 발전할 수 있는 일정 수준의 경향성이 나타나는 상태	대비계획 점검
경계(Orange)	징후활동이 매우 활발하고 전개속도, 경향성 등이 현저한 수준으로서 국가위기로의 발전 가능성이 농후한 상태	즉각 대응 태세 돌입
심각(Red)	징후활동이 매우 활발하고 전개속도, 경향성 등이 심각한 수준으로서 확실시되는 상태	대규모 인원 피난

10 「재난 및 안전관리 기본법」상 재난의 복구에 대한 내용으로 옳은 것은?

① 중앙대책본부장은 대통령령으로 정하는 규모의 재난이 발생하여 피해를 효과적으로 수습하기 위하여 특별한 조치가 필요하다고 인정하는 경우에는 중앙위원회의 심의를 거쳐 해당 지역을 특별재난지역으로 선포할 것을 국무총리에게 건의할 수 있다.

② 특별재난지역의 선포를 건의받은 국무총리는 대통령에게 선포를 요청할 수 있고 대통령은 해당 지역을 특별재난지역으로 선포할 수 있다.

③ 지역대책본부장은 관할지역에서 발생한 재난으로 인하여 피해를 효과적으로 수습하기 위하여 특별한 조치가 필요하다고 인정하는 경우에는 국무총리에게 특별재난지역의 선포 건의를 요청할 수 있다.

④ 국가나 지방자치단체는 특별재난지역으로 선포된 지역에 대해서는 응급대책 및 재난구호와 복구에 필요한 행정상·재정상·금융상·의료상의 특별지원을 할 수 있다.

해설 ① 중앙대책본부장은 대통령령으로 정하는 규모의 재난이 발생하여 피해를 효과적으로 수습하기 위하여 특별한 조치가 필요하다고 인정하는 경우에는 중앙위원회의 심의를 거쳐 해당 지역을 특별재난지역으로 선포할 것을 **대통령**에게 건의할 수 있다.
② 특별재난지역의 선포를 건의받은 **대통령**은 해당 지역을 특별재난지역으로 선포할 수 있다.
③ 지역대책본부장은 관할지역에서 발생한 재난으로 인하여 피해를 효과적으로 수습하기 위하여 특별한 조치가 필요하다고 인정하는 경우에는 **중앙대책본부장**에게 특별재난지역의 선포 건의를 요청할 수 있다.

정답 10.④

O× 문제

01
「가축전염병예방법」에 따른 가축전염병의 확산 등으로 인한 피해는 자연재난에 해당한다. ○×

× 「가축전염병예방법」에 따른 가축전염병의 확산 등으로 인한 피해는 사회재난에 해당한다.

02
환경오염사고인 미세먼지는 사회재난에 해당한다. ○×

○

03
재난관리란 재난이나 그 밖의 사고로부터 사람의 생명·신체 및 재산의 안전을 확보하기 위하여 하는 모든 활동을 말한다. ○×

× 재난관리란 재난의 예방·대비·대응 및 복구를 위하여 하는 활동을 말한다.

04
국가적 차원에서 관리가 필요한 재난에 대하여 재난관리 체계와 관계 기관의 임무와 역할을 규정한 문서를 위기대응 실무매뉴얼이라 한다. ○×

× 국가적 차원에서 관리가 필요한 재난에 대하여 재난관리 체계와 관계 기관의 임무와 역할을 규정한 문서를 **위기관리 표준매뉴얼**이라 한다.

05
중앙대책본부장은 대통령령으로 정하는 재난이 발생하거나 발생할 우려가 있는 경우 사람의 생명·신체 및 재산에 미치는 중대한 영향이나 피해를 줄이기 위하여 긴급조치가 필요하다고 인정하면 중앙위원회의 심의를 거쳐 재난사태를 선포할 수 있다. ○×

× **행정안전부장관**은 대통령령으로 정하는 재난이 발생하거나 발생할 우려가 있는 경우 사람의 생명·신체 및 재산에 미치는 중대한 영향이나 피해를 줄이기 위하여 긴급조치가 필요하다고 인정하면 중앙위원회의 심의를 거쳐 재난사태를 선포할 수 있다.

CHAPTER 07 위험물안전관리법

▶ 교재 1권 p.101

01 다음 ( ) 안에 들어갈 내용으로 맞는 것은?

> 위험물이란 ( ) 또는 ( ) 등의 성질을 가지는 것으로서 대통령령이 정하는 물품을 말한다.

① 발화성, 가연성
② 가연성, 점화성
③ 인화성, 발화성
④ 산화성, 점화성

해설 위험물이란 인화성 또는 발화성 등의 성질을 가지는 것으로서 대통령령이 정하는 물품을 말한다.

▶ 교재 1권 p.102

02 위험물의 지정수량으로 옳은 것만 고른 것은?

| ㉠ 질산 – 300kg | ㉡ 황 – 100kg |
| ㉢ 알코올류 – 1,000L | ㉣ 등유 – 1,000L |

① ㉠, ㉢
② ㉡, ㉢
③ ㉠, ㉡, ㉣
④ ㉠, ㉡, ㉢, ㉣

해설 ㉢ 알코올류는 400L이다.

▶ 교재 1권 p.102

03 「위험물안전관리법」상 지정수량에 대한 내용으로 옳지 않은 것은?

① 고체에 대하여는 질량으로 정하여 'kg'으로 나타낸다.
② 액체는 용량으로 하여 'L'로 나타낸다.
③ 액체인 제4류·제6류 위험물은 'L'로 나타낸다.
④ 황의 지정수량은 100kg이다.

해설 제6류 위험물은 액체인데도 'kg'으로 표시하는데 이는 비중을 고려하여 엄격히 규제하고자 하는 의미이다.

정답 01.③ 02.③ 03.③

04 다음 위험물안전관리법에 대한 내용 중 옳은 것을 모두 고르시오.

㉠ 인화성 또는 발화성 등의 성질을 가지는 것으로서 대통령령이 정하는 물품을 위험물이라 한다.
㉡ 위험물의 종류별로 위험성을 고려하여 대통령령이 정하는 수량을 지정수량이라 한다.
㉢ 지정수량 이상의 위험물은 제조소등에서 제조·저장·취급하여야 한다.
㉣ 지정수량 미만의 위험물에 대해서는「위험물안전관리법」에 의해 시·도의 조례를 따르도록 하고 있다.

① ㉠, ㉡
② ㉠, ㉢
③ ㉡, ㉢, ㉣
④ ㉠, ㉡, ㉢, ㉣

해설 모두 옳은 내용이다.
㉠ "위험물"이라 함은 인화성 또는 발화성 등의 성질을 가지는 것으로서 대통령령이 정하는 물품을 말한다(법 제2조 제1호).
㉡ "지정수량"이라 함은 위험물의 종류별로 위험성을 고려하여 대통령령이 정하는 수량으로서 제조소등의 설치허가 등에 있어서 최저의 기준이 되는 수량을 말한다(법 제2조 제2호).
㉢ • "제조소"라 함은 위험물을 제조할 목적으로 지정수량 이상의 위험물을 취급하기 위하여 허가를 받은 장소를 말한다(법 제2조 제3호).
  • "저장소"라 함은 지정수량 이상의 위험물을 저장하기 위한 대통령령이 정하는 장소로서 허가를 받은 장소를 말한다(법 제2조 제4호).
  • "취급소"라 함은 지정수량 이상의 위험물을 제조외의 목적으로 취급하기 위한 대통령령이 정하는 장소로서 허가를 받은 장소를 말한다(법 제2조 제5호).
  • "제조소등"이라 함은 제3호 내지 제5호의 제조소·저장소 및 취급소를 말한다(법 제2조 제6호).
㉣ 지정수량 미만인 위험물의 저장 또는 취급에 관한 기술상의 기준은 특별시·광역시·특별자치시·도 및 특별자치도(이하 "시·도"라 한다)의 조례로 정한다(법 제4조).

05 위험물안전관리자에 대한 다음 내용 중 ( ) 안에 들어갈 내용을 알맞게 짝지은 것은?

• 제조소등의 관계인은 위험물안전관리자를 해임하거나 퇴직한 때에는 그 날로부터 (㉠) 이내에 다시 선임하여야 한다.
• 제조소등의 관계인은 위험물안전관리자를 선임한 날로부터 (㉡) 이내에 소방본부장 또는 소방서장에게 신고하여야 한다.

① ㉠ 14일, ㉡ 30일
② ㉠ 30일, ㉡ 14일
③ ㉠ 7일, ㉡ 14일
④ ㉠ 14일, ㉡ 7일

해설 '제조소등의 관계인이 위험물안전관리자를 해임하거나 퇴직한 때에는 그 날로부터 30일 이내에 다시 선임하여야 하고, 선임한 날로부터 14일 이내에 소방본부장 또는 소방서장에게 신고하여야 한다.

정답 04.④ 05.②

PART 02 소방관계법령

▶ 교재 1권 p.116

06 상 중 하
다음 중 위험물안전관리자에 대한 설명으로 옳지 않은 것은?

① 위험물기능장, 위험물산업기사 자격을 취득한 사람은 제1류~제6류 위험물을 취급할 수 있다.
② 관계인은 위험물안전관리자를 해임하거나 퇴직한 날로부터 30일 이내에 다시 선임하여야 한다.
③ 위험물안전관리자의 대리자를 지정하여 직무를 대행하는 경우 기간은 30일 이하로 하여야 한다.
④ 위험물 제조소등 허가를 받은 관계인이 위험물안전관리자를 선임하지 않은 경우 50만원 이하의 벌금에 처한다.

해설 위험물안전관리자를 선임하지 않은 관계인으로서 규정에 따른 허가를 받은 자는 1천500만원 이하의 벌금에 처한다.

▶ 교재 1권 p.104

07 상 중 하
위험물안전관리자가 5월 4일에 해임되었을 경우 위험물안전관리자의 선임기한과 선임신고에 대한 내용으로 옳은 것은? (단, 한달은 30일로 가정한다)

	선임기한	선임신고
①	5월 20일	선임한 날부터 14일
②	5월 20일	선임한 날부터 30일
③	6월 4일	선임한 날부터 14일
④	6월 4일	선임한 날부터 30일

해설 제조소등의 관계인은 위험물안전관리자를 해임하거나 퇴직한 때에는 해임하거나 퇴직한 날로부터 30일 이내에 다시 선임하여야 하므로 6월 4일까지 선임해야 하고, 선임한 날부터 14일 이내에 신고하여야 한다.

▶ 교재 1권 p.104

08 상 중 하
위험물안전관리법에 대한 설명으로 옳은 것은?

① 불붙기 쉬운 물건은 모두 위험물안전관리법상 위험물에 해당한다.
② 액화석유가스 저장량이 지정수량 이상이라면 위험물안전관리자를 선임하고 신고해야 한다.
③ 비상발전기용 경유탱크의 용량이 1,000L 이상이면 위험물안전관리자를 선임하고 신고해야 한다.
④ 위험물안전관리자를 선임한 경우 시·도지사에게 신고하여야 한다.

정답 06.④ 07.③ 08.③

해설 ① 불붙기 쉬운 물건 중 인화성 또는 발화성 등의 성질을 가지는 것으로서 대통령령으로 정하는 물품만이 위험물안전관리법상 위험물에 해당한다.
② 액화석유가스는 「액화석유가스의 안전관리 및 사업법」에서 정하는 대로 규율된다.
④ 위험물안전관리자를 선임한 경우 소방본부장 또는 소방서장에게 신고하여야 한다.

▶ 교재 1권 p.108

09 상중하

1인의 위험물안전관리자를 중복 선임할 수 있는 경우로 옳지 않은 것은? (동일구내에 있는 저장소로서 동일인이 설치한 경우임)

① 10개 이하의 옥내저장소
② 30개 이하의 옥외탱크저장소
③ 옥내탱크저장소
④ 30개 이하의 옥외저장소

해설 '10개 이하의 옥외저장소'이다.

▶ 교재 1권 p.108

10 상중하

다음 〈보기〉는 1인의 위험물안전관리자를 중복 선임할 수 있는 경우이다. ( ) 안에 들어갈 내용을 옳게 고른 것은?

|보기|

다음의 기준에 모두 적합한 (㉠) 이하의 제조소등을 동일인이 설치한 경우
ⓐ 각 제조소등이 동일구 내에 있거나 상호 보행거리 (㉡) 이내의 거리에 있을 것
ⓑ 각 제조소등에서 저장 또는 취급하는 위험물의 최대수량이 지정수량의 (㉢) 미만일 것. 다만, (㉣)의 경우에는 그러하지 않다.

	㉠	㉡	㉢	㉣
①	7개	100m	2,000배	저장소
②	5개	100m	3,000배	저장소
③	7개	200m	3,000배	취급소
④	5개	200m	2,000배	취급소

해설 다음의 기준에 모두 적합한 (㉠ 5개) 이하의 제조소등을 동일인이 설치한 경우
ⓐ 각 제조소등이 동일구 내에 있거나 상호 보행거리 (㉡ 100m) 이내의 거리에 있을 것
ⓑ 각 제조소등에서 저장 또는 취급하는 위험물의 최대수량이 지정수량의 (㉢ 3,000배) 미만일 것. 다만, (㉣ 저장소)의 경우에는 그러하지 않다.

정답 09.④ 10.②

제7장 위험물안전관리법

11

「위험물안전관리법」상 설치 및 변경허가 등에 내용으로 옳지 않은 것은?

① 제조소등을 설치할 때는 시·도지사(소방서장)의 허가를 받아야 하며, 설치 후 완공검사를 받아야 한다.
② 위험물의 품명·수량 또는 지정수량의 배수를 변경하고자 할 때는 변경하고자 하는 날의 3일 전까지 시·도지사(소방서장)에게 신고하여야 한다.
③ 농예용, 축산용 또는 수산용으로 필요한 난방시설을 위한 지정수량 20배 이하의 저장소는 설치허가를 받지 않아도 된다.
④ 시·도지사(소방서장)는 제조소등의 관계인이 규정을 위반하였다면 허가를 취소하거나 6월 이내의 기간을 정하여 제조소등의 전부 또는 일부의 사용정지를 명할 수 있다.

해설 위험물의 품명·수량 또는 지정수량의 배수를 변경하고자 할 때는 변경하고자 하는 날의 **1일** 전까지 시·도지사(소방서장)에게 신고하여야 한다.

12

다음 〈보기〉의 (   ) 안에 들어갈 내용으로 알맞게 짝지은 것은?

| 보기 |

- 제조소등의 승계신고 : 승계한 날로부터 (㉠) 이내 → 시·도지사(소방서장)
- 제조소등의 용도폐지 신고 : 용도폐지일로부터 (㉡) 이내 → 시·도지사(소방서장)

① ㉠ 10일, ㉡ 20일
② ㉠ 20일, ㉡ 10일
③ ㉠ 30일, ㉡ 14일
④ ㉠ 14일, ㉡ 30일

해설
- 제조소등의 승계신고 : 승계한 날로부터 (㉠ 30일) 이내 → 시·도지사(소방서장)
- 제조소등의 용도폐지 신고 : 용도폐지일로부터 (㉡ 14일) 이내 → 시·도지사(소방서장)

13

제조소등의 사용 중지 등에 대한 내용으로 옳지 않은 것은?

① 관계인은 제조소등의 사용을 중지하려는 경우에는 해당 제조소등의 사용을 중지하려는 날의 14일 전까지 제조소등의 사용 중지를 시·도지사에게 신고하여야 한다.
② 관계인은 제조소등의 사용을 중지하려는 경우에는 위험물의 제거 및 제조소등의 출입통제 등 안전조치를 해야 한다.
③ 제조소등의 사용을 중지하는 기간에 위험물안전관리자가 계속하여 직무를 수행하는 경우에도 안전조치를 해야 한다.
④ 시·도지사는 신고를 받으면 제조소등의 관계인이 안전조치를 적합하게 하였는지 확인하고 위해 방지를 위하여 필요한 안전조치의 이행을 명할 수 있다.

정답 11.② 12.③ 13.③

해설 제조소등의 사용을 중지하는 기간에도 위험물안전관리자가 계속하여 직무를 수행하는 경우에는 안전조치를 아니할 수 있다.

14 제조소등의 정기점검대상으로 옳은 것은?
① 지정수량의 10배 이상의 위험물을 저장하는 제조소
② 지정수량의 200배 이상의 위험물을 저장하는 옥외저장소
③ 지정수량의 100배 이상의 위험물을 저장하는 옥내저장소
④ 지정수량의 150배 이상의 위험물을 저장하는 옥외탱크저장소

해설 ② 지정수량의 100배 이상의 위험물을 저장하는 옥외저장소
③ 지정수량의 150배 이상의 위험물을 저장하는 옥내저장소
④ 지정수량의 200배 이상의 위험물을 저장하는 옥외탱크저장소

15 제조소등의 정기점검대상으로 옳지 않은 것은?
① 지정수량의 10배 이상의 위험물을 취급하는 일반취급소
② 암반탱크저장소
③ 지하탱크저장소
④ 지정수량의 100배 이상의 위험물을 저장하는 옥내저장소

해설 '지정수량의 **150배** 이상의 위험물을 저장하는 옥내저장소'이다.

정답 14.① 15.④

16

제조소등의 정기점검 대상범위에 대한 다음 표에서 밑줄 친 부분 중 옳은 것은?

정기점검 구분	점검대상	점검자의 자격	점검기록 보존 연한	횟수
일반점검	정기점검대상	안전관리자 운송자(이동탱크저장소)	② 5년	④ 연 1회 이상
구조안전점검	특정·준특정옥외탱크저장소(저장 또는 취급하는 액체 위험물의 최대수량이 ① 100만 리터 이상인 것)	소방청장이 고시하는 점검방법에 관한 지식 및 기능이 있는 자	③ 20년 [(비고)3호에 규정한 기간의 적용을 받는 경우는 30년]	아래 어느 하나에 해당하는 기간 이내 1회 이상

[비고]
1. 제조소등의 설치허가에 따른 완공검사합격확인증을 교부받은 날부터 12년
2. 최근 정기검사를 받은 날부터 11년
3. 특정·준특정옥외저장탱크에 안전조치를 한 후 공사에 구조안전점검시기 연장신청을 하여 해당 안전조치가 적정한 것으로 인정받은 경우에는 최근의 정밀정기검사를 받는 날부터 13년

해설

정기점검 구분	점검대상	점검자의 자격	점검기록 보존 연한	횟수
일반점검	정기점검대상	안전관리자 운송자(이동탱크저장소)	② 3년	④ 연 1회 이상
구조안전점검	특정·준특정옥외탱크저장소(저장 또는 취급하는 액체 위험물의 최대수량이 ① 50만 리터 이상인 것)	소방청장이 고시하는 점검방법에 관한 지식 및 기능이 있는 자	③ 25년 [(비고)3호에 규정한 기간의 적용을 받는 경우는 30년]	아래 어느 하나에 해당하는 기간 이내 1회 이상

17

다음 중 5년 이하의 징역 또는 1억원 이하의 벌금에 처할 사유는?

① 저장소 또는 제조소등이 아닌 장소에서 지정수량 이상의 위험물을 저장 또는 취급한 자
② 제조소등의 설치허가를 받지 아니하고 제조소등을 설치한 자
③ 운반용기에 대한 검사를 받지 않고 운반용기를 사용하거나 유통시킨 자
④ 수리·개조 또는 이전의 명령을 따르지 않은 자

정답 16.④ 17.②

[해설] ① 저장소 또는 제조소등이 아닌 장소에서 지정수량 이상의 위험물을 저장 또는 취급한 자는 3년 이하의 징역 또는 3천만원 이하의 벌금에 처한다.
③ 운반용기에 대한 검사를 받지 않고 운반용기를 사용하거나 유통시킨 자는 1년 이하의 징역 또는 1천만원 이하의 벌금에 처한다.
④ 수리·개조 또는 이전의 명령을 따르지 않은 자는 1천5백만원 이하의 벌금에 처한다.

18 1년 이하의 징역 또는 1천만원 이하의 벌금에 해당하지 않는 것은?

① 정기점검을 하지 아니하거나 점검기록을 허위로 작성한 관계인으로서 규정에 따른 허가를 받은 자
② 자체소방대를 두지 아니한 관계인으로서 규정에 따른 허가를 받은 자
③ 제조소등의 완공검사를 받지 아니하고 위험물을 저장·취급한 자
④ 탱크시험자로 등록하지 아니하고 탱크시험자의 업무를 한 자

[해설] 제조소등의 완공검사를 받지 아니하고 위험물을 저장·취급한 자는 1,500만원 이하의 벌금에 처할 사유이다.

19 1천5백만원 이하의 벌금에 처할 사유가 아닌 것은?

① 제조소등의 사용정지명령을 위반한 자
② 업무정지명령을 위반한 자
③ 제조소등의 완공검사를 받지 않고 위험물을 저장·취급한 자
④ 위험물의 취급에 관한 안전관리와 감독을 하지 아니한 자

[해설] 위험물의 취급에 관한 안전관리와 감독을 하지 아니한 자에게는 1,000만원 이하의 벌금에 처한다.

20 500만원 이하의 과태료에 처할 사유가 아닌 것은?

① 임시저장에 관한 승인을 받지 않은 자
② 위험물의 운반에 관한 중요기준에 따르지 않은 자
③ 품명 등의 변경신고를 기간 이내에 하지 않거나 허위로 한 자
④ 지위승계신고를 기간 이내에 하지 않거나 허위로 한 자

[해설] 위험물의 운반에 관한 중요기준에 따르지 않은 자는 1천만원 이하의 벌금에 처할 사유이다.

정답 18.③ 19.④ 20.②

O× 문제

01
지정수량은 위험물의 종류별로 위험성을 고려하여 시·도조례로 정하는 수량으로서, 제조소등의 설치허가 등에서 기준이 되는 수량을 말한다. O×

× 지정수량은 위험물의 종류별로 위험성을 고려하여 **대통령령**이 정하는 수량으로서, 제조소등의 설치허가 등에서 기준이 되는 수량을 말한다.

02
지정수량의 표시는 고체에 대하여는 질량으로 정하여 'kg'으로 나타내고, 액체는 용량으로 하여 'L'로 나타낸다. 따라서 액체인 제4류·제6류 위험물은 'L'로 나타낸다. O×

× 액체인 제6류 위험물은 액체인데도 'kg'으로 표시하는데 이는 비중을 고려하여 엄격히 규제하고자 하는 의미가 있다.

03
위험물의 임시저장·취급 시 관할소방서장의 승인을 받아 지정수량 미만의 위험물을 90일 이내의 기간 동안 임시로 저장 또는 취급하는 경우 가능하다. O×

× 위험물의 임시저장·취급 시 관할소방서장의 승인을 받아 지정수량 **이상의** 위험물을 90일 이내의 기간 동안 임시로 저장 또는 취급하는 경우 가능하다.

04
제조소등의 관계인은 안전관리자가 여행·질병 그 밖의 사유로 인하여 일시적으로 직무를 수행할 수 없는 경우 대리자를 지정하여 직무를 대행하게 할 수 있는데 그 기간은 30일 이하여야 한다. O×

O

05
보일러·버너 또는 이와 비슷한 것으로 위험물을 소비하는 장치로 이루어진 5개 이하의 일반취급소와 그 일반취급소에 공급하기 위한 위험물을 저장하는 동일구내에 있는 저장소를 동일인이 설치한 경우 1인의 위험물안전관리자를 중복 선임할 수 있다. O×

× 보일러·버너 또는 이와 비슷한 것으로 위험물을 소비하는 장치로 이루어진 **7개** 이하의 일반취급소와 그 일반취급소에 공급하기 위한 위험물을 저장하는 동일구내에 있는 저장소를 동일인이 설치한 경우 1인의 위험물안전관리자를 중복 선임할 수 있다.

06
인화점이 38℃ 이상인 제4류 위험물만을 지정수량 30배 이하로 취급하는 일반취급소로서 위험물을 용기에 옮겨 담거나 차량에 고정된 탱크에 주입하는 일반취급소는 1인의 위험물안전관리자를 중복하여 선임하는 경우 위험물안전관리자를 보조하게 하여야 한다. O×

× 인화점이 38℃ 이상인 제4류 위험물만을 지정수량 30배 이하로 취급하는 일반취급소로서 위험물을 용기에 옮겨 담거나 차량에 고정된 탱크에 주입하는 일반취급소는 1인의 위험물안전관리자를 중복하여 선임하는 경우 위험물안전관리자를 보조하게 할 필요가 없다.

07
제조소등의 승계신고는 승계한 날로부터 14일 이내에 시·도지사(소방서장)에게 신고해야 한다. O×

× 제조소등의 승계신고는 승계한 날로부터 **30일** 이내에 시·도지사(소방서장)에게 신고해야 한다.

O× 문제

08
농예용, 축산용 또는 수산용으로 필요한 난방시설 또는 건조시설을 위한 지정수량 20배 이하의 저장소는 설치허가 제외대상이다. O×

○

09
시·도지사(소방서장)는 제조소등의 관계인이 규정을 위반하였다면 대통령령이 정하는 바에 따라 허가를 취소하거나 1년 이내의 기간을 정하여 제조소등의 전부 또는 일부의 사용중지를 명할 수 있다. O×

× 시·도지사(소방서장)는 제조소등의 관계인이 규정을 위반하였다면 **행정안전부령**이 정하는 바에 따라 허가를 취소하거나 **6월** 이내의 기간을 정하여 제조소등의 전부 또는 일부의 사용중지를 명할 수 있다.

10
지정수량 150배 이상의 위험물을 저장하는 옥외탱크저장소는 정기점검대상이다. O×

× 지정수량 **200배** 이상의 위험물을 저장하는 옥외탱크저장소는 정기점검대상이다.

11
배관, 탱크에 위험물·질소·물 등을 주입한 상태에서 가압하여 누설 여부를 확인하는 방법 중 수압점검방법은 가압 후 20분간의 정치시간을 두고 그 후 10분간의 압력강하가 시험압력의 10% 이내인 경우 이상이 없는 것으로 간주한다. O×

× 배관, 탱크에 위험물·질소·물 등을 주입한 상태에서 가압하여 누설 여부를 확인하는 방법 중 수압점검방법은 가압 후 **10분간**의 정치시간을 두고 그 후 **20분간**의 압력강하가 시험압력의 10% 이내인 경우 이상이 없는 것으로 간주한다.

12
제조소등의 설치허가를 받지 아니하고 제조소등을 설치한 자는 5년 이하의 징역 또는 1억원 이하의 벌금에 처한다. O×

○

13
자체소방대를 두지 않은 관계인으로서 규정에 따른 허가를 받은 자는 1천500만원 이하의 벌금에 처한다. O×

× 자체소방대를 두지 않은 관계인으로서 규정에 따른 허가를 받은 자는 1년 이하의 징역 또는 1천만원 이하의 벌금에 처한다.

14
제조소등의 사용정지명령을 위반한 자는 1천만원 이하의 벌금에 처한다.

× 제조소등의 사용정지명령을 위반한 자는 1천500만원 이하의 벌금에 처한다.

15
위험물의 운반에 관한 중요기준에 따르지 않은 자는 500만원 이하의 과태료를 부과한다. O×

× 위험물의 운반에 관한 중요기준에 따르지 않은 자는 1천만원 이하의 벌금에 처한다.

PART 02

CHAPTER 08 종합문제

01 소방관계법령에 대한 설명으로 옳은 것은?
① 소방기본법상 관계인은 소방대상물의 소유자·관리자 또는 시공자를 말한다.
② 소방관서장은 화재안전조사의 조사대상, 조사기간 및 조사사유 등 조사계획을 소방관서의 홈페이지나 전산시스템을 통해 14일 이상 공개해야 한다.
③ 소방관서장은 소화 활동에 지장을 줄 수 있다고 인정되는 물건 등을 보관하는 경우에는 그 날부터 14일 동안 해당 소방관서의 인터넷 홈페이지에 그 사실을 공고해야 한다.
④ 관리업자등은 자체점검을 실시한 경우에는 그 점검이 끝난 날부터 14일 이내에 소방시설등 자체점검 실시결과 보고서에 소방시설등점검표를 첨부하여 관계인에게 제출해야 한다.

해설 ① 소방기본법상 관계인은 소방대상물의 소유자·관리자 또는 점유자를 말한다.
② 소방관서장은 화재안전조사의 조사대상, 조사기간 및 조사사유 등 조사계획을 소방관서의 홈페이지나 전산시스템을 통해 7일 이상 공개해야 한다.
④ 관리업자등은 자체점검을 실시한 경우에는 그 점검이 끝난 날부터 10일 이내에 소방시설등 자체점검 실시결과 보고서에 소방시설등점검표를 첨부하여 관계인에게 제출해야 한다.

02 소방관계법령에 대한 설명으로 옳지 않은 것은?
① 소방대장은 소방본부장 또는 소방서장 등 화재, 재난·재해, 그 밖의 위급한 상황이 발생한 현장에서 소방대를 지휘하는 사람을 말한다.
② 한국소방안전원은 방염처리 물품의 성능검사 실시기관이다.
③ 누구든지 화재예방강화지구에서 모닥불, 흡연 등 화기의 취급을 해서는 안 된다.
④ 소방본부장 또는 소방서장은 불시 소방훈련·교육 실시 10일 전까지 불시 소방훈련·교육 계획서를 관계인에게 통지해야 한다.

해설 방염처리 물품에 대한 성능검사 실시 기관은 선처리물품의 경우 한국소방산업기술원, 현장처리물품의 경우 시·도지사(관할소방서장)가 실시기관이다.

정답 01.③ 02.②

03 소방관계법령에 대한 설명으로 옳지 않은 것은?

① 소방기본법상 관계인은 소방대상물의 소유자·관리자 또는 점유자를 말한다.
② 화재예방안전진단은 화재가 발생할 경우 사회·경제적으로 피해 규모가 클 것으로 예상되는 소방대상물에 대하여 화재위험요인을 조사하고 그 위험성을 평가하여 개선대책을 수립하는 것을 말한다.
③ 소화설비, 경보설비, 피난구조설비, 소화용수설비, 그 밖에 소화활동설비로서 대통령령으로 정하는 것을 소방시설이라 한다.
④ 피난시설은 계단(직통계단·피난계단 등), 복도, 출입구(비상구 포함), 제연설비, 그 밖의 피난시설(옥상광장, 피난안전구역, 피난용 승강기 및 승강장 등)을 말한다.

해설 제연설비는 피난시설에 포함되지 않는다.

04 다음 소방관계법령에 관한 설명으로 옳은 것을 모두 고르면?

㉠ 소방기본법은 화재의 예방과 안전관리에 필요한 사항을 규정함으로써 화재로부터 국민의 생명·신체 및 재산을 보호하고 공공의 안전과 복리 증진에 이바지함을 목적으로 한다.
㉡ 화재예방강화지구란 소방관서장이 화재발생 우려가 크거나 화재가 발생할 경우 피해가 클 것으로 예상되는 지역에 대하여 화재의 예방 및 안전관리를 강화하기 위해 지정·관리하는 지역을 말한다.
㉢ 소방대상물은 건축물, 차량, 바다에서 운행중인 선박, 선박 건조 구조물, 산림, 그 밖의 인공구조물 또는 물건을 말한다.
㉣ 단독주택 및 공동주택(아파트 및 기숙사 포함)의 소유자는 소화기 및 단독경보형 감지기를 설치할 수 있다.
㉤ 옥상광장 또는 2층 이상인 층에 노대등의 주위에는 높이 1.2m 이상의 난간을 설치하여야 한다.

① ㉠, ㉡
② ㉠, ㉢, ㉤
③ ㉠, ㉡, ㉢, ㉣
④ ㉤

해설 ㉠ **화재의 예방 및 안전관리에 관한 법률**은 화재의 예방과 안전관리에 필요한 사항을 규정함으로써 화재로부터 국민의 생명·신체 및 재산을 보호하고 공공의 안전과 복리 증진에 이바지함을 목적으로 한다.

▶ 소방기본법의 목적
화재를 예방·경계하거나 진압하고 화재, 재난·재해, 그 밖의 위급한 상황에서의 구조·구급 활동 등을 통하여 국민의 생명·신체 및 재산을 보호함으로써 공공의 안녕 및 질서 유지와 복리증진에 이바지함을 목적으로 한다.

ⓒ 화재예방강화지구란 **시·도지사**가 화재발생 우려가 크거나 화재가 발생할 경우 피해가 클 것으로 예상되는 지역에 대하여 화재의 예방 및 안전관리를 강화하기 위해 지정·관리하는 지역을 말한다.
ⓒ 항구에 매어둔 선박만 해당되고, 바다에서 **운행 중인 선박은 제외**된다.
ⓔ 단독주택 및 공동주택(아파트 및 기숙사 **제외**)의 소유자는 소화기 및 단독경보형 감지기를 설치**하여야 한다**.

05 다음 소방관계법령에 관한 설명으로 옳지 않은 것을 모두 고르면?

㉠ 소방기본법은 화재를 예방·경계하거나 진압하고 화재, 재난·재해, 그 밖의 위급한 상황에서의 구조·구급 활동 등을 통하여 국민의 생명·신체 및 재산을 보호함으로써 공공의 안녕 및 질서 유지와 복리증진에 이바지함을 목적으로 한다.
㉡ 소방본부장은 인명구조, 화재확산방지를 위해 필요한 경우라도 관계인의 허락 없이는 당해 소방대상물 및 토지의 일시적 사용(또는 사용의 제한) 및 소방 활동에 필요한 처분을 강제할 수 없다.
㉢ 소방관서장은 화재 발생 위험이 큰 물건의 소유자 등을 알 수 없는 경우 소속공무원으로 하여금 임의로 옮기거나 보관하게 할 수 없다.
㉣ 소방관서장은 소화 활동에 지장을 줄 수 있다고 인정되는 물건 등을 보관하는 경우에는 그 날부터 14일 동안 해당 소방관서의 인터넷 홈페이지에 그 사실을 공고해야 한다.
㉤ 소방대상물은 건축물, 차량, 바다에서 운행중인 선박, 선박 건조 구조물, 산림, 그 밖의 인공구조물 또는 물건을 말한다.

① ㉡, ㉢, ㉣, ㉤
② ㉠, ㉤
③ ㉡, ㉢, ㉤
④ ㉡, ㉣

해설 옳지 않은 것은 ㉡㉢㉤이다.
㉡ 소방본부장은 인명구조, 화재확산방지를 위해 필요한 경우에는 관계인의 허락 없이도 당해 소방대상물 및 토지의 일시적 사용(또는 사용의 제한) 및 소방 활동에 필요한 처분을 강제할 수 **있다**.
㉢ 소방관서장은 화재 발생 위험이 큰 물건의 소유자 등을 알 수 없는 경우 소속공무원으로 하여금 임의로 옮기거나 보관하게 할 수 **있다**.
㉤ 항구에 매어둔 선박만 해당되고, 바다에서 **운행 중인 선박은 제외**된다.

06 상중하

다음은 ○○건물의 건축물 정보이다. 이를 참고하여 소방시설등 자체점검 실시결과 보고서의 소방안전정보 부분에 "✓" 표시를 잘못한 것을 고르시오.

[건축물 정보]

건축허가일	2017년 5월 4일
사용승인일	2020년 6월 13일
연면적	23,500m²
층수	지상 11층 / 지하 2층
용도	업무시설
소방시설	자동화재탐지설비, 옥내소화전설비, 스프링클러설비 등

[소방안전정보]
※ [ ]에는 해당되는 곳에 ✓표기를 함

소방안전관리등급	[ ]특급, ① [✓]1급, [ ]2급, [ ]3급
소방안전관리자	[ ]소방안전관리자자격증 ② [✓]업무대행감독
자체점검	작동점검 (③ [✓]실시 [ ]미실시) 종합점검 (④ [✓]실시 [ ]미실시)

해설

② 업무대행을 할 수 있는 소방안전관리대상물은 지상층의 층수가 11층 이상인 1급 소방안전관리대상물과 2급 및 3급 소방안전관리대상물이다. 다만 층수가 11층 이상인 1급 소방안전관리대상물 중 **연면적 15,000m² 이상인 특정소방대상물**과 아파트는 **제외**되므로 연면적이 23,500m²인 동 건축물은 업무대행을 할 수 없다.
① 동 건물의 연면적이 23,500m²이므로 1급 소방안전관리대상물이 맞다.
③ 자동화재탐지설비가 설치되어 있는 특정소방대상물이므로 작동점검 대상이 맞다.
④ 스프링클러설비가 설치되어 있는 특정소방대상물이므로 종합점검 대상이 맞다.

정답 06.②

1급 소방안전관리자 기출예상문제집

제1과목

PART 03

건축관계법령

PART 03 건축관계법령

▶ 교재 1권 p.123

01 다음 중 방화구획에 대한 내용으로 옳지 않은 것은?
① 건축물 내부를 내화구조 등으로 구획
② 화재의 확산을 일정구역으로 제한
③ 연기의 확산을 일정구역으로 제한
④ 소화작업 및 피난시간을 일정시간 확보

해설 연기의 확산은 제연을 시행하도록 **소방법**에 위임한다.

▶ 교재 1권 p.123

02 건축물의 방화안전 개념에 대한 내용으로 옳지 않은 것은?
① 방화구획 : 건축물 내부를 내화구조 등의 벽, 바닥 등으로 구획한다.
② 실내마감재 : 벽돌·자연석·인조석·콘크리트·아스팔트·도자기질재료·유리 및 그 밖에 이와 비슷한 내수성 건축재료로 한다.
③ 피난 : 대피공간, 발코니, 복도, 직통계단, 피난계단, 특별피난계단의 구조·치수 등을 규정한다.
④ 내화구조 : 화재 시 일정시간 건축물의 강도를 유지하기 위해 주요구조부와 지붕은 내화구조로 한다.

해설 ② 실내마감재 : 방화구획과 피난계단, 지상으로 통하는 주된 복도는 일정시간 화재의 확산을 방지토록 불연재료, 준불연재료, 난연재료를 실내 마감재로 사용한다.

▶ 교재 1권 p.126

03 건축물의 주요구조부가 아닌 것은?
① 내력벽
② 기둥
③ 최하층 바닥
④ 주계단

해설 주요구조부란 건축물의 구조상 주요 부분인 내력벽·기둥·바닥·보·지붕틀 및 주계단을 말한다.

정답 01.③ 02.② 03.③

▶ 주요구조부

주요구조부	주요구조부가 아닌 것
지붕틀, 내력벽, 보, 기둥, 바닥, **주계단**	사이기둥, **최하층 바닥**, 작은보, 차양, **옥외계단**, 그 밖에 이와 유사한 부분

심화문제 다음 중 건축법상 주요구조부에 포함되는 것은?
① 사이기둥　　② 최하층 바닥
③ 작은보　　　④ 내력벽

답 ④

04 다음은 건축용어에 대한 설명이다. ( ) 안에 알맞은 것은?

(㉮): 기존 건축물의 전부 또는 일부[내력벽·기둥·보·지붕틀 중 (㉯) 이상이 포함되는 경우를 말한다]를 해체하고, 그 대지에 종전과 같은 규모의 범위에서 건축물을 다시 축조하는 것을 말한다.

① ㉮: 재축, ㉯: 셋　　② ㉮: 개축, ㉯: 넷
③ ㉮: 재축, ㉯: 넷　　④ ㉮: 개축, ㉯: 셋

해설 • (㉮ 개축): 기존 건축물의 전부 또는 일부[내력벽·기둥·보·지붕틀 중 (㉯ 셋) 이상이 포함되는 경우를 말한다]를 해체하고, 그 대지에 종전과 같은 규모의 범위에서 건축물을 다시 축조하는 것을 말한다.

05 건축관계법령에 대한 내용이다. ( ) 안에 들어갈 내용을 차례로 고른 것은?

(㉠): 기존 건축물의 전부 또는 일부를 해체하고 그 대지에 종전과 같은 규모의 범위에서 건축물을 다시 축조하는 것을 말한다.
(㉡): 건축물이 천재지변이나 그 밖의 재해로 멸실된 경우에 그 대지 안에 종전과 같은 규모의 범위에서 건물을 다시 축조하는 것을 말한다.

① ㉠ 개축, ㉡ 재축　　② ㉠ 재축, ㉡ 개축
③ ㉠ 신축, ㉡ 개축　　④ ㉠ 개축, ㉡ 증축

해설 (㉠ 개축): 기존 건축물의 전부 또는 일부를 해체하고 그 대지에 종전과 같은 규모의 범위에서 건축물을 다시 축조하는 것을 말한다.
(㉡ 재축): 건축물이 천재지변이나 그 밖의 재해로 멸실된 경우에 그 대지 안에 종전과 같은 규모의 범위에서 건물을 다시 축조하는 것을 말한다.

정답 04.④ 05.①

06 건축법상 용어에 대한 정의로 옳지 않은 것은?

① 재축은 기존 건축물의 전부 또는 일부를 해체하고 그 대지에 종전과 같은 규모의 범위에서 건축물을 다시 축조하는 것을 말한다.
② 기둥을 증설 또는 해체하거나 세 개 이상 수선 또는 변경하는 것은 대수선에 해당한다.
③ 이전이란 건축물의 주요구조부를 해체하지 않고 동일한 대지 안의 다른 위치로 옮기는 것을 말한다.
④ 건축물 안에서 거주, 집무, 작업, 집회, 오락 등의 목적을 위하여 사용되는 방을 거실이라고 한다.

해설 기존 건축물의 전부 또는 일부를 해체하고 그 대지에 종전과 같은 규모의 범위에서 건축물을 다시 축조하는 것은 개축에 해당한다. 재축은 건축물이 천재지변이나 기타 재해에 의하여 멸실된 경우에 그 대지 안에 종전과 같은 규모의 범위에서 건축물을 다시 축조하는 것을 말한다.

07 다음 중 대수선에 해당되지 않는 것은?

① 벽면적을 20m² 이상 수선 또는 변경하는 것
② 기둥을 3개 이상 수선 또는 변경하는 것
③ 보를 3개 이상 수선 또는 변경하는 것
④ 지붕틀을 3개 이상 수선 또는 변경하는 것

해설 벽면적을 30m² 이상 수선 또는 변경하는 것이다.

08 대수선의 범위에 해당하지 않는 것은?

① 보를 증설 또는 해체하거나 3개 이상 수선 또는 변경하는 것
② 내력벽을 증설 또는 해체하거나 그 벽면적을 30m² 이상 수선 또는 변경하는 것
③ 건축물의 외벽에 사용하는 마감 재료를 증설 또는 해체하는 것
④ 옥외계단을 증설 또는 해체하거나 수선 또는 변경하는 것

해설 **옥외**계단을 증설 또는 해체하거나 수선 또는 변경하는 것은 대수선의 범위에 포함되지 않는다. 주계단, 피난계단 또는 특별피난계단을 증설 또는 해체하거나 수선 또는 변경하는 것이 해당된다.

정답 06.① 07.① 08.④

09 다음 중 대수선에 해당하지 않는 것은?

① 미관지구에서 건축물의 담장을 변경하는 것
② 한옥 서까래를 증설 또는 해체하는 것
③ 다가구주택의 가구 간 경계벽을 증설 또는 해체하는 것
④ 특별피난계단을 증설 또는 해체하는 것

해설 한옥 서까래는 **지붕틀의 범위에서 제외**되므로 한옥 서까래를 증설 또는 해체하는 것은 대수선에 해당하지 않는다.

10 건축법에 따른 대수선에 해당하지 않는 것은?

① 주계단, 피난계단을 수선 또는 변경하는 것
② 보를 3개 이상 수선 또는 변경하는 것
③ 기둥을 2개 이상 수선 또는 변경하는 것
④ 지붕틀을 3개 이상 수선 또는 변경하는 것

해설 기둥을 3개 이상 수선 또는 변경하는 것이 대수선에 해당한다.

11 ㉠~㉣ 건축물의 주요 구조부를 다음과 같이 수선 또는 변경하였다. 이 중 대수선에 해당하는 것을 모두 고른 것은?

	내력벽	기둥	보	지붕틀
㉠	-	1개	-	2개
㉡	-	-	-	3개
㉢	30m²	1개	2개	-
㉣	25m²	1개	2개	1개

① ㉠, ㉡
② ㉢, ㉣
③ ㉡, ㉢
④ ㉠, ㉣

해설 ㉡ 지붕틀 3개를 수선 또는 변경하는 경우 대수선에 해당한다.
㉢ 내력벽 30m²를 수선 또는 변경하는 경우 대수선에 해당한다.

정답 09.② 10.③ 11.③

PART 03 건축관계법령

▶ 교재 1권 p.132

12 건축법상 관련기관의 허가, 인가 등을 받아야 하는 행위가 아닌 것은?
① 다가구주택의 가구 간에 경계벽을 설치하여 새로운 세대를 만드는 경우
② 건축물의 외벽에 마감재료를 증설하는 경우
③ 방화구획을 위한 벽을 증설하는 경우
④ 옥외계단을 증설하는 경우

해설 건축물을 건축하거나 대수선하려는 자는 특별자치시장·특별자치도지사 또는 시장·군수·구청장의 허가를 받아야 한다. 주계단·피난계단 또는 특별피난계단을 증설 또는 해체하거나 수선 또는 변경하는 것은 대수선에 해당되어 허가를 받아야 하지만 옥외계단을 증설하는 것은 대수선에 해당되지 않아 허가를 받지 않아도 된다.

▶ 교재 1권 p.133

13 건축법상 도로에 대한 내용으로 옳지 않은 것은?
① 건축법상 '도로'는 보행과 자동차 통행이 가능한 4m 이상의 도로를 말한다.
② 건축법상 '도로'는 「국토의 계획 및 이용에 관한 법률」·「도로법」·「사도법」, 기타 관계법령에 의하여 신설 또는 변경에 관한 고시가 된 도로이다.
③ 건축법상 '도로'는 건축허가 또는 신고 시 시·도지사 또는 시장·군수·구청장이 그 위치를 지정하여 공고한 도로이다.
④ 건축물의 대지는 4m 이상이 도로(자동차만의 통행에 사용되는 도로는 제외한다)에 접하여야 한다.

해설 건축물의 대지는 **2m** 이상이 도로(자동차만의 통행에 사용되는 도로는 제외한다)에 접하여야 한다.

▶ 교재 1권 p.133~134

14 다음 중 내화구조에 대한 설명으로 옳지 않은 것은?
① 화재에 견딜 수 있는 성능을 가진 철근콘크리트조·연와조 기타 이와 유사한 구조를 말한다.
② 화재 시에 일정시간 동안 형태나 강도 등이 크게 변하지 않는 구조를 말한다.
③ 연면적이 $100m^2$ 이하인 단층의 부속건축물로서 외벽 및 처마 밑면을 방화구조로 한 것과 무대의 바닥은 그렇지 않다.
④ 대체로 화재 후에도 재사용이 가능한 정도의 구조를 말한다.

해설 연면적이 **$50m^2$** 이하인 단층의 부속건축물로서 외벽 및 처마 밑면을 방화구조로 한 것과 무대의 바닥은 그렇지 않다.

정답 12.④ 13.④ 14.③

15 벽의 내화구조의 기준에 대한 내용으로 옳지 않은 것은?

① 철근콘크리트조 또는 철골철근콘크리트조로서 두께가 10cm 이상인 것
② 철재로 보강된 콘크리트블록조·벽돌조 또는 석조로서 철재에 덮은 콘크리트블록 등의 두께가 5cm 이상인 것
③ 벽돌조로서 두께가 10cm 이상인 것
④ 고온·고압의 증기로 양생된 경량기포 콘크리트패널 또는 경량기포 콘크리트블록조로서 두께가 10cm 이상인 것

해설 '벽돌조로서 두께가 **19cm** 이상'인 것이다.

16 외벽 중 비내력벽의 내화구조의 기준에 대한 내용으로 옳지 않은 것은?

① 철근콘크리트조 또는 철골철근콘크리트조로서 두께가 7cm 이상인 것
② 골구를 철골조로 하고 그 양면을 두께 4cm 이상의 철망모르타르 또는 두께 4cm 이상의 콘크리트블록·벽돌 또는 석재로 덮은 것
③ 철재로 보강된 콘크리트블록조·벽돌조 또는 석조로서 철재에 덮은 콘크리트블록등의 두께가 4cm 이상인 것
④ 무근콘크리트조·콘크리트블록조·벽돌조 또는 석조로서 그 두께가 7cm 이상인 것

해설 '골구를 철골조로 하고 그 양면을 두께 **3cm** 이상의 철망모르타르 또는 두께 4cm 이상의 콘크리트블록·벽돌 또는 석재로 덮은 것'이다.

17 다음 방화구조의 기준에 대한 내용으로 옳지 않은 것은?

① 철망모르타르 바르기 – 바름두께 2cm 이상인 것
② 석고판 위에 시멘트모르타르 또는 회반죽을 바른 것 – 두께의 합계 2.5cm 이상인 것
③ 시멘트모르타르 위에 타일을 붙인 것 – 두께의 합계 2.5cm 이상인 것
④ 심벽에 흙으로 맞벽치기 한 것 – 바름두께 2cm 이상인 것

해설 심벽에 흙으로 맞벽치기 한 것은 두께와 무관하다.

정답 15.③ 16.② 17.④

▶ 방화구조의 기준

구 분	방화구조의 기준
철망모르타르 바르기	바름두께 2cm 이상인 것
① 석고판 위에 시멘트모르타르 또는 회반죽을 바른 것 ② 시멘트모르타르 위에 타일을 붙인 것	두께의 합계 2.5cm 이상인 것
심벽에 흙으로 맞벽치기 한 것	두께와 무관함
「산업표준화법」에 따른 한국산업표준이 정하는 바에 의하여 시험한 결과 방화 2급 이상에 해당하는 것	

18 다음 중 건축관계법령에 따른 내용으로 옳지 않은 것은?

① 거실이란 건축물 안에서 거주, 집무, 작업, 집회, 오락 등의 목적을 위하여 사용되는 방을 말한다.
② 지하층이란 건축물의 바닥이 지표면 아래에 있는 층으로서 그 바닥으로부터 지표면까지의 평균 높이가 해당 층 높이의 1/2 이상인 것을 말한다.
③ 내화구조란 철망모르타르 바르기·회반죽바르기 등 화염의 확산을 막을 수 있는 성능을 가진 구조를 말한다.
④ 주요구조부란 건축물의 구조상 주요 부분인 내력벽·기둥·바닥·보·지붕틀 및 주계단을 말한다.

해설 내화구조란 화재에 견딜 수 있는 성능을 가진 철근콘크리트조·연와조 기타 이와 유사한 구조로서 화재 시에 일정시간 동안 형태나 강도 등이 크게 변하지 않는 구조를 말한다.

19 다음 〈보기〉에서 다음의 수평거리에 해당하는 부분 중 옳지 않은 것은?

| 보기 |

처마, 차양, 부연, 그 밖에 이와 비슷한 것으로서 그 외벽의 중심선으로부터 수평거리 1m 이상 돌출된 부분이 있는 건축물의 건축면적은 그 돌출된 끝부분으로부터 <u>다음의 수평거리</u>를 후퇴한 선으로 둘러싸인 부분의 수평투영면적으로 한다.

① 「전통사찰 보존 및 지원에 관한 법률」에 따른 전통사찰 : 4m 이하의 범위에서 외벽의 중심선까지의 거리
② 사료 투여, 가축 이동 및 가축 분뇨 유출방지 등을 위하여 상부에 한쪽 끝은 고정되고 다른 쪽 끝은 지지되지 아니한 구조로 된 돌출차양이 설치된 축사 : 2m 이하의 범위에서 외벽의 중심선까지의 거리
③ 한옥 : 2m 이하의 범위에서 외벽의 중심선까지의 거리
④ 「환경친화적 자동차의 개발 및 보급 촉진에 관한 법률」의 수소연료공급시설을 설치하기 위하여 처마, 차양, 부연 그 밖에 이와 비슷한 것이 설치된 주유소 : 2m 이하의 범위에서 외벽의 중심선까지의 거리

정답 18.③ 19.②

[해설] 사료 투여, 가축 이동 및 가축 분뇨 유출방지 등을 위하여 상부에 한쪽 끝은 고정되고 다른 쪽 끝은 지지되지 아니한 구조로 된 돌출차양이 설치된 축사 : **3m** 이하의 범위에서 외벽의 중심선까지의 거리

▶ 교재 1권 p.139

20 건축면적의 산정에서 제외되는 부분으로 옳지 않은 것은?

① 지표면으로부터 1m 이하에 있는 부분
② 2004년 5월 29일 이전에 건축된 다중이용업소의 비상구에 설치한 폭 2m 이하의 경사로
③ 어린이집의 비상구에 연결하여 설치하는 폭 2m 이하의 영유아용 대피용 미끄럼대 또는 비상계단
④ 장애인용 승강기, 장애인용 에스컬레이터, 휠체어리프트 또는 경사로

[해설] '2004년 5월 29일 이전에 건축된 다중이용업소의 비상구에 설치한 폭 2m 이하의 **옥외피난계단**'이다.

▶ 교재 1권 p.142

21 다음 〈보기〉에서 설명하는 것은?

| 보기 |

건축물의 각 층 또는 그 일부로서 벽·기둥, 그 밖에 이와 비슷한 구획의 중심선으로 둘러싸인 부분의 수평투영면적

① 건축면적　　　　② 바닥면적
③ 연면적　　　　　④ 건폐율

[해설] 건축물의 **각 층 또는 그 일부**로서 벽·기둥, 그 밖에 이와 비슷한 구획의 중심선으로 둘러싸인 부분의 수평투영면적을 바닥면적이라고 한다.

▶ 교재 1권 p.142~143

22 바닥면적의 산정에서 제외되는 주요 부분에 해당하는 것은?

① 주택의 발코니 등 건축물의 노대 : 가장 긴 외벽에 접한 노대의 길이에 1.8m를 곱한 값
② 벽면적의 3분의 1 이상이 해당 층의 바닥면에서 위층 바닥 아래면까지 공간으로 된 필로티
③ 승강기탑(옥상 출입용 승강장 포함), 계단탑, 장식탑, 다락[층고가 1.8m(경사진 형태의 지붕인 경우에는 1.5m) 이하인 것]
④ 사용승인을 받은 후 15년 이상이 되어 리모델링하는 건축물로서 미관향상, 열의 손실방지 등을 위하여 외벽에 부가하여 마감재를 설치하는 부분

[정답] 20.② 21.② 22.④

해설
① 주택의 발코니 등 건축물의 노대 : 가장 긴 외벽에 접한 노대의 길이에 **1.5m**를 곱한 값
② 벽면적의 **2분의 1 이상**이 해당 층의 바닥면에서 위층 바닥 아래면까지 공간으로 된 필로티
③ 승강기탑, 계단탑, 장식탑, 다락[층고가 **1.5m**(경사진 형태의 지붕인 경우에는 **1.8m**) 이하인 것]

23 용적률 산정할 때 연면적 산정에서 제외되는 부분이 아닌 것은?

① 지하층의 면적
② 지상층의 주차용(해당 건축물의 부속용도인 경우는 제외한다)으로 쓰는 면적
③ 초고층 건축물과 준초고층 건축물에 설치하는 피난안전구역의 면적
④ 건축물의 경사지붕 아래에 설치하는 대피공간의 면적

해설 '지상층의 주차용(해당 건축물의 **부속용도인 경우만 해당**한다)으로 쓰는 면적'이다

24 용적률 산정 시 연면적에서 제외되는 것이 아닌 것은?

① 지하층의 면적
② 옥상의 면적
③ 건축물의 경사지붕 아래 설치하는 대피공간의 면적
④ 피난안전구역의 면적

해설 용적률 산정 시 연면적에서 제외되는 것은 지하층의 면적과 지상층의 주차용(해당 건축물의 부속용도인 경우만 해당한다)으로 사용되는 면적, 피난안전구역의 면적, 건축물의 경사지붕 아래에 설치하는 대피공간의 면적이다.

25 다음 중 면적의 산정에 대한 설명으로 틀린 것은?

① 연면적 - 하나의 건축물 각 층의 바닥면적의 합계를 말한다.
② 건폐율 - 대지면적에 대한 건축면적의 비율을 말한다.
③ 용적률 - 대지면적에 대한 연면적의 비율을 말한다.
④ 바닥면적 - 건축물의 외벽의 중심선으로 둘러싸인 부분의 수평투영면적으로 한다.

해설 바닥면적이란 건축물의 **각 층 또는 그 일부**로서 벽, 기둥, 그밖에 이와 비슷한 구획의 중심선으로 둘러싸인 부분의 수평투영면적으로 한다.

26. 다음 건축물의 평면도 및 입면도에서 건축법령상 면적의 산정내역으로 옳은 것은?

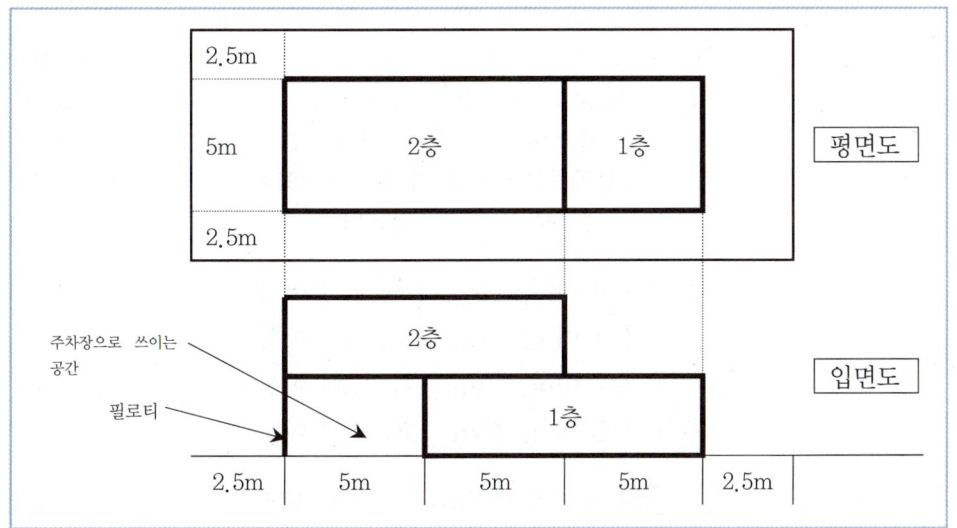

	연면적	건축면적	용적률	건폐율
①	100m²	75m²	50.0%	37.5%
②	125m²	75m²	62.5%	37.5%
③	125m²	75m²	50.0%	37.5%
④	100m²	50m²	62.5%	25.0%

해설
㉠ 연면적은 바닥면적의 합계인데 바닥면적 산정에서 필로티는 제외된다. 따라서 1층 바닥면적은 2층과 똑같이 10m×5m=50m² 따라서 연면적은 (10m × 5m) + (10m × 5m) = 100m²이다.
㉡ 건축면적은 15m × 5m = 75m²이다.
㉢ 용적률은 100m² ÷ 200m² × 100 = 50.0%이다.
㉣ 건폐율은 75m² ÷ 200m² × 100 = 37.5%이다.

plus 바닥면적 산정 시 **필로티가 제외**되는 것을 꼭 기억해야 한다. 그에 더하여 바닥면적 산정 시에는 포함되는 **해당 건축물 부속용도로 사용되는 지상주차장도 용적률 산정 시에는 제외**되는 것도 기억해야 한다.

정답 26.①

27

다음 〈보기〉의 ( ) 안에 들어갈 내용을 알맞게 짝지은 것은?

|보기|
- 옥상부분으로서 그 수평투영면적의 합계가 해당 건축물의 건축면적의 (　　)인 경우로서 그 부분의 높이가 (　　)를 넘는 부분만 높이에 산입하고 옥상부분 면적이 (　　)을 넘으면 그 높이의 전부를 건축물의 높이에 산입한다.
- 옥상돌출물과 난간벽[그 벽면적의 (　　)이 공간으로 된 것에 한함]은 해당 건축물 높이에 산입하지 않는다.

① 1/9 이하, 10m, 1/9, 1/3 이상
② 1/8 이하, 12m, 1/8, 1/2 이상
③ 1/7 이하, 14m, 1/7, 1/3 이상
④ 1/6 이하, 16m, 1/6, 1/2 이상

해설
- 옥상부분으로서 그 수평투영면적의 합계가 해당 건축물의 건축면적의 **(1/8 이하)** 인 경우로서 그 부분의 높이가 **(12m)** 를 넘는 부분만 높이에 산입하고 옥상부분 면적이 **(1/8)** 을 넘으면 그 높이의 전부를 건축물의 높이에 산입한다.
- 옥상돌출물과 난간벽[그 벽면적의 **(1/2 이상)** 이 공간으로 된 것에 한함]은 해당 건축물 높이에 산입하지 않는다.

28

다음 중 건축물의 높이 및 층수 산정에 대한 설명으로 옳은 것은?

① 지하층은 층수 산정에 포함한다.
② 건축물의 높이는 최하 지하층 바닥부터 해당 건축물 상단까지의 높이로 한다.
③ 층의 구분이 명확하지 아니한 건축물은 높이 3m마다 하나의 층으로 산정한다.
④ 건축물의 부분에 따라 층수를 달리하는 경우에는 그 중에서 가장 많은 층수를 그 건축물의 층수로 본다.

해설
① 지하층은 층수 산정에 포함하지 않는다.
② 건축물의 높이는 지표면으로부터 해당 건축물 상단까지의 높이로 한다.
③ 층의 구분이 명확하지 아니한 건축물은 높이 **4m**마다 하나의 층으로 산정한다.

정답 27.② 28.④

29. 다음 중 층수산정에서 제외되는 것이 아닌 것은?

① 지하층
② 건축물의 승강기탑으로서 수평투영면적의 합계가 해당 건축물의 건축면적의 1/8 이하인 것
③ 건축물의 망루로서 수평투영면적의 합계가 해당 건축물의 건축면적의 1/8 이하인 것
④ 세대별 전용면적이 90m²인 사업계획승인 대상 공동주택의 옥탑으로 해당 건축물의 건축면적의 1/6 이하인 것

해설 사업계획승인 대상 공동주택으로 세대별 전용면적이 **85m² 이하**의 경우 옥탑으로서 수평투영면적의 합계가 해당 건축물의 건축면적의 1/6 이하인 것이 층수산정에서 제외되는 부분이다.

정답 29.④

O× 문제

01
지하층이란 건축물의 바닥이 지표면 아래에 있는 층으로서 그 바닥으로부터 지표면까지의 평균높이가 해당 층 높이의 1/3 이상인 것을 말한다. ○×

× 지하층이란 건축물의 바닥이 지표면 아래에 있는 층으로서 그 바닥으로부터 지표면까지의 평균높이가 해당 층 높이의 **1/2 이상**인 것을 말한다.

02
주요구조부란 건축물의 구조상 주요 부분인 내력벽・기둥・바닥・보・지붕틀・사이기둥 및 주계단을 말한다. ○×

× 주요구조부란 건축물의 구조상 주요 부분인 내력벽・기둥・바닥・보・지붕틀 및 주계단을 말한다.

03
부속건축물만 있는 대지에 새로이 주된 건축물을 축조하는 것은 증축에 해당한다. ○×

× 부속건축물만 있는 대지에 새로이 주된 건축물을 축조하는 것도 신축에 해당한다.

04
기존 건축물이 있는 대지에 담장을 축조하는 것은 증축에 해당하지 않는다. ○×

× 건축물에 부수되는 시설은 건축물에 해당되기 때문에 기존 건축물이 있는 대지에 담장을 축조하는 것은 증축에 해당한다.

05
기존 건축물의 내력벽・기둥・보・지붕틀 중 셋 이상을 해체하고 그 대지에 종전과 동일한 규모의 범위에서 건축물을 다시 축조하는 것은 개축에 해당한다. ○×

○

06
개축과 재축은 다 같이 다시 축조하는 점은 같으나, 재축은 자의 또는 기타 행위에 의하여 건축물을 철거하고 다시 축조하는 데 반하여 개축은 재해에 의해 멸실된 건축물을 다시 축조하는 점이 다르다. ○×

× 개축과 재축은 다 같이 다시 축조하는 점은 같으나, 개축은 자의 또는 기타 행위에 의하여 건축물을 철거하고 다시 축조하는 데 반하여 재축은 재해에 의해 멸실된 건축물을 다시 축조하는 점이 다르다.

07
내력벽을 증설 또는 해체하거나 그 벽면적을 20m² 이상 수선 또는 변경하는 것은 대수선에 해당한다. ○×

× 내력벽을 증설 또는 해체하거나 그 벽면적을 **30m²** 이상 수선 또는 변경하는 것은 대수선에 해당한다.

08
건축물의 각 층 또는 그 일부로서 벽・기둥, 그 밖에 이와 비슷한 구획의 중심선으로 둘러싸인 부분의 수평투영면적을 건축면적이라 한다.

× 건축물의 각 층 또는 그 일부로서 벽・기둥 기타, 그 밖에 이와 비슷한 구획의 중심선으로 둘러싸인 부분의 수평투영면적을 **바닥면적**이라 한다.

09
층의 구분이 명확하지 아니한 건축물은 높이 4m마다 하나의 층으로 산정한다. ○×

○

1급 소방안전관리자 기출예상문제집

제1과목

PART 04

소방학개론

CHAPTER 01 연소이론

PART 04

▶ 교재 1권
p.173~176

01 상중하
연소의 3요소에 해당하는 것을 제대로 짝지은 것은?

	가연물	산소공급원	점화에너지
①	목탄	제1류 위험물	화염
②	아르곤	제2류 위험물	나화
③	헬륨	제4류 위험물	전기불꽃
④	이산화탄소	제5류 위험물	열면

해설 ②, ③, ④에서 아르곤, 헬륨, 이산화탄소는 모두 가연물에 해당하지 않는다. 위험물 중 제1류와 제6류는 각각 산화성 고체, 산화성 액체로 산소공급원이 될 수 있다. 화염, 나화, 전기불꽃, 열면은 모두 점화에너지로 작용한다.

▶ 교재 1권
p.174~175

02 상중하
가연성 물질의 구비조건으로 옳은 것은?
① 연소열이 작다.   ② 열전도율이 작다.
③ 건조도가 낮다.   ④ 산소와의 친화력이 작다.

해설 ① 연소열이 크다.
③ 건조도가 높다.
④ 산소와의 친화력이 크다.

▶ 교재 1권
p.174~175

03 상중하
다음 중 가연물의 구비조건에 대한 설명으로 타당하지 않은 것은?
① 화염연소를 주도하는 라디칼을 생성하는 데 필요한 활성화 에너지가 작아야 쉽게 착화된다.
② 단위무게 당 연소 시 발생하는 열량이 적으면 주변물질을 활성화시키는 에너지 피드백이 원활해 연소의 확산이 용이하다.
③ 표면적이 크면 산소화의 접촉면이 넓어지므로 쉽게 연소한다.
④ 함수율이 작아야 연소하기 쉽다.

정답 01.① 02.② 03.②

[해설] 단위무게 당 연소 시 발생하는 열량이 **많으면** 주변물질을 활성화시키는 에너지 피드백이 원활해 연소의 확산이 용이하다.

04 가연물의 구비조건에 대한 내용으로 옳은 것을 모두 고르면?

▶ 교재 1권 p.174~175

㉠ 산소와의 친화력이 큰 물질이 가연물로서 적합하다.
㉡ 활성화에너지가 작은 물질이 쉽게 착화된다.
㉢ 표면적이 큰 물질이어야 한다.
㉣ 열전도율이 큰 물질이어야 한다.

① ㉠
② ㉠, ㉡
③ ㉠, ㉡, ㉢
④ ㉠, ㉡, ㉢, ㉣

[해설] 옳은 것은 ㉠㉡㉢이다.
㉣ 열전도율이 작은 물질이어야 한다.
▶ 가연물의 구비조건

ⓐ 산소와의 친화력이 크다.   ⓑ 활성화에너지가 작다.
ⓒ 열전도율이 작다.   ⓓ 연소열이 크다.
ⓔ 비표면적이 크다.   ⓕ 건조도가 높다.

> [심화문제] 다음 중 가연물의 구비조건으로 틀린 것은?
> ① 연소열이 작다.   ② 비표면적이 크다.
> ③ 건조도가 높다.   ④ 활성화 에너지가 작다.
>
> 답 ①

05 다음 〈보기〉의 (　) 안에 차례로 들어갈 알맞은 말은?

▶ 교재 1권 p.174

|보기|

기체의 경우 분자구조가 (　A　) 가볍기 때문에 확산속도가 빠르고 열분해가 쉽다. 따라서 열전도율이 (　B　) 연소폭발의 위험이 있다.

	(A)	(B)
①	복잡할수록	작을수록
②	복잡할수록	클수록
③	단순할수록	작을수록
④	단순할수록	클수록

[해설] 기체의 경우 분자구조가 (단순할수록) 가볍기 때문에 확산속도가 빠르고 열분해가 쉽다. 따라서 열전도율이 (클수록) 연소폭발의 위험이 있다.

정답 04.③ 05.④

06 다음 중 가연물이 될 수 있는 것은?

① 헬륨
② 마그네슘
③ 질소산화물
④ 이산화탄소

해설 헬륨은 불활성기체, 질소산화물은 산소와 결합하여 흡열반응하는 물질, 이산화탄소는 산소와 화학반응을 일으킬 수 없는 물질에 해당하여 가연물이 될 수 없다.

07 다음 중 가연물이 될 수 없는 것은?

① 나트륨
② LPG
③ CO
④ 크립톤

해설 크립톤(Kr)은 불활성기체로 가연물이 될 수 없다.

08 다음 중 불연성물질만 고른 것은?

| ㉠ 헬륨, 네온, 아르곤 | ㉡ 물, 이산화탄소 |
| ㉢ 질소 또는 질소산화물 | ㉣ 돌, 흙 |

① ㉠
② ㉠, ㉡
③ ㉠, ㉡, ㉢
④ ㉠, ㉡, ㉢, ㉣

해설 ㉠은 불활성기체, ㉡은 산소와 화학반응을 일으킬 수 없는 물질, ㉢은 산소와 화합하여 흡열반응을 일으키는 물질, ㉣은 자체가 연소하지 않는 물질로 모두 불연성물질이다.

09 다음 중 연결이 잘못된 것은?

① 불활성 기체 - 아르곤(Ar), 헬륨(He)
② 완전산화물 - 산화알루미늄(Al_2O_3), 이산화황(SO_2)
③ 금속 - 칼륨, 나트륨
④ 흡열반응물질 - 질소(N_2), 질소산화물(NO_x)

해설 완전산화물에 해당하는 것은 물(H_2O), 이산화탄소(CO_2), 산화알루미늄(Al_2O_3), 삼산화황(SO_3) 등이다.

정답 06.② 07.④ 08.④ 09.②

▶ 가연성 물질/불연성 물질

가연성 물질	유기화합물	탄소, 수소, 질소, 산소 등의 원소로 이루어진 화학물질
	금속	칼륨, 나트륨, 마그네슘 등
불연성 물질	불활성 기체	헬륨(He), 네온(Ne), 아르곤(Ar), 크립톤(Kr), 크세논(Xe), 라돈(Rn) 등
	완전산화물	물(H_2O), 이산화탄소(CO_2), 산화알루미늄(Al_2O_3), 삼산화황(SO_3) 등
	흡열반응물질	질소(N_2), 질소산화물(NO_x) 등

10 다음 중 「위험물안전관리법」상 산화성물질에 해당하는 것은?

① 제1류 및 제6류 위험물 ② 제2류 및 제5류 위험물
③ 제3류 및 제4류 위험물 ④ 제5류 및 제6류 위험물

[해설] 「위험물안전관리법」상 산화성물질에 해당하는 것은 제1류 및 제6류 위험물이다.

11 점화원에 대한 내용으로 옳지 않은 것은?

① 일반적으로 화염에는 최저온도가 있고, 그 값은 탄화수소 등에서는 약 600℃ 정도이다.
② 가연물의 발화여부는 열면의 면적에 크게 영향을 받는다.
③ 전기불꽃에 의한 발화는 대개의 경우 가연성 기체나 증기가 그 대상이 된다.
④ 배관 속을 흐르는 폭발성 혼합기에 있어서 갑자기 밸브를 닫으면 혼합기가 부분적으로 압축되면서 열이 발생하여 발화·폭발되는 것은 단열압축 현상이다.

[해설] 일반적으로 화염에는 최저온도가 있고, 그 값은 탄화수소 등에서는 약 1,200℃ 정도이다.

12 자연발화의 원인이 서로 잘못 연결된 것은?

① 분해열 – 나이트로셀룰로스 ② 산화열 – 활성탄
③ 발효열 – 퇴비 ④ 중합열 – 산화에틸렌

[해설] 산화열에 해당하는 것은 석탄, 건성유이고, 활성탄은 흡착열에 해당된다.

정답 10.① 11.① 12.②

PART 04 소방학개론

13 다음 중 자연발화의 원인과 대상물의 연결이 잘못된 것은?
① 산화열 – 석탄, 건성유
② 흡착열 – 셀룰로이드, 나이트로셀룰로스
③ 중합열 – 시안화수소, 산화에틸렌
④ 발효열 – 퇴비

해설 흡착열에 해당하는 것은 목탄, 활성탄이다.

14 다음에서 자연발화의 원인에 해당하는 것만 고른 것은?

| ㉠ 발효열 | ㉡ 중합열 | ㉢ 단열압축 | ㉣ 전기불꽃 |

① ㉠, ㉡
② ㉡, ㉢
③ ㉢, ㉣
④ ㉠, ㉡, ㉣

해설 ㉢ 단열압축, ㉣ 전기불꽃은 다른 독립된 점화원으로서 자연발화에 해당되지 않는다. 자연발화에 해당되는 것은 분해열, 산화열, ㉠ **발효열**, 흡착열, ㉡ **중합열**이 있다.

15 다음 자연발화의 원인에 대한 설명 중 옳은 것만을 고른 것은?

| ㉠ 열면 | ㉡ 전기불꽃 | ㉢ 흡착열 | ㉣ 산화열 |

① ㉠, ㉢
② ㉡, ㉢
③ ㉢, ㉣
④ ㉠, ㉡, ㉣

해설 ㉠ 열면, ㉡ 전기불꽃은 다른 독립된 점화원으로서 자연발화에 해당되지 않는다. 자연발화에 해당되는 것은 분해열, ㉣ **산화열**, 발효열, ㉢ **흡착열**, 중합열이 있다.

16 다음 중 무염연소와 관련 없는 것은?
① 점화에너지
② 산소
③ 가연성물질
④ 연쇄반응

해설 무염연소에서는 연쇄반응이 빠진 3요소만이 적용된다.

정답 13.② 14.① 15.③ 16.④

17 한 개의 라디칼이 주변의 분자를 공격하면 두 개의 라디칼이 만들어지는 분기반응을 하면서 라디칼의 수는 기하급수적으로 증가하는 현상을 무엇이라 하는가?

① 플래시오버　　　　　　　② 연쇄반응
③ 연기폭발　　　　　　　　④ 대류

해설　한 개의 라디칼이 주변의 분자를 공격하면 두 개의 라디칼이 만들어지는 분기반응을 하면서 라디칼의 수는 기하급수적으로 증가하는 현상을 '연쇄반응'이라 한다.

18 다음 중 〈보기〉의 (　) 안에 들어갈 내용을 옳게 짝지은 것은?

|보기|
무염연소에서는 연쇄반응으로 발생하는 (　　)을 흡착하여 없애는 (　　)는 효과가 없다.

① 라디칼, 억제소화　　　　② 라디칼, 제거소화
③ 점화에너지, 억제소화　　④ 점화에너지, 제거소화

해설　무염연소에서는 연쇄반응으로 발생하는 (라디칼)을 흡착하여 없애는 (억제소화)는 효과가 없다.

19 일반적인 가연물의 경우 한계산소농도는?

① 10~11vol%　　　　　　② 12~13vol%
③ 14~15vol%　　　　　　④ 16~17vol%

해설　일반적인 가연물의 경우 한계산소농도는 **14~15vol%**이다.

20 다음 중 등유의 연소범위 내에 해당하는 것은?

① 4vol%　　　　　　　　② 7vol%
③ 9.8vol%　　　　　　　 ④ 12vol%

해설　등유의 연소범위는 0.7~5vol%이다.

정답　17.② 18.① 19.③ 20.①

21. 다음 중 휘발유의 연소범위 내에 해당하는 것은?

① 0.4vol% ② 3vol%
③ 8vol% ④ 9.8vol%

해설 휘발유의 연소범위는 1.2~7.6vol%이다.

22. 다음 중 연소범위가 가장 넓은 물질은?

① 수소 ② 암모니아
③ 아세틸렌 ④ 휘발유

해설 아세틸렌의 연소범위는 2.5~81(vol%)로 연소범위가 가장 넓다.

▶ 가연성증기의 연소범위

기체 또는 증기	연소범위(vol%)	기체 또는 증기	연소범위(vol%)
수소	4.1~75	메틸알코올	6~36
아세틸렌	2.5~81	암모니아	15~28
중유	1~5	아세톤	2.5~12.8
등유	0.7~5	휘발유	1.2~7.6

23. 다음 중 일반적인 고체의 연소형태로 맞는 것은?

① 표면연소 ② 분해연소
③ 증발연소 ④ 확산연소

해설 일반적인 고체의 연소형태는 분해연소이다.

24. 다음 중 일반적인 액체의 연소형태로 맞는 것은?

① 분해연소 ② 표면연소
③ 확산연소 ④ 증발연소

해설 일반적인 액체의 연소형태는 증발연소이다.

정답 21.② 22.③ 23.② 24.④

25 연소형태에 대한 설명으로 옳은 것만 고른 것은?

> ㉠ 증발연소는 액체의 일반적인 연소형태로서 중유 등이 대표적인 예이다.
> ㉡ 자기연소는 연소 시 산소가 반드시 필요한 연소형태로 제5류 위험물이 대표적인 예이다.
> ㉢ 예혼합연소는 가연성기체와 공기를 미리 연소범위 내의 농도로 혼합한 상태에서 노즐을 통해 공급하는 연소형태이다.
> ㉣ 표면연소는 열분해에 의해 증기가 될 수 있는 성분이 없는 코크스 등의 연소형태를 말한다.

① ㉠
② ㉠, ㉢
③ ㉢, ㉣
④ ㉠, ㉡, ㉢, ㉣

해설 옳은 것은 ㉢㉣이다.
㉠ 중유는 분해연소 하는 물질이다.
㉡ 자기연소는 분자 내에 산소를 함유하고 있어서 열분해에 의해 가연성증기와 산소를 동시에 발생시키는 연소형태로 연소 시 산소공급을 필요로 하지 않는다.

26 다음 중 고체의 연소형태에 대한 내용으로 옳지 않은 것은?

① 황은 자기반응성물질로 자기연소한다.
② 고체파라핀은 증발연소한다.
③ 종이, 목재는 분해연소한다.
④ 숯, 코크스는 표면연소한다.

해설 황은 고체가 열에 의해 '융해'되면서 액체가 되고 이 액체의 증발에 의해 가연성증기가 발생하는 증발연소한다.

27 아래 가연물의 연소형태로 맞는 것은?

> 숯, 코크스, 마그네슘

① 분해연소
② 증발연소
③ 표면연소
④ 자기연소

해설 숯, 코크스, 마그네슘 등은 열분해에 의해 증기가 될 수 있는 성분이 없는 경우로 계면에서 산소와 직접 반응하여 적열되면서 화염 없이 연소하는 표면연소를 한다.

정답 25. ③ 26. ① 27. ③

PART 04 소방학개론

28 글리세린, 중유 등의 연소형태는?

① 증발연소 ② 분해연소
③ 자기연소 ④ 표면연소

[해설] 글리세린, 중유 등의 연소형태는 분해연소이다.

29 다음 ( ) 안에 들어갈 말로 알맞게 짝지은 것은?

□ 고체 : (㉠) > 증발 > 확산 > 연소
□ 액체 : (㉡) > 확산 > 연소
□ 기체 : (㉢) > 연소

	㉠	㉡	㉢
①	분해	증발	확산
②	확산	증발	분해
③	분해	확산	증발
④	확산	분해	증발

[해설]
□ 고체의 일반적인 연소 진행은 (㉠ 분해) > 증발 > 확산 > 연소
□ 액체의 일반적인 연소 진행은 (㉡ 증발) > 확산 > 연소
□ 기체의 일반적인 연소 진행은 (㉢ 확산) > 연소

[plus] 고체의 일반적인 연소형태는 분해연소, 액체의 일반적인 연소형태는 증발연소, 기체의 일반적인 연소형태는 확산연소라는 사실만 기억하면 풀 수 있는 문제이다.

30 다음 중 인화점에 대한 내용으로 옳지 않은 것은?

① 인화점이란 점화에너지에 의해 화염이 발생하기 시작하는 온도를 말한다.
② 인화점은 낮을수록 위험하다.
③ 「위험물안전관리법」에서 제3류 위험물을 분류하는 기준으로 쓰인다.
④ 액체의 경우 액면에서 증발된 증기의 농도가 그 증기의 연소하한계에 달할 때의 액체 온도가 인화점이다.

[정답] 28.② 29.① 30.③

해설 「위험물안전관리법」에서 석유류를 분류하는 기준으로 쓰인다.

> **심화문제** 다음 중 인화점에 대한 내용으로 틀린 것은?
> ① 인화는 물질조건을 구비한 계가 외부로부터 에너지를 받아 착화하는 현상을 말한다.
> ② 액체의 경우 액면에서 증발된 증기의 농도가 그 증기의 연소상한계에 달할 때의 액체온도가 인화점이다.
> ③ 물질의 위험성을 평가하는 척도로 쓰인다.
> ④ 외부로부터 에너지를 받아서 착화가 가능한 가연성물질의 최저온도를 말한다.
>
> 답 ②

31 다음 중 인화점에 대한 내용으로 옳지 않은 것은?

① 인화점은 공기 중에 가연물 가까이 점화원을 투여하였을 때 착화되는 최저의 온도를 말한다.
② 인화현상은 액체와 고체에서 볼 수 있다.
③ 인화현상은 액체와 고체 모두 증발과정으로 이해할 수 있다.
④ 액체의 경우 인화에 필요한 에너지가 고체에 비해 적다.

해설 인화현상은 고체의 경우는 열분해과정으로, 액체의 경우는 증발과정으로 이해할 수 있다.

32 연소의 특성에 대한 설명으로 틀린 것은?

① 발화점은 외부로부터의 직접적인 에너지 공급 없이 착화가 되는 최고온도를 말한다.
② 인화점은 낮을수록 위험하다.
③ 연소점은 일반적으로 인화점보다 5~10℃ 높다.
④ 점화에너지를 제거하여도 5초 이상 연소상태가 유지되는 온도를 연소점이라 한다.

해설 발화점은 외부로부터의 직접적인 에너지 공급 없이 착화가 되는 **최저온도**를 말한다.

정답 31.③ 32.①

PART 04 소방학개론

▶ 교재 1권
p.180~181

33 다음 연소의 특성에 대한 설명 중 옳지 않은 것을 모두 고른 것은?

> ㉠ 연소범위에서 외부의 직접적인 점화원에 의해 인화될 수 있는 최저온도를 '발화점'이라고 한다.
> ㉡ 외부의 직접적인 점화원 없이 가열된 열 축적에 의하여 착화되는 최저온도를 '인화점'이라고 한다.
> ㉢ 연소상태가 계속될 수 있는 온도를 '착화점'이라고 한다.
> ㉣ 연소점은 일반적으로 인화점보다 5~10℃ 높다.

① ㉠
② ㉠, ㉡
③ ㉠, ㉡, ㉢
④ ㉠, ㉡, ㉢, ㉣

해설 ㉠ × 연소범위에서 외부의 직접적인 점화원에 의해 인화될 수 있는 최저온도를 '인화점'이라고 한다.
㉡ × 외부의 직접적인 점화원 없이 가열된 열 축적에 의하여 착화되는 최저온도를 '발화점'이라고 한다.
㉢ × 연소상태가 계속될 수 있는 온도를 '연소점'이라고 한다.
㉣ ○ 연소점은 일반적으로 인화점보다 5~10℃ 높다.

정답 33.③

O× 문제

01
물질이 격렬한 산화반응을 함으로서 열과 빛을 발생하는 현상을 연소라 한다.

○

02
가연물질·산소공급원·화학적인 연쇄반응을 연소의 3요소라 한다.

× 가연물질·산소공급원·점화에너지를 연소의 3연소라 한다.

03
가연물의 특성으로 활성화 에너지가 크다.

× 가연물의 특성으로 활성화 에너지가 작다.

04
표면적이 크면 산소와의 접촉면이 넓어지므로 쉽게 연소한다.

○

05
「위험물안전관리법」의 제3류 및 제5류 위험물이 산화성 물질에 해당한다.

× 「위험물안전관리법」의 **제1류** 및 **제6류** 위험물이 산화성 물질에 해당한다.

06
고체를 분해·발화시킬 정도의 에너지를 부여하는 것은 어렵기 때문에 실제 화재나 폭발사고에는 전기불꽃의 원인에 의한 것은 드문 편이다.

× 전기불꽃에 의한 발화는 대개의 경우 가연성 기체나 증기가 그 대상이 되지만 실제 화재나 폭발사고에는 정전기불꽃을 포함하여 전기불꽃의 원인에 의한 것이 상당히 많다.

07
분해열로 자연발화하는 것은 석탄, 건성유이다.

× 분해열로 자연발화하는 것은 **셀룰로이드**, **나이트로셀룰로스**이다.

08
산화열로 자연발화하는 것은 시안화수소, 산화에틸렌이다.

× 산화열로 자연발화하는 것은 **석탄**, **건성유**이다.

09
자연발화를 예방하기 위하여는 통풍을 하거나, 주위 온도를 낮추거나, 습도를 높게 유지해야 한다.

× 자연발화를 예방하기 위하여는 통풍을 하거나, 주위 온도를 낮추거나, 습도를 **낮게** 유지해야 한다.

O× 문제

10
가연성물질과 산소 분자가 점화에너지를 받으면 불안정한 과도기적 물질로 나누어지면서 활성화되는데, 이렇게 물질이 활성화된 상태를 '분해'라 한다. ○×

× 가연성물질과 산소 분자가 점화에너지를 받으면 불안정한 과도기적 물질로 나누어지면서 활성화되는데, 이렇게 물질이 활성화된 상태를 '라디칼(radical)'이라 한다.

11
화염이 발생하는 일반적인 연소에서는 연소의 4요소가 적용되지만 표면연소에서는 연쇄반응이 빠진 3요소만이 적용된다. ○×

○

12
일반적인 가연물의 경우 한계산소농도는 11~12vol% 정도이다. ○×

× 일반적인 가연물의 경우 한계산소농도는 14~15vol% 정도이다.

13
연소범위에서 공기 중의 산소농도에 비해 가연성기체의 수가 너무 적어서 연소가 발생할 수 없는 한계를 연소상한계라 한다. ○×

× 연소범위에서 공기 중의 산소농도에 비해 가연성기체의 수가 너무 적어서 연소가 발생할 수 없는 한계를 '연소하한계'라 하고, 반대로 산소에 비해 가연성기체의 수가 너무 많아서 연소가 발생할 수 없는 한계를 '연소상한계'라 한다.

14
아세틸렌의 연소하한계는 0.7이다. ○×

× 아세틸렌의 연소하한계는 2.5이다.

15
'표면연소'는 분해연소와 같이 최종적으로 기체가 연소하는 것이다. ○×

× '표면연소'는 분해연소와 같이 최종적으로 기체가 연소하는 것이 아니라 고체가 표면에서 직접 산소와 반응하면서 연소하는 현상이다.

16
액체는 직접 산소와 반응하면서 연소하는 것이다. ○×

× 액체는 직접 산소와 반응하면서 연소하는 것이 아니라 증발에 의해 발생한 증기가 확산되면서 연소한다.

17
숯, 코크스, 금속 등은 표면연소를 한다. ○×

○

18
고체파라핀(양초), 황, 열가소성수지는 분해연소를 한다. ○×

× 고체파라핀(양초), 황, 열가소성수지는 증발연소를 한다.

○× 문제

19
기체의 연소형태는 확산연소, 자기연소, 예혼합연소로 나눌 수 있다. ○×

× 기체의 연소형태는 확산연소, 예혼합연소로 나눌 수 있다.

20
연소점은 점화에너지를 제거하여도 5초 이상 연소상태가 유지되는 온도로서 일반적으로 인화점보다 5~10℃ 정도 높다. ○×

○

PART 04
CHAPTER 02 화재이론

▶ 교재 1권
p.182~184

01 상 중 하

화재의 분류로 잘못된 것은?

① 목탄 – 일반화재 – A급 화재
② 중유 – 유류화재 – B급 화재
③ 메탄 – 일반화재 – C급 화재
④ 식물성유지 – 주방화재 – K급 화재

해설 메탄은 가스화재에 해당한다.

▶ 교재 1권
p.182~183

02 상 중 하

다음 중 화재 분류로 연결이 바르지 않은 것은?

	대상물	화재분류	등급
①	폴리아크릴	일반화재	A급
②	중유	유류화재	B급
③	마그네슘	금속화재	C급
④	식물성유지	주방화재	K급

해설 마그네슘은 금속화재에 해당하나 등급이 D급 화재이다.

▶ 교재 1권
p.184

03 상 중 하

다음 〈보기〉에서 설명하는 소화방법이 필요한 화재는?

| 보기 |

연소물의 표면을 차단하는 비누화 작용 및 가연물 자체의 온도를 발화점 이하로 빠르게 하강시켜 주는 냉각작용이 동시에 필요하다.

① B급 화재 ② C급 화재
③ D급 화재 ④ K급 화재

해설 연소물의 표면을 차단하는 비누화 작용 및 식용유(가연물) 자체의 온도를 발화점 이하로 빠르게 하강시켜 주는 냉각작용이 동시에 필요한 화재는 K급 화재이다.

정답 01.③ 02.③ 03.④

04 B급 화재의 특성으로 맞지 않는 것은?

① 연소열이 크고, 연소성이 좋기 때문에 일반화재보다 위험하다.
② 연소 후 재를 남기지 않는다.
③ 소화를 위해서는 포 등을 이용한 질식소화가 적응성이 있다.
④ 알코올 등의 수용성 액체는 일반포는 적응성이 없으므로 알코올형포를 사용해야 한다.

해설 알코올 등의 수용성 액체는 일반포는 적응성이 없으므로 내알코올형포를 사용해야 한다.

05 B급 화재에 대한 설명으로 옳지 않은 것은?

① 상온에서 액체상태인 유류가 가연물이 되는 화재이다.
② 물과 반응하여 폭발성이 강한 수소를 발생시키는 것이 대부분이다.
③ 연소 후 재를 남기지 않는다.
④ 포 등을 이용한 질식소화가 적응성이 있다.

해설 물과 반응하여 폭발성이 강한 수소를 발생시키는 것은 금속화재(D급 화재)이다.

06 다음 중 금속화재에 대한 내용으로 옳은 것은?

① 금속류 중 특히 가연성이 강한 것으로는 칼륨, 나트륨, 마그네슘, 알루미늄 등이 있다.
② 분말상보다는 괴상으로 존재할 때 가연성이 현저히 증가한다.
③ 물과 반응하여 산소를 발생시키는 것이 대부분이다.
④ 화재 시 수계소화약제(물, 포, 강화액)를 사용해서 진압한다.

해설 ② 괴상보다는 분말상으로 존재할 때 가연성이 현저히 증가한다.
③ 물과 반응하여 수소를 발생시키는 것이 대부분이다.
④ 화재 시 수계소화약제(물, 포, 강화액)를 사용해서는 안 된다.

정답 04.④ 05.② 06.①

07

다음 〈보기〉는 실내화재의 양상 중 어느 단계인가?

|보기|
- 화염이 바닥재, 입상재(수직으로 된 벽이나 칸막이)를 거쳐 천장으로 확산되는 단계이다.
- 화재진압의 성패를 가름하는 중요한 기준이 된다.

① 초기　　　　　　　　　　② 출화
③ 최성기　　　　　　　　　④ 성장기

해설　〈보기〉의 단계는 출화 단계이다.

08

다음 실내화재의 진행과 온도변화에 대한 그래프에서 □ 안에 들어갈 내용으로 알맞게 짝지은 것은?

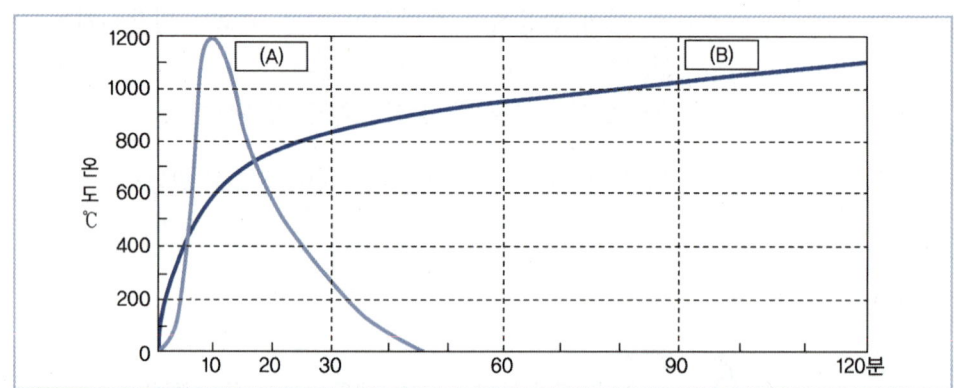

	(A)	(B)
①	목조	연와조
②	내화조	목조
③	연와조	불연재
④	목조	내화조

해설　(A)에는 목조, (B)에는 내화조가 각각 들어가야 한다.

09

실내화재의 양상 중 외관상 개구부에서 세력이 강한 검은 연기가 분출하는 단계는?

① 출화　　　　　　　　　　② 초기
③ 성장기　　　　　　　　　④ 감쇠기

해설　개구부에서 세력이 강한 검은 연기가 분출하는 단계는 성장기이다.

정답　07.②　08.④　09.③

10 화재의 양상 중 다음 〈보기〉의 단계는?

|보기|
- 연기는 흑색에서 백색으로 변한다.
- 바닥이 무너지거나 벽체낙하 등의 위험이 있다.

① 초기
② 성장기
③ 최성기
④ 감쇠기

해설 〈보기〉의 단계는 감쇠기(감퇴기)이다.

▶ 실내화재의 양상

구 분	외 관	연소상황	연소위험	활동위험
초 기	창 등의 개구부에서 하얀 연기 분출	실내가구 등의 일부가 독립적으로 연소		
성장기	개구부에서 세력이 강한 검은 연기 분출	• 가구 등에서 천장면까지 화재가 확대 • 실내 전체에 화염 확산	근접한 동으로 연소 확산 위험	
최성기	• 연기의 양 감소 • 강한 화염 분출로 유리 파손	• 실내 전체에 화염 충만 • 연소 최고조	강한 복사열 ⇨ 인접 건물로 연소 확산 위험	구조물 낙하 위험
감쇠기 (감퇴기)	• 지붕이나 벽체 도괴, 대들보나 기둥도 도괴 • 연기는 흑색 ⇨ 백색	화세가 쇠퇴	연소확산 위험 없음	바닥이 무너지거나 벽체낙하 등 위험

심화문제 실내화재의 양상 중 창 등의 개구부에서 하얀 연기가 나오는 단계는?
① 성장기
② 초기
③ 감쇠기
④ 최성기

답 ②

11 다음 실내화재 양상 중 감쇠기(감퇴기)에 대한 설명으로 옳은 것을 모두 고른 것은?

㉠ 외관 : 지붕이나 벽체가 타서 떨어지고, 연기는 흑색에서 백색으로 변한다.
㉡ 연소상황 : 화세가 쇠퇴한다.
㉢ 연소위험 : 연소확산의 위험은 성장기보다 더 높다.
㉣ 활동위험 : 바닥이 무너지거나 벽체 낙하 등의 위험이 있다.

① ㉠, ㉡, ㉣
② ㉢, ㉣
③ ㉠, ㉡
④ ㉠, ㉡, ㉢, ㉣

해설 ㉢ 연소위험 : 연소확산의 위험은 없다.

정답 10.④ 11.①

12 다음 중 실내화재의 현상이 아닌 것은?

① 플래시오버
② 플레임오버
③ 롤오버
④ 보일오버

해설 보일오버는 유류 탱크에 화재가 발생 시 탱크 바닥에 있던 물이 끓으면서 그 위에 있던 유류가 연소 및 분출하는 현상을 말한다.

13 다음 중 플래시오버의 징후 및 특징으로 옳지 않은 것은?

① 일정 공간 내에서 전면적인 자유연소와 계속적인 열 집적
② 두텁고, 뜨겁고, 진한 연기가 천장 부분에 집적되는 것
③ 실내 가연물이 동시에 발화하는 현상
④ 바닥에서 천장까지 고온상태

해설 두텁고, 뜨겁고, 진한 연기가 "아래로" 쌓이는 것이다

14 백드래프트에 수반되는 현상으로 옳지 않은 것은?

① 건물 벽체의 도괴
② 다량의 가연성 가스의 축적
③ 농연의 분출
④ 파이어볼의 형성

해설 다량의 가연성 가스의 축적은 백드래프트 현상발생의 전제조건이다.

15 롤오버에 대한 설명으로 옳지 않은 것은?

① 플래시오버(flash over)라고도 한다.
② 화염이 연소되지 않은 가연성가스를 통해 전파되는 현상이다.
③ 화재가 완전히 성장하지 않은 단계에서 발생한 가연성 증기가 화재구획에서 빠져나갈 때 발생한다.
④ 천장면을 따라 마치 파도같이 빠른 속도로 화염의 확산이 이루어지는 현상이다.

해설 롤오버(roll over)를 플레임오버(flame over)라고도 한다.

정답 12.④ 13.② 14.② 15.①

16 다음 〈보기〉와 같은 연소현상과 관련된 것으로 맞는 것은?

| 보기 |

실내화재에서 화염이 천장 전면으로 확산되면 화염에서 발생한 복사열에 의해 내장재나 가구 등이 일시에 발화점에 이르러 가연성 가스가 축적되면서 일순간에 폭발적으로 전체가 화염에 휩싸이는 현상을 말한다.

① 내화건축물인 경우 출화 후 5~10분 후에 발생한다.
② 연기폭발(smoke explosion)이라고도 한다.
③ 소화활동이나 피난을 하기 위하여 화재실의 문을 개방할 때 발생한다.
④ 화염이 연소되지 않은 가연성 가스를 통해 전파되는 현상이다.

해설 〈보기〉의 연소현상은 플래시오버(flash over) 현상으로 내화건축물인 경우 출화 후 5~10분 후에 발생한다.
② 연기폭발(smoke explosion)은 백드래프트(back draft) 현상을 말한다.
③ 소화활동이나 피난을 하기 위하여 화재실의 문을 개방할 때 발생하는 것은 백드래프트(back draft) 현상이다.
④ 화염이 연소되지 않은 가연성 가스를 통해 전파되는 현상은 롤오버(roll over) 현상이다.

17 다음 실내화재 현상 중 플래시오버(Flash over)에 대한 설명으로 옳은 것을 모두 고른 것은?

㉠ 전실화재 또는 순발연소라 함
㉡ 화염이 폭풍을 동반하여 실외로 분출되는 현상
㉢ 내화건축물인 경우 출화 후 5~10분 후에 발생
㉣ 일순간에 폭발적으로 실 전체가 화염에 휩싸이는 현상

① ㉠, ㉡, ㉢
② ㉠, ㉢, ㉣
③ ㉡, ㉢, ㉣
④ ㉠, ㉡, ㉢, ㉣

해설 옳은 것은 ㉠, ㉢, ㉣이다.
㉡ 화염이 폭풍을 동반하여 실외로 분출되는 현상은 백드래프트(back draft)이다.

정답 16.① 17.②

18 아래 〈보기〉와 같은 현상이 일어났을 때 관련된 것을 모두 고르면?

|보기|
소화활동이나 피난을 하기 위하여 화재실의 문을 개방할 때 신선한 공기가 유입되어 실내에 축적되었던 가연성 가스가 단시간에 폭발적으로 연소하는 현상이다.

㉠ 연기폭발(smoke explosion)　　㉡ 폭풍·충격파
㉢ 파이어볼(fire ball)　　㉣ roll over

① ㉠, ㉡
② ㉠, ㉢
③ ㉠, ㉡, ㉢
④ ㉠, ㉡, ㉢, ㉣

해설 〈보기〉의 현상은 백드래프트(back draft)이다. 백드래프트를 다른 말로 ㉠ 연기폭발(smoke explosion)이라고도 하고, ㉡ 폭풍과 충격파를 일으키며, ㉢ 파이어볼(fire ball)의 형성을 수반한다.

19 다음 중 목조건축물 화재에 대한 설명으로 옳지 않은 것은?

① 보통의 목조건물 화재는 순식간에 플래시오버에 도달한다.
② 특히 벽체 상부와 지붕의 일부가 불타 내려앉으면 최성기에 이르며 최고온도도 800~1,050℃에 이르게 된다.
③ 최성기를 지나면 건물은 급속히 타버려 앙상한 상태가 되고 굵은 기둥, 보만 타면서 서있게 된다.
④ 온도도 최성기 이후는 오히려 공기의 유통이 좋아져 냉각되므로 급속히 저하한다.

해설 최고온도는 1,100~1,350℃에 달한다.

20 내화구조건축물 화재에 대한 내용으로 옳은 것은?

① 공기의 유통조건이 거의 일정한 상태를 유지한다.
② 목조건물 화재에 비해 화재지속시간이 짧다.
③ 최고온도는 목조건물 화재에 비해 높다.
④ 온도도 급속히 냉각된다.

해설 내화조 건물의 화재가 목조건물의 화재와 다른 점은 천장, 바닥, 벽(개구부 포함)이 내화구조로 되어 있으므로 이들의 주요부분은 연소해서 붕괴되지 않기 때문에 연소에 영향을 주는 공기의 유통조건이 거의 일정한 상태를 유지한다는 것이다.
②③④는 반대로 기술되었다.

정답 18.③ 19.② 20.①

21. 다음 내화구조건축물의 화재양상에 대한 설명 중 옳은 것을 모두 고른 것은?

㉠ 목조건축물 화재에 비해 발연량이 많다.
㉡ 목조건축물에 비해 공기의 유통이 좋아서 격렬한 연소가 일어난다.
㉢ 최고온도는 800~1,050℃로 목조건축물 화재보다 낮다.
㉣ 화재지속시간은 보통 2~3시간으로 목조건축물 화재보다 오래 지속된다.

① ㉡, ㉢, ㉣
② ㉠, ㉡, ㉣
③ ㉠, ㉢, ㉣
④ ㉠, ㉡, ㉢, ㉣

해설 ㉡ 반대로 기술되었다. 목조건축물 화재의 경우 골조도 목조로 되어 있고 개구부도 많아서 공기의 유통이 좋기 때문에 격렬히 연소한다.

22. 열전달에 대한 내용 중 옳은 것만 짝지은 것은?

㉠ 전도는 하나의 물체가 다른 물체와 직접 접촉하여 전달하는 열전달이다.
㉡ 대류는 기체 또는 액체와 같은 유체의 흐름에 의한 열전달 현상이다.
㉢ 복사는 화재 시 열 이동에 가장 적게 작용하는 열이동방식이다.

① ㉠, ㉡
② ㉠, ㉢
③ ㉡, ㉢
④ ㉠, ㉡, ㉢

해설 옳은 것은 ㉠㉡이다.
㉢ 복사는 화재 시 열 이동에 가장 크게 작용하는 열이동방식이다.

23. 복사에 대한 설명으로 옳은 것끼리 모두 짝지은 것은?

㉠ 화재 시 열의 이동에 가장 크게 작용하는 열 이동방식이다.
㉡ 유체의 흐름에 의하여 열이 전달된다.
㉢ 열에너지를 파장의 형태로 계속적으로 방사한다.
㉣ 인접건물을 연소시키는 주원인이다.

① ㉠, ㉡
② ㉡, ㉢
③ ㉠, ㉢, ㉣
④ ㉡, ㉢, ㉣

해설 복사에 대해 옳게 설명한 것은 ㉠, ㉢, ㉣이다.

PART 04 소방학개론

▶ 교재 1권
p.189

24 상 중 하
화재 시 발생하는 연기에 대한 내용으로 옳은 것은?
① 화재에서 발생하는 연기란 연기미립자만을 구분해 다룬다.
② 연기란 공기 중에 부유하고 있는 고체의 미립자를 가리킨다.
③ 연기의 크기는 0.01~10㎛로 안개입자보다 크다.
④ 화재 시의 연기는 연소의 결과로 발생하는 가스성분이 포함된 것으로 열에 의해 대기 중에 확산·부유하고 있는 상태를 말한다.

해설 ① 화재에서 발생하는 연기란 연기미립자만을 구분해 다루는 것이 아니라 연기입자를 포함한 열기류 전체를 의미한다.
② 연기란 공기 중에 부유하고 있는 고체 또는 액체의 미립자를 가리킨다.
③ 연기의 크기는 0.01~10㎛로 안개입자(10~50㎛)보다 작다.

▶ 교재 1권
p.189~190

25 상 중 하
화재 시 연기의 확산과 유동에 대한 설명으로 옳지 않은 것은?
① 건물 내에서 연기의 확산 속도는 수평방향으로 약 0.5~1m/sec로 인간의 보행속도보다 늦다.
② 복도를 통하여 이동하는 연기의 수평유속은 플래시오버 이후에는 평균 0.5m/sec이다.
③ 복도의 위쪽에는 연기가 화점실로부터 주위로 확산되어 가는 것에 비례하며 아래쪽에는 주위에서 화점실로 향하여 공기가 유입된다.
④ 내화건물에서의 연기의 유동은 공기흐름, 즉 압력이 어떻게 움직이고 있는가에 따라 결정된다.

해설 복도를 통하여 이동하는 연기의 수평유속은 플래시오버 이전에는 평균 0.5m/sec, 플래시오버 이후에는 평균 0.75m/sec이다.

▶ 교재 1권
p.189~190

26 상 중 하
화재발생 시 생성되는 연기의 유동에 대한 설명으로 옳지 않은 것은?
① 건물 내에서의 연기유동 및 확산은 연기를 포함한 공기의 온도 차이 때문이다.
② 내화건물 내에서의 연기유동은 건물의 중성대의 위치에 따라 달라진다.
③ 복도에서의 수평유속은 플래시오버 이후가 플래시오버 이전보다 빠르다.
④ 지하가에서 연기의 이동속도는 3~5m/s로 제트팬이 설치된 긴 터널보다 빠르다.

해설 ④ 지하가에서 연기의 이동속도는 약 1.0m/sec 정도지만 제트펜이 설치된 긴 터널은 3~5m/sec에 달한다.

정답 24.④ 25.② 26.④

O× 문제

01
생활주변에 가장 많이 존재하는 면화류, 고무, 목재 등 일반 가연물의 화재를 C급 화재라 한다. O×

× 생활주변에 가장 많이 존재하는 면화류, 고무, 목재 등 일반 가연물의 화재를 A급 화재라 한다.

02.
변압기, 배전반, 전열기, 전기장판 등 전기를 취급하고 있는 장소에서의 화재는 B급 화재이다. O×

× 변압기, 배전반, 전열기, 전기장판 등 전기를 취급하고 있는 장소에서의 화재는 C급 화재이다.

03
연소 후 재를 남기지 않으며, 연소열이 크고 연소성이 좋기 때문에 일반화재보다 위험한 화재는 K급 화재이다. O×

× 연소 후 재를 남기지 않으며, 연소열이 크고 연소성이 좋기 때문에 일반화재보다 위험한 화재는 B급 화재이다.

04
금속화재는 괴상보다는 분말상으로 존재할 때 가연성이 현저히 증가한다. O×

O

05
소화 시 비누화 작용 및 냉각작용이 동시에 필요한 화재는 D급 화재이다. O×

× 연소물의 표면을 차단하는 비누화 작용 및 식용유 자체의 온도를 발화점 이하로 빠르게 하강시켜 주는 냉각작용이 동시에 필요한 화재는 K급 화재이다.

06
실내화재의 경우 화재 초기에는 창 등의 개구부에서 검은 연기가 나온다. O×

× 실내화재의 경우 화재 초기에는 창 등의 개구부에서 하얀 연기가 나온다.

07
건축물 화재는 화원의 불이 가연물에 착화한 후 서서히 진행하여 수평으로 있는 가연물에 착화하는 것으로부터 시작한다. O×

× 건축물 화재는 화원의 불이 가연물에 착화한 후 서서히 진행하여 수직으로 있는 가연물에 착화하는 것으로부터 시작한다.

08
화재실험에서 플래시오버는 통상 내화건축물인 경우 출화 후 15~20분 후에 발생한다. O×

× 화재실험에서 플래시오버는 통상 내화건축물인 경우 출화 후 5~10분 후에 발생한다.

09
실내온도가 급격히 상승하여 이후 천장 부근에 축적된 가연성 가스가 착화되면 실내 전체가 화염에 휩싸이는 것을 슬롭오버라 한다. O×

× 실내온도가 급격히 상승하여 이후 천장 부근에 축적된 가연성 가스가 착화되면 실내 전체가 화염에 휩싸이는 것을 플래시오버라 한다.

OX 문제

10
화재현장에서 화재가 발생한 구획의 천장에 실내 가연물의 열분해 등에 의한 가연성 증기층이 형성되면 천장면을 따라 마치 파도같이 빠른 속도로 화염의 확산이 이루어지는 현상이 파이어볼이다.

✗ 화재현장에서 화재가 발생한 구획의 천장에 실내 가연물의 열분해 등에 의한 가연성 증기층이 형성되면 천장면을 따라 마치 파도같이 빠른 속도로 화염의 확산이 이루어지는 현상이 롤오버이다.

11
목조건축물 화재의 경우 최성기 시의 온도는 1,100~1,350℃에 달한다.

○

12
복사란 하나의 물체가 다른 물체와 직접 접촉하여 전달되는 것이다.

✗ 전도란 하나의 물체가 다른 물체와 직접 접촉하여 전달되는 것이다.

13
화재 시 열의 이동에 가장 크게 작용하는 열 이동방식은 전도이다.

✗ 화재 시 열의 이동에 가장 크게 작용하는 열 이동방식은 복사이다.

14
연기는 계단실 등 수직방향으로 화재초기 시 2~3m/sec 속도로 이동한다.

○

PART 04
CHAPTER 03 소화이론

▶ 교재 1권 p.191~192

01 다음 중 소화방법과 원리에 대한 연결이 틀린 것은?
① 냉각소화 – 증발잠열
② 제거소화 – 가연물과 화원 격리
③ 억제소화 – 공기 중의 산소 농도를 15% 이하로 억제함
④ 질식소화 – 산소공급 차단

해설 억제소화는 연소반응을 중단시키는 원리로 소화하는 방법이다. 공기 중의 산소 농도를 15% 이하로 억제하는 것은 질식소화의 원리 중 하나이다.

▶ 교재 1권 p.193~194

02 다음 소화방법 중 물리적 작용에 의한 소화가 아닌 것은?
① 연쇄반응의 중단에 의한 소화
② 화염의 불안정화에 의한 소화
③ 농도 한계에 의한 소화
④ 연소에너지 한계에 의한 소화

해설 연쇄반응의 중단에 의한 소화는 화학적 작용에 의한 소화이다.

▶ 교재 1권 p.194

03 다음 중 화학적 작용에 의한 소화방법으로 옳은 것은?
① 목재 – 이산화탄소 소화기에 의한 소화
② 통전 중인 전기실 – 포소화
③ 경유 화재 – 포소화
④ 알코올 화재 – 할론 소화기에 의한 소화

해설 ①, ②, ③은 물리적 작용에 의한 소화방법이고, ④는 화학적 작용에 의한 소화방법이다.

정답 01.③ 02.① 03.④

04 소방대상물과 그 소화방법의 연결로 맞는 것은?

① 나트륨 – 분무주수 – 냉각소화
② 통전 중인 전자제품 – 포소화기 – 제거소화
③ 유류화재 – 폼(포)으로 덮음 – 질식소화
④ 산림화재 – 가연물 제거 – 억제소화

해설
① 나트륨 화재 시 분무주수는 물과 나트륨이 격렬하게 반응하므로 사용할 수 없는 소화방법이다.
② 통전 중인 전자제품의 경우 감전을 유발할 수 있으므로 이산화탄소 소화기를 사용한 질식소화를 해야 한다.
④ 산림화재에서 가연물을 제거하는 것은 제거소화 방법이다.

05 다음 중 다른 소화방법과 다른 것은?

① 알코올 화재에서 물을 가하여 알코올 농도를 40% 이하로 떨어뜨려 소화하는 방법
② 탄진폭발 방지에 쓰이는 암분 살포
③ 유정화재를 폭약폭발에 의한 폭풍으로 끄는 것
④ 하론류에 의한 소화

해설 하론류에 의한 소화는 화학적 작용에 의한 소화이고, 나머지는 모두 물리적 작용에 의한 소화이다.

06 다음 중 다른 것과 소화방법이 다른 것은?

① 산불화재 시 진행 방향의 나무 제거
② 불연성 고체로 연소물을 덮는 방법
③ 가연물 직접 제거 및 파괴
④ 촛불을 입으로 불어 가연성 증기를 순간적으로 날려 보내는 방법

해설 ①③④는 제거소화 방법이고, ②는 질식소화 방법이다.

정답 04.③ 05.④ 06.②

07 다음 〈보기〉의 소화방법에 해당하는 것은?

―보기―
연소하고 있는 가연물로부터 열을 뺏어 착화온도 이하로 내려서 불을 끄는 방법이다.

① 불이 붙은 알코올램프의 뚜껑을 닫아서 소화하는 방법
② 젖은 담요를 덮어서 불을 끄는 방법
③ 가스화재에서 밸브를 잠금으로 연소를 중지시키는 방법
④ 화염에 소화수를 분사하여 불을 끄는 방법

[해설] ①②는 질식소화, ③은 제거소화이다.
④는 냉각소화로 〈보기〉의 소화방법과 같다.

08 아래 기사내용과 관련된 소화방법은?

[○○소방서 차량화재 진압훈련]
이번에 실시한 훈련은 불연성 재질의 천으로 불이 난 자동차를 덮어 소화하는 방법이다. 일반차량 화재에 대한 신속한 화재진압과 최근 급속하게 증가하는 전기자동차에서 발생하는 화재를 보다 효과적으로 대응하기 위한 방안 모색에 중점을 둔 훈련이다.

① 냉각소화
② 억제소화
③ 제거소화
④ 질식소화

[해설] 불연성 재질의 천으로 불이 난 자동차를 덮어 불과 산소와의 접촉을 차단하여 소화하는 방법으로 질식소화에 해당한다.

09 화재에 따른 소화방법으로 가장 적합한 것은?

① 목조건물 화재 시 이산화탄소소화기로 억제소화한다.
② 경유탱크 화재 시 다량의 포(폼)를 방사하여 질식소화한다.
③ 칼륨 화재 시 다량의 물을 주수하여 냉각소화한다.
④ 통전 중인 변전실 화재 시 포소화기로 제거소화한다.

해설 ① 이산화탄소소화기를 사용하는 것은 냉각소화에 해당한다.
③ 칼륨 등 금속화재 시 다량의 물을 주수하면 화재가 오히려 커지게 된다.
④ 포소화기는 질식소화 방법이다.

10 가연성물질의 농도를 연소범위 밖으로 하여 소화하는 방법으로 알코올 화재에서 알코올 농도를 몇 % 이하로 떨어뜨려 소화하는가?

① 1~5%
② 21%
③ 14~15%
④ 40%

해설 알코올 화재에서 물을 가하여 알코올 농도를 40% 이하로 떨어뜨려 소화한다.

정답 09.② 10.④

O× 문제

01
가스화재에서 밸브를 잠그는 것은 소화방법 중 억제소화에 해당한다. ○×

× 가스화재에서 밸브를 잠그는 것은 소화방법 중 제거소화에 해당한다.

02
담요나 모래 등으로 덮어서 불을 끄는 것은 질식소화에 해당한다. ○×

○

03
가연물로부터 발생하는 가연성증기의 농도를 엷게 하여 연소범위 하한계 이하로 함으로써 소화의 목적을 달성하는 '희석소화'도 광의로 해석하면 제거소화에 해당한다. ○×

× 가연물로부터 발생하는 가연성증기의 농도를 엷게 하여 연소범위 하한계 이하로 함으로써 소화의 목적을 달성하는 '희석소화'도 광의로 해석하면 질식소화에 해당한다.

04
물은 액체에서 기체로 증발할 때 필요한 열량인 증발열(잠열)이 359cal/g로 매우 높아서 냉각소화의 목적을 달성하는 데 유용한 물질이다. ○×

× 물은 액체에서 기체로 증발할 때 필요한 열량인 증발열(잠열) 539cal/g로 매우 높아서 냉각소화의 목적을 달성하는 데 유용한 물질이다.

05
제거소화, 질식소화, 냉각소화는 모두 화학적 작용에 의한 소화법이다. ○×

× 제거소화, 질식소화, 냉각소화는 모두 물리적 작용에 의한 소화법이지만 억제소화는 화학적 작용에 의한 소화법이다.

06
탄광에서 미분탄의 연소에 의한 탄진폭발 방지에 쓰이는 암분(岩粉) 살포는 상(相)변화에 수반되는 잠열을 이용하는 소화방법이다. ○×

× 탄광에서 미분탄의 연소에 의한 탄진폭발 방지에 쓰이는 암분(岩粉) 살포는 물질의 열용량을 이용하는 소화방법이다.

1급 소방안전관리자 기출예상문제집

제1과목

PART 05

공사장 안전관리 계획 및 화기취급 감독 등

CHAPTER 01 공사장 안전관리 계획 및 감독

PART 05

01 공사장 안전관리계획의 현황에 대한 내용으로 옳지 않은 것은?

① 공사현장의 안전관리에 관한 사항은 「건설기술진흥법」과 「산업안전보건법」에 의해 규정하고 있다.
② 적용대상은 일정규모 이상의 공사현장을 기준으로 하고 있다.
③ 소규모 공사 또는 부분적인 공사 등의 경우에는 안전관리에 대한 구체적인 규정이 미흡한 상태이다.
④ 소방관련법에서는 공사현장에 대한 별도의 안전관리업무를 제시하고 있다.

해설 소방관련법에서는 공사현장에 대한 별도의 안전관리업무를 제시하고 있지 않다.

02 「소방시설 설치 및 관리에 관한 법률」에서 제시하고 있는 임시소방시설의 종류에 해당하지 않는 것은?

① 간이소화장치
② 비상콘센트설비
③ 비상경보장치
④ 간이피난유도선

해설 비상콘센트설비는 임시소방시설에 해당되지 않는다.
▶ 임시소방시설의 종류(「소방시설 설치 및 관리에 관한 법률 시행령」 별표 8)
㉠ 소화기
㉡ 간이소화장치 : 물을 방사(放射)하여 화재를 진화할 수 있는 장치
㉢ 비상경보장치 : 화재가 발생한 경우 주변에 있는 작업자에게 화재사실을 알릴 수 있는 장치
㉣ 가스누설경보기 : 가연성 가스가 누설되거나 발생된 경우 이를 탐지하여 경보하는 장치
㉤ 간이피난유도선 : 화재가 발생한 경우 피난구 방향을 안내할 수 있는 장치
㉥ 비상조명등 : 화재가 발생한 경우 안전하고 원활한 피난활동을 할 수 있도록 거실 및 피난통로 등에 설치하여 자동 점등되는 조명장치
㉦ 방화포 : 용접·용단(금속·유리·플라스틱 따위를 녹여서 절단하는 일) 등 작업 시 발생하는 금속성 불티로부터 가연물이 점화되는 것을 방지해주는 천 또는 불연성 물품

정답 01.④ 02.②

03

▶ 교재 1권 p.214

소방시설 설치 및 안전관리에 관한 법령에서 규정한 공사장(공사현장)에서 소방안전과 관련된 구체적인 작업(화재위험작업) 사항으로 옳은 것을 모두 고른 것은?

> ㉠ 인화성·가연성·폭발성 물질을 취급하거나 가연성 가스를 발생시키는 작업
> ㉡ 용접·용단 등 불꽃을 발생시키거나 화기를 취급하는 작업
> ㉢ 전열기구, 가열전선 등 열을 발생시키는 기구를 취급하는 작업
> ㉣ 알루미늄, 마그네슘 등을 취급하여 폭발성 부유분진을 발생시킬 수 있는 작업

① ㉠, ㉡, ㉣
② ㉠, ㉡
③ ㉡, ㉢, ㉣
④ ㉠, ㉡, ㉢, ㉣

해설 ㉠, ㉡, ㉢, ㉣ 모두 해당된다.

▶ 공사현장에서 안전관리 대상
ⓐ 인화성·가연성·폭발성 물질을 취급하거나 가연성 가스를 발생시키는 작업
ⓑ 용접·용단(금속·유리·플라스틱 따위를 녹여서 절단하는 일) 등 불꽃을 발생시키거나 화기(火氣)를 취급하는 작업
ⓒ 전열기구, 가열전선 등 열을 발생시키는 기구를 취급하는 작업
ⓓ 알루미늄, 마그네슘 등을 취급하여 폭발성 부유분진(공기 중에 떠다니는 미세한 입자)을 발생시킬 수 있는 작업
ⓔ 그 밖에 ⓐ부터 ⓓ까지와 비슷한 작업으로 소방청장이 정하여 고시하는 작업

04

▶ 교재 1권 p.214~215

공사현장의 안전관리 실태에 대한 내용으로 옳지 않은 것은?

① 공사현장은 용접작업과 같은 불티를 발생시키는 작업 및 콘크리트 양생을 위한 열풍기의 사용, 가설전선의 사용, 흡연장소 등으로 인한 화재위험이 상존한다.
② 대규모 공사현장의 경우 안전책임자 및 안전감시자 등 안전관리체계 및 인원이 확보되어 안전관리가 이루어지고 있다.
③ 소규모 현장의 경우 안전관리가 사실상 제대로 이루어지지 않는 실정이다.
④ 사용중인 건축물의 증개축, 대수선, 인테리어 공사 등은 공사현장에 대한 안전관리가 이루어져야 한다.

해설 사용중인 건축물의 증개축, 대수선, 인테리어 공사 등은 공사현장에 대한 안전관리가 아닌 건물의 선임된 소방안전관리자가 현장의 안전관리업무를 수행해야 한다.

PART 05 공사장 안전관리 계획 및 화기취급 감독 등

▶ 교재 1권
p.216~217

05 상 중 하

공사현장 내 화재유형 및 특징에 대한 내용으로 옳지 않은 것은?

① 공사현장에서 전기화재가 발생할 경우 발화지점이 은폐되어 있는 경우가 많아 초기대응이 지연될 가능성이 매우 높다.
② 방화에 의한 화재는 평상시 공사현장 내 자재 반입 등을 이유로 외부인의 접근이 자유로운 편이다.
③ 공사현장의 가설건축물은 현재 소방대상물에 포함되어 있어 소방설비 등의 설치유지 관리 의무가 있으나 관리가 부실한 것이 실정이다.
④ 작업자의 부주의는 공사 중 용접작업의 불티로 인한 화재와 담뱃불에 의한 화재가 대표적이다.

해설   공사현장의 가설건축물은 현재 소방대상물에 포함되어 있지 않으므로 소방설비 등의 설치유지 관리 의무가 없다.

▶ 교재 1권
p.216~217

06 상 중 하

공사현장 내 화재유형 및 특징에 대한 내용으로 옳지 않은 것은?

① 작업자의 부주의로 인한 담뱃불 화재의 경우 현장가림막 등의 가연물이 될 수 있는 자재가 사용되는 공간으로 담배불티 등이 바람에 날려 현장의 가연물에 착화할 가능성이 있다.
② 국내 공사 화재 원인 중 작업자의 부주의가 가장 큰 비중을 차지한다.
③ 방화는 휘발유나 시너 등 유류를 점화원으로 활용하는 경우가 많기 때문에 급속한 연소확대가 이루어지게 된다.
④ 현장사무소 등은 난방을 위한 전열기, 단열재 등의 사용이 이루어지고 있어 일반건물보다 상대적으로 화재에 매우 취약하다.

해설   국내 공사 화재 원인 중 전기적 원인이 가장 큰 비중을 차지한다.

▶ 교재 1권
p.217

07 상 중 하

공사현장 내 화재취약요인에 대한 내용으로 옳지 않은 것은?

① 공사현장에는 가연성, 불연성을 불문하고 대규모 자재가 현장에 다량 적치되어 있다.
② 공사초기 기초 및 골조공사 진행단계에서는 "환기지배형" 화재특성을 갖게 된다.
③ 건축물의 외벽을 구성하는 커튼월 설치 이후에는 "연료지배형+환기지배형"의 복합형태를 나타나게 된다.
④ 공사후반으로 갈수록 화재발생의 위험도와 발생 시 피해정도가 증가하는 형태이다.

해설   공사초기 기초 및 골조공사 진행단계에서는 "연료지배형" 화재특성을 갖게 된다.

정답   05.③   06.②   07.②

08 공사장 공종별 화재위험의 연결이 잘못된 것은?

① 가설공사 – 가연성 폐기물 적치/관리미흡
② 굴착 및 발파공사 – 폭약 및 위험물 관리 미흡
③ 강구조물 공사 – 용접/절단 작업 시 불티 발생
④ 전기 및 기계공사 – 장비통행으로 인한 전선관리 미흡

해설 장비통행으로 인한 전선관리 미흡은 굴착 및 발파공사 시 화재위험 요소이다.

09 공사장 안전관리계획 시 포함되어야 할 내용에 해당되지 않는 것은?

① 공종별 안전점검계획
② 안전관리비 집행계획
③ 화재 시 대피요령
④ 통행안전시설 설치 및 교통소음에 관한 계획

해설 안전관리계획 내용
㉠ 건설공사 개요 및 안전관리조직
㉡ 공종별 안전점검계획
㉢ 공사장 주변의 안전관리대책
㉣ 통행안전시설 설치 및 교통소음에 관한 계획
㉤ 안전관리비 집행계획
㉥ 안전교육 및 비상 시 긴급조치계획
㉦ 공종별 안전관리계획

10 화기작업의 최소화 중 비화기(cool-work) 방법으로 잘못된 것은?

① 톱, 토치를 이용한 절단작업 → 수동수압 절단
② 납땜 → 나사, 플랜지 이음
③ 왕복 톱 → 방사 톱
④ 용접 → 기계적 볼팅, 이음쇠 사용

해설 '방사 톱 → 왕복 톱'이 맞는 방법이다.

정답 08.④ 09.③ 10.③

PART 05 공사장 안전관리 계획 및 화기취급 감독 등

▶ 교재 1권 p.221

11 화기작업금지구역으로 볼 수 없는 것은?

① 가연성 액체, 인화성 가스 등을 보관하거나 사용하는 구역
② 고무라이닝 장비
③ 습도가 높은 환경
④ 산화제 물질의 보관 및 취급 장소

해설 화기작업금지구역 예시
㉠ 가연성 액체, 인화성 가스, 가연성 덕트 또는 가연성 금속 등을 보관하거나 사용하는 구역
㉡ 가연성이 높은 재료(발포플라스틱 단열재, 샌드위치 패널 등)로 마감된 칸막이, 벽, 천장 또는 지붕 및 코어부
㉢ 고무라이닝 장비
㉣ 산소농도가 높은 환경
㉤ 산화제 물질의 보관 및 취급 장소
㉥ 폭발물 및 위험물 보관 및 취급장소

▶ 교재 1권 p.221

12 고위험장소 작업 시 대책으로 옳지 않은 것은?

① 분진 및 유증기, 가스 등 위험요인을 충분히 제거하고 작업한다.
② 분진 및 유증기 등의 축적이 심하고 제거가 곤란한 경우에는 인정된 자격을 갖춘 도급업자만 화기작업이 가능하다.
③ 화기작업 시 떨어진 가연성 물질까지 스파크를 전달할 수 있는 덕트 및 컨베이어 등의 작동은 중단한다.
④ 가급적 가동중단시간에 화기작업 계획을 세워 실시한다.

해설 분진 및 유증기 등의 축적이 심하고 제거가 곤란한 경우에는 화기작업이 불가하다.

▶ 교재 1권 p.221~222

13 밀폐공간에서의 화기작업 시 확인사항으로 옳지 않은 것은?

① 산소결핍 여부를 작업 전에 반드시 확인하고, 작업중에도 지속적으로 공기 중 산소농도를 체크한다.
② 작업 중 지속적인 환기가 가능토록 조치한다.
③ 용접에 필요한 가스실린더, 전기동력원 등은 밀폐공간 내부에 안전한 곳에 배치하여 관리할 수 있도록 한다.
④ 밀폐공간과 연결되는 모든 파이프, 덕트, 전선 등은 작업에 지장을 주지 않는 한 연결을 끊거나 막는다.

해설 용접에 필요한 가스실린더, 전기동력원 등은 밀폐공간 외부 안전한 곳에 배치한다.

정답 11.③ 12.② 13.③

▶ 교재 1권 p.222

14 화재예방을 위한 발화원 관리에 대한 내용으로 옳지 않은 것은?

① 흡연구역지정 등 근로자 흡연관리 철저
② 야적물 보양은 불연성 재료를 활용하고 태그 부착관리
③ 소화기를 지참한 화재감시자 배치(작업 종류 후 최소 10분 이상)
④ 화기 작업 시 사전 허가제 실시

해설 '소화기를 지참한 화재감시자 배치(작업 종류 후 **최소 30분** 이상)'이다.

정답 14.③

OX 문제

01
소방관련법에서는 공사현장에 대한 별도의 안전관리업무를 제시하고 있다. ◯✗

✗ 소방관련법에서는 공사현장에 대한 별도의 안전관리업무를 제시하고 있지 않다.

02
사용중인 건축물의 증개축, 대수선, 인테리어 공사 등은 공사현장에 대한 안전관리에 해당한다. ◯✗

✗ 사용중인 건축물의 증개축, 대수선, 인테리어 공사 등은 공사현장에 대한 안전관리가 아닌 건물의 선임된 소방안전관리자가 현장의 안전관리업무를 수행해야 한다.

03
국내 공사 화재 원인 중 작업자의 부주의가 가장 큰 비중을 차지한다. ◯✗

✗ 국내 공사 화재 원인 중 전기적 원인이 가장 큰 비중을 차지한다.

04
공사현장에서 전기화재가 발생할 경우 발화지점이 은폐되어 있는 경우가 많아 초기대응이 지연될 가능성이 매우 높다. ◯✗

◯

05
공사초기 기초 골조공사 진행단계에서는 "환기지배형" 화재특성을 갖게 된다. ◯✗

✗ 공사초기 기초 골조공사 진행단계에서는 "연료지배형" 화재특성을 갖게 된다.

06
공사후반으로 갈수록 화재발생의 위험도와 발생 시 피해정도가 증가하는 형태이다. ◯✗

◯

07
분진 및 유증기, 가스 등의 축적이 심하고 제거가 곤란한 경우 인정된 자격을 갖춘 도급업자만 작업이 가능하다. ◯✗

✗ 분진 및 유증기, 가스 등의 축적이 심하고 제거가 곤란한 경우 화기작업은 불가하다.

PART 05
CHAPTER 02 화기취급 감독 및 화재위험 작업 허가·관리

▶ 교재 1권
p.227~229

01 상 중 하
주요 화기취급작업에 대한 내용으로 옳은 것만 고른 것은?

> ㉠ 용접이란 주로 열을 통하여 두 금속을 용융시켜 물체(주로 금속)를 접합하는 것을 말한다.
> ㉡ 용단이란 고체 금속을 절단하는 방법으로 금속 절단 부분에 산화 반응 등을 일으켜 그 열로 재료를 녹여서 절단하는 것을 말한다.
> ㉢ 아크용접 시 온도가 가장 높은 부분의 최고온도는 약 6,000℃에 이르며 일반적으로 3,500~5,000℃ 정도의 고열이 발생된다.
> ㉣ 가스용접 시 사용되는 가연성 가스로는 주로 아세틸렌(C_2H_2), 메탄(CH_4), 수소(H_2) 등이 사용된다.

① ㉠, ㉡
② ㉠, ㉢
③ ㉠, ㉡, ㉢
④ ㉠, ㉡, ㉢, ㉣

[해설] ㉣ 가스용접 시 사용되는 가연성 가스로는 주로 아세틸렌(C_2H_2), 프로판(C_3H_8), 부탄(C_4H_{10}), 수소(H_2) 등이 사용된다.

▶ 교재 1권
p.229~230

02 상 중 하
용접작업의 화재 위험성에 대한 내용으로 옳지 않은 것은?

① 용접작업 시에 작은 입자의 용적들이 비산하는 현상을 스패터 현상이라고 한다.
② 아크용접에서는 가스폭발, 아크 휨, 긴 아크 등일 경우 스패터 현상이 발생하게 된다.
③ 가스용접에서는 용접의 불꽃의 세기가 강할 경우 스패터 현상 발생률이 높아진다.
④ 용접 불티의 비산거리는 실내에서 무풍 시에는 약 10m 정도이다.

[해설] 용접 불티의 비산거리는 실내에서 무풍 시에는 약 **11m** 정도이다.

정답 01.③ 02.④

PART 05 공사장 안전관리 계획 및 화기취급 감독 등

03 용접(용단) 작업 시 비산불티의 특성으로 옳은 것만 짝지은 것은?

㉠ 용접(용단) 작업 시 수천 개의 비산된 불티 발생
㉡ 비산불티는 풍향, 풍속 등에 상관없이 비산거리는 동일
㉢ 비산불티는 약 1,600℃ 이상의 고온체이다.
㉣ 비산불티는 짧게는 작업과 동시에서부터 수 분 사이, 길게는 수 시간 이후에도 화재가능성이 있다.

① ㉠, ㉡
② ㉠, ㉡, ㉢
③ ㉠, ㉢, ㉣
④ ㉠, ㉡, ㉢, ㉣

해설 ㉡ 비산불티는 풍향, 풍속 등에 의해 비산거리가 상이하다.

04 용접·용단 작업 시 폭발의 주요발생원인이 아닌 것은?

① 역화
② 드럼통이나 탱크를 용접, 절단 시 잔류 가연성 증기
③ 토치나 호스에서 가스누설
④ 열을 받은 용접부분의 뒷면에 있는 가연물

해설 열을 받은 용접부분의 뒷면에 있는 가연물은 화재의 주요발생원인에 해당한다.

05 화기취급작업의 일반적인 절차에서 안전조치에 해당하지 않는 것은?

① 가연물의 이동 및 보호조치
② 화재감시자 입회
③ 소방시설 작동 확인
④ 비상 시 행동요령 교육

해설 화재감시자 입회는 '작업·감독 절차'에 해당한다.

정답 03.③ 04.④ 05.②

06 다음 중 화재위험작업의 감독 등에 대한 내용으로 가장 거리가 먼 것은?

① 화재안전 감독자는 예상되는 화기작업 위치를 확정하고, 화기작업의 시작 전 작업현장의 화재안전조치의 상태 및 예방책을 확인한다.
② 화기작업 허가서는 작업구역 내 게시하여, 해당 작업현장 내의 작업자와 관리자가 화기작업에 대한 사항을 인지할 수 있도록 한다.
③ 화재감시자는 화기작업이 종료되면 즉시 다른 구역으로 이동한다.
④ 화재감시자는 작업구역의 직상, 직하층에 대한 점검도 병행한다.

해설 작업완료 시 화재감시자는 해당 작업구역 내에 30분 이상 더 상주하면서 발화 및 착화발생 여부에 대한 감시를 진행한다.

정답 06.③

OX 문제

01
아크(Arc)는 청백색의 강렬한 빛과 열을 내는 것으로 온도가 가장 높은 부분은 5,000℃에 이른다.

✗ 아크(Arc)는 청백색의 강렬한 빛과 열을 내는 것으로 온도가 가장 높은 부분은 **6,000℃**에 이르고 일반적으로 3,500~5,000℃ 정도의 고열이 발생한다.

02
가스용접에 사용되는 가연성 가스로는 주로 아세틸렌(C_2H_2), 프로판(C_3H_8), 부탄(C_4H_{10}) 등이 사용된다.

○

03
용접 작업 시에 작은 입자의 용적들이 비산되는 현상, 즉 불티가 튀기는 현상을 스패터 현상이라고 한다.

○

04
용접(용단) 불티의 비산거리는 실내에서 무풍 시에는 약 10m 정도이며, 이러한 불티가 적열되었을 때의 온도는 600℃ 이상의 고온체이다.

✗ 용접(용단) 불티의 비산거리는 실내에서 무풍 시에는 약 **11m** 정도이며, 이러한 불티가 적열되었을 때의 온도는 **1,600℃** 이상의 고온체이다.

05
발화원이 될 수 있는 비산불티의 크기의 직경은 약 0.1~1mm이다.

✗ 발화원이 될 수 있는 비산불티의 크기의 직경은 약 0.3~3mm이다.

06
비산 불티는 짧게는 작업과 동시에서부터 수 분 사이, 길게는 수 시간 이후에도 화재 가능성이 있다.

○

07
작업완료 시 화재감시자는 해당 작업구역 내에 10분 이상 더 상주하면서 발화 및 착화 발생 여부에 대한 감시를 진행한다.

✗ 작업완료 시 화재감시자는 해당 작업구역 내에 30분 이상 더 상주하면서 발화 및 착화 발생 여부에 대한 감시를 진행한다.

1급 소방안전관리자 기출예상문제집

제1과목

PART 06

위험물 · 전기 · 가스 안전관리

CHAPTER 01 위험물안전관리

PART 06

▶ 교재 1권 p.199

01 제1류 위험물의 특성으로 타당한 것은?

① 저온착화하기 쉬운 가연성 물질
② 가열, 충격, 마찰 등에 의해 분해, 산소 방출
③ 가연성으로 산소를 함유하여 자기연소
④ 물과 반응하거나 자연발화에 의해 발열 또는 가연성가스 발생

해설 ① 저온착화하기 쉬운 가연성 물질은 제2류 위험물이다.
③ 가연성으로 산소를 함유하여 자기연소하는 것은 제5류 위험물이다.
④ 물과 반응하거나 자연발화에 의해 발열 또는 가연성가스가 발생하는 것은 제3류 위험물이다.

▶ 교재 1권 p.199

02 다음 특성을 가진 위험물은?

> 물과 반응하거나 자연발화에 의해 발열 또는 가연성가스가 발생하는 성질

① 제1류 위험물
② 제2류 위험물
③ 제3류 위험물
④ 제4류 위험물

해설 물과 반응하거나 자연발화에 의해 발열 또는 가연성가스가 발생하는 성질을 갖는 위험물은 제3류 위험물이다.

▶ 교재 1권 p.201

03 다음 물질들의 성질로 옳지 않은 것은?

> 중유, 경유, 등유

① 액체는 물보다 가볍고, 증기는 공기보다 무겁다.
② 인화하기 쉽다.
③ 착화온도가 높은 것은 위험하다.
④ 증기는 공기와 혼합되어 연소·폭발한다.

해설 착화온도가 **낮은** 것이 위험하다.

정답 01.② 02.③ 03.③

04 인화성 액체에 대한 내용으로 옳지 않은 것은?

① 인화가 용이하다.
② 대부분 물보다 가볍고, 증기는 공기보다 무겁다.
③ 주수소화가 불가능하다.
④ 강산화제로 다량의 산소를 함유하고 있다.

해설 강산화제로 다량의 산소를 함유하고 있는 것은 **산화성 고체**이다.

05 다음 중 위험물 유별 특성으로 알맞게 짝지은 것은?

- 제2류 위험물 : _____㉠_____ 고체
- 제4류 위험물 : _____㉡_____ 액체
- 제6류 위험물 : _____㉢_____ 액체

	㉠	㉡	㉢
①	인화성	가연성	자기반응성
②	산화성	가연성	인화성
③	자기반응성	인화성	가연성
④	가연성	인화성	산화성

해설
- 제2류 위험물 : 가연성 고체
- 제4류 위험물 : 인화성 액체
- 제6류 위험물 : 산화성 액체

정답 04.④ 05.④

PART 06 위험물·전기·가스 안전관리

06 다음 중 위험물 유별 특성으로 알맞게 짝지은 것은?

- 제1류 위험물 : ___㉠___ 고체
- 제3류 위험물 : ___㉡___ 물질
- 제5류 위험물 : ___㉢___ 물질

	㉠	㉡	㉢
①	인화성	가연성	산화성
②	산화성	자연발화성 및 금수성	자기반응성
③	자기반응성	인화성	가연성
④	가연성	인화성	산화성

[해설]
- 제1류 위험물 : 산화성 고체
- 제3류 위험물 : 자연발화성 및 금수성 물질
- 제5류 위험물 : 자기반응성 물질

07 다음 ( ) 안에 들어갈 내용으로 맞는 것은?

- 제조소등의 관계인은 위험물안전관리자를 선임하였을 때는 (㉠)에게 신고하여야 한다.
- 가연성으로 산소를 함유하여 자기연소 하는 물질은 (㉡) 위험물이다.

① ㉠ 시·도지사, ㉡ 제3류
② ㉠ 소방본부장 또는 소방서장, ㉡ 제3류
③ ㉠ 시·도지사, ㉡ 제5류
④ ㉠ 소방본부장 또는 소방서장, ㉡ 제5류

[해설]
- 제조소등의 관계인은 위험물안전관리자를 선임하였을 때는 소방본부장 또는 소방서장에게 신고하여야 한다.
- 가연성으로 산소를 함유하여 자기연소 하는 물질은 제5류 위험물이다.

08 다음 중 유류의 공통적인 성질에 해당하지 않는 것은?

① 인화하기 쉽다.
② 착화온도가 높은 것은 위험하다.
③ 물보다 가볍고 물에 녹지 않는다.
④ 증기는 대부분 공기보다 무겁다.

[해설] 착화온도가 낮은 것은 위험하다.

09 유류의 특성으로 옳지 않은 것은?

① 대부분 물보다 가볍고 물에 녹지 않는다.
② 증기는 공기와 혼합하여 연소·폭발한다.
③ 증기는 대부분 공기보다 무겁다.
④ 착화온도가 높은 것은 위험하다.

해설 착화온도가 낮은 것은 위험하다.

10 제4류 위험물의 공통적인 성질에 해당하는 것을 모두 고르면?

㉠ 인화하기 쉽다.
㉡ 증기는 대부분 공기보다 가볍다.
㉢ 증기는 공기와 혼합되어 연소·폭발한다.
㉣ 착화온도가 높을수록 더 위험하다.

① ㉠, ㉡
② ㉠, ㉢
③ ㉠, ㉢, ㉣
④ ㉠, ㉡, ㉢, ㉣

해설 제4류 위험물의 공통적인 성질
ⓐ 인화하기 쉽다.
ⓑ 증기는 대부분 공기보다 무겁다.
ⓒ 증기는 공기와 혼합되어 연소·폭발한다.
ⓓ 착화온도가 낮은 것은 위험하다.
ⓔ 대부분 물보다 가볍고 물에 녹지 않는다.

O× 문제

01
강산화제로서 다량의 산소를 함유하고 있는 위험물은 제2류 위험물이다. ○×

× 강산화제로서 다량의 산소를 함유하고 있는 위험물은 제1류 위험물이다.

02
대부분 물보다 가볍고, 증기는 공기보다 무거운 특성을 가진 위험물은 제4류 위험물이다. ○×

○

03
강산으로 산소를 발생하는 조연성 액체로 일부는 물과 접촉하면 발열하는 위험물은 제5류 위험물이다. ○×

× 강산으로 산소를 발생하는 조연성 액체로 일부는 물과 접촉하면 발열하는 위험물은 제6류 위험물이다.

04
제4류 위험물 중 착화온도가 높은 것은 위험하다. ○×

× 제4류 위험물 중 착화온도가 **낮은** 것은 위험하다.

CHAPTER 02 전기안전관리

PART 06

▶ 교재 1권
p.202~204

01 상 중 **하**
전기화재의 원인으로 틀린 것은?
① 저항열에 의한 발화
② 단락으로 인한 발화
③ 누전으로 인한 발화
④ 과부하로 인한 발화

해설 전기화재의 원인은 단락(합선), 과부하, 누전으로 인한 발화이다.

▶ 교재 1권
p.204

02 상 중 **하**
다음 중 전기에 의한 화재예방요령으로 옳지 않은 것은?
① 사용하지 않는 기구는 전원을 끄고 플러그를 뽑아 놓는다.
② 과전류 차단장치를 설치한다.
③ 콘센트에 플러그는 다시 뽑기 쉽게 느슨하게 꽂아 사용한다.
④ 전선을 묶거나 꼬이지 않도록 한다.

해설 콘센트에 플러그는 흔들리지 않게 완전히 꽂아 사용한다.

▶ 교재 1권
p.202~204

03 상 중 **하**
전기화재의 주요 원인으로 옳지 않은 것은?
① 전기기계기구의 누전에 의한 발화
② 멀티콘센트의 허용전류를 초과해서 발생하는 과부하에 의한 발화
③ 전선이 무거운 물건 등에 눌렸을 때 단락에 의한 발화
④ 열선 및 전기기계기구 등의 절연으로 인한 발화

해설 배선 및 전기기계기구 등의 절연은 오히려 전기 화재를 방지하는 것으로 전기화재의 주요 원인으로 볼 수 없다.

정답 01.① 02.③ 03.④

04. 다음 중 전기에 의한 화재예방요령으로 옳지 않은 것은?

① 누전차단기를 설치하고 월 1~2회 동작 유무를 확인한다.
② 전기담요는 접힌 부분에 열이 발생하므로 밟거나 접어서 사용하지 않는다.
③ 비닐장판이나 양탄자 밑으로는 전선이 지나지 않도록 한다.
④ 백열전등이나 전열기구 등 고열을 발생하는 기구에는 비닐전선을 사용한다.

해설 비닐전선은 열에 약하므로 백열전등이나 전열기구 등 고열을 발생하는 기구에는 고무코드 전선을 사용한다.

05. 다음 중 전기화재의 원인으로 옳지 않은 것은?

① 누전차단기 고장으로 인한 발화
② 무거운 물건을 전선 위에 두어 단락으로 인한 발화
③ 전격용량 이상으로 멀티탭에 플러그를 꽂아 과부하로 인한 발화
④ 저항열의 축적으로 인한 발화

해설 저항열의 축적에 의해서는 화재가 발생하지 않는다.
▶ 전기화재의 주요원인

> ㉠ 단락(합선)에 의한 발화
> ㉡ 과부하에 의한 발화
> ㉢ 누전에 의한 발화

06. 전기안전 예방요령에 대한 내용으로 옳지 않은 것은?

① 전선은 묶거나 꼬이지 않도록 한다.
② 비닐장판 밑으로는 전선이 지나지 않도록 한다.
③ 플러그를 뽑을 때는 선을 당겨서 뽑는다.
④ 누전차단기를 설치하고 월 1~2회 동작 여부를 확인한다.

해설 플러그를 뽑을 때는 선을 당기지 말고 몸체를 잡고 뽑는다.

정답 04.④ 05.④ 06.③

07 다음 중 전기화재 예방요령으로 옳지 않은 것만 고르면?

㉠ 과전류 차단장치를 설치한다.
㉡ 규격 퓨즈를 사용하고 끊어질 경우 그 원인을 조치한다.
㉢ 전선이 보이지 않도록 비닐장판 밑으로 정리한다.
㉣ 사용하지 않는 기구는 전원을 끄고 플러그는 꽂아 둔다.

① ㉡, ㉢
② ㉠, ㉡
③ ㉢, ㉣
④ ㉠, ㉡, ㉢

해설 ㉢ 비닐장판이나 양탄자 밑으로는 전선이 지나지 않도록 한다.
㉣ 사용하지 않는 기구는 전원을 끄고 플러그를 뽑아 둔다.

08 전기안전관리에 대한 내용으로 옳지 않은 것만 고른 것은?

㉠ 퓨즈가 끊어질 경우 원인을 조사하지 않고 규격 퓨즈로 교체한다.
㉡ 누전차단기를 설치하고 월 1~2회 동작 여부를 확인한다.
㉢ 플러그를 뽑을 때는 선을 당기지 말고 몸체를 잡고 뽑는다.
㉣ 전기화재의 주요원인은 전선의 단락(합선)에 의한 발화, 누전에 의한 발화, 과전류 차단장치의 설치, 규격미달의 전선 또는 전기기계기구 등의 과열이다.

① ㉠
② ㉠, ㉣
③ ㉠, ㉡, ㉢
④ ㉠, ㉡, ㉢, ㉣

해설 ㉠ 퓨즈가 끊어질 경우 원인을 조사하여 조치하여야 한다.
㉣ 과전류 차단장치의 설치는 전기화재의 예방요령에 해당하는 것으로 전기화재의 주요원인에 해당하지 않는다.

09 감전사고 방지책으로 옳지 않은 것은?

① 감전의 우려가 높은 장소에서 사용할 경우 가급적 절연을 이중으로 실시한 이중절연기기를 사용한다.
② 누전으로 인한 감전사고를 방지하기 위하여 감도전류 15mA 이하, 동작시간 0.03초 이하인 누전차단기를 설치한다.
③ 금속제 외함을 접지시켜 누설전류를 접지선을 통하여 대지로 흘려주도록 한다.
④ 노출 충전부를 방호하거나 격리시켜야 한다.

해설 누전으로 인한 감전사고를 방지하기 위하여 감도전류 **30mA** 이하, 동작시간 0.03초 이하인 누전차단기를 설치한다.

정답 07.③ 08.② 09.②

CHAPTER 03 가스안전관리

01 액화천연가스의 주성분은?

① CH_4
② C_3H_8
③ C_4H_{10}
④ C_2H_5

해설 액화천연가스의 주성분은 메탄(CH_4)이다.
C_3H_8은 프로판, C_4H_{10}은 부탄이다.

02 액화석유가스(LPG)에 대한 설명으로 틀린 것은?

① 가정용, 공업용으로 주로 사용된다.
② C_3H_8, C_4H_{10}이 주성분이다.
③ 비중이 1.5~2로 누출 시 낮은 곳으로 체류한다.
④ 폭발범위는 5~15%이다.

해설 폭발범위는 프로판(C_3H_8)이 2.1~9.5%, 부탄(C_4H_{10})이 1.8~8.4%이다.

03 증기비중이 1보다 큰 가스의 경우에 대한 내용이다. (　) 안에 들어갈 내용을 알맞게 짝지은 것은?

- 연소기 또는 관통부로부터 수평거리 (　) 이내의 위치에 설치
- 누출 시 (　) 곳에 체류
- 탐지기의 상단은 바닥면의 (　) 이내의 위치에 설치

① 8m, 낮은, 하방 30cm
② 8m, 높은, 상방 30cm
③ 4m, 높은, 하방 30cm
④ 4m, 낮은, 상방 30cm

해설 증기비중이 1보다 큰 가스의 경우
㉠ 연소기 또는 관통부로부터 수평거리 (**4m**) 이내의 위치에 설치
㉡ 누출 시 (**낮은**) 곳에 체류
㉢ 탐지기의 상단은 바닥면의 상방 (**30cm**) 이내의 위치에 설치

정답 01.① 02.④ 03.④

04 가스안전관리에 관한 다음 〈보기〉에서 ( ) 안에 들어갈 내용을 알맞게 짝지은 것은?

|보기|
- 가정용 가스로 사용되는 프로판(㉠)은 증기 비중이 (㉡)이다.
- 가스누설경보기는 (㉢) (㉣) 이내의 위치에 설치한다.

	㉠	㉡	㉢	㉣
①	C_4H_{10}	1.5~2	수평거리	8m
②	C_3H_8	1.5~2	수평거리	4m
③	CH_4	0.6	보행거리	8m
④	C_3H_8	0.6	보행거리	4m

해설
- 가정용 가스로 사용되는 프로판(C_3H_8)은 증기 비중이 (1.5~2)이다.
- 가스누설경보기는 (수평거리) (4m) 이내의 위치에 설치한다.

05 다음 중 가스안전관리에 대한 내용으로 옳지 않은 것은?

① C_4H_{10}의 폭발범위는 1.8~8.4%이다.
② 증기비중이 1보다 큰 가스의 경우 탐지기의 상단은 바닥면의 상방 30cm 이내의 위치에 설치한다.
③ CH_4는 누출시 낮은 곳에 체류한다.
④ 증기비중이 1보다 작은 가스의 경우 연소기로부터 수평거리 8m 이내의 위치에 설치한다.

해설 CH_4는 누출시 천장쪽에 체류한다.

06 가스안전관리에 대한 설명으로 옳지 않은 것은?

① LPG에는 프로판, 부탄이 있다.
② LNG의 비중은 0.6이다.
③ LPG는 낮은 쪽에 체류한다.
④ LNG는 가정용, 공업용, 자동차 연료용으로 사용된다.

해설 LNG는 도시가스용으로 사용된다. 가정용, 공업용, 자동차 연료용으로 사용되는 것은 LPG이다.

PART 06 위험물·전기·가스 안전관리

07 가스안전관리에 대한 설명으로 옳은 것을 모두 고르면?

> ㉠ LPG의 비중은 1.5~2이다.
> ㉡ 프로판의 폭발범위는 2.1~9.5%이다.
> ㉢ 부탄의 폭발범위는 1.8~8.4%이다.
> ㉣ 메탄의 폭발범위는 5~15%이다.

① ㉠
② ㉠, ㉡
③ ㉠, ㉡, ㉢
④ ㉠, ㉡, ㉢, ㉣

해설 모두 옳은 내용이다.

구분	LPG		LNG	
비중	1.5~2 (낮은 곳에 체류)		0.6 (천장쪽에 체류)	
폭발범위	프로판(C_3H_8)	2.1~9.5%	메탄(CH_4)	5~15%
	부탄(C_4H_{10})	1.8~8.4%		

08 다음 연료가스의 종류와 특성에서 옳지 않은 것을 모두 고른 것은?

	구분	액화천연가스	액화석유가스
㉠	주성분	메탄	프로판, 부탄
㉡	비중	1.5~2	0.6
㉢	폭발범위	5~15%	부탄 : 1.8~8.4%
㉣	가스누설 경보기 (수평거리)	4m 이내	8m 이내

① ㉠, ㉣
② ㉠, ㉢
③ ㉡, ㉣
④ ㉠, ㉡, ㉢, ㉣

해설 ㉡ 액화천연가스의 비중 – 0.6, 액화석유가스의 비중 – 1.5~2
㉣ 액화천연가스 가스누설 경보기 – 8m 이내,
액화석유가스 가스누설 경보기 – 4m 이내

정답 07.④ 08.③

09

다음 가스안전관리에 대한 물음에서 (㉠), (㉡), (㉢)에 알맞은 내용을 고르면?

> 가정용 연료로 사용되는 주성분이 프로판(C_3H_8)인 (㉠)의 증기비중은 (㉡)이고, 가스누설경보기의 탐지부는 연소기로부터 (㉢) 이내에 설치한다.

① ㉠ LPG ㉡ 1.5~2 ㉢ 수평거리 4m
② ㉠ LNG ㉡ 0.6   ㉢ 수평거리 8m
③ ㉠ LPG ㉡ 0.6   ㉢ 수평거리 8m
④ ㉠ LNG ㉡ 1.5~2 ㉢ 수평거리 4m

[해설] 가정용 연료로 사용되는 주성분이 프로판(C_3H_8)인 (㉠ LPG)의 증기비중은 (㉡ 1.5~2)이고, 가스누설경보기의 탐지부는 연소기로부터 (㉢ 수평거리 4m) 이내에 설치한다.

10

가스 사용 시 주의사항으로 잘못된 것은?

사용 전	㉠ 가스가 새고 있는지 냄새로 확인하고, 환기를 시킨다. ㉡ 가스 연소기 부분에는 가연성 물질을 두지 않는다.
사용 중	㉢ 파란불꽃 상태가 되도록 조절한다. ㉣ 장시간 자리를 비우지 말고 주의하여 지켜본다.
사용 후	㉤ 가스 연소기에 부착된 콕크는 잠그고 중간밸브는 열어둔다. ㉥ 장기간 외출 시 중간밸브와 함께 용기밸브도 잠그고, 도시가스 사용 시 메인밸브까지 잠근다.

① ㉠ ② ㉢ ③ ㉤ ④ ㉥

[해설] ㉤ '가스 연소기에 부착된 콕크는 물론 중간밸브도 확실하게 잠근다.'가 맞는 내용이다.

11

가스안전관리에 관한 설명으로 옳지 않은 것은?

① 탐지대상 가스의 증기비중이 1보다 큰 경우 바닥면의 상방 30cm 이내에 가스누설경보기(탐지부)를 설치한다.
② C_3H_8의 폭발범위는 2.1~9.5%이다.
③ 액화천연가스의 주성분은 C_4H_{10}이다.
④ 탐지대상 가스의 증기비중이 1보다 작은 경우 연소기로부터 수평거리 8m 이내에 가스누설경보기(탐지부)를 설치한다.

[해설] 액화천연가스의 주성분은 CH_4이다.

[정답] 09.① 10.③ 11.③

OX 문제

01
액화석유가스의 주성분은 메탄(CH_4)이다. ○ ×

× 액화석유가스의 주성분은 **프로판**(C_3H_8), **부탄**(C_4H_{10})이다.

02
액화천연가스는 비중이 1.5~2로 누출 시 낮은 곳에 체류한다. ○ ×

× 액화천연가스는 비중이 **0.6**으로 누출 시 **천장 쪽**에 체류한다.

03
액화천연가스의 폭발범위는 5~15(%)이다. ○ ×

○

04
프로판을 주성분으로 하는 액화석유가스의 폭발범위는 1.8~8.4(%)이다. ○ ×

× 프로판을 주성분으로 하는 액화석유가스의 폭발범위는 **2.1~9.5(%)**이다.

05
조정기 분해 오조작은 가스화재의 주요원인 중 공급자측의 원인이다. ○ ×

× 조정기 분해 오조작은 가스화재의 주요원인 중 사용자측의 원인이다.

06
배관 내의 공기치환작업 미숙은 가스화재의 주요원인 중 사용자측의 원인이다. ○ ×

× 배관 내의 공기치환작업 미숙은 가스화재의 주요원인 중 공급자측의 원인이다.

07
탐지대상 가스의 증기비중이 1보다 작은 경우 연소기로부터 수평거리 8m 이내의 위치에 설치한다. ○ ×

○

08
탐지대상 가스의 증기비중이 1보다 큰 경우 관통부로부터 수평거리 8m 위치에 설치한다. ○ ×

× 탐지대상 가스의 증기비중이 1보다 큰 경우 관통부로부터 수평거리 **4m** 이내의 위치에 설치한다.

1급 소방안전관리자 기출예상문제집

제1과목

PART 07

종합방재실 운영

PART 07 종합방재실의 운영

01 기존 감시시스템에 대한 내용으로 옳지 않은 것은?
① 장소적 통합 개념에서 시스템적 통합 방식으로 구성되어 있다.
② 공간적 감시는 가능하나 감시할 요소들은 각각 별개로 존재하고 있다.
③ 종합방재센터 내에서 방재, 보안, CCTV 등과 관련된 주요 정보를 감시하는 방식이다.
④ 별도장소가 많이 있어야 하고, 인력이 많이 필요하다.

해설   기존 감시시스템은 장소적으로 통합 개념으로 구성되어 있다.

02 통합감시시스템의 구축효과가 아닌 것은?
① 장소적 통합 개념으로 구성되어 있다.
② 시스템적 통합 방식으로 구성되어 있다.
③ 언제, 어디서나 정보의 수집 및 감시가 용이하다.
④ 비용, 장소, 인력에 따른 문제가 해결될 수 있다.

해설   장소적 통합 개념이 아닌 시스템적 통합 방식으로 구성되어 있다.

03 통합감시시스템에 대한 내용으로 옳지 않은 것은?
① 장소적 통합 개념에서 시스템적 통합방식으로 구성되어 있다.
② 비용, 장소, 인력에 따른 문제가 해결될 수 있다.
③ 언제, 어디서나 정보의 수집 및 감시가 용이하다.
④ 장소별로 정보의 수집 및 감시가 요구된다.

해설   장소별로 정보의 수집 및 감시가 요구되는 것은 기존 감시시스템이다.

정답   01.①   02.①   03.④

04 A회사 직원들이 통합감시시스템에 대해 아래와 같이 얘기하였다. 옳게 얘기한 직원은?

㉠ 직원 갑 : 통합감시시스템은 장소적 통합 개념으로 구성되어 있어 감시에 어려움이 있다.
㉡ 직원 을 : 통합감시시스템은 장소별 정보의 수집 및 감시가 요구되어 효율적인 정보 관리에 어려움이 있다.
㉢ 직원 병 : 통합감시시스템은 언제, 어디서나 정보의 수집 및 감시가 용이하여 비용, 장소, 인력에 따른 문제가 해결될 수 있다.
㉣ 직원 정 : 통합감시시스템은 비용, 장소, 인력이 많이 필요하여 비용적인 문제가 발생할 수 있다.

① 갑
② 을
③ 병
④ 정

해설 ㉠㉡㉣ 직원 갑, 을, 정은 통합감시시스템이 아니라 기존 감시시스템에 대해 얘기하였다.

05 종합방재실의 구축효과로 옳지 않은 것은?
① 화재피해 최소화
② 유지관리 비용 절감
③ 소방법령의 유연한 적용
④ 시스템 안전성 향상

해설 종합방재실의 구축효과
㉠ 화재피해 최소화
㉡ 화재 시 신속한 대응
㉢ 시스템 안전성 향상
㉣ 유지관리 비용 절감

정답 04.③ 05.③

PART 07 종합방재실 운영

▶ 교재 1권
p.241~242

06 관계법으로 정하는 종합방재실(상황실)의 설치·운영을 비교한 것으로 옳지 않은 것은? (「초고층 및 지하연계 복합건축물 재난관리에 관한 특별법」은 초고층재난관리법, 「재난 및 안전관리 기본법」은 재난관리법으로 약칭한다)

① 초고층재난관리법상 종합방재실의 설치주체는 관리주체(소유자, 관리자)이다.
② 소방기본법상 종합상황실의 설치·운영목적은 화재, 재난·재해 그 밖에 구조·구급이 필요한 상황이 발생한 때에 신속한 소방 활동을 위한 정보의 수집·분석과 판단·전파, 상황관리, 현장지휘 및 조정·통제 등의 업무를 수행하기 위함이다.
③ 재난관리법상 재난안전상황실의 설치주체는 소방청장, 소방본부장, 소방서장이다.
④ 초고층재난관리법상 종합방재실의 설치목적은 건축·소방·전기·가스 등 안전관리 및 방범·보안·테러 등을 포함한 통합적 재난관리를 효율적으로 시행하기 위함이다.

해설 재난관리법상 재난안전상황실의 설치주체는 행정안전부장관, 시·도지사, 시장·군수·구청장이다.

▶ 교재 1권
p.243

07 종합방재실의 설치대상에 대한 내용으로 옳지 않은 것은?

① 층수가 50층 이상 또는 높이가 200m 이상인 건축물에는 종합방재실을 설치해야 한다.
② 층수가 12층인 건축물 안에 문화 및 집회시설이 하나 이상 있는 지하연계 복합건축물에는 종합방재실을 설치해야 한다.
③ 종합방재실은 관계인인 소유자, 관리자, 점유자가 설치한다.
④ 1일 수용인원 6,000명인 건축물 안에 판매시설, 운수시설이 하나 이상 있는 지하연계 복합건축물에는 종합방재실을 설치해야 한다.

해설 종합방재실의 설치자는 관리주체(소유자, 관리자)이다.

08 종합방재실의 설치 장소로 옳지 않은 것은?

① 1층 또는 피난층
② 특별피난계단 출입구로부터 10미터 이내에 종합방재실을 설치하려는 경우 3층 또는 지하 1층에 설치할 수 있다.
③ 공동주택의 경우에는 관리사무소에 설치할 수 있다.
④ 피난 전용 승강장으로 이동하기 쉬운 곳에 설치할 수 있다.

해설 특별피난계단 출입구로부터 **5미터** 이내에 종합방재실을 설치하려는 경우 **2층** 또는 지하 1층에 설치할 수 있다.

▶ 종합방재실의 설치 장소

> ㉠ **1층** 또는 피난층
> ㉡ 초고층 건축물에 **특별피난계단**이 설치되어 있고, 특별피난계단 출입구로부터 **5m** 이내에 종합방재실을 설치하려는 경우에는 **2층** 또는 **지하** 1층에 설치할 수 있다.
> ㉢ 공동주택인 경우 관리사무소 내에 설치할 수 있다.
> ㉣ 비상용 승강장, 피난 전용 승강장 및 특별피난계단으로 이동하기 쉬운 곳
> ㉤ 재난정보 수집 및 제공, 방재 활동의 거점(據點) 역할을 할 수 있는 곳
> ㉥ 소방대(消防隊)가 쉽게 도달할 수 있는 곳
> ㉦ 화재 및 침수 등으로 인하여 피해를 입을 우려가 적은 곳

심화문제 다음 중 종합방재실의 설치 장소로 틀린 것은?
① 소방대가 쉽게 도달할 수 있는 곳
② 2층 또는 무창층
③ 방재 활동의 거점 역할을 할 수 있는 곳
④ 특별피난계단으로 이동하기 쉬운 곳

답 ②

09 종합방재실의 구조 및 면적으로 옳지 않은 것은?

① 다른 부분과 방화구획으로 설치할 것
② 다른 제어실 등의 감시를 위하여 두께 4mm 이상의 망입유리로 된 $7m^2$ 미만의 붙박이창을 설치할 수 있다.
③ 면적은 $20m^2$ 이상으로 할 것
④ 출입문에 출입 제한 및 통제 장치를 갖출 것

해설 다른 제어실 등의 감시를 위하여 두께 **7mm** 이상의 망입유리로 된 **$4m^2$** 미만의 붙박이창을 설치할 수 있다.

PART 07 종합방재실 운영

▶ **종합방재실의 구조 및 면적**

㉠ 다른 부분과 방화구획(防火區劃)으로 설치할 것. 다만, 다른 제어실 등의 감시를 위하여 두께 **7mm** 이상의 망입(網入)유리(두께 **16.3mm** 이상의 접합유리 또는 두께 **28mm** 이상의 복층유리를 포함)로 된 **4m²** 미만의 붙박이창을 설치할 수 있다.
㉡ 인력의 대기 및 휴식 등을 위하여 종합방재실과 방화구획된 부속실(附屬室)을 설치할 것
㉢ 면적은 **20m²** 이상으로 할 것
㉣ 재난 및 안전관리, 방범 및 보안, 테러 예방을 위하여 필요한 시설·장비의 설치와 근무인력의 재난 및 안전관리 활동, 재난 발생 시 소방대원의 지휘활동에 지장이 없도록 설치할 것
㉤ 출입문에는 출입 제한 및 통제 장치를 갖출 것

> **심화문제** 종합방재실의 구조 및 면적으로 틀린 것은?
> ① 다른 제어실 등의 감시를 위하여 두께 16.3mm 이상의 접합유리로 된 4m² 미만의 붙박이창을 설치할 수 있다.
> ② 면적은 30m² 이상으로 해야 한다.
> ③ 출입문에는 출입 제한 및 통제 장치를 갖춰야 한다.
> ④ 인력의 대기 등을 위하여 방화구획된 부속실을 설치해야 한다.
>
> 답 ②

10 종합방재실의 설치기준으로 옳지 않은 것은?
① 1층 또는 피난층에 설치한다.
② 공동주택의 경우에는 관리사무소 외에 설치할 수 있다.
③ 초고층 건축물에 특별피난계단이 설치되어 있고 특별피난계단 출입구로부터 5m 이내에 종합방재실을 설치하려는 경우에는 2층 또는 지하1층에 설치할 수 있다.
④ 비상용 승강장, 피난 전용 승강장 및 특별피난계단으로 이동하기 쉬운 곳에 설치한다.

해설 공동주택의 경우에는 관리사무소 내에 설치할 수 있다.

11 종합방재실의 설치기준으로 옳지 않은 것은?
① 면적은 20m² 이상으로 할 것
② 급기·배기 설비 및 냉방·난방 설비를 설치해야 한다.
③ 지진계 및 풍향·풍속계(초고층 건축물에 한정)를 설치해야 한다.
④ 초고층 건축물등의 관리주체는 종합방재실에 재난 및 안전관리에 필요한 인력을 2명 이상 상주하도록 하여야 한다.

해설 초고층 건축물등의 관리주체는 종합방재실에 재난 및 안전관리에 필요한 인력을 3명 이상 상주하도록 하여야 한다.

▶ 교재 1권
p.245~246

12 상 중 하

종합방재실 설치기준으로 옳은 것은?

① 1층에만 설치할 수 있다.
② 관리사무소 내에 설치할 수 없다.
③ 면적은 20m² 이상으로 해야 한다.
④ 방화구획으로만 설치할 수 있다.

해설 ① 1층 또는 피난층에 설치할 수 있다.
② 공동주택의 경우에는 관리사무소 내에 설치할 수 있다.
④ 다른 제어실 등의 감시를 위하여 두께 7mm 이상의 망입유리(두께 16.3mm 이상의 접합유리 또는 두께 28mm 이상의 복층유리를 포함)로 된 4m² 미만의 붙박이창을 설치할 수 있다.

▶ 교재 1권
p.245~246

13 상 중 하

「초고층 및 지하연계 복합건축물 재난관리에 관한 특별법」에 따른 종합방재실의 설치기준으로 옳지 않은 것은?

① 다른 부분과 방화구획으로 설치할 것
② 인력의 대기 및 휴식 등을 위하여 종합방재실과 방화구획된 부속실을 설치할 것
③ 신속하게 출동할 수 있도록 출입문에 통제장치를 설치하지 말 것
④ 면적은 20m² 이상으로 할 것

해설 출입문에는 출입 제한 및 통제 장치를 갖춰야 한다.

▶ 교재 1권
p.248

14 상 중 하

초고층 및 지하연계 복합건축물 관리에 관한 특별법령에 따라 설치하는 종합방재실의 설치기준으로 옳은 것을 모두 고르시오.

┌─────────────────────────────────────┐
│ ㉠ 70층 건축물의 종합방재실 개수 : 1개 │
│ ㉡ 종합방재실의 위치 : 1층 또는 피난층 │
│ ㉢ 종합방재실의 면적 : 20m² 이상 │
│ ㉣ 종합방재실 상주인력 : 2인 이상 │
└─────────────────────────────────────┘

① ㉢, ㉣
② ㉠, ㉡
③ ㉠, ㉡, ㉢, ㉣
④ ㉠, ㉡, ㉢

해설 옳은 것은 ㉠㉡㉢이다.
㉣ 종합방재실 상주인력은 3명 이상이다.

정답 12.③ 13.③ 14.④

PART 07 종합방재실 운영

▶ 교재 1권 p.245~246

15 〈보기〉에서 종합방재실의 설치에 대한 내용 중 옳은 것을 모두 고른 것은?

―|보기|―
㉠ 1층에만 설치할 수 있다.
㉡ 공동주택의 경우에는 관리사무소 내에 설치할 수 없다.
㉢ 면적은 20m² 이상으로 할 것
㉣ 소방대가 쉽게 도달할 수 있는 곳에 설치한다.

① ㉠, ㉡
② ㉡, ㉢
③ ㉢, ㉣
④ ㉠, ㉡, ㉢, ㉣

해설 ㉠ 1층 및 피난층에 설치할 수 있다.
㉡ 공동주택의 경우에는 관리사무소 내에 설치할 수 있다.

▶ 교재 1권 p.246~247

16 종합방재실에 설치해야 할 설비가 아닌 것은?
① 급기·배기설비
② 자료 저장 시스템
③ 무정전 전원공급장치
④ 차압계

해설 차압계는 종합방재실에 설치해야 하는 설비가 아니다.

▶ 교재 1권 p.246~247

17 지하연계복합건축물에 설치하는 종합방재실의 설비 등으로 옳지 않은 것은?
① 지진계 및 풍향·풍속계
② 공기조화·냉난방·소방·승강기 설비의 감시 및 제어시스템
③ 상용전원과 예비전원의 공급을 자동 또는 수동으로 전환하는 설비
④ 급수·배수설비

해설 종합방재실의 설비 등
㉠ **조명**설비(**예비전원을 포함**한다) 및 급수·배수설비
㉡ **상용전원**(常用電源)과 예비전원의 공급을 자동 또는 수동으로 **전환**하는 설비
㉢ **급기**(給氣)·**배기**(排氣) 설비 및 **냉방·난방** 설비
㉣ **전력 공급** 상황 확인 시스템
㉤ 공기조화·냉난방·소방·승강기 설비의 감시 및 제어시스템
㉥ **자료 저장** 시스템
㉦ **지진계** 및 풍향·풍속계(**초고층건축물에 한정한다**)
㉧ 소화 장비 보관함 및 **무정전**(無停電) 전원공급장치
㉨ 피난안전구역, 피난용 승강기 승강장 및 테러 등의 감시와 방범·보안을 위한 폐쇄회로텔레비전(CCTV)

정답 15.③ 16.④ 17.①

| 심화문제 | 종합방재실의 설비등으로 틀린 것은?
① 소화 장비 보관함　　　　　② 보안을 위한 CCTV
③ 예비전원을 제외한 조명설비　④ 전력 공급 상황 확인 시스템

답 ③

▶ 교재 1권 p.249

18 상 중 하
종합방재실 정기 유지보수의 주요내용이 아닌 것은?
① 전체 시스템의 기능 점검 및 데이터의 백업
② 수신기, 전원중계반의 기능 점검
③ 승강기설비의 기능 점검
④ 감지기 등 모든 단말기기의 기능 점검

해설　종합방재실 정기 유지보수의 주요내용
　㉠ **전체 시스템**의 기능 점검 및 데이터의 백업
　㉡ 종합방재실의 **기능** 점검
　㉢ **수신기, 전원중계반**의 기능 점검
　㉣ **감지기** 등 모든 단말기기의 기능 점검
　㉤ 신호라인 회로, 기동장치 회로, 통보기구의 **회로** 점검
　㉥ 시스템에 공급되는 **전원**의 측정
　㉦ 각 장치의 **청소**
　㉧ **예비품**의 상태 점검
　㉨ **보고서** 작성

| 심화문제 | 종합방재실 정기 유지보수의 주요내용이 아닌 것은?
① 종합방재실의 기능 점검　　② 전원중계반의 기능 점검
③ 기동장치 회로의 수리　　　④ 예비품의 상태 점검

답 ③

▶ 교재 1권 p.249

19 상 중 하
종합방재실의 운용에 대한 내용으로 옳지 않은 것은?
① 종합방재실은 365일 중단없이 운영한다.
② 정기 유지보수는 시스템 매뉴얼을 근거로 분기 1회 정기적으로 실시한다.
③ 시스템 운영 중 장애발생 시 장애로 인한 시스템 운영 중단 시간을 최소화할 수 있도록 자체 유지보수 절차서에 따라 유지보수 업무에 착수한다.
④ 해당 제품의 유지보수 지원을 위한 제조사와의 비상시 연락체계를 구축하도록 한다.

해설　정기 유지보수는 시스템 매뉴얼을 근거로 **월 1회** 정기적으로 실시한다.

정답　18.③　19.②

O× 문제

01
통합감시시스템은 공간적 감시는 가능하나 감시할 요소등은 각각 별개로 존재하고 있다 ○×

× 기존 감시시스템은 공간적 감시는 가능하나 감시할 요소등은 각각 별개로 존재하고 있다.

02
50층 이상인 초고층 건축물등의 관리주체는 종합방재실이 그 기능을 상실하는 경우에 대비하여 종합방재실을 추가로 설치하여야 한다. ○×

× **100층** 이상인 초고층 건축물등의 관리주체는 종합방재실이 그 기능을 상실하는 경우에 대비하여 종합방재실을 추가로 설치하여야 한다.

03
초고층 건축물에 특별피난계단이 설치되어 있고, 특별피난계단 출입구로부터 5m 이내에 종합방재실을 설치하려는 경우에는 2층 또는 지하 1층에 설치할 수 있다. ○×

○

04
종합방재실은 다른 부분과 방화구획으로 설치하여야 하나, 다른 제어실 등의 감시를 위하여 두께 15mm 이상의 접합유리 또는 두께 25mm 이상의 복층유리로 된 5m^2 미만의 붙박이창을 설치할 수 있다. ○×

× 종합방재실은 다른 부분과 방화구획으로 설치하여야 하나, 다른 제어실 등의 감시를 위하여 두께 **16.3mm** 이상의 접합유리 또는 두께 **28mm** 이상의 복층유리로 된 **4m^2** 미만의 붙박이창을 설치할 수 있다.

05
종합방재실의 면적은 30m^2 이상으로 해야 한다. ○×

× 종합방재실의 면적은 **20m^2** 이상으로 해야 한다.

06
초고층 건축물등의 관리주체는 종합방재실에 재난 및 안전관리에 필요한 인력을 2명 이상 상주하도록 하여야 한다. ○×

× 초고층 건축물등의 관리주체는 종합방재실에 재난 및 안전관리에 필요한 인력을 **3명** 이상 상주하도록 하여야 한다.

07
초고층 건출물등의 관리주체는 배치도, 평면도, 입면도, 단면도, 구조도, 건축계획서 및 시방서 등을 비치하여야 한다. ○×

× 초고층 건출물등의 관리주체는 배치도, 평면도, 입면도, 단면도, 구조도(**건축계획서 및 시방서 제외**) 등을 비치하여야 한다.

08
종합방재실의 정기 유지보수는 시스템의 매뉴얼을 근거로 월 1회 정기적으로 실시한다. ○×

○

1급 소방안전관리자 기출예상문제집

제1과목

PART 08

피난시설, 방화구획 및 방화시설의 관리

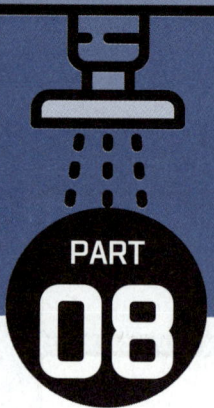

PART 08 피난시설, 방화구획 및 방화시설의 관리

▶ 교재 1권 p.152

01 상중하
건축물의 방화개념에 대한 내용과 그 수단의 연결이 바르게 된 것은?

| 내용 |

㉠ 화재 발생 방지 ㉡ 화재 확대 방지
㉢ 화재 시 건축물의 붕괴 방지 ㉣ 화재 시 안전한 피난

| 수단 |

ⓐ '방화구획'을 통해 제한
ⓑ 건축물 '내부와 외벽의 마감 재료'를 규제
ⓒ '내화구조'로 하여 구조적 안정성을 확보
ⓓ '피난경로 및 대피공간'의 구조적 기준을 정함

① ㉠ - ⓐ, ㉡ - ⓑ, ㉢ - ⓓ, ㉣ - ⓒ
② ㉠ - ⓐ, ㉡ - ⓒ, ㉢ - ⓑ, ㉣ - ⓓ
③ ㉠ - ⓑ, ㉡ - ⓐ, ㉢ - ⓒ, ㉣ - ⓓ
④ ㉠ - ⓑ, ㉡ - ⓒ, ㉢ - ⓓ, ㉣ - ⓐ

해설 연결이 바르게 된 것은 ㉠ (화재 발생 방지) - ⓑ (건축물 '내부와 외벽의 마감 재료'를 규제), ㉡ (화재 확대 방지) - ⓐ ('방화구획'을 통해 제한), ㉢ (화재 시 건축물의 붕괴 방지) - ⓒ ('내화구조'로 하여 구조적 안정성을 확보), ㉣ (화재 시 안전한 피난) - ⓓ ('피난경로 및 대피공간'의 구조적 기준을 정함)이다.

▶ 교재 1권 p.152~153

02 상중하
피난시설, 방화구획 및 방화시설에 대한 내용으로 옳지 않은 것은?

① 발화 및 연소 방지를 위해 건축물 "내부와 외벽의 마감 재료"를 규제한다.
② 피난시설로 복도, 출입구(비상구), 계단(직통계단, 피난계단 등), 피난용승강기, 옥상광장, 피난안전구역 등이 있다.
③ 방화구획으로 내화구조의 벽·바닥, 60분+ 또는 60분 방화문, 자동방화셔터 등이 있다.
④ 방화시설로 내화구조, 방화구조, 방화벽, 마감재료(불연재료, 준불연재료, 난연재료), 제연설비, 소방관진입창이 있다.

해설 방화시설로 내화구조, 방화구조, 방화벽, 마감재료(불연재료, 준불연재료, 난연재료), **배연설비**, 소방관진입창이 있다.

정답 01.③ 02.④

03. 건축법에 따른 피난·방화시설의 범위 중 피난시설에 해당하지 않는 것은?

① 복도
② 내부 마감재료
③ 출입구
④ 계단

해설 건축법상 피난시설은 복도, 출입구(비상구), 계단(직통계단, 피난계단 등), 피난용승강기, 옥상광장, 피난안전구역 등이다. 내부 마감재료는 방화시설에 해당한다.

04. 다음 직통계단의 설치기준 중 옳지 않은 것은?

① 피난 층 외의 층에서 거실의 각 부분으로부터 가장 가까운 거리에 있는 1개소의 계단에 이르는 보행거리가 일반적으로 30m 이하가 되도록 설치해야 한다.
② 건축물의 주요구조부가 내화구조 또는 불연재료인 경우 보행거리가 50m 이하가 되도록 설치해야 한다.
③ 건축물의 주요구조부가 내화구조로 된 층수가 16층 이상인 공동주택의 경우 16층 이상의 층은 보행거리가 40m 이하가 되도록 설치해야 한다.
④ 반도체 및 디스플레이 패널 제조공장으로 자동화 생산시설에 자동식 소화설비를 설치한 경우 보행거리가 80m 이하가 되도록 설치해야 한다.

해설 반도체 및 디스플레이 패널 제조공장으로 자동화 생산시설에 자동식 소화설비를 설치한 경우 보행거리가 **75m** 이하가 되도록 설치해야 한다.

▶ 직통계단의 보행거리 기준

구분	보행거리
일반기준	• 30m 이하
건축물의 주요구조부 : 내화구조 또는 불연재료	• 50m 이하 • 층수가 16층 이상인 공동주택의 경우 16층 이상의 층 : 40m 이하
반도체 및 디스플레이 패널 제조공장으로 자동화 생산시설에 자동식 소화설비를 설치한 경우	• 75m 이하 • 무인화공장 : 100m 이하

정답 03.② 04.④

PART 08 피난시설, 방화구획 및 방화시설의 관리

05 피난계단 및 특별피난계단의 설치대상으로 옳지 않은 것은? (바닥면적은 400m² 이상이고 공동주택이 아니다)

① 5층 이상 또는 지하 2층 이하인 층에 설치하는 직통계단은 피난계단 또는 특별피난계단으로 설치하여야 한다.
② 건축물의 11층 이상인 층 또는 지하 3층 이하인 층으로부터 피난층 또는 지상으로 통하는 직통계단은 피난계단 또는 특별피난계단으로 설치하여야 한다.
③ 5층 이상 또는 지하 2층 이하인 층 중 판매시설의 용도로 쓰는 층으로부터의 직통계단은 그 중 1개소 이상을 특별피난계단으로 설치하여야 한다.
④ 건축물의 5층 이상인 층으로서 문화 및 집회시설 중 전시장 또는 동·식물원으로 쓰는 층에는 직통계단 외에 그 층의 해당 용도로 쓰는 바닥면적의 합계가 2,000m²를 넘는 경우에는 그 넘는 2,000m² 이내마다 1개소의 피난계단 또는 특별피난계단을 설치하여야 한다.

해설 건축물의 11층 이상인 층 또는 지하 3층 이하인 층으로부터 피난층 또는 지상으로 통하는 직통계단은 **특별피난계단**으로 설치하여야 한다.

06 건축물의 내부에 설치하는 피난계단의 구조로 옳지 않은 것은? (제외 사유는 고려하지 않음)

① 계단실은 창문등을 제외한 당해 건축물의 다른 부분과 내화구조의 벽으로 구획할 것
② 계단실에는 예비전원에 의한 조명설비를 할 것
③ 외부창문은 당해 건축물의 다른 부분에 설치하는 창문등으로부터 3m 이상의 거리를 두고 설치할 것
④ 내부창문(출입구 제외)은 망입유리 붙박이창으로서 면적을 각각 1m² 이하로 할 것

해설 외부창문은 당해 건축물의 다른 부분에 설치하는 창문등으로부터 **2m** 이상의 거리를 두고 설치할 것

07 건축물의 내부에 설치하는 피난계단의 구조에서 건축물의 내부에서 계단실로 통하는 출입구의 기준으로 옳지 않은 것은?

① 60+방화문 또는 60분방화문 또는 30분방화문을 설치할 것
② 유효너비는 0.9m 이상일 것
③ 피난의 방향으로 열 수 있을 것
④ 언제나 닫힌 상태를 유지하거나 화재로 인한 연기 또는 불꽃을 감지하여 자동적으로 닫히는 구조로 할 것

[해설] '60+방화문 또는 60분방화문으로 설치할 것'이다.

▶ 교재 1권 p.156

08 특별피난계단의 구조에 대한 내용으로 옳지 않은 것은? (제외 사유는 고려하지 않음)

① 계단실·노대 및 부속실은 창문등을 제외하고는 내화구조의 벽으로 각각 구획할 것
② 건축물의 내부와 계단실의 연결은 노대를 통하여 연결하거나 외부를 향하여 열 수 있는 면적 1m² 이상이고 바닥으로부터 1.5m 이상의 높이에 설치된 창문 또는 배연설비가 있는 면적 2m² 이상인 부속실을 통하여 연결할 것
③ 계단실 및 부속실의 실내에 접하는 부분의 마감은 불연재료로 할 것
④ 외부창문은 계단실·노대 또는 부속실외의 당해 건축물의 다른 부분에 설치하는 창문등으로부터 2m 이상의 거리를 두고 설치할 것

[해설] 건축물의 내부와 계단실의 연결은 노대를 통하여 연결하거나 외부를 향하여 열 수 있는 면적 1m² 이상이고 바닥으로부터 **1m** 이상의 높이에 설치된 창문 또는 배연설비가 있는 면적 **3m²** 이상인 부속실을 통하여 연결할 것

▶ 교재 1권 p.157

09 특별피난계단의 출입구 구조에 대한 내용으로 옳지 않은 것은?

① 건축물의 내부에서 노대 또는 부속실로 통하는 출입구 – 60분+방화문 또는 60분방화문
② 노대 또는 부속실로부터 계단실로 통하는 출입구 – 60분+방화문 또는 60분방화문
③ 유효너비 – 0.9m 이상
④ 연기 또는 불꽃을 감지하여 자동적으로 닫히는 구조로 할 수 없는 경우에는 온도를 감지하여 자동적으로 닫히는 구조로 할 수 있음

[해설] '노대 또는 부속실로부터 계단실로 통하는 출입구 – 60분+방화문, 60분방화문 또는 **30분방화문**'이 맞는 내용이다.

정답 07.① 08.② 09.②

PART 08 피난시설, 방화구획 및 방화시설의 관리

10 다음 중 옥상광장 설치대상인 아닌 것은? (설치대상은 5층에 설치된 것으로 본다)

① 바닥면적의 합계가 300m² 이상인 공연장
② 바닥면적의 합계가 300m² 이상인 전시장
③ 바닥면적의 합계가 300m² 이상인 인터넷컴퓨터게임시설제공업소
④ 위락시설 중 주점영업

해설 옥상광장 설치대상에 전시장은 제외된다.

11 다음 〈보기〉 중 옥상광장 설치대상인 것은 모두 몇 개인가? (설치대상은 5층에 설치된 것으로 본다)

―보기―
㉠ 바닥면적의 합계가 300m²인 종교집회장
㉡ 노유자시설
㉢ 체력단련장
㉣ 판매시설
㉤ 위락시설 중 주점영업
㉥ 바닥면적의 합계가 300m²인 동·식물원

① 3개　　② 4개
③ 5개　　④ 6개

해설 옥상광장 설치대상인 것은 ㉠, ㉣, ㉤ 3개이다.

㉡ 노유자시설 → 대상이 아님
㉢ 체력단련장 → 대상이 아님
㉥ 바닥면적의 합계가 300m²인 동·식물원 → 동·식물원은 문화 및 집회시설에서 제외됨

▶ 옥상광장 설치대상

5층 이상인 층에 있는 다음 용도의 대상물	해당용도로 쓰는 바닥면적
공연장, 종교**집회장**, 인터넷컴퓨터**게임**시설제공업소	300m² 이상
문화 및 **집회**시설(전시장 및 동·식물원 제외)	면적에 관계 없음
종교시설, **판매**시설	
위락시설 중 **주점**영업 또는 **장례**시설	

정답 10.② 11.①

12. 다음 ( ) 안에 들어갈 내용을 알맞게 짝지은 것은?

- 옥상광장 또는 2층 이상인 층에 노대(露臺)등의 주위에는 높이 (㉠) 이상의 난간을 설치해야 한다.
- 옥상공간을 확보하여야 하는 대상[층수가 (㉡) 이상인 건축물로서 (㉡) 이상인 층의 바닥면적의 합계가 (㉢) 이상인 건축물]
  - 건축물의 지붕을 평지붕으로 하는 경우 : 헬리포트를 설치하거나 헬리콥터를 통하여 인명 등을 구조할 수 있는 공간
  - 건축물의 지붕을 경사지붕으로 하는 경우 : 경사지붕 아래에 설치하는 대피공간

	㉠	㉡	㉢
①	1.2m	10층	1,000m²
②	1.2m	11층	10,000m²
③	1.5m	10층	1,000m²
④	1.5m	11층	10,000m²

해설
- 옥상광장 또는 2층 이상인 층에 노대(露臺)등의 주위에는 **높이 (1.2m) 이상의 난간**을 설치해야 한다.
- 옥상공간을 확보하여야 하는 대상[층수가 (**11층**) 이상인 건축물로서 (**11층**) 이상인 층의 바닥면적의 합계가 (**10,000m²**) 이상인 건축물]
  - 건축물의 지붕을 평지붕으로 하는 경우 : 헬리포트를 설치하거나 헬리콥터를 통하여 인명 등을 구조할 수 있는 공간
  - 건축물의 지붕을 경사지붕으로 하는 경우 : 경사지붕 아래에 설치하는 대피공간

13. 대지 안의 피난 및 소화에 필요한 통로 설치의 기준에 대한 내용으로 옳지 않은 것은?

① 통로의 너비는 단독주택의 경우 유효 너비 0.9m 이상일 것
② 바닥면적의 합계가 600m² 이상인 문화 및 집회시설, 종교시설, 의료시설, 위락시설 또는 장례시설의 경우 유효 너비 2m 이상일 것
③ 그 밖의 용도로 쓰이는 건축물은 유효 너비 1.5m 이상일 것
④ 필로티 내 통로의 길이가 2m 이상인 경우에는 피난 및 소화활동에 장애가 발생하지 아니하도록 자동차 진입억제용 말뚝 등 통로 보호시설을 설치하거나 통로에 단차를 둘 것

해설 바닥면적의 합계가 **500m²** 이상인 문화 및 집회시설, 종교시설, 의료시설, 위락시설 또는 장례시설의 경우 유효 너비 **3m** 이상일 것이 맞다.

PART 08 피난시설, 방화구획 및 방화시설의 관리

▶ 교재 1권
p.160~162

14 피난용승강기에 대한 내용으로 옳은 것은?

① 피난용승강기는 화재 등 재난 발생 시 거주자의 피난활동에 적합하게 제조·설치되어 화재등 비상시에만 사용할 수 있는 엘리베이터이다.
② 건축물의 내부 다른 부분과 방화구획된 별도의 승강장을 설치하여 화재 시 안전한 피난이 가능하다.
③ 층수가 30층 이상이고 높이가 120m 이상인 고층건축물에는 승용승강기 중 1대 이상을 피난용승강기로 설치하여야 한다.
④ 승강장의 바닥면적은 승강기 1대당 5m² 이상으로 해야 한다.

해설 ① 피난용승강기는 화재 등 재난 발생 시 거주자의 피난활동에 적합하게 제조·설치된 엘리베이터로서 **평상시에는 승객용으로 사용하는** 엘리베이터이다.
③ 층수가 30층 이상**이거나** 높이가 120m 이상인 고층건축물에는 승용승강기 중 1대 이상을 피난용승강기로 설치하여야 한다.
④ 승강장의 바닥면적은 승강기 1대당 **6m²** 이상으로 해야 한다.

▶ 교재 1권
p.163

15 방화구획에 대한 설명으로 옳지 않은 것은? (벽 및 반자의 실내마감이 불연재료로 되어 있다)

① 스프링클러설비가 설치된 바닥면적 2,500m²인 8층은 1개의 방화구획으로 한다.
② 10층 이하의 층은 바닥면적 1,000m² 이내마다 구획한다.
③ 지하는 매층마다 구획한다.
④ 바닥면적 2,000m²인 16층은 10개의 방화구획으로 한다.

해설 벽 및 반자의 실내마감이 불연재료로 되어 있는 경우 11층 이상은 층내 바닥면적 500m² 이내마다 구획하므로 4개의 방화구획으로 한다.

▶ 교재 1권
p.163

16 건축관계법령에 따른 방화구획에 대한 내용으로 옳지 않은 것은?

① 건축물 내 어느 부분에서 발생한 화재가 인접 공간으로 확대되는 것을 방지하는 것이다.
② 주요구조부가 내화구조로 된 건축물로서 연면적 900m²인 것은 방화구획을 하여야 한다.
③ 개구부나 틈새 등은 규정된 내화성능 및 방연성능을 확보하여야 한다.
④ 내화구조의 벽 및 바닥으로 구획하여 화재에 저항한다.

해설 주요구조부가 내화구조로 된 건축물로서 **연면적 1,000m²를 넘는 것**은 방화구획을 하여야 한다.

정답 14.② 15.④ 16.②

17

지상층의 바닥면적은 10,000m², 지하층 2곳의 바닥면적은 각 5,000m²일 때 지하층은 몇 개의 방화구획으로 나눠야 하는가? (주어진 조건 외에 다른 것은 무시한다)

① 8개 ② 9개
③ 10개 ④ 11개

[해설] 10층 이하의 층은 바닥면적 1,000m² 이내마다 구획하여야 한다. 따라서 지하층도 바닥면적 1,000m² 이내마다 구획하여야 하므로 지하층 한 곳당 $\frac{5,000}{1,000}$ = 5개이므로, 지하층 2곳의 방화구획의 개수는 10개이다.

[심화문제] 11층 이상의 벽 및 반자의 실내마감을 불연재료로 한 건물은 바닥면적 몇 m² 이내마다 방화구획하여야 하는가?

① 200m² ② 300m²
③ 400m² ④ 500m²

답 ④

18

다음 (   ) 안에 들어갈 말로 옳게 짝지은 것은? (스프링클러설비가 설치되어 있음)

구획의 종류	구획기준
면적별 구획	• 10층 이하의 층은 바닥면적 ( )m² 이내마다 구획 • 11층 이상은 층내 바닥면적 ( )m²[벽 및 반자의 실내마감을 불연재료로 한 경우 ( )m²] 이내마다 구획
층별 구획	• 매층마다 구획[다만, 지하 1층에서 지상으로 직접 연결하는 ( ) 부위 제외]

① 1,000, 200, 500, 경사로 ② 3,000, 600, 1,500, 경사로
③ 2,000, 400, 1,000, 옥외계단 ④ 3,000, 600, 1,000, 특별계단

[해설] 스프링클러설비가 설치되어 있으므로 아래표의 기준에서 3배 이내마다 구획하여야 한다.

구획의 종류	구획기준
면적별 구획	• 10층 이하의 층은 바닥면적 **1,000m²** 이내마다 구획 • 11층 이상은 층내 바닥면적 **200m²**[벽 및 반자의 실내마감을 불연재료로 한 경우 **500m²**] 이내마다 구획 ※ 스프링클러설비 기타 이와 유사한 자동식 소화설비를 설치한 경우에는 상기 면적의 **3배** 이내마다 구획
층별 구획	• 매층마다 구획(다만, 지하 1층에서 지상으로 직접 연결하는 **경사로** 부위 제외)

[심화문제] 바닥면적 4,000m²인 7층 건물의 경우 방화구획은 몇 개인가?

① 9개 ② 7개
③ 5개 ④ 4개

답 ④

PART 08 피난시설, 방화구획 및 방화시설의 관리

19. 다음 소방안전관리대상물에서 면적별 방화구획 최소 개수로 옳은 것은? (아래 현황 외에는 무시한다)

□ 용도 : 근린생활시설
□ 층수 : 지상 19층
□ 바닥면적 : 각 층의 바닥면적 3,000m²
□ 소방시설 설치현황 : 소화기, 스프링클러설비, 비상방송설비, 자동화재탐지설비, 비상콘센트설비 등

① 7층의 방화구획 최소 개수는 3개이다.
② 9층의 방화구획 최소 개수는 1개이다.
③ 13층의 방화구획 최소 개수는 15개이다.
④ 15층의 방화구획 최소 개수는 6개이다.

해설 스프링클러설비 기타 이와 유사한 자동식 소화설비를 설치한 경우 기준 면적의 3배 이내마다 구획하면 되므로 10층 이하는 바닥면적 3,000m² 이내마다 구획하면 되고 11층 이상의 층은 바닥면적 600m² 이내마다 구획하면 된다.
① 7층의 경우 3,000m² ÷ 3,000m² = 1개
② 9층의 경우 3,000m² ÷ 3,000m² = 1개
③ 13층의 경우 3,000m² ÷ 600m² = 5개
④ 15층의 경우 3,000m² ÷ 600m² = 5개
∴ 옳은 것은 ②이다.

정답 19.②

20 아래 〈그림〉은 ○○빌딩 10, 11층의 소방도면이다. 이 건물의 층별 면적은 6,000m² 일 때 이 건물의 방화구획에 대한 설명으로 옳지 않은 것은? (이 건물은 주요구조부가 내화구조로 되어 있고, 벽 및 반자의 실내마감을 불연재료로 했으며, 스프링클러설비 가 설치되어 있다)

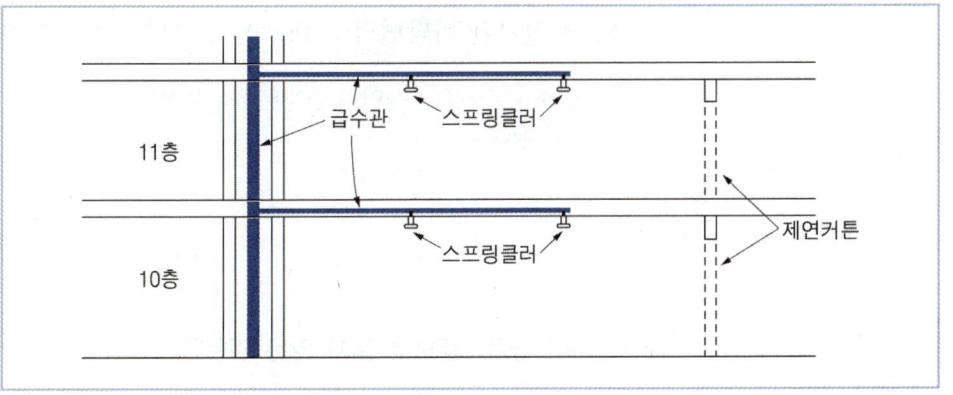

① 10층의 방화구획은 2개이다.
② 11층의 방화구획은 12개이다.
③ 급수관, 배전관 등이 방화구획을 관통하여 관통부가 생기는 경우 내화채움성 능이 인정된 구조로 메워야 한다.
④ 환기, 난방, 냉방시설의 풍도가 방화구획을 관통하는 경우에는 그 관통 부분 에 기준에 적합한 댐퍼를 설치해야 한다.

해설 11층의 경우 일반적으로 200m²마다 구획해야 하나 이 건물의 벽 및 반자의 실내 마감을 불연재료로 했으며, 스프링클러설비가 설치되어 있으므로 1,500m²마다 구 획해야 하므로 11층의 방화구획은 4개이다.

21 다음 중 방화문 및 자동방화셔터에 대한 설명으로 옳지 않은 것은?
① 자동방화셔터는 연기 및 열을 감지하여 자동적으로 닫히는 구조로 해야 한다.
② 자동화방화셔터의 상부가 상층 바닥에 직접 닿지 않는 경우 방화구획 처리를 하여 연기와 화염의 이동통로가 되지 않도록 하여야 한다.
③ 방화문과 자동방화셔터는 차연성능·개폐성능을 갖춰야 한다.
④ 방화문은 언제나 닫힌 상태를 유지하거나, 화재발생 시 불꽃, 연기 및 열에 의하여 자동적으로 개방되는 구조로 해야 한다.

해설 방화문은 언제나 닫힌 상태를 유지하거나, 화재발생 시 불꽃, 연기 및 열에 의하여 자동으로 닫힐 수 있는 구조로 해야 한다.

정답 20.② 21.④

PART 08 피난시설, 방화구획 및 방화시설의 관리

22 배연설비를 설치해야 하는 대상물로 옳지 않은 것은?

① 장애인 거주시설 및 장애인 의료재활시설
② 7층에 설치된 판매시설
③ 8층에 설치된 바닥면적 250m²인 공연장
④ 6층에 설치된 바닥면적 300m²인 인터넷컴퓨터게임시설제공업소

해설 제2종 근린생활시설인 공연장은 6층 이상이고 바닥면적 300m² 이상이어야 설치대상이 된다.

23 배연설비의 설치기준으로 옳지 않은 것은?

① 건축물이 방화구획으로 구획된 경우에는 그 구획마다 1개소 이상의 배연창을 설치해야 한다.
② 배연창의 상변과 천장 또는 반자로부터 수직거리가 0.9m 이내여야 한다.
③ 반자높이가 바닥으로부터 3m 이상일 경우에는 배연창의 하변이 바닥으로부터 2.1m 이상의 위치에 놓이도록 설치하여야 한다.
④ 배연구는 연기감지기 또는 열감지기에 의하여 자동으로 열 수 있는 구조로 하되, 손으로 열고 닫을 수 없도록 해야 한다.

해설 배연구는 연기감지기 또는 열감지기에 의하여 자동으로 열 수 있는 구조로 하되, 손으로도 열고 닫을 수 있도록 해야 한다.

24 소방관 진입창 설치대상에 대한 내용으로 옳지 않은 것은?

① 건축물의 11층 이상의 층에는 소방관이 진입할 수 있는 창을 설치해야 한다.
② 외부에서 주야간에 식별할 수 있는 표시를 해야 한다.
③ 「건축법」에 따라 대피공간을 설치한 아파트는 제외한다.
④ 「주택건설기준 등에 관한 규정」에 따라 비상용승강기를 설치한 아파트는 제외한다.

해설 ① 건축물의 11층 **이하**의 층에는 소방관이 진입할 수 있는 창을 설치해야 한다.

정답 22.③ 23.④ 24.①

25 소방관 진입창 설치기준으로 옳은 것은?

① 소방관이 진입할 수 있는 창의 가운데에서 벽면 끝까지의 수평거리가 30m 이상인 경우에는 30m 이내마다 소방관 진입창을 추가로 설치해야 한다.
② 창문의 가운데에 지름 40cm 이상의 역삼각형을 야간에도 알아볼 수 있도록 빛 반사등으로 붉은색으로 표시할 것
③ 창문의 한쪽 모서리에 타격지점을 지름 3cm 이상의 원형으로 표시할 것
④ 창문 유리의 크기는 폭 80cm 이상, 높이 1.5m 이상으로 하고, 실내 바닥면으로부터 창의 아랫부분까지의 높이는 90cm 이내로 할 것

해설
① 소방관이 진입할 수 있는 창의 가운데에서 벽면 끝까지의 수평거리가 **40m** 이상인 경우에는 **40m** 이내마다 소방관 진입창을 추가로 설치해야 한다.
② 창문의 가운데에 지름 **20cm** 이상의 역삼각형을 야간에도 알아볼 수 있도록 빛 반사등으로 붉은색으로 표시할 것
④ 창문 유리의 크기는 폭 **90cm** 이상, 높이 **1m** 이상으로 하고, 실내 바닥면으로부터 창의 아랫부분까지의 높이는 **80cm** 이내로 할 것

26 다음 〈보기〉의 ( ) 안에 들어갈 내용으로 알맞게 짝지어진 것은?

|보기|

의료시설, 교육연구시설, (㉠) 이상 또는 높이 (㉡) 이상인 건축물의 인접대지경계선에 접하는 외벽에 설치하는 창호와 인접대지경계선 간의 거리가 (㉢) 이내인 경우 해당 창호는 방화유리창으로 설치해야 한다. 다만, 스프링클러 또는 간이 스프링클러의 헤드가 창호로부터 (㉣) 이내에 설치되어 건축물의 내부가 화재로부터 방호되는 경우에는 방화유리창으로 설치하지 않을 수 있다.

	㉠	㉡	㉢	㉣
①	5층	11m	1.2m	90cm
②	3층	11m	1.2m	60cm
③	5층	9m	1.5m	90cm
④	3층	9m	1.5m	60cm

해설 의료시설, 교육연구시설, (㉠ 3층) 이상 또는 높이 (㉡ 9m) 이상인 건축물의 인접대지경계선에 접하는 외벽에 설치하는 창호와 인접대지경계선 간의 거리가 (㉢ 1.5m) 이내인 경우 해당 창호는 방화유리창으로 설치해야 한다. 다만, 스프링클러 또는 간이 스프링클러의 헤드가 창호로부터 (㉣ 60cm) 이내에 설치되어 건축물의 내부가 화재로부터 방호되는 경우에는 방화유리창으로 설치하지 않을 수 있다.

○× 문제

01
건축물 내 어느 부분에서 발생한 화재가 인접 공간으로 확대되는 것을 "내부와 외벽의 마감 재료"를 규제하는 것으로 방지한다. ○×

× 건축물 내 어느 부분에서 발생한 화재가 인접 공간으로 확대되는 것을 "방화구획"을 통해 제한하여 방지한다.

02
방화시설로는 내화구조, 방화구조, 방화벽, 마감재료(불연재료, 준불연재료, 난연재료), 배연설비, 소방관 진입창 등이 있다. ○×

○

03
피난층 외의 층에서 거실의 각 부분으로부터 가장 가까운 거리에 있는 1개소의 계단에 이르는 보행거리는 건축물의 주요구조부가 내화구조 또는 불연재료로 된 경우 층수가 16층 이상인 공동주택의 경우 16층 이상의 층은 보행거리가 50m 이하여야 한다. ○×

× 피난층 외의 층에서 거실의 각 부분으로부터 가장 가까운 거리에 있는 1개소의 계단에 이르는 보행거리는 건축물의 주요구조부가 내화구조 또는 불연재료로 된 경우 층수가 16층 이상인 공동주택의 경우 16층 이상의 층은 보행거리가 **40m** 이하여야 한다.

04
피난계단의 피난 동선은 옥내 ⇒ 노대 또는 부속실 ⇒ 계단실 ⇒ 피난층이다. ○×

× 피난계단의 피난 동선은 옥내 ⇒ 계단실 ⇒ 피난층이다.

05
5층 이상 또는 지하 2층 이하인 층에 설치하는 직통계단은 피난계단 또는 특별피난계단이어야 한다. ○×

○

06
계단실의 바깥쪽과 접하는 창문등(망입유리 붙박이창으로 면적이 1m² 이하인 것은 제외)은 당해 건축물의 다른 부분에 설치하는 창문등으로부터 3m 이상의 거리를 두고 설치하여야 한다.

× 계단실의 바깥쪽과 접하는 창문등(망입유리 붙박이창으로 면적이 1m² 이하인 것은 제외)은 당해 건축물의 다른 부분에 설치하는 창문등으로부터 **2m** 이상의 거리를 두고 설치하여야 한다.

07
특별피난계단의 구조에서 건축물의 내부와 계단의 연결은 노대를 통하여 연결하거나 외부를 향하여 열 수 있는 면적 1m² 이상인 창문(바닥으로부터 높이 1m 이상의 높이에 설치한 것에 한함) 또는 배연설비가 있는 면적 2m² 이상인 부속실을 통하여 연결하여야 한다. ○×

× 특별피난계단의 구조에서 건축물의 내부와 계단의 연결은 노대를 통하여 연결하거나 외부를 향하여 열 수 있는 면적 1m² 이상인 창문(바닥으로부터 높이 1m 이상의 높이에 설치한 것에 한함) 또는 배연설비가 있는 면적 **3m²** 이상인 부속실을 통하여 연결하여야 한다.

O× 문제

08
피난용승강기 승강장의 바닥면적은 승강기 1대당 5m² 이상으로 해야 한다.

× 피난용승강기 승강장의 바닥면적은 승강기 1대당 **6m²** 이상으로 해야 한다.

09
정전 시 피난용승강기, 기계실, 승강장 및 폐쇄회로 텔레비전 등의 설비를 작동할 수 있는 예비전원 설비의 예비전원은 초고층 건축물의 경우에는 1시간 이상, 준초고층 건축물의 경우에는 30분 이상 작동이 가능한 용량이어야 한다.

× 정전 시 피난용승강기, 기계실, 승강장 및 폐쇄회로 텔레비전 등의 설비를 작동할 수 있는 예비전원 설비의 예비전원은 초고층 건축물의 경우에는 **2시간 이상**, 준초고층 건축물의 경우에는 **1시간 이상** 작동이 가능한 용량이어야 한다.

10
방화구획의 면적별 구획에서 10층 이하의 층은 바닥면적 1,000m² 이내마다 구획하고, 11층 이상의 층은 500m² 이내마다 구획해야 한다.

× 방화구획의 면적별 구획에서 10층 이하의 층은 바닥면적 1,000m² 이내마다 구획하고, 11층 이상의 층은 **200m²** 이내마다 구획해야 한다.

11
건축물의 11층 이하의 층에는 소방관이 진입할 수 있는 창을 설치하여야 한다.

○

12
소방관 진입창의 창문 유리의 크기는 폭 80cm 이상, 높이 1.5m 이상으로 하고, 실내 바닥면으로부터 창의 아랫부분까지의 높이는 90cm 이내로 해야 한다.

× 소방관 진입창의 창문 유리의 크기는 폭 **90cm** 이상, 높이 **1m** 이상으로 하고, 실내 바닥면으로부터 창의 아랫부분까지의 높이는 **80cm** 이내로 해야 한다.

13
소방관 진입창의 창문의 가운데에 지름 20cm 이상의 역삼각형을 야간에도 알아볼 수 있도록 빛 반사등으로 붉은색으로 표시해야 한다.

○

14
의료시설, 교육연구시설, 3층 이상 또는 9m 이상인 건축물등의 인접대지경계선에 접하는 외벽에 설치하는 창호와 인접대지경계선 간의 거리가 1.2m 이내인 경우 해당 창호는 방화유리창으로 설치해야 한다.

× 의료시설, 교육연구시설, 3층 이상 또는 9m 이상인 건축물등의 인접대지경계선에 접하는 외벽에 설치하는 창호와 인접대지경계선 간의 거리가 **1.5m** 이내인 경우 해당 창호는 방화유리창으로 설치해야 한다.

1급 소방안전관리자 기출예상문제집

제1과목

PART 09

소방시설의 종류

PART 09 소방시설의 종류

01 다음 중 소화기구에 포함되지 않는 것은?
① 자동확산소화기
② 소화약제를 이용한 간이소화용구
③ 에어로졸식 소화용구
④ 투척용 소화용구

해설 소약약제 외의 것을 이용한 간이소화용구가 소화기구에 포함된다.

02 다음 중 자동소화장치의 종류에 포함되지 않는 것은?
① 주거용 주방자동소화장치
② 상업용 주방자동소화장치
③ 물분무자동소화장치
④ 분말자동소화장치

해설 자동소화장치
㉠ 주거용 주방자동소화장치
㉡ 상업용 주방자동소화장치
㉢ 캐비닛형 자동소화장치
㉣ 가스자동소화장치
㉤ 분말자동소화장치
㉥ 고체에어로졸자동소화장치

심화문제 다음 중 자동소화장치에 포함되지 않는 것은?
① 캐비닛형 자동소화장치   ② 강화액자동소화장치
③ 가스자동소화장치   ④ 고체에어로졸자동소화장치
답 ②

정답 01.② 02.③

▶ 교재 2권 p.9

03 물분무등소화설비에 포함되지 않는 것은?
① 고체에어로졸소화설비
② 스프링클러설비
③ 할론소화설비
④ 강화액소화설비

해설 물분무등소화설비
㉠ 물분무소화설비
㉡ 미분무소화설비
㉢ 포소화설비
㉣ 이산화탄소소화설비
㉤ 할론소화설비
㉥ 할로겐화합물 및 불활성기체 소화설비
㉦ 분말소화설비
㉧ 강화액소화설비
㉨ **고체에어로졸소화설비**

▶ 교재 2권 p.10

04 소화활동설비에 해당하지 않는 것은?
① 제연설비
② 연결살수설비
③ 통합감시시설
④ 무선통신보조설비

해설 소화활동설비
㉠ 제연설비
㉡ 연결송수관설비
㉢ 연결살수설비
㉣ 비상콘센트설비
㉤ 무선통신보조설비
㉥ 연소방지설비

▶ 교재 2권 p.10

05 다음 중 경보설비에 해당하지 않는 것은?
① 자동화재속보설비
② 자동화재탐지설비
③ 비상방송설비
④ 비상콘센트설비

해설 비상콘센트설비는 소화활동설비에 해당한다.
① 자동화재속보설비, ② 자동화재탐지설비, ③ 비상방송설비는 모두 경보설비에 해당한다.

정답 03.② 04.③ 05.④

PART 09 소방시설의 종류

06 다음 중 피난구조설비에서 유도등에 포함되지 않는 것은?
① 통로유도등　　② 유도표지
③ 피난구유도표지　④ 피난유도선

해설　피난구조설비에서 유도등에는 피난유도선·피난구유도등·통로유도등·객석유도등·유도표지가 포함된다.

07 다음 중 피난기구에 포함되지 않는 것은?
① 피난사다리　　② 완강기
③ 구조대　　　　④ 통합감시시설

해설　통합감시시설은 경보설비에 해당한다.

08 다음 중 인명구조기구에 해당하지 않는 것은?
① 방열복　　　　② 무선통신보조설비
③ 인공소생기　　④ 공기호흡기

해설　무선통신보조설비는 소화활동설비에 해당한다.

09 다음 중 소화활동설비에 해당하지 않는 것은?
① 연결살수설비　　② 연결송수관설비
③ 상수도소화용수설비　④ 연소방지설비

해설　상수도소화용수설비는 소화용수설비에 해당한다.

정답　06.③　07.④　08.②　09.③

1급 소방안전관리자 기출예상문제집

제1과목

PART 10

소방시설(소화 · 경보 · 피난구조 · 소화용수 · 소화활동설비)의 구조

소화설비의 구조

PART 10
CHAPTER 01

▶ 교재 2권 p.11

01 상중하
A급 화재의 경우 대형소화기의 능력단위는?
① 5단위 이상 ② 10단위 이상
③ 20단위 이상 ④ 30단위 이상

해설 대형소화기는 화재시 사람이 운반할 수 있도록 운반대와 바퀴가 설치되어 있고 A급 화재 10단위 이상인 것을 말한다.

▶ 교재 2권 p.11

02 상중하
B급 화재의 경우 대형소화기의 능력단위는?
① 5단위 이상 ② 10단위 이상
③ 20단위 이상 ④ 30단위 이상

해설 대형소화기는 화재시 사람이 운반할 수 있도록 운반대와 바퀴가 설치되어 있고 B급 화재 20단위 이상인 것을 말한다.

▶ 교재 2권 p.14

03 상중하
제1인산암모늄의 화학반응식으로 맞는 것은?
① $2NaHCO_3 \rightarrow Na_2CO_3 + CO_2 + H_2O$
② $2KHCO_3 \rightarrow K_2CO_3 + CO_2 + H_2O$
③ $NH_4H_2PO_4 \rightarrow HPO_3 + NH_3 + H_2O$
④ $2KHCO_3 + (NH_2)_2CO \rightarrow K_2CO_3 + 2NH_3 + 2CO_2$

해설 제1인산암모늄의 화학반응식은 '$NH_4H_2PO_4 \rightarrow HPO_3 + NH_3 + H_2O$'이다.

정답 01.② 02.③ 03.③

04 다음 중 A급 화재에 적응성이 있는 소화약제는?

① 탄화수소나트륨($NaHCO_3$)
② 탄산수소칼륨($KHCO_3$)
③ 제1인산암모늄($NH_4H_2PO_4$)
④ 탄산수소칼륨($KHCO_3$)+요소[$(NH_2)_2CO$]

해설 ①②④는 B, C급에만 적응성이 있고, ③만이 A급 화재에는 적응성이 있다.

05 다음 중 축압식소화기의 사용가능한 압력범위로 맞는 것은?

① 0.1~0.5MPa
② 0.3~0.7MPa
③ 0.7~0.98MPa
④ 0.85~1.1MPa

해설 축압식소화기의 사용가능한 압력범위는 **0.7~0.98MPa**이다.

06 아래 〈그림〉의 소화기에 대한 설명으로 옳지 않은 것은?

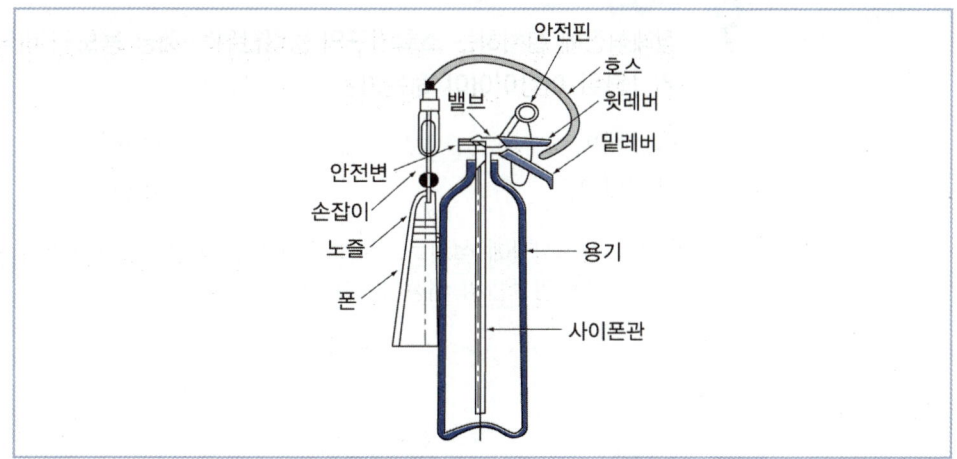

① 외관 이상 유무를 확인하고 사용해야 한다.
② B, C급 화재에 사용할 수 있다.
③ 내구연한 10년이 넘어도 교체할 필요가 없다.
④ 소화기 사용 중 방사를 중지할 수 없다.

해설 〈그림〉은 이산화탄소소화기이다. 이산화탄소소화기는 본체 용기에 충전된 이산화탄소를 레버식 밸브의 개폐에 의해 방사하므로 방사를 중지할 수 있다.

정답 04.③ 05.③ 06.④

PART 10 소방시설(소화·경보·피난구조·소화용수·소화활동설비)의 구조

07 위락시설에 설치하는 소화기구의 능력단위는 해당 용도의 바닥면적 몇 m^2마다 능력단위 1단위 이상이어야 하는가?

① $30m^2$
② $50m^2$
③ $100m^2$
④ $200m^2$

해설 위락시설에 설치하는 소화기구의 능력단위는 해당 용도의 바닥면적 **$30m^2$**마다 능력단위 1단위 이상이어야 한다.

08 노유자시설에 설치하는 소화기구의 능력단위는 해당 용도의 바닥면적 몇 m^2마다 능력단위 1단위 이상이어야 하는가?

① $30m^2$
② $50m^2$
③ $100m^2$
④ $200m^2$

해설 노유자시설에 설치하는 소화기구의 능력단위는 해당 용도의 바닥면적 **$100m^2$**마다 능력단위 1단위 이상이어야 한다.

09 장례식장에 설치하는 소화기구의 능력단위는 해당 용도의 바닥면적 몇 m^2마다 능력단위 1단위 이상이어야 하는가?

① $30m^2$
② $50m^2$
③ $100m^2$
④ $200m^2$

해설 장례식장에 설치하는 소화기구의 능력단위는 해당 용도의 바닥면적 **$50m^2$**마다 능력단위 1단위 이상이어야 한다.

10 건물의 주요구조부가 내화구조이고, 벽 및 반자의 실내에 면하는 부분이 불연재료로 된 방송통신시설에 설치하는 소화기구의 능력단위는 해당 용도의 바닥면적 몇 m^2마다 능력단위 1단위 이상이어야 하는가?

① $50m^2$
② $100m^2$
③ $200m^2$
④ $400m^2$

해설 소화기구의 능력단위를 산출함에 있어서 건축물의 주요구조부가 내화구조이고, 벽 및 반자의 실내에 면하는 부분이 불연재료·준불연재료 또는 난연재료로 된 특정소방대상물에 있어서는 위 기준면적의 2배를 해당 특정소방대상물의 기준면적으로 한다. 따라서 $100m^2$의 **2배**인 $200m^2$가 능력단위의 기준면적이 된다.

정답 07.① 08.③ 09.② 10.③

11

숙박시설에 설치하는 소화기구의 능력단위는 해당 용도의 바닥면적 몇 m²마다 능력단위 1단위 이상이어야 하는가?

① 50m² ② 100m²
③ 200m² ④ 400m²

해설 숙박시설에 설치하는 소화기구의 능력단위는 해당 용도의 바닥면적 **100m²**마다 능력단위 1단위 이상이어야 한다.

12

소화기구의 능력단위 기준에서 ㉠에 해당하지 않는 대상은? (단, 건축물의 주요구조부는 내화구조가 아니다)

특정소방대상물	소화기구의 능력단위
㉠	해당용도의 바닥면적 50m²마다 능력단위 1단위 이상

① 장례식장 ② 숙박시설
③ 관람장 ④ 문화재

해설 숙박시설은 해당용도의 바닥면적 100m²마다 능력단위 1단위 이상의 소화기구의 능력단위를 필요로 하는 특정소방대상물이다.

13

소화기구의 설치기준으로 소화기구의 능력단위가 다른 것과 다른 것은?

① 공연장 ② 노유자시설
③ 관람장 ④ 집회장

해설 ①③④는 소화기구의 능력단위가 해당 용도의 바닥면적 50m²마다 능력단위가 1단위 이상이어야 한다. ②는 해당 용도의 바닥면적 100m²마다 능력단위가 1단위 이상이어야 한다.

정답 11.② 12.② 13.②

PART 10 소방시설(소화·경보·피난구조·소화용수·소화활동설비)의 구조

14 다음 중 소화기구의 설치기준에 대한 설명으로 옳지 않은 것은?

① 특정소방대상물의 설치장소에 따라 적합한 종류의 것으로 한다.
② 보일러실 등 부속용도별로 사용되는 부분에 대하여는 소화기구의 능력단위를 추가하여 설치한다.
③ 소화기는 각층마다 설치하되, 특정소방대상물의 각 부분으로부터 1개의 소화기까지의 보행거리가 소형소화기의 경우 30m 이내에 배치한다.
④ 자동확산소화기를 제외한 소화기구는 바닥으로부터 높이 1.5m 이하의 곳에 비치한다.

해설 소화기는 각층마다 설치하되, 특정소방대상물의 각 부분으로부터 1개의 소화기까지의 보행거리가 소형소화기의 경우 **20m** 이내에 배치한다.

15 소화기구의 설치기준으로 틀린 것은?

① 특정소방대상물의 각 부분으로부터 1개의 소화기까지의 보행거리가 소형소화기의 경우 20m 이내가 되도록 배치한다.
② 각 층마다 설치하는 것 외에 바닥면적 33m² 이상으로 구획된 각 거실에도 배치한다.
③ 간이소화용구의 능력단위가 전체 능력단위의 3분의 1을 초과하지 않게 한다.
④ 바닥으로부터 높이 1.5m 이하인 곳에 비치한다.

해설 간이소화용구의 능력단위가 전체 능력단위의 **2분의 1**을 초과하지 않게 한다(노유자시설의 경우 제외).

16 다음 중 소화기에 대한 설명으로 옳지 않은 것은?

① ABC급 분말소화기 약제의 주성분은 제1인산암모늄이다.
② 능력단위가 2단위 이상이 되도록 소화기를 설치하여야 할 특정소방대상물 또는 그 부분에 있어서 간이소화용구의 능력단위가 전체 능력단위의 2분의 1을 초과하지 아니하게 한다(노유자시설의 경우 제외).
③ 각 층마다 설치하되, 특정소방대상물의 각 부분으로부터 1개의 소화기까지의 보행거리가 소형소화기의 경우에는 20m 이내가 되도록 배치한다.
④ 소화기구(자동확산소화기 포함)는 바닥으로부터 높이 1.5m 이하의 곳에 비치한다.

해설 소화기구(자동확산소화기 **제외**)는 바닥으로부터 높이 1.5m 이하의 곳에 비치한다.

정답 14.③ 15.③ 16.④

17 대형 분말소화기에 대한 내용으로 옳지 않은 것은?

① 근린생활시설의 경우 해당 용도의 바닥면적 100m²마다 능력단위 1단위 이상이어야 한다.
② 특정소방대상물의 각 부분으로부터 1개의 소화기까지의 보행거리가 30m 이내가 되도록 배치해야 한다.
③ 주성분은 탄산수소칼륨이다.
④ 능력단위가 A급화재는 10단위 이상, B급화재의 경우 20단위 이상이어야 한다.

해설 주성분은 제1인산암모늄이다.

18 다음 층에 설치하여야 하는 ABC 분말소화기의 최소개수는? (아래 기준 외에는 산정에서 제외한다)

□ 바닥면적 : 2,000m²
□ 용도 : 근린생활시설
□ 구조 : 건축물 – 내화구조, 내장재 – 불연재
□ 소화기의 능력단위 : 3단위

① 2개　　② 3개
③ 4개　　④ 5개

해설 근린생활시설의 경우 해당 용도의 바닥면적의 합계가 100m²마다 능력단위 1단위 이상을 설치해야 하고, 이 건물은 내화구조이고, 불연재로 되어 있으므로 이 바닥면적의 2배를 기준면적으로 보므로, 200m²마다 능력단위 1단위 이상을 설치해야 한다. 따라서 2,000m² ÷ 200m² = 10단위 따라서 10 ÷ 3 = 3.333... 따라서 4개를 설치해야 한다.

19 주거용 주방자동소화장치의 설치기준으로 옳지 않은 것은?

① 소화약제 방출구는 환기구의 청소부분과 분리되어 있어야 한다.
② 감지부는 형식승인 받은 유효한 높이 및 위치에 설치해야 한다.
③ 차단장치는 상시 확인 및 점검이 가능하도록 설치해야 한다.
④ 가스용 주방자동소화장치를 사용하는 경우 탐지부는 수신부와 분리하여 설치하되, 공기보다 가벼운 가스를 사용하는 경우에는 바닥 면으로부터 30cm 이하의 위치에 설치해야 한다.

해설 가스용 주방자동소화장치를 사용하는 경우 탐지부는 수신부와 분리하여 설치하되, 공기보다 **가벼운 가스**를 사용하는 경우에는 **천장 면으로부터 30cm 이하**의 위치에 설치하고, 공기보다 **무거운 가스**를 사용한 장소에는 **바닥 면으로부터 30cm 이하**의 위치에 설치해야 한다.

정답 17.③　18.③　19.④

20

상업용 주방자동소화장치의 설치기준으로 옳지 않은 것은?

① 차단장치는 상시 확인 및 점검이 가능하도록 설치해야 한다.
② 덕트에 설치하는 분사헤드는 성능인증을 받은 길이 이내로 설치해야 한다.
③ 후드에 설치되는 분사헤드는 후드의 가장 짧은 변의 길이까지 방출될 수 있도록 소화약제의 방출 방향 및 거리를 고려하여 설치해야 한다.
④ 감지부는 성능인증을 받은 유효높이 및 위치에 설치해야 한다.

해설 후드에 설치되는 분사헤드는 후드의 가장 **긴 변**의 길이까지 방출될 수 있도록 소화약제의 방출 방향 및 거리를 고려하여 설치해야 한다.

21

가스, 분말, 고체에어로졸 자동소화장치의 설치기준으로 옳지 않은 것은?

① 소화약제 방출구는 형식승인을 받은 유효설치범위 내에 설치해야 한다.
② 자동소화장치는 방호구역 내에 형식승인된 1개의 제품을 설치해야 한다.
③ ②의 경우 연동방식으로서 하나의 형식으로 형식승인을 받은 경우에는 1개의 제품으로 본다.
④ 감지부는 설치장소의 평상 시 최고 주위온도가 39℃ 미만일 경우 표시온도 79℃ 이상 121℃ 미만의 것으로 설치해야 한다.

해설 감지부는 설치장소의 평상 시 최고 주위온도가 39℃ 미만일 경우 표시온도 79℃ 미만의 것으로 설치해야 한다.

▶ 설치장소의 최고주위온도에 따른 표시온도

설치장소의 최고주위온도	표시온도
39℃ 미만	79℃ 미만
39℃ 이상 64℃ 미만	79℃ 이상 121℃ 미만
64℃ 이상 106℃ 미만	121℃ 이상 162℃ 미만
106℃ 이상	162℃ 이상

22

옥내소화전설비의 성능 중 방수량의 기준으로 맞는 것은?

① 100L/min 이상
② 130L/min 이상
③ 150L/min 이상
④ 170L/min 이상

해설 옥내소화전설비의 성능 중 방수량의 기준은 **130L/min** 이상이다.

정답 20.③ 21.④ 22.②

23 옥내소화전설비의 성능 중 방수압의 기준으로 맞는 것은?

① 0.13~0.3MPa　　② 0.15~0.5MPa
③ 0.17~0.7MPa　　④ 0.19~0.9MPa

해설　옥내소화전설비의 성능 중 방수압의 기준은 **0.17~0.7MPa**이다.

24 옥내소화전설비 설치기준으로 옳지 않은 것은?

① 방수량은 130L/min 이상이어야 한다.
② 방수압력은 0.17MPa 이상 0.7MPa 이하여야 한다.
③ 방수구는 바닥으로부터 높이가 1.5m 이하가 되도록 해야 한다.
④ 호스의 구경은 65mm 이상의 것으로 해야 한다.

해설　호스의 구경은 **40mm** 이상의 것으로 해야 한다.

25 다음 중 옥내소화전 기동용 수압개폐장치를 설치하여 소화전의 개폐밸브 개방 시 배관 내 압력 저하에 의하여 압력스위치가 작동함으로써 펌프를 기동하는 방식은?

① 펌프방식　　② 고가수조방식
③ 압력수조방식　　④ 가압수조방식

해설　기동용 수압개폐장치를 설치하여 소화전의 개폐밸브 개방 시 배관 내 압력 저하에 의하여 압력스위치가 작동함으로써 펌프를 기동하는 방식은 펌프방식이다.

26 다음 중 최고층의 소화전에 규정 방수압을 얻을 수 있는 높이에 수조를 설치하여야 하므로 일반건물에 거의 사용되지 못하고 있는 방식은?

① 펌프방식　　② 고가수조방식
③ 압력수조방식　　④ 가압수조방식

해설　최고층의 소화전에 규정 방수압을 얻을 수 있는 높이에 수조를 설치하여야 하므로 일반건물에 거의 사용되지 못하고 있는 방식은 고가수조방식이다.

정답　23.③　24.④　25.①　26.②

27 상중하
다음 중 옥내소화전 탱크의 설치 위치에 구애받지 않는 장점을 지니는 방식은?
① 펌프방식
② 고가수조방식
③ 압력수조방식
④ 가압수조방식

해설 압력수조방식은 압력수조 내 물을 압입하고 압축된 공기를 충전하여 송수하는 방식으로서 탱크의 설치 위치에 구애받지 않는 장점이 있다.

28 상중하
다음 옥내소화전 중 전원이 필요 없는 방식은?
① 펌프방식
② 고가수조방식
③ 압력수조방식
④ 가압수조방식

해설 가압수조방식은 별도의 압력탱크에 가압원인 압축공기 또는 불연성 고압기체에 의해 소방용수를 가압하여 송수하는 방식으로 전원이 필요없다.

29 상중하
45층 건축물의 옥내소화전설비 수원의 저수량으로 맞는 것은?
① 130L/min×30분 이상
② 130L/min×40분 이상
③ 130L/min×50분 이상
④ 130L/min×60분 이상

해설 30~49층 건축물의 옥내소화전설비 수원의 저수량은 **130L/min×40분** 이상이다.

30 상중하
지하1층, 지상5층 ○○건물에 옥내소화전이 3층에 4개, 4층에 4개, 5층에 2개 설치되어 있다. 수원의 저수량을 구하면?
① 2.6m³
② 4.3m³
③ 5.2m³
④ 7.8m³

해설 30층 이하의 건물이므로 옥내소화전이 2개 이상 설치된 경우 2개로 보고 계산하므로
2.6m³ × 2 = 5.2m³
∴ 수원의 저수량은 5.2m³이다.

정답 27.③ 28.④ 29.② 30.③

31 지하1층, 지상35층인 △△건물에 옥내소화전이 1~10층은 4개, 11~20층은 7개, 21~30층은 5개, 31~35층은 2개 설치되어 있다. 이 건물의 수원의 저수량을 구하면?

① $5.2m^3$
② $13m^3$
③ $26m^3$
④ $39m^3$

해설 층수가 30층 이상이거나 높이가 120m 이상인 고층건축물의 경우 최대 5개를 동시에 방수할 때의 저수량을 기준으로 산정해야 한다. 따라서 $5 \times 5.2 = 26m^3$이다.

32 옥상수조가 설치되어 있는 7층 건축물에 설치된 소화설비가 아래와 같을 때 이 건축물에 보유해야 하는 필요 저수량으로 알맞은 것은?

- 한 층에 가장 많이 설치된 옥내소화전 개수 : 5개
- 옥외소화전이 설치된 개수 : 3개

① $39.2m^3$
② $19.2m^3$
③ $13m^3$
④ $14m^3$

해설 ㉠ 옥내소화전의 경우 한 층에 5개 설치되어 있어도 2개를 기준으로 산정하여야 하고 동 건물이 7층이므로 $2.6m^3 \times 2 = 5.2m^3$이다.
㉡ 옥외소화전의 경우 3개 설치되어 있어도 2개를 기준으로 산정하므로 $2 \times 7m^3 = 14m^3$이다.
따라서 ㉠ + ㉡ = $19.2m^3$이다.

33 다음 〈사진〉은 옥내소화전설비의 구성부분이다. 이에 대한 설명으로 옳은 것은?

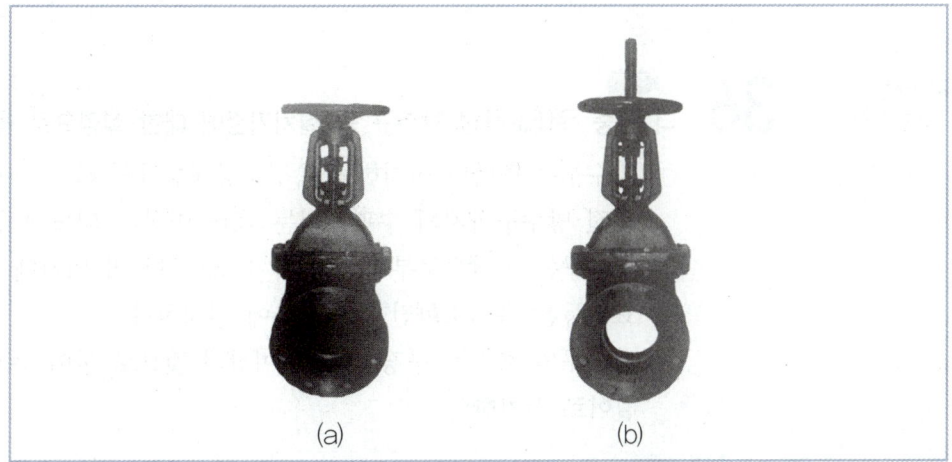

(a)   (b)

① 배관 내 유체의 흐름을 한쪽 방향으로만 흐르게 하는 기능이 있는 밸브이다.
② 버터플라이밸브의 폐쇄상태 및 개방상태 사진이다.
③ 평상시 옥내소화전설비에 설치된 것은 (a)상태를 유지해야 한다.
④ (a)는 밸브가 폐쇄된 상태이고, (b)는 밸브가 개방된 상태이다.

해설 ①은 체크밸브에 대한 설명이다.
② OS&Y밸브의 폐쇄상태 및 개방상태 사진이다.
③ 평상시 옥내소화전설비에 설치된 것은 (b)상태를 유지해야 한다.

34
다음 중 옥내소화전 펌프의 체절운전 시 수온이 상승하여 펌프에 무리가 발생하므로 릴리프밸브를 통해 과압을 방출하여 수온상승을 방지하기 위해 설치하는 것은?

① 가지배관
② 순환배관
③ 솔레노이드밸브
④ 성능시험배관

해설 펌프의 체절운전 시 수온이 상승하여 펌프에 무리가 발생하므로 순환배관상의 릴리프밸브를 통해 과압을 방출하여 수온상승을 방지하기 위하여 설치하는 것은 순환배관이다.

35
다음 옥내소화전 배관 중 정기적으로 펌프의 성능을 시험하여 펌프의 토출량 및 토출압력을 확인하기 위하여 설치하는 것은?

① 가지배관
② 순환배관
③ 성능시험배관
④ 유량조절밸브

해설 정기적으로 펌프의 성능을 시험하여 펌프의 토출량 및 토출압력을 확인하기 위하여 설치하는 것은 **성능시험배관**이다.

36
다음 중 옥내소화전 방수구 등 설치기준에 대한 설명으로 옳지 않은 것은?

① 방수구는 층마다 설치하되 특정소방대상물의 각 부분으로부터 1개의 옥내소화전 방수구까지의 수평거리는 15m 이하가 되도록 한다.
② 방수구는 바닥으로부터 높이가 1.5m 이하의 위치에 설치한다.
③ 표시등은 옥내소화전함의 상부에 설치한다.
④ 방수구의 호스는 구경 40mm 이상의 것으로 물이 유효하게 뿌려질 수 있는 길이로 설치한다.

해설 방수구는 층마다 설치하되 특정소방대상물의 각 부분으로부터 1개의 옥내소화전 방수구까지의 수평거리는 **25m** 이하가 되도록 한다.

정답 34.② 35.③ 36.①

37 옥내소화전설비가 설치된 4층 건물에 옥내소화전이 2층에 5개, 3층에 5개, 4층에 2개 설치되어 있는 경우 수원의 저수량은?

① 13m³ 이상 ② 12m³ 이상
③ 10.4m³ 이상 ④ 5.2m³ 이상

해설 옥내소화전 수원의 저수량은 옥내소화전의 설치개수가 가장 많은 층의 설치개수에 2.6m³를 곱한 양 이상이어야 한다. 2개 이상 설치되어도 2개를 기준으로 저수량을 산정해야 한다.
따라서 2×2.6m³ = 5.2m³이다.

▶ 교재 2권 p.30

38 옥외소화전설비의 성능기준 중 방수량 기준으로 맞는 것은?

① 150L/min 이상 ② 250L/min 이상
③ 350L/min 이상 ④ 450L/min 이상

해설 방수량은 **350L/min** 이상이 되도록 설치한다.

▶ 교재 2권 p.51

39 옥외소화전설비의 성능기준 중 방수압력 기준으로 맞는 것은? (단, 2개의 소화전을 동시에 사용할 경우)

① 0.15~0.4MPa ② 0.25~0.7MPa
③ 0.35~0.8MPa ④ 0.45~1.0MPa

해설 옥외소화전설비의 성능기준 중 방수압력 기준은 **0.25~0.7MPa**이다.

▶ 교재 2권 p.51

40 옥외소화전에 대한 설명으로 옳은 것을 모두 고른 것은?

㉠ 방수량은 350L/min 이상일 것
㉡ 방수압력은 2개의 소화전(설치개수가 1개일 경우 1개)을 동시에 사용할 경우 각 노즐선단 방수압력이 0.25MPa 이상 0.7MPa 이하일 것
㉢ 지상용과 지하용(승하강식은 제외한다)으로 구분한다.
㉣ 수원의 용량은 소화전 설치개수(2개 이상일 때는 2개)에 7m³를 곱한 양 이상일 것

① ㉠, ㉡ ② ㉠, ㉡, ㉢
③ ㉠, ㉡, ㉣ ④ ㉠, ㉡, ㉢, ㉣

해설 ㉢ '지상용과 지하용(승하강식을 **포함**한다)으로 구분한다.'가 맞다.

▶ 교재 2권 p.51

정답 37.④ 38.③ 39.② 40.③

PART 10 소방시설(소화·경보·피난구조·소화용수·소화활동설비)의 구조

41 옥외소화전함 등에 대한 내용으로 옳은 것만 짝지은 것은?

㉠ 옥외소화전이 10개 이하 설치된 경우 옥외소화전마다 5m 이내의 장소에 1개 이상의 소화전함을 설치해야 한다.
㉡ 옥외소화전함의 상부 또는 그 직근에는 가압송수장치의 기동을 명시하는 적색등을 설치해야 한다.
㉢ 호스는 구경 40mm의 것으로 하여야 한다.
㉣ 소화전함 표면에는 "옥외소화전" 표시를 한 표지를 하여야 한다.

① ㉠, ㉡
② ㉠, ㉡, ㉢
③ ㉠, ㉡, ㉣
④ ㉠, ㉡, ㉢, ㉣

해설 ㉢ 호스의 구경은 65mm이다.

42 옥외소화전설비에 대한 내용으로 맞는 것만 고른 것은?

㉠ 옥외소화전이 32개 설치된 경우 옥외소화전 3개마다 1개 이상의 소화전함을 설치해야 한다.
㉡ 소방대상물의 각 부분으로부터 호스접결구까지의 수평거리가 40m 이하가 되도록 설치해야 한다.
㉢ 소화전함 표면에는 "옥외소화전" 표시를 한 표지를 하여야 한다.
㉣ 2개의 소화전(설치개수가 1개인 경우 1개)을 동시 사용할 경우 각 노즐선단 방수압력이 0.17MPa 이상 0.7MPa 이하가 되도록 해야 한다.

① ㉡, ㉢
② ㉠, ㉡, ㉢
③ ㉠, ㉡, ㉣
④ ㉠, ㉡, ㉢, ㉣

해설 ㉣ 2개의 소화전(설치개수가 1개인 경우 1개)을 동시 사용할 경우 각 노즐선단 방수압력이 0.25MPa 이상 0.7MPa 이하가 되도록 해야 한다.

43 아래 〈보기〉에서 설명하는 것은 무엇인가?

| 보기 |
- 정상상태에서 방수구를 막고 있으나 열에 의해서 일정한 온도에 도달하면 스스로 파괴 또는 용해된다.
- 퓨즈블링크와 유리벌브가 많이 사용된다.

① 프레임(Frame)
② 감열체
③ 반사판(디플렉터)
④ 알람밸브

정답 41.③ 42.② 43.②

해설 〈보기〉에서 설명하는 것은 감열체이다. 정상상태에서는 방수구를 막고 있으나 열에 의해서 일정한 온도에 도달하면 스스로 파괴 또는 용해되어 헤드로부터 이탈됨으로써 방수구가 열려 스프링클러헤드가 작동되도록 하는 부분이다.

44 다음 중 스프링클러의 설치기준 중 방수량의 기준으로 맞는 것은?

① 50L/min 이상
② 80L/min 이상
③ 100L/min 이상
④ 150L/min 이상

해설 스프링클러의 설치기준 중 방수량의 기준은 **80L/min** 이상이다.

45 다음 중 스프링클러의 설치기준 중 방수압 기준으로 맞는 것은?

① 0.1~0.7MPa
② 0.1~1.2MPa
③ 0.8~1.2MPa
④ 1.0~1.5MPa

해설 스프링클러의 설치기준 중 방수압 기준 **0.1MPa 이상 1.2MPa 이하**이다.

46 스프링클러설비에 대한 내용으로 옳은 것만 고르면?

㉠ 방수압력은 0.1MPa 이상 1.2MPa 이하여야 한다.
㉡ 방수량은 80L/min 이상이어야 한다.
㉢ 근린생활시설 중 판매시설의 경우 20개의 스프링클러설비 헤드를 설치해야 한다.
㉣ 스프링클러설비의 배관 중 가지배관은 토너먼트방식으로 설치해야 한다.

① ㉠, ㉡
② ㉡, ㉢
③ ㉢, ㉣
④ ㉠, ㉢, ㉣

해설 ㉢ 근린생활시설 중 판매시설의 경우 **30개**의 스프링클러설비 헤드를 설치해야 한다.
㉣ 스프링클러설비의 배관 중 가지배관은 토너먼트방식이 아니어야 한다.

정답 44.② 45.② 46.①

PART 10 소방시설(소화·경보·피난구조·소화용수·소화활동설비)의 구조

47 스프링클러설비 배관에 대한 내용으로 옳은 것만 고르면?

> ㉠ 교차배관은 스프링클러헤드가 설치되어 있는 배관은 말한다.
> ㉡ 가지배관은 교차배관에서 분기되는 지점을 기준으로 한쪽 가지배관에 설치되는 헤드는 8개 이하여야 한다.
> ㉢ 교차배관은 가지배관과 수직 또는 밑에 설치한다.
> ㉣ 교차배관 중간에 청소구를 설치하고, 나사보호용의 캡으로 마감한다.

① ㉠
② ㉡
③ ㉠, ㉡
④ ㉠, ㉢, ㉣

해설 ㉠ 교차배관은 직접 또는 수직배관을 통하여 가지배관에 급수하는 배관을 말한다.
㉢ 교차배관은 가지배관과 수평 또는 밑에 설치한다.
㉣ 교차배관 끝에 청소구를 설치하고, 나사보호용의 캡으로 마감한다.

48 다음 중 습식 스프링클러설비의 장점이 아닌 것은?

① 구조가 간단하고 공사비가 저렴하다.
② 소화가 신속하다.
③ 동결우려 장소 및 옥외 사용이 가능하다.
④ 타 방식에 비해 유지 관리가 용이하다.

해설 습식 스프링클러설비는 동결 우려 장소에는 사용이 제한된다.
③은 건식 스프링클러설비의 장점이다.

49 다음 중 준비작동식 스프링클러설비의 장점이 아닌 것은?

① 초기화재에 신속하게 대처하기 용이하다.
② 헤드 오동작 시 수손피해 우려가 없다.
③ 헤드개방 전 경보로 조기 대처가 용이하다.
④ 동결 우려 장소에 사용 가능하다.

해설 ①은 일제살수식 스프링클러설비의 장점이다.

정답 47.② 48.③ 49.①

50. 다음 스프링클러설비 중 나머지와 다른 헤드를 사용하는 것은?

① 습식 스프링클러설비
② 건식 스프링클러설비
③ 일제살수식 스프링클러설비
④ 준비작동식 스프링클러설비

해설 일제살수식 스프링클러설비만 개방형 헤드를 사용하고, 나머지 세 개는 폐쇄형 헤드를 사용한다.

51. 다음 〈보기〉와 같은 장점을 가진 스프링클러 방식은?

|보기|
- 초기화재에 신속 대처 용이
- 층고가 높은 장소에서도 소화 가능

① 일제살수식 스프링클러설비
② 건식 스프링클러설비
③ 습식 스프링클러설비
④ 준비작동식 스프링클러설비

해설 〈보기〉는 일제살수식 스프링클러설비의 장점이다.

52. 스프링클러설비의 종류 중 별도의 감지장치를 필요로 하는 방식 2개는?

① 습식 스프링클러설비, 일제살수식 스프링클러설비
② 준비작동식 스프링클러설비, 부압식 스프링클러설비
③ 건식 스프링클러설비, 준비작동식 스프링클러설비
④ 준비작동식 스프링클러설비, 일제살수식 스프링클러설비

해설 준비작동식 스프링클러설비, 일제살수식 스프링클러설비 2종류는 별도의 감지장치를 필요로 한다.

53. 다음 중 이산화탄소소화설비의 장점에 해당하지 않는 것은?

① 화재진화 후 깨끗하다.
② 소음이 적고 인체에 무해하다.
③ 심부화재에 적합하다.
④ 피연소물에 피해가 적다.

해설 방사 시 동상의 우려와 소음이 크고 사람에게 질식의 우려가 있다.

정답 50.③ 51.① 52.④ 53.②

PART 10 소방시설(소화·경보·피난구조·소화용수·소화활동설비)의 구조

▶ 교재 2권 p.82

54 상중하
다음 중 가스계소화설비에서 격발되는 파괴침으로 기동용기밸브의 동판을 파괴하고 기동용가스가 방출되게 하는 것은?

① 선택밸브 ② 전자밸브
③ 솔레노이드밸브 ④ 크린체크밸브

해설 솔레노이드밸브가 작동하면 파괴침이 기동용기밸브의 동판을 파괴하고 기동용가스가 방출된다.

▶ 교재 2권 p.83

55 상중하
다음 〈보기〉에서 설명하는 가스계소화설비의 구성요소에 해당하는 것은?

|보기|
가스관 선택밸브 2차측에 설치하여, 소화약제 방출 시 압력을 이용하여 접점신호를 형성하여 제어반에 입력시켜 방출표시등을 점등시키는 역할을 한다.

① 선택밸브 ② 압력스위치
③ 수동식기동장치 ④ 솔레노이드밸브

해설 가스관 선택밸브 2차측에 설치하여, 소화약제 방출 시 압력을 이용하여 접점신호를 형성하여 제어반에 입력시켜 방출표시등을 점등시키는 역할을 하는 것은 압력스위치이다.

▶ 교재 2권 p.83

56 상중하
가스계소화설비에서 2개소 이상의 방호구역 또는 방호대상물에 대해 소화약제 저장용기를 공용으로 사용하는 경우에 사용하는 밸브는?

① 수동기동밸브 ② 솔레노이드밸브
③ 세팅밸브 ④ 선택밸브

해설 가스계소화설비에서 2개소 이상의 방호구역 또는 방호대상물에 대해 소화약제 저장용기를 공용으로 사용하는 경우에 사용하는 밸브는 선택밸브로 자동 또는 수동 개방장치에 의해 개방되는 것을 말한다.

▶ 교재 2권 p.84

57 상중하
다음 중 가스계소화설비에서 기동스위치, 방출지연스위치, 보호장치, 전원표시등이 함께 내장된 것은?

① 수동조작함 ② 화재수신반
③ 집합관 ④ 제어반

해설 가스계소화설비에서 기동스위치, 방출지연스위치, 보호장치, 전원표시등이 함께 내장된 것은 수동조작함이다.

정답 54.③ 55.② 56.④ 57.①

58

다음 중 가스계소화설비에서 방호구역 안으로 거주자의 진입을 방지할 목적으로 설치되는 것은?

① 밸브개방표시등
② 방출표시등
③ 경보시험밸브
④ 사이렌

해설 소화약제 방출압에 의한 압력스위치의 작동에 의해 점등되어 방호구역 안으로 거주자의 진입을 방지할 목적으로 설치되는 것은 방출표시등이다.

정답 58.②

O× 문제

01
간이소화용구에는 에어로졸식소화용구, 투척용소화용구 및 소화약제를 이용한 간이소화용구가 있다.

× 간이소화용구에는 에어로졸식소화용구, 투척용소화용구 및 소화약제 외의 것을 이용한 간이소화용구가 있다.

02
소형소화기는 능력단위가 1단위 이상이고 대형소화기의 능력단위 이하인 것이어야 한다.

× 소형소화기는 능력단위가 1단위 이상이고 대형소화기의 능력단위 **미만**인 것이어야 한다.

03
대형소화기는 화재 시 사람이 운반할 수 있도록 운반대와 바퀴가 설치되어 있고 능력단위가 A급 화재 10단위 이상, B급 화재 20단위 이상이어야 한다.

○

04
축압식소화기의 경우 지시압력계가 부착되어 사용가능한 범위가 0.5~0.78MPa로 녹색으로 되어 있다.

× 축압식소화기의 경우 지시압력계가 부착되어 사용가능한 범위가 **0.7~0.98MPa**로 녹색으로 되어 있다.

05
이산화탄소소화기는 본체용기에 충전된 이산화탄소를 방사하게 되면 방사를 중지할 수 없다.

× 이산화탄소소화기는 본체용기에 충전된 이산화탄소가 레버식 밸브의 개폐에 의해 방사되므로 방사를 중지할 수 있다.

06
위락시설의 경우 해당 용도의 바닥면적 50m²마다 능력단위 1단위 이상의 소화기구를 설치해야 한다.

× 위락시설의 경우 해당 용도의 바닥면적 **30m²**마다 능력단위 1단위 이상의 소화기구를 설치해야 한다.

07
근린생활시설·판매시설·운수시설·숙박시설은 해당 용도의 바닥면적 200m²마다 능력단위 1단위 이상의 소화기를 설치해야 한다.

× 근린생활시설·판매시설·운수시설·숙박시설은 해당 용도의 바닥면적 **100m²**마다 능력단위 1단위 이상의 소화기를 설치해야 한다.

08
소화기는 각층마다 설치하되, 특정소방대상물의 각 부분으로부터 1개의 소화기까지의 보행거리가 대형소화기의 경우에는 20m 이내가 되도록 설치한다.

× 소화기는 각층마다 설치하되, 특정소방대상물의 각 부분으로부터 1개의 소화기까지의 보행거리가 대형소화기의 경우에는 **30m** 이내가 되도록 설치한다.

OX 문제

09
특정소방대상물의 각 층이 2 이상의 거실로 구획된 경우에는 각 층마다 설치하는 것 외에 바닥면적이 33m² 이상으로 구획된 각 거실에도 배치한다. ○✕

○

10
능력단위가 2단위 이상이 되도록 소화기를 설치하여야 할 특정소방대상물 또는 그 부분에 있어서는 간이소화용구의 능력단위가 전체 능력단위의 3분의 1을 초과하지 않도록 한다. ○✕

✕ 능력단위가 2단위 이상이 되도록 소화기를 설치하여야 할 특정소방대상물 또는 그 부분에 있어서는 간이소화용구의 능력단위가 전체 능력단위의 **2분의** 1을 초과하지 않도록 한다.

11
축압식 분말소화기의 지시압력계가 녹색의 범위 내에 있어야 적합하며, 빨간색은 과압의 범위이며, 노란색 부분은 소화기가 고장난 것이다. ○✕

✕ 축압식 분말소화기의 지시압력계가 녹색의 범위 내에 있어야 적합하며, 빨간색은 과압의 범위이며, 노란색 부분은 소화기 내의 압력이 부족한 것으로 소화약제를 정상적으로 방출할 수 없다.

12
옥내소화전설비의 성능 중 방수량은 130L/min 이상이어야 한다. ○✕

○

13
기동용수압 개폐장치의 용적은 130L 이상이어야 한다. ○✕

✕ 기동용수압 개폐장치의 용적은 **100L** 이상이어야 한다.

14
옥내소화전의 방수구는 층마다 설치하되 특정소방대상물의 각 부분으로부터 1개의 옥내소화전 방수구까지의 수평거리 15m 이하가 되도록 한다. ○✕

✕ 옥내소화전의 방수구는 층마다 설치하되 특정소방대상물의 각 부분으로부터 1개의 옥내소화전 방수구까지의 수평거리 **25m** 이하가 되도록 한다.

15
옥내소화전의 호스 구경은 40mm 이상의 것으로 물이 유효하게 뿌려질 수 있는 길이로 설치되어야 한다. ○✕

○

16
옥외소화전설비의 방수량은 350L/min 이상이 되도록 설치해야 한다. ○✕

○

O× 문제

17
옥외소화전 수원의 용량은 소화전 설치개수에 8m³를 곱한 양 이상으로 해야 한다.

× 옥외소화전 수원의 용량은 소화전 설치개수에 **7m³**를 곱한 양 이상으로 해야 한다.

18
옥외소화전은 소방대상물의 각 부분으로부터 호스접결구까지의 수평거리가 30m 이하가 되도록 설치하여야 한다.

× 옥외소화전은 소방대상물의 각 부분으로부터 호스접결구까지의 수평거리가 **40m** 이하가 되도록 설치하여야 한다.

19
스프링클러설비의 방수량은 분당 80L/min 이상이어야 한다.

○

20
가스계소화설비 중 압력스위치는 가스관 선택밸브 1차측에 설치하여, 소화약제 방출 시의 압력을 이용하여 접점신호를 형성하여 제어반에 입력시켜 방출표시등을 점등시키는 역할을 한다.

× 가스계소화설비 중 압력스위치는 가스관 선택밸브 **2차측**에 설치하여, 소화약제 방출 시의 압력을 이용하여 접점신호를 형성하여 제어반에 입력시켜 방출표시등을 점등시키는 역할을 한다.

21
선택밸브는 가스계소화설비에서 3개소 이상의 방호구역 또는 방호대상물에 대해 소화약제 저장용기를 공용으로 사용하는 경우에 사용하는 밸브로서 자동 또는 수동개방장치에 의해 개방되는 것을 말한다.

× 선택밸브는 가스계소화설비에서 **2개소** 이상의 방호구역 또는 방호대상물에 대해 소화약제 저장용기를 공용으로 사용하는 경우에 사용하는 밸브로서 자동 또는 수동개방장치에 의해 개방되는 것을 말한다.

22
가스계소화설비에서 방출헤드는 전역방출방식인 경우 넓은 지역에 균일하게 확산, 방사하는 천장형과 국소지점만 방사하는 혼, 측벽형 등이 있다.

○

PART 10

CHAPTER 02 경보설비의 구조

▶ 교재 2권 p.95

01 상중하
경계구역에 대한 설명으로 옳지 않은 것은?
① 하나의 경계구역이 2개 이상의 건축물에 미치지 아니하도록 할 것
② 하나의 경계구역이 2개 이상의 층에 미치지 아니하도록 할 것
③ 하나의 경계구역의 면적은 600m² 이하로 하고 한 변의 길이는 50m 이하로 할 것
④ 지하구의 경우 하나의 경계구역의 길이는 700m 이하로 할 것

해설 지하구의 경계구역에 대한 규정은 법 개정으로 삭제되었다.

▶ 교재 2권 p.95

02 상중하
경계구역의 개수로 맞는 것은? (면적을 제외한 나머지 조건은 무시한다)

```
5층  200m²
4층  250m²
3층  500m²
2층  600m²
1층  900m²
```

① 3개   ② 4개
③ 5개   ④ 6개

해설 하나의 경계구역은 600m² 이하여야 하므로 1층 면적이 900m²이므로 2개의 경계 구역으로 해야 한다. 2층과 3층은 모두 600m² 이하이므로 각각 1개의 경계구역으로 해야 한다. 500m² 이하의 범위 안에서는 2개의 층을 하나의 경계구역으로 할 수 있으므로 4층과 5층은 두 층의 합이 450m²이므로 4층과 5층을 합쳐 하나의 경계구역으로 할 수 있다. 따라서 2+1+1+1=5
∴ 총 5개의 경계구역으로 할 수 있다.

정답 01.④ 02.③

PART 10 소방시설(소화·경보·피난구조·소화용수·소화활동설비)의 구조

03 아래 〈그림〉은 ○○건물 10층의 평면도이다. 이 층의 경계구역은 몇 개인가?

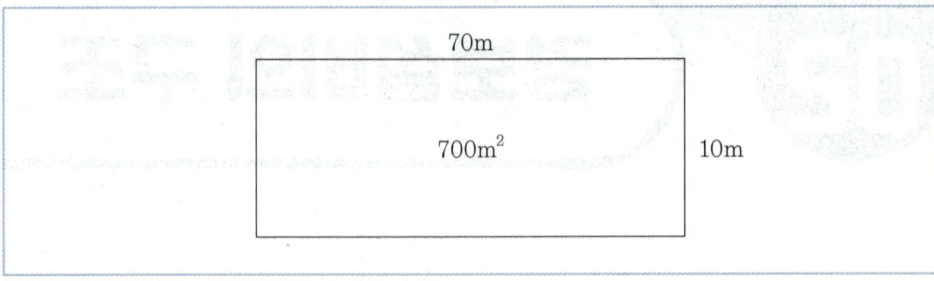

① 1개　　　　　　　② 2개
③ 3개　　　　　　　④ 4개

해설 하나의 경계구역의 면적은 600m² 이하로 하고 한 변의 길이는 50m 이하로 해야 하므로, 이 건물 10층의 면적이 700m²이고, 한 변의 길이 가로 70m, 세로 10m이 므로 경계구역은 2개로 해야 한다.

04 다음 A, B 두 건물의 경계구역은 몇 개인가? (단, 두 건물 모두 한 변의 길이는 50m이고, A건물은 주된 출입구에서 그 내부 전체가 보이는 건물이다)

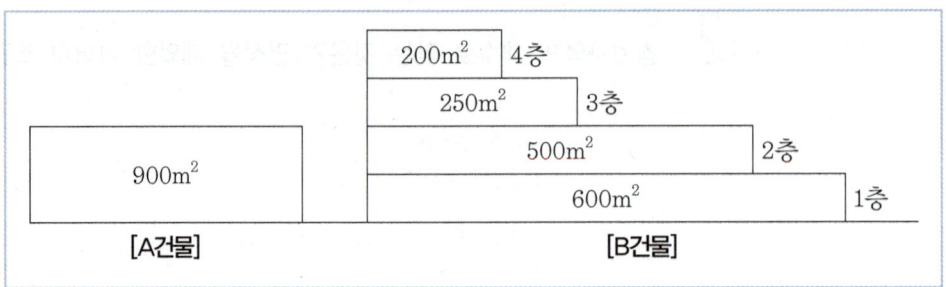

① 3개　　　　　　　② 4개
③ 5개　　　　　　　④ 6개

해설 하나의 경계구역이 2개 이상의 건축물에 미치지 않아야 하므로 A, B 두 건물은 경계구역을 따로 해야 한다. A건물은 900m²이지만 한 변의 길이가 50m이고 주된 출입구에서 그 내부 전체가 보이는 것이므로 1개의 경계구역으로 하면 되고, B건물의 1층과 2층은 600m² 이하로 각각 1개의 경계구역으로 해야 하고, 3층과 4층은 두 층의 합이 500m² 이하이므로 두 층을 합쳐 1개의 경계구역으로 할 수 있으므로 결국 총 경계구역은 4개이다.

05 다음 중 자동화재탐지설비의 경계구역에 대한 설명으로 옳은 것만 고른 것은?

> ㉠ 하나의 경계구역이 2개 이상의 건축물에 미치지 아니하도록 할 것
> ㉡ 하나의 경계구역이 2개 이상의 층에 미치지 않도록 할 것. 다만 하나의 경계구역이 500m² 이하의 범위에서 2개의 층을 하나의 경계구역으로 할 수 있다.
> ㉢ 하나의 경계구역의 면적은 600m² 이하로 하고 한 변의 길이는 60m 이하로 할 것
> ㉣ 해당 소방대상물의 주된 출입구에서 그 내부 전체가 보이는 것에 있어서는 한 변의 길이가 50m의 범위에서 1,000m² 이하로 할 수 있다.

① ㉠
② ㉠, ㉢
③ ㉠, ㉡, ㉣
④ ㉠, ㉡, ㉢, ㉣

[해설] ㉢ 하나의 경계구역의 면적은 600m² 이하로 하고 한 변의 길이는 **50m** 이하로 할 것

06 다음은 차동식스포트형 감지기 작동원리에 대한 설명이다. ( )에 들어갈 내용으로 옳은 것은?

> 화재 시 온도상승 → 감열실 내의 공기 팽창 → ( ) → 접점이 붙어 화재신호를 수신기로 보냄

① 다이아프램을 압박
② 가용절연물의 용융
③ 바이메탈이 휘어져 가동접점으로 이동
④ 열반도체에 열축적

[해설] ▶ 차동식스포트형 감지기 작동원리
화재 시 온도상승 → 감열실 내의 공기 팽창 → (다이아프램을 압박) → 접점이 붙어 화재신호를 수신기로 보냄

07 〈보기〉는 정온식 스포트형감지기의 작동원리에 대한 내용이다. ( ) 안에 들어갈 내용은?

> |보기|
> 화재 시 감열판에 열전달 → ( ) → 접점이 붙어 화재신호를 수신기에 보냄

① 열축적에 의한 팽창
② 다이아프램을 압박
③ 감염실 내의 공기가 팽창
④ 바이메탈이 휘어져 가동접점으로 이동

정답 05.③ 06.① 07.④

PART 10 소방시설(소화·경보·피난구조·소화용수·소화활동설비)의 구조

해설 ▶ 정온식 스포트형감지기의 작동원리

화재 시 감열판에 열전달 → (바이메탈이 휘어져 기동접점으로 이동) → 접점이 붙어 화재신호를 수신기에 보냄

▶ 교재 2권 p.101

08 상 중 하

높이가 3m이고, 주요구조부가 내화구조로 된 특정소방대상물에 차동식 스포트형 2종 감지기를 설치하려고 할 때 감지기의 설치유효면적은?

① $40m^2$
② $70m^2$
③ $50m^2$
④ $35m^2$

해설 높이가 3m이고, 주요구조부가 내화구조로 된 특정소방대상물에 차동식 스포트형 2종 감지기를 설치할 경우 감지기의 설치유효면적은 **$70m^2$**이다.

▶ 교재 2권 p.101

09 상 중 하

다음 중 기타구조의 3m인 특정소방대상물인 경우 차동식 스포트형 2종 감지기의 설치유효면적은?

① $15m^2$
② $30m^2$
③ $50m^2$
④ $40m^2$

해설 기타구조의 4m인 특정소방대상물인 경우 차동식 스포트형 2종 감지기의 설치유효면적은 **$40m^2$**이다.

▶ 감지기 설치유효면적(**기타구조**인 경우) (단위 : m^2)

부착높이 및 특정소방대상물의 구분	감지기의 종류				
	차동식 스포트형		정온식 스포트형		
	1종	2종	특종	1종	2종
4m 미만	50	40	40	30	15
4m 이상 8m 미만	35	25	25	15	−

정답 08.② 09.④

10

주요구조부가 내화구조로 된 특정소방대상물 또는 그 부분일 경우 감지기 설치유효면적에서 아래 도표 ⓐ, ⓑ, ⓒ에 들어갈 숫자는?

(단위 : m²)

부착높이 및 특정소방대상물의 구분	감지기의 종류				
	차동식 스포트형		정온식 스포트형		
	1종	2종	특종	1종	2종
4m 미만	ⓐ	70	ⓑ	60	20
4m 이상 8m 미만	ⓒ	35	35	30	–

① ⓐ: 90, ⓑ: 65, ⓒ: 40
② ⓐ: 90, ⓑ: 70, ⓒ: 45
③ ⓐ: 80, ⓑ: 75, ⓒ: 50
④ ⓐ: 80, ⓑ: 65, ⓒ: 40

해설 ▶ 감지기 설치유효면적(내화구조인 경우)

부착높이 및 특정소방대상물의 구분	감지기의 종류				
	차동식 스포트형		정온식 스포트형		
	1종	2종	특종	1종	2종
4m 미만	ⓐ(90)	70	ⓑ(70)	60	20
4m 이상 8m 미만	ⓒ(45)	35	35	30	–

11

다음 장소에 설치되는 감지기의 최소 개수는?

- 주용도는 사무실(바닥면적 210m²)이다.
- 주요구조부는 내화구조이다.
- 감지기 부착높이는 5m이다.
- 설치감지기는 차동식 스포트형 감지기 2종이다.

① 2개　　　② 3개
③ 5개　　　④ 6개

해설 감지기 부착높이가 4m 이상 8m 미만이고 주요구조부가 내화구조일 경우 차동식 스포트형 감지기 2종의 설치유효면적은 35m²이다. 이 사무실의 면적 210m²이므로 210÷35=6 ∴ 감지기는 최소 6개를 설치하면 된다.

정답 10.② 11.④

12

연면적 3,500m²인 아래 근린생활시설 건물의 3층에서 불이 났을 경우 경종이 울려야 하는 층은?

```
        12층
        11층
        10층
         9층
         8층
         7층
         6층
         5층
         4층
         3층
         2층
         1층
       지하1층
       지하2층
       지하3층
```

① 전층
② 2층, 3층, 4층
③ 3층, 4층
④ 3층, 4층, 5층, 6층, 7층

해설 공동주택이 아닌 층수가 11층 이상의 특정소방대상물의 경우 2층 이상의 층에서 발화한 때에는 발화층 및 그 직상 4개 층에 경보를 발해야 하므로 3층에 불이 난 경우 3층 및 4층, 5층, 6층, 7층에서 경종이 울려야 한다.

13

자동화재탐지설비 중 음향장치에 대한 설명이다. 틀린 것은?

① 층마다 설치하되 수평거리 25m 이하가 되도록 설치하고 음향 크기는 1m 떨어진 곳에서 90dB 이상이 되도록 설치한다.
② 소방활동 및 피난유도 등을 원활하게 하기 위한 목적으로 설치되는 설비로 음성입력은 실내의 경우 1W 이상, 실외의 경우 3W 이상이어야 한다.
③ 시각경보장치의 경우 청각장애인용이며, 설치높이는 바닥으로부터 2m 이상 2.5m 이하의 장소에 설치한다.
④ 30층 건축물의 2층에 불이 난 경우에는 발화층 및 그 직상 4개 층에 경보해야 한다.

해설 ②는 비상방송설비에 대한 설명이다.

정답 12.④ 13.②

O× 문제

01
R형 수신기는 일반적으로 사용되며 각 회로별 경계구역을 표시하는 지구표시등이 설치되어 있으며 성능에 따라 1급과 2급으로 구분된다. ○×

× P형 수신기는 일반적으로 사용되며 각 회로별 경계구역을 표시하는 지구표시등이 설치되어 있으며 성능에 따라 1급과 2급으로 구분된다.

02
경계구역이란 자동화재탐지설비의 1회선이 화재의 발생을 유효하고 효율적으로 감지할 수 있도록 적당한 범위를 정한 구역을 말한다. ○×

○

03
자동화재탐지설비의 발신기 스위치 높이는 바닥으로부터 0.6~1.2m의 높이에 설치한다. ○×

× 자동화재탐지설비의 발신기 스위치 높이는 바닥으로부터 **0.8~1.5m**의 높이에 설치한다.

04
자동화재탐지설비의 발신기는 층마다 설치하되, 하나의 발신기까지의 수평거리가 25m 이하가 되도록 설치한다. ○×

○

05
차동식 스포트형 감지기는 바이메탈, 감열판 및 접점 등으로 구분된다. ○×

× 차동식 스포트형 감지기는 감열실, 다이아프램, 리크구멍, 접점 등으로 구분된다.

06
이온화식 스포트형 연기감지기는 연기에 포함된 미립자가 광원에서 방사되는 광속에 의해 산란반사를 일으키는 것을 이용한다. ○×

× 이온화식 스포트형 연기감지기는 주위 공기가 일정농도 이상의 연기를 포함하게 될 경우 작동한다.

07
공동주택을 제외한 층수가 11층 이상의 특정소방대상물에서 2층 이상의 층에 발화한 때에는 발화층 및 그 직상 4개 층에 경보를 발해야 한다. ○×

○

08
청각장애인용 시각경보장치는 원칙적으로 바닥으로부터 1.5m 이상 2m 이하의 장소에 설치하여야 한다. ○×

× 청각장애인용 시각경보장치는 원칙적으로 바닥으로부터 **2m 이상 2.5m 이하**의 장소에 설치하여야 한다.

09
송배선식이란 도통시험을 원활히 하기 위한 배선방식으로 베이스 단자 내에 앞 감지기 등에서 들어온 선 및 다음 감지기 등으로 나간 선이 각 1선으로 구성된다. ○×

× 송배선식이란 도통시험을 원활히 하기 위한 배선방식으로 베이스 단자 내에 앞 감지기 등에서 들어온 선 및 다음 감지기 등으로 나간 선이 각 **2선**으로 구성된다.

PART 10
CHAPTER 03 피난구조설비의 구조

▶ 교재 2권 p.127

01 다음 〈보기〉에서 설명하는 것은?

|보기|
비상시 건물의 창, 발코니 등에서 지상까지 포지 등을 사용하여 자루형태로 만든 것으로서 화재 시 사용자가 그 내부에 들어가서 내려옴으로써 대피할 수 있는 피난기구이다.

① 구조대 ② 완강기
③ 피난사다리 ④ 간이완강기

해설 비상시 건물의 창, 발코니 등에서 지상까지 포지 등을 사용하여 자루형태로 만든 것으로서 화재 시 사용자가 그 내부에 들어가서 내려옴으로써 대피할 수 있는 피난기구를 구조대라 한다.

▶ 교재 2권 p.129

02 다음 〈보기〉에서 설명하는 것은?

|보기|
화재발생 시 신속하게 지상 또는 피난층으로 이동할 수 있는 피난기구로서 장애인복지시설, 노약자 수용시설 및 병원에 적합하다.

① 간이완강기 ② 피난대
③ 피난사다리 ④ 미끄럼대

해설 화재발생 시 신속하게 지상 또는 피난층으로 이동할 수 있는 피난기구로서 장애인복지시설, 노약자 수용시설 및 병원에 적합한 것은 미끄럼대이다.

정답 01.① 02.④

03

피난기구 설치 시 층마다 설치해야 하는 수량으로 연결이 바르지 않은 것은?

① 숙박시설·노유자시설·의료시설 – 바닥면적 600m²마다 1개 이상
② 위락시설·문화집회 및 운동시설·판매시설로 사용되는 층 또는 복합용도의 층 – 바닥면적 800m²마다 1개 이상
③ 계단실형 아파트 – 각 세대마다 1개 이상
④ 그 밖의 용도의 층 – 바닥면적 1,000m²마다 1개 이상

해설 '숙박시설·노유자시설·의료시설 – 바닥면적 500m²마다 1개 이상'이다.

▶ 층마다 설치해야 하는 수량

소방대상물의 용도	면적에 따른 설치 수량
숙박시설·노유자시설·의료시설	바닥면적 500m²마다 1개 이상
위락시설·문화집회 및 운동시설·판매시설로 사용되는 층 또는 복합용도의 층	바닥면적 800m²마다 1개 이상
계단실형 아파트	각 세대마다 1개 이상
그 밖의 용도의 층	바닥면적 1,000m²마다 1개 이상

04

피난기구 설치수량 및 추가로 설치해야 하는 기준으로 맞지 않는 것은?

① 판매시설로 사용되는 층의 경우 바닥면적 800m²마다 1개 이상의 피난기구를 설치해야 한다.
② 의료시설로 사용되는 층의 바닥면적 500m²마다 1개 이상의 피난기구를 설치해야 한다.
③ 종교시설로 사용되는 층의 바닥면적 800m²마다 1개 이상의 피난기구를 설치해야 한다.
④ 숙박시설의 경우 객실마다 완강기 또는 2개 이상의 간이완강기를 추가로 설치해야 한다.

해설 종교시설은 그 밖의 용도의 층에 해당되어 바닥면적 1,000m²마다 1개 이상의 피난기구를 설치해야 한다.

05

피난기구의 설치위치에 대한 내용으로 옳지 않은 것은?

① 설치위치는 피난 또는 소화활동상 유효한 개구부가 있는 곳이다.
② 개구부 크기는 가로 1m 이상 세로 1m 이상이어야 한다.
③ 개구부는 바닥에서 개구부 하단까지의 거리는 1.2m 미만이어야 한다.
④ 개구부의 밀폐된 창문은 쉽게 파괴할 수 있는 파괴장치를 비치해야 한다.

해설 개구부 크기는 가로 0.5m 이상 세로 1m 이상이어야 한다.

정답 03.① 04.③ 05.②

06 피난기구의 설치방법으로 옳지 않은 것은? (제외 사유는 고려하지 않는다)

① 피난기구를 설치하는 개구부는 서로 동일직선상이 아닌 위치에 있어야 한다.
② 피난기구는 특정소방대상물의 기둥·바닥·보 기타 구조상 견고한 부분에 볼트조임·매입·용접 기타의 방법으로 견고하게 부착해야 한다.
③ 4층 이상의 층에 피난사다리를 설치하는 경우에는 금속성 내림식사다리를 설치해야 한다.
④ 완강기는 강하 시 로프가 건축물 또는 구조물 등과 접촉하여 손상되지 않도록 해야 한다.

해설 4층 이상의 층에 피난사다리를 설치하는 경우에는 금속성 **고정**사다리를 설치해야 한다.

07 피난기구 설치 제외 기준으로 옳지 않은 것은?

① 복도의 어느 부분에서도 2 이상의 방향으로 각각 다른 계단에 도달할 수 있어야 할 것
② 문화시설의 옥상의 면적이 1,500m² 이상이어야 할 것
③ 주요구조부가 내화구조이고 지하층을 제외한 층수가 4층 이하이며 소방사다리차가 쉽게 통행할 수 있는 도로 또는 공지에 면하는 부분에 개구부가 2 이상 설치되어 있는 층
④ 갓복도식 아파트 또는 인접(수평 또는 수직) 세대로 피난할 수 있는 아파트

해설 문화 및 집회시설 및 운동시설 또는 판매시설은 제외된다.

08 피난기구 설치제외 또는 감소의 기준으로 옳지 않은 것은?

① 주요구조부가 내화구조로서 거실의 각 부분으로 직접 복도로 피난할 수 있는 학교는 설치제외 대상이다.
② 무인공장 또는 자동창고로서 사람의 출입이 금지된 장소는 설치제외 대상이다.
③ 건축물의 옥상부분으로서 거실에 해당하지 않고 층수로 산정되는 층으로서 사람이 근무하거나 거주하지 않는 장소는 설치제외 대상이다.
④ 주요구조부가 내화구조로 되어 있고 직통계단인 (특별)피난계단이 2 이상 설치되어 있으면 피난기구를 1/3로 감소해서 설치할 수 있다.

해설 주요구조부가 내화구조로 되어 있고 직통계단인 (특별)피난계단이 2 이상 설치되어 있으면 피난기구를 **1/2**로 감소해서 설치할 수 있다.

정답 06.③ 07.② 08.④

09 인명구조기구의 설치기준으로 옳지 않은 것은?

① 지하층을 포함하는 층수가 8층인 관광호텔은 방열복 또는 방화복, 공기호흡기, 인공소생기를 각 2개 이상 비치해야 한다.
② 문화 및 집회시설 중 수용인원 200명인 영화상영관은 층마다 2개 이상의 공기호흡기를 비치해야 한다.
③ 이산화탄소소화설비를 설치해야 하는 특정소방대상물의 경우 이산화탄소소화설비가 설치된 장소의 출입구 외부 인근에 공기호흡기를 1개 이상 설치해야 한다.
④ 5층 병원은 방열복 또는 방화복, 공기호흡기, 인공소생기를 각 2개 이상 비치해야 한다.

해설 5층 이상 병원은 인공소생기를 설치하지 않을 수 있다.

10 공기호흡기 구성 중 아래 〈보기〉의 역할을 하는 것은?

|보기|
면체 내부의 압력을 면체 외부의 압력보다 높게 유지시켜 오염된 외부공기가 면체 내로 들어오는 것을 방지한다.

① 대기호흡장치 ② 용기밸브
③ 양압조정기   ④ 압력계

해설 면체 내부의 압력을 면체 외부의 압력보다 높게 유지시켜 오염된 외부공기가 면체 내로 들어오는 것을 방지하는 역할을 하는 것은 양압조정기이다.

11 비상조명등의 설치기준으로 옳지 않은 것은?

① 조도는 비상조명등이 설치된 장소의 각 부분의 바닥으로부터 1[lx] 이상이 되도록 할 것
② 예비전원을 내장하는 비상조명등에는 점검스위치를 설치하고, 해당 조명등을 유효하게 작동시킬 수 있는 용량의 축전지 또는 전기저장장치를 기준에 따라 설치할 것
③ 예비전원을 내장하지 않는 비상조명등의 비상전원은 자가발전설비, 축전지설비 또는 전기저장장치를 기준에 따라 설치할 것
④ 예비전원과 비상전원은 비상조명등을 20분 이상 유효하게 작동시킬 수 있는 용량으로 할 것

정답 09.④ 10.③ 11.②

해설 '예비전원을 내장하는 비상조명등에는 점검스위치를 설치하고, 해당 조명등을 유효하게 작동시킬 수 있는 용량의 **축전지와 예비전원 충전장치**를 내장할 것'이다.

▶ 교재 2권
p.140~141

12 휴대용비상조명등의 설치기준으로 옳지 않은 것은?

① 다중이용업소에는 영업장안의 구획된 실마다 잘 보이는 곳에 1개 이상 설치해야 한다.
② 영화상영관에는 보행거리 25m 이내마다 3개 이상 설치해야 한다.
③ 지하상가·지하역사에는 보행거리 25m 이내마다 3개 이상 설치해야 한다.
④ 바닥으로부터 0.8m 이상 1.5m 이하에 설치해야 한다.

해설 대규모점포(지하상가 및 지하역사 제외), 영화상영관에는 보행거리 **50m** 이내마다 3개 이상 설치해야 한다.

▶ 교재 2권
p.141~142

13 다음 중 유도등 및 유도표지에 대한 설명으로 타당하지 않은 것은?

① 유도등은 화재 시에 피난을 유도하기 위하여 사용되는 등으로서 정상상태에서는 상용전원에 의하여 켜지고, 상용전원이 정전되는 경우 비상전원으로 켜지는 등을 말한다.
② 유도등의 종류로는 피난구유도등, 통로유도등, 객석유도등이 있다.
③ 유도표지의 종류로는 피난구유도표지, 통로유도표지, 객석유도표지가 있다.
④ 피난유도선의 종류로는 축광식 피난유도선과 제어부·표시부·수동점등스위치가 있는 광원점등식 피난유도선이 있다.

해설 유도표지의 종류로는 피난구유도표지, 통로유도표지가 있다.

▶ 교재 2권
p.142

14 유도등 및 유도표지에 대한 내용으로 옳지 않은 것은?

① 공연장·집회장에는 대형피난구유도등, 통로유도등, 객석유도등을 설치해야 한다.
② 손님이 춤을 출 수 있는 무대가 설치된 카바레에는 중형피난구유도등, 통로유도등을 설치해야 한다.
③ 종교시설에는 소형피난구유도등, 통로유도등을 설치해야 한다.
④ 노유자시설·업무시설에는 소형피난구유도등, 통로유도등을 설치해야 한다.

해설 카바레에는 대형피난구유도등, 통로유도등을 설치해야 한다.

정답 12.② 13.③ 14.②

15. 다음 중 유도등에 대한 설명으로 옳은 것은?

① 나이트클럽에는 중형피난구유도등을 설치해야 한다.
② 지하카바레의 경우 정전되었을 때 비상전원으로 자동절환되어 30분 이상 작동할 수 있어야 한다.
③ 거실통로유도등은 바닥으로부터 높이 1.5m 이상의 위치에 설치한다.
④ 숙박시설에는 통로유도표지를 설치해야 한다.

해설
① 나이트클럽에는 중형피난구유도등을 설치해야 한다. → 대형피난구유도등
② 지하카바레의 경우 정전되었을 때 비상전원으로 자동절환되어 30분 이상 작동할 수 있어야 한다. → 20분 이상
④ 숙박시설에는 통로유도표지를 설치해야 한다. → 중형피난구유도등, 통로유도등을 설치해야 한다.

▶ 설치장소별 유도등 및 유도표지의 종류

설치장소	유도등 및 유도표지의 종류
공연장[(종교)집회, 관람], 운동시설 카바레, 나이트클럽	대형피난구유도등 통로유도등 객석유도등
위락(관광숙박업), 판매·운수시설 의료(장례)시설 방송통신(전시)시설 지하상가, 지하철역사	대형피난구유도등 통로유도등
숙박, 오피스텔 지하층·무창층 또는 11층 이상 특정소방대상물	중형피난구유도등 통로유도등
노유자시설, 업무시설, 종교시설, 공장, 학원	소형피난구유도등 통로유도등

16. 피난구유도등의 설치장소에 대한 내용으로 옳지 않은 것은?

① 옥내로부터 직접 지상으로 통하는 출입구 및 그 부속실의 출입구에 설치할 것
② 안전구획된 거실로 통하는 출입구에 설치할 것
③ 직통계단의 계단실 및 그 부속실의 출입구에 설치할 것
④ 피난구의 바닥으로부터 1m 이상으로서 출입구에 인접하도록 설치할 것

해설 피난구의 바닥으로부터 1.5m 이상으로서 출입구에 인접하도록 설치할 것

정답 15.③ 16.④

17 유도등의 설치높이로 잘못된 것은?

① 피난구유도등 – 1.5m 이상
② 복도통로유도등 – 1.5m 이상
③ 거실통로유도등 – 1.5m 이상
④ 계단통로유도등 – 1m 이하

해설 복도통로유도등은 **1m 이하**의 높이에 설치한다.

▶ 유도등의 설치 높이(거구오)

1m 이하	1.5m 이상
복도통로유도등 계단통로유도등	피난구유도등 거실통로유도등

18 유도등에 대한 내용으로 옳지 않은 것은?

① 오피스텔에는 중형피난구유도등을 설치한다.
② 지하상가의 경우 비상전원은 60분 이상 작동할 수 있어야 한다.
③ 공연장에는 대형피난구유도등을 설치한다.
④ 교육연구시설에는 중형피난구유도등을 설치한다.

해설 교육연구시설에는 소형피난구유도등을 설치한다.

19 복도통로유도등의 설치에 대한 내용으로 옳지 않은 것은?

① 피난구유도등이 설치된 출입구 맞은편 복도에 입체형 또는 바닥에 설치할 것
② 구부러진 모퉁이 및 ①에 설치된 통로유도등을 기점으로 보행거리 25m마다 설치할 것
③ 바닥으로부터 1m 이하의 위치에 설치할 것
④ 지하층 또는 무창층의 용도가 지하역사 또는 지하상가인 경우에는 복도·통로 중앙부분의 바닥에 설치할 수 있다.

해설 구부러진 모퉁이 및 ①에 설치된 통로유도등을 기점으로 보행거리 **20m**마다 설치해야 한다.

20. 거실통로유도등의 설치에 대한 내용으로 옳지 않은 것은?

① 거실의 통로에 설치할 것
② 구부러진 모퉁이 및 보행거리 20m마다 설치할 것
③ 바닥으로부터 높이 1.5m 이상의 위치에 설치할 것
④ 거실 통로가 벽체 등으로 구획된 경우에는 피난구유도등을 설치할 것

해설 거실 통로가 벽체 등으로 구획된 경우에는 복도통로유도등을 설치해야 한다.

21. 유도표지의 설치기준으로 옳지 않은 것은?

① 계단에 설치하는 것을 제외하고는 각 층마다 복도 및 통로의 각 부분으로부터 하나의 유도표지까지의 보행거리가 25m 이하가 되는 곳과 구부러진 모퉁이의 벽에 설치한다.
② 피난구유도표지는 출입구 상단에 설치하고, 통로유도표지는 바닥으로부터 높이 1m 이하의 위치에 설치한다.
③ 주위에 이와 유사한 등화·광고물·게시물 등을 설치하지 말아야 한다.
④ 유도표지는 부착판 등을 사용하여 쉽게 떨어지지 않도록 설치해야 한다.

해설 계단에 설치하는 것을 제외하고는 각 층마다 복도 및 통로의 각 부분으로부터 하나의 유도표지까지의 보행거리가 **15m** 이하가 되는 곳과 구부러진 모퉁이의 벽에 설치한다.

22. 유도등 전원 기준으로 옳지 않은 것은?

① 축전지, 전기저장장치 또는 직류전압의 옥내간선으로 하고, 전원까지의 배선은 전용으로 한다.
② 비상전원은 축전지로 하고, 유도등을 20분 이상 유효하게 작동시킬 수 있는 용량으로 한다.
③ 유도등은 전기회로에 점멸기를 설치하지 않고 항상 점등상태를 유지해야 한다.
④ 외부의 빛에 의해 피난구 또는 피난방향을 쉽게 식별할 수 있는 장소로서 3선식 배선에 따라 상시 충전되는 구조인 경우에는 항상 점등상태를 유지하지 않아도 된다.

해설 축전지, 전기저장장치 또는 **교류전압**의 옥내간선으로 하고, 전원까지의 배선은 전용으로 한다.

정답 20.④ 21.① 22.①

23 축광방식의 피난유도선의 설치기준으로 옳지 않은 것은?

① 구획된 각 실로부터 주출입구 또는 비상구까지 설치할 것
② 바닥으로부터 높이 1m 이하의 위치 또는 바닥면에 설치할 것
③ 피난유도 표시부는 50cm 이내의 간격으로 연속되도록 설치할 것
④ 부착대에 견고하게 설치할 것

해설 바닥으로부터 높이 **50cm** 이하의 위치 또는 바닥면에 설치해야 한다.

24 광원점등식의 피난유도선 설치기준으로 옳지 않은 것은?

① 피난유도 표시부는 바닥으로부터 높이 50cm 이하의 위치 또는 바닥면에 설치할 것
② 피난유도 표시부는 50cm 이내의 간격으로 연속되도록 설치하되 실내장식물 등으로 설치가 곤란할 경우 1m 이내로 설치할 것
③ 비상전원이 상시 충전상태를 유지하도록 설치할 것
④ 피난유도 제어부는 조작 및 관리가 용이하도록 바닥으로부터 0.8m 이상 1.5m 이하의 높이에 설치할 것

해설 피난유도 표시부는 바닥으로부터 높이 **1m** 이하의 위치 또는 바닥면에 설치해야 한다.

25 지하상가에 설치된 유도등은 정전 시 비상전원으로 자동 절환되어 몇 분 이상 작동해야 하는가?

① 30분 ② 20분
③ 10분 ④ 60분

해설 지하상가를 비롯하여 지하층 또는 무창층으로서 도매시장·소매시장·여객자동차터미널·지하역사, 지하층을 제외하고 층수가 11층 이상의 층의 경우 정전 시 비상전원으로 자동 절환되어 **60분 이상** 작동해야 한다.

정답 23.② 24.① 25.④

O× 문제

01
화재발생 시 신속하게 지상 또는 피난층으로 이동할 수 있는 피난기구로서 장애인 복지시설, 노약자 수용시설 및 병원 등에 적합한 피난기구는 구조대이다.

× 화재발생 시 신속하게 지상 또는 피난층으로 이동할 수 있는 피난기구로서 장애인 복지시설, 노약자 수용시설 및 병원 등에 적합한 피난기구는 **미끄럼대**이다.

02
사용자의 몸무게에 의하여 자동적으로 내려올 수 있는 기구 중 사용자가 연속적으로 사용할 수 있는 것으로 속도조절기, 속도조절기의 연결부, 로프, 연결금속구, 벨트로 구성된 것은 간이완강기이다.

× 사용자의 몸무게에 의하여 자동적으로 내려올 수 있는 기구 중 사용자가 연속적으로 사용할 수 있는 것으로 속도조절기, 속도조절기의 연결부, 로프, 연결금속구, 벨트로 구성된 것은 **완강기**이다.

03
건축물의 옥상층 또는 그 이하의 층에서 화재발생 시 옆 건축물로 피난하기 위해 설치하는 피난기구는 피난교이다.

○

04
숙박시설·노유자시설·의료시설은 바닥면적 800m²마다 1개 이상의 피난기구를 설치해야 한다.

× 숙박시설·노유자시설·의료시설은 바닥면적 **500m²**마다 1개 이상의 피난기구를 설치해야 한다.

05
숙박시설(휴양콘도미니엄 제외)은 객실마다 완강기 또는 2 이상의 간이완강기를 설치해야 한다.

○

06
피난기구를 설치하는 개구부의 크기는 가로 0.5m 이상 세로 1m 이상이어야 한다.

○

07
4층 이상 10층 이하의 의료시설은 구조대, 피난교, 공기안전매트, 다수인피난장비, 승강식피난기를 설치해야 한다.

× 4층 이상 10층 이하의 의료시설은 구조대, 피난교, **피난용트랩**, 다수인피난장비, 승강식피난기를 설치해야 한다.

08
양압형 공기호흡기는 흡기에 따라 열리고 흡기가 정지했을 때 및 배기할 때 닫히는 디맨드밸브를 갖춘 것을 말한다.

× 양압형 공기호흡기는 면체 내의 압력이 외기압보다 항상 일정압만큼 높은 것으로서 면체 내에 일정 정압 이하가 되면 작동되는 압력디맨드밸브를 갖춘 것을 말한다.

09
지하층을 포함한 층수가 7층 이상인 관광호텔은 층마다 공기호흡기를 2개 이상 비치해야 한다.

× 지하층을 포함한 층수가 7층 이상인 관광호텔은 방열복 또는 방화복, 공기호흡기, 인공소생기를 층마다 2개 이상 비치해야 한다.

OX 문제

10
손님이 춤을 출 수 있는 무대가 설치된 카바레, 나이트클럽 등은 대형피난구유도등, 통로유도등, 통로유도표지를 설치해야 한다. ⃝✕

✕ 손님이 춤을 출 수 있는 무대가 설치된 카바레, 나이트클럽 등은 대형피난구유도등, 통로유도등, 객석유도등을 설치해야 한다.

11
통로유도표지는 바닥으로부터 높이 1m 이하의 위치에 설치해야 한다. ⃝✕

⃝

12
예비전원과 비상전원은 비상조명등을 20분 이상 유효하게 작동시킬 수 있는 용량으로 할 것 ⃝✕

⃝

13
피난구유도등은 피난구 또는 피난경로로 사용되는 출입구를 표시하여 피난을 유도하는 등으로 피난구의 바닥으로부터 높이 1.5m 이상으로서 출입구에 인접하도록 설치한다. ⃝✕

⃝

14
거실통로유도등은 구부러진 모퉁이 및 보행거리 25m마다, 바닥으로부터 높이 1m 이상의 위치에 설치해야 한다. ⃝✕

✕ 거실통로유도등은 구부러진 모퉁이 및 보행거리 **20m**마다, 바닥으로부터 높이 **1.5m** 이상의 위치에 설치해야 한다.

15
유도표지는 계단에 설치하는 것을 제외하고는 각 층마다 복도 및 통로의 각 부분으로부터 하나의 유도표지까지의 보행거리가 20m 이하가 되는 곳과 구부러진 모퉁이의 벽에 설치해야 한다. ⃝✕

✕ 유도표지는 계단에 설치하는 것을 제외하고는 각 층마다 복도 및 통로의 각 부분으로부터 하나의 유도표지까지의 보행거리가 **15m** 이하가 되는 곳과 구부러진 벽에 설치해야 한다.

PART 10

CHAPTER 04 소화용수설비, 소화활동설비의 구조

▶ 교재 2권 p.153

01 상 중 하
다음 중 상수도소화용수설비에 관련된 것을 모두 고르면?

> ㉠ 호칭지름 75mm 이상의 수도배관에 100mm 이상의 소화전을 접속
> ㉡ 소화전 설치 위치는 소방자동차 등의 진입이 쉬운 도로변 또는 공지에 설치
> ㉢ 특정소방대상물의 수평투영면의 각 부분으로부터 100m 이하가 되도록 설치

① ㉠, ㉡
② ㉠, ㉢
③ ㉡, ㉢
④ ㉠, ㉡, ㉢

해설 ㉢ 특정소방대상물의 수평투영면의 각 부분으로부터 **140m** 이하가 되도록 설치해야 한다.

▶ 교재 2권 p.153

02 상 중 하
소화수조의 채수구는 소방차가 몇 m 이내의 지점까지 접근할 수 있는 위치에 설치해야 하는가?

① 1m
② 2m
③ 3m
④ 5m

해설 소화수조의 채수구는 소방차가 **2m** 이내의 지점까지 접근할 수 있는 위치에 설치해야 한다.

▶ 교재 2권 p.153

03 상 중 하
가압송수장치는 소화수조 또는 저수조가 지표면으로부터의 깊이가 몇 m 이상인 지하에 있는 경우 설치해야 하는가?

① 1.5m 이상
② 2.5m 이상
③ 3.5m 이상
④ 4.5m 이상

해설 가압송수장치는 소화수조 또는 저수조가 지표면으로부터의 깊이가 **4.5m** 이상인 지하에 있는 경우 설치해야 한다.

정답 01.① 02.② 03.④

04

1층 및 2층 바닥면적 합계가 15,000m² 이상인 건축물의 소화수조 저수량을 계산하는 기준면적은?

① 6,500m² ② 7,500m²
③ 8,500m² ④ 9,500m²

해설 1층 및 2층 바닥면적 합계가 15,000m² 이상인 건축물의 소화수조 저수량을 계산하는 기준면적은 **7,500m²**이다.

05

흡수관 투입구는 한 변 또는 직경이 몇 m 이상이어야 하는가?

① 0.3m 이상 ② 0.4m 이상
③ 0.5m 이상 ④ 0.6m 이상

해설 흡수관 투입구는 한 변 또는 직경이 **0.6m** 이상이어야 한다.

06

흡수관 투입구를 1개 이상 설치해야 하는 소요수량은?

① 80m³ 미만 ② 100m³ 미만
③ 120m³ 미만 ④ 140m³ 미만

해설 흡수관 투입구는 소요수량 80m³ 미만인 경우 1개 이상 설치해야 한다.

07

아래와 같은 건물에 설치될 소화용수설비의 저수량과 채수구 설치수를 차례로 나열한 것은?

- 연면적 : 30,000m²
- 1층 및 2층 바닥면적 합계가 15,000m²

기타 다른 조건은 무시함

① 40m³, 1개 ② 60m³, 2개
③ 80m³, 2개 ④ 100m³, 3개

해설 $\frac{30,000}{7,500} \times 20 = 80$ ∴ 저수량은 80m³

소요수량이 80m³일 경우 설치해야 하는 채수구의 수는 2개이다.

정답 04.② 05.④ 06.① 07.③

08 아래와 같은 건물에 설치될 소화용수설비의 저수량과 채수구 설치수를 차례로 나열한 것은?

- 연면적 : 45,000m²
- 1층 및 2층 바닥면적 합계가 15,000m²

기타 다른 조건은 무시함

① 40m³, 1개 ② 80m³, 2개
③ 100m³, 2개 ④ 120m³, 3개

해설 $\dfrac{45,000}{7,500} \times 20 = 120$ ∴ 저수량은 120m³

소요수량이 120m³일 경우 설치해야 하는 채수구의 수는 3개이다.

09 채수구 3개를 설치해야 하는 소요수량은?

① 20m³ 이상 40m³ 미만
② 40m³ 이상 80m³ 미만
③ 80m³ 이상 100m³ 미만
④ 100m³ 이상

해설 소요수량이 100m³ 이상인 경우 3개의 채수구를 설치해야 한다.

10 소화전은 특정소방대상물의 수평투영면의 각 부분으로부터 몇 m 이하가 되도록 설치해야 하는가?

① 100m ② 120m
③ 140m ④ 180m

해설 소화전은 특정소방대상물의 수평투영면의 각 부분으로부터 140m 이하가 되도록 설치해야 한다.

PART 10 소방시설(소화·경보·피난구조·소화용수·소화활동설비)의 구조

▶ 교재 2권
p.153~154

11 상 중 하

다음은 소화용수설비에 대한 내용이다. 옳지 않은 것은?

① 소화수조 또는 저수조가 지표면으로부터 깊이가 4.5m 이상인 지하에 있는 경우 가압송수장치를 설치해야 한다.
② 상수도소화용수설비의 배관경은 호칭지름 75mm 이상의 수도배관에 100mm 이상의 소화전을 접속할 수 있어야 한다.
③ 소화전은 특정소방대상물의 수평투영면의 각 부분으로부터 140m 이하가 되도록 설치해야 한다.
④ 흡수관 투입구는 한 변 또는 직경이 0.7m 이상인 것으로 소요수량 80m³ 미만인 것에 있어서는 2개 이상 설치해야 한다.

해설 흡수관 투입구는 한 변 또는 직경이 **0.6m** 이상인 것으로 소요수량 **80m³ 미만**인 것에 있어서는 **1개** 이상, 80m³ 이상인 것에 있어서는 2개 이상 설치해야 한다.

▶ 교재 2권
p.155

12 상 중 하

넓은 면적의 고층 또는 지하 건축물에 설치하며, 화재 시 소방관이 사용하여 소화하는 설비는?

① 연결살수설비　　　　　② 연결송수관설비
③ 비상콘센트설비　　　　④ 연소방지설비

해설 넓은 면적의 고층 또는 지하 건축물에 설치하며, 화재 시 소방관이 사용하여 소화하는 설비는 연결송수관설비이다.

▶ 교재 2권
p.153

13 상 중 하

소화용수설비에 대한 설명으로 옳지 않은 것은?

① 상수도소화용수설비 배관경은 호칭지름 65mm 이상의 수도배관에 100mm 이상의 소화전을 접속한다.
② 특정소방대상물의 수평투영면의 각 부분으로부터 140m 이하가 되도록 설치해야 한다.
③ 소화전 채수구는 소방차가 2m 이내의 지점까지 접근할 수 있는 위치에 설치한다.
④ 소방자동차 등의 진입이 쉬운 도로변 또는 공지에 설치한다.

해설 상수도소화용수설비 배관경은 호칭지름 **75mm** 이상의 수도배관에 100mm 이상의 소화전을 접속한다.

정답 11.④ 12.② 13.①

14 연결송수관의 종류 중 아래 〈그림〉의 시스템에 대한 내용으로 옳은 것은?

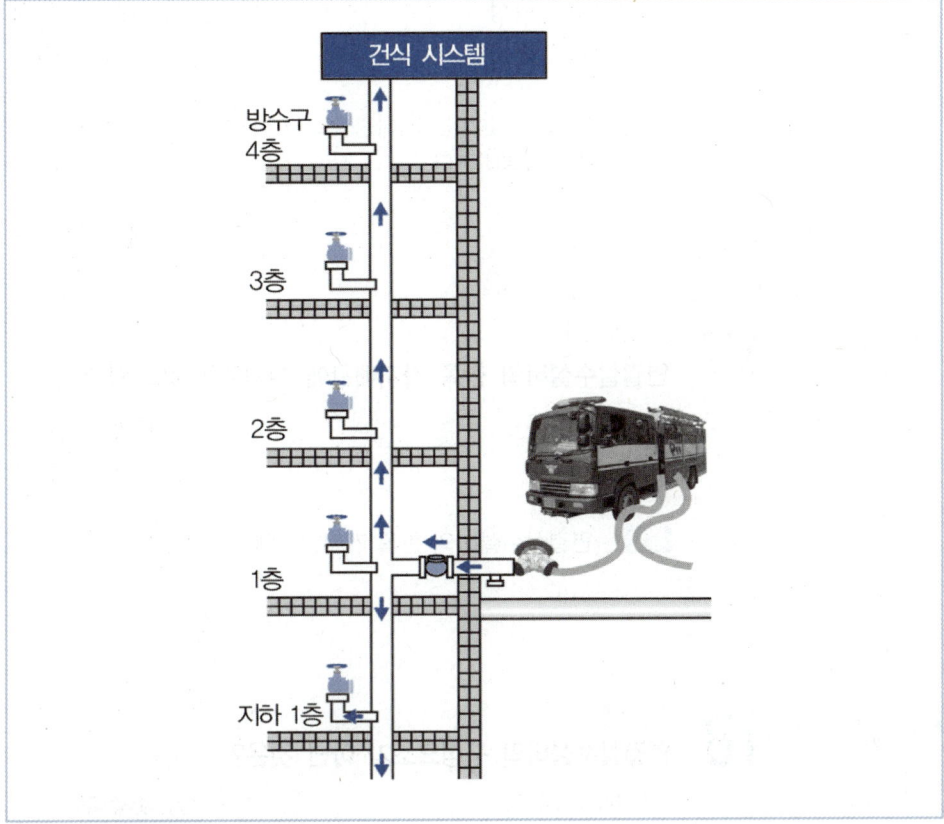

① 관로 내부에 상시 물이 충전된 상태로 유지된다.
② 이 방식은 지면으로부터 높이가 31m 이상인 특정소방대상물에만 설치한다.
③ 이 방식은 지상 11층 이상인 특정소방대상물에만 설치한다.
④ 이 방식은 지면으로부터 높이가 31m 미만인 특정소방대상물 또는 지상 11층 미만인 특정소방대상물에 설치한다.

해설 연결송수관의 종류 중 건식 시스템은 평상시에 연결송수관 배관 내부가 비어 있는 상태로 관리한다. 이 방식은 지면으로부터 높이가 **31m 미만**인 특정소방대상물 또는 **지상 11층 미만**인 특정소방대상물에 설치한다.

15 연결살수설비는 판매시설 또는 영업시설의 경우 바닥면적의 합계가 몇 m² 이상인 경우 설치하는가?

① 500m² 이상　　② 700m² 이상
③ 1,000m² 이상　　④ 1,200m² 이상

해설 판매시설 또는 영업시설의 경우 바닥면적의 합계가 **1,000m²** 이상인 경우 설치하는 소화활동설비이다.

정답 14.④ 15.③

PART 10 소방시설(소화·경보·피난구조·소화용수·소화활동설비)의 구조

▶교재 2권 p.157

16 상중하
연결살수설비는 지하층으로서 바닥면적의 합계가 몇 m² 이상인 곳에 설치하는가?
① 100m² 이상
② 150m² 이상
③ 200m² 이상
④ 300m² 이상

[해설] 연결살수설비는 지하층으로서 바닥면적의 합계가 **150m²** 이상인 곳에 설치하는 소화활동설비이다.

▶교재 2권 p.157

17 상중하
연결살수설비의 한쪽 가지배관에 설치되는 헤드의 개수는?
① 5개 이하
② 6개 이하
③ 7개 이하
④ 8개 이하

[해설] 연결살수설비의 한쪽 가지배관에 설치되는 헤드의 개수는 **8개** 이하로 하여야 한다.

▶교재 2권 p.157

18 상중하
연결살수설비의 구성요소가 아닌 것은?
① 방수기구함
② 송수구
③ 배관
④ 살수헤드

[해설] 연결살수설비의 구성요소는 송수구, 배관, 살수헤드이다.

▶교재 2권 p.158

19 상중하
제연설비의 설치 목적으로 옳지 않은 것은?
① 연기에 의한 질식 방지로 피난자의 안전 도모
② 부속실을 가압하여 연기유입을 제한
③ 소화활동을 위한 안전공간 확보
④ 거주자의 피난을 도모

[해설] 거주자의 피난을 도모하는 것은 배연설비이다. 즉, 6층 이상 건축물의 거실 용도가 문화 및 집회, 판매 및 영업, 업무시설 등으로 사용하는 대상물에 배연구를 설치하여 연기를 배출함으로서, 거주자의 피난을 도모하기 위한 것이 배연설비이다(건축법 시행령 제87조 제2항, 건축물의 설비기준에 관한 규칙 제14조).

[정답] 16.② 17.④ 18.① 19.④

20 다음 중 제연설비에 대한 설명으로 타당하지 않은 것은?

① 연기에 의한 질식 방지로 피난자의 안전을 도모함과 동시에 소화활동을 원활하게 할 수 있도록 보조하는 소화활동설비이다.
② 거실제연설비는 인명안전, 수직피난, 소화활동을 목적으로 설치한다.
③ 부속실제연설비는 피난로에 적용한다.
④ 거실제연설비는 급·배기방식의 제연방식이다.

해설 거실제연설비는 인명안전, 수평피난, 소화활동을 목적으로 한다.

21 다음 중 제연설비에 대한 설명으로 옳지 않은 것은?

① 부속실제연설비는 인명안전, 수직피난, 소화활동을 목적으로 설치한다.
② 거실제연설비는 화재실에 적용한다.
③ 부속실제연설비는 급·배기방식의 제연방식이다.
④ 거실제연설비는 인명안전, 수평피난, 소화활동을 목적으로 설치한다.

해설 부속실제연설비는 급기가압방식의 제연방식이다.

22 다음 중 제연구역의 선정으로 틀린 것은?

① 부속실만 단독제연하는 것
② 계단실 및 부속실을 동시에 제연하는 것
③ 계단실 단독제연하는 것
④ 비상용승강기 승강장 단독제연하는 것

해설 제연구역의 선정
　　㉠ 계단실 및 부속실을 동시에 제연하는 것
　　㉡ 부속실만을 단독으로 제연하는 것
　　㉢ 계단실 단독제연하는 것

23 제연설비에서 최소 차압은? (단, 스프링클러설비를 설치하지 않은 경우)

① 20Pa 이상　　② 40Pa 이상
③ 60Pa 이상　　④ 80Pa 이상

해설 제연설비에서 최소 차압은 **40Pa** 이상이다.

정답 20.② 21.③ 22.④ 23.②

PART 10 소방시설(소화·경보·피난구조·소화용수·소화활동설비)의 구조

▶ 교재 2권 p.159

24 제연설비에서 문의 개방력은?

① 80N 이하 ② 90N 이하
③ 100N 이하 ④ 110N 이하

해설 제연설비에서 문의 개방력은 **110N** 이하이다.

▶ 교재 2권 p.159

25 다음 중 제연구역 방연풍속의 성격이 다른 것은?

① 계단실만 단독제연하는 것
② 부속실이 면하는 옥내가 거실인 경우
③ 부속실이 면하는 옥내가 복도로서 그 구조가 방화구조인 것
④ 계단실 및 부속실을 동시에 제연하는 것

해설 ①, ③, ④는 방연풍속이 0.5m/s이어야 하고, ②는 방연풍속이 0.7m/s이어야 한다.

▶ 교재 2권 p.163

26 비상콘센트설비에 대한 설명으로 틀린 것은?

① 단상교류 110V를 사용한다.
② 바닥으로부터 높이 0.8m 이상 1.5m 이하에 설치한다.
③ 계단이나 부속실의 출입구로부터 5m 이내에 설치한다.
④ 보호함 상부에 적색 표시등을 설치하고, 표면에 '비상콘센트'라고 표시한다.

해설 단상교류 220V를 사용한다.

▶ 교재 2권 p.163

27 비상콘센트설비는 각 층에서부터 하나의 비상콘센트까지의 수평거리 몇 m 이하마다 설치해야 하는가?

① 20m ② 30m
③ 40m ④ 50m

해설 비상콘센트설비는 각 층에서부터 하나의 비상콘센트까지의 수평거리 **50m** 이하마다 설치해야 한다.

정답 24.④ 25.② 26.① 27.④

28 비상콘센트의 규격 용량은?

① 1.2KVA 이상
② 1.5KVA 이상
③ 1.7KVA 이상
④ 2.0KVA 이상

해설 비상콘센트의 규격 용량은 **1.5KVA** 이상이다.

29 무선통신보조설비의 옥외안테나 설치기준으로 옳지 않은 것은?

① 건축물, 지하가, 터널 또는 공동구의 출입구 및 출입구 인근에서 통신장애가 발생한 장소에 설치할 것
② 다른 용도로 사용되는 안테나로 인한 통신장애가 발생하지 않도록 설치할 것
③ 옥외안테나는 견고하게 파손의 우려가 없는 곳에 설치하고 그 가까운 곳의 보기 쉬운 곳에 '무선통신보조설비 안테나'라는 표시와 함께 통신 가능거리를 표시한 표지를 설치할 것
④ 수신기가 설치된 장소 등 사람이 상시 근무하는 장소에는 옥외안테나의 위치가 모두 표시된 옥외안테나 위치표시도를 비치할 것

해설 건축물, 지하가, 터널 또는 공동구의 출입구 및 출입구 인근에서 통신이 가능한 장소에 설치하여야 한다.

30 무선통신보조설비에 대한 내용으로 옳지 않은 것은?

① 외부도체와 내부도체가 동심원을 이루고 있어 외부 잡음에 거의 영향을 받지 않는 고주파 전송선로를 동축케이블이라고 한다.
② 2개 이상의 입력신호를 원하는 비율로 조합한 출력이 발생하도록 하는 장치를 증폭기라고 한다.
③ 감시제어반 등에 설치된 무선중계기의 입력과 출력포트에 연결되어 송수신 신호를 원활하게 방사·수신하기 위해 옥외에 설치하는 장치를 옥외안테나라 한다.
④ 누설동축케이블로 전송된 전자파가 종단에서 반사되어 송신효율을 떨어뜨리는 것을 방지하기 위하여 케이블의 끝부분에 설치하는 저항을 무반사 종단저항이라고 한다.

해설 2개 이상의 입력신호를 원하는 비율로 조합한 출력이 발생하도록 하는 장치를 **혼합기**라고 한다.

정답 28.② 29.① 30.②

31. 무선통신보조설비의 설비방식에 대한 내용으로 옳지 않은 것은?

① 누설동축케이블(LCX) 방식은 터널, 지하철역 등 폭이 좁고 긴 지하가나 건축물 내부에 적합하다.
② 누설동축케이블(LCX) 방식은 동축케이블과 누설동축케이블을 조합하여 설치하는 것으로 동축케이블이 안테나의 역할을 한다.
③ 공중선방식은 장애물이 적은 대강당, 극장 등에 적합하다.
④ 공중선방식은 누설동축케이블(LCX) 방식보다 경제적이다.

해설 누설동축케이블(LCX) 방식은 동축케이블과 누설동축케이블을 조합하여 설치하는 것으로 **누설동축케이블**이 안테나의 역할을 한다.

32. 연소방지설비에 대한 내용으로 옳지 않은 것은?

① 전력, 통신용의 전선 등이 설치된 지하구의 화재발생 시에 지상의 송수구를 통하여 소방펌프차로 송수를 하며, 배관을 통하여 폐쇄형헤드로 방수되는 설비이다.
② 연소방지설비는 송수구, 배관, 방수헤드로 구성된다.
③ 지하구 안에 설치된 케이블·전선 등에는 연소방지용 도료를 도포하여야 한다.
④ 케이블·전선 등을 규정에 의한 내화배선 방법으로 설치한 경우 연소방지용 도료를 도포하지 않아도 된다.

해설 전력, 통신용의 전선 등이 설치된 지하구의 화재발생 시에 지상의 송수구를 통하여 소방펌프차로 송수를 하며, 배관을 통하여 **개방형헤드**로 방수되는 설비이다.

정답 31.② 32.①

O× 문제

01
소화수조의 채수구는 소방차가 3m 이내의 지점까지 접근할 수 있는 위치에 설치한다.

× 소화수조의 채수구는 소방차가 **2m 이내**의 지점까지 접근할 수 있는 위치에 설치한다.

02
소화수조 또는 저수조가 지표면으로부터 깊이가 3.5m 이상인 지하에 있는 경우 가압송수장치를 설치해야 한다.

× 소화수조 또는 저수조가 지표면으로부터 깊이가 **4.5m** 이상인 지하에 있는 경우 가압송수장치를 설치해야 한다.

03
흡수관 투입구는 한 변 또는 직경이 0.6m 이상인 것으로 소요수량 80m³ 미만인 것에 있어서는 1개 이상, 80m³ 이상인 것에 있어서는 2개 이상을 설치해야 한다.

○

04
상수도소화용수설비의 배관경은 호칭지름 65mm 이상의 수도배관에 110mm 이상의 소화전을 접속한다.

× 상수도소화용수설비의 배관경은 호칭지름 **75mm** 이상의 수도배관에 **100mm** 이상의 소화전을 접속한다.

05
상수도소화용수설비 중 소화전은 특정소방대상물의 수평투영면의 각 부분으로부터 150m 이하가 되도록 설치해야 한다.

× 상수도소화용수설비 중 소화전은 특정소방대상물의 수평투영면의 각 부분으로부터 **140m** 이하가 되도록 설치해야 한다.

06
건식 연결송수관설비는 지면으로부터 높이가 30m 미만인 특정소방대상물 또는 지상 10층 미만인 특정소방대상물에만 사용한다.

× 건식 연결송수관설비는 지면으로부터 높이가 **31m** 미만인 특정소방대상물 또는 지상 **11층** 미만인 특정소방대상물에만 사용한다.

07
연결살수설비의 가지배관의 배열은 토너먼트 방식이어야 하며, 한쪽 가지배관에 설치되는 헤드의 개수는 5개 이하로 하여야 한다.

× 연결살수설비의 가지배관의 배열은 토너먼트 방식이 **아니어야** 하며, 한쪽 가지배관에 설치되는 헤드의 개수는 **8개** 이하로 하여야 한다.

08
급기가압이란 가압하고자 하는 공간에 공기를 공급하여 그 공간의 기압이 다른 공간의 기압보다 높게 함으로써 "차압"을 형성하게 하는 것을 말한다.

○

O× 문제

09
최소 차압은 40Pa 이상이어야 한다.

○

10
계단실 및 그 부속실을 동시에 제연하는 것 또는 계단실만 단독으로 제연하는 것의 방연풍속은 0.7m/s 이상이어야 한다.

× 계단실 및 그 부속실을 동시에 제연하는 것 또는 계단실만 단독으로 제연하는 것의 방연풍속은 **0.5m/s** 이상이어야 한다.

11
비상콘센트설비는 바닥면적 1,000m² 이상인 층에서는 각 계단의 출입구로부터 5m 이내마다 설치한다.

× 비상콘센트설비는 바닥면적 1,000m² 이상인 층에서는 각 **계단의 출입구 및 계단부속실의 출입구**로부터 5m 이내마다 설치한다.

12
비상콘센트설비는 바닥에서 높이 0.8~1.5m 이하의 위치에 설치한다.

○

13
비상콘센트설비는 각 층에서부터 하나의 비상콘센트설비까지의 수평거리 25m 이하마다 설치한다.

× 비상콘센트설비는 각 층에서부터 하나의 비상콘센트설비까지의 수평거리 **50m** 이하마다 설치한다.

14
비상콘센트설비는 지하상가 또는 지하층의 바닥면적의 합계가 3,000m² 이상인 곳에서는 수평거리가 25m 이하마다 설치한다.

○

15
비상콘센트의 용량은 1.8KVA 이상이어야 한다.

× 비상콘센트의 용량은 **1.5KVA** 이상이어야 한다.

16
연소방지설비는 전력, 통신용의 전선 등이 설치된 지하구의 화재발생 시에 지상의 송수구를 통하여 소방펌프차로 송수를 하며, 배관을 통하여 폐쇄형헤드로 방수되는 설비이다.

× 연소방지설비는 전력, 통신용의 전선 등이 설치된 지하구의 화재발생 시에 지상의 송수구를 통하여 소방펌프차로 송수를 하며, 배관을 통하여 **개방형헤드**로 방수되는 설비이다.

제2과목

PART 01

소방시설(소화설비, 경보설비, 피난구조설비)의 점검·실습·평가

PART 01
CHAPTER 01 소화설비의 점검·실습·평가

▶ 실무
p.82

01 다음 〈보기〉의 층에 설치하여야 하는 소형소화기의 능력단위와 적정 소화기 개수를 알맞게 짝지은 것은?

|보기|
㉠ 바닥면적은 2,000m²이다.
㉡ 용도는 판매시설이다.
㉢ 건축물은 내화구조이고 내장재는 불연재이다.
㉣ 소화기는 ABC분말소화기(3단위)를 설치한다.
㉤ 상기 외의 기준은 산정에서 제외한다.

① 20단위, 7개 ② 15단위, 5개
③ 10단위, 4개 ④ 5단위, 2개

해설 내화구조인 경우 기준면적의 2배를 해당 특정소방대상물의 기준면적으로 보기 때문에 판매시설의 경우 바닥면적 200m²마다 능력단위 1단위 이상이 요구되고 바닥면적 2,000m²일 경우 10단위가 필요하고, 따라서 3단위 ABC분말소화기가 4개 필요하다.

▶ 실무
p.80

02 다음 중 소화기구의 점검에 대한 설명으로 타당하지 않은 것은?
① 축압식 분말소화기의 지시압력계가 녹색의 범위 내에 있어야 적합하다.
② 축압식 분말소화기의 지시압력계가 빨간색 부분에 있는 경우 압력이 부족한 것으로 소화약제를 정상적으로 방출할 수 없다.
③ 소화기의 외관상 파손 부분이 없는지 확인한다.
④ 소화기의 설치장소가 바닥으로부터 1.5m 이하의 위치에 있는지 확인한다.

해설 축압식 분말소화기의 지시압력계가 빨간색 부분에 있는 경우 과압, 즉 압력이 높은 상태이다.

정답 01.③ 02.②

03 소화기의 지시압력과 옥내소화전의 방수압력이 아래와 같을 때 옳은 것은?

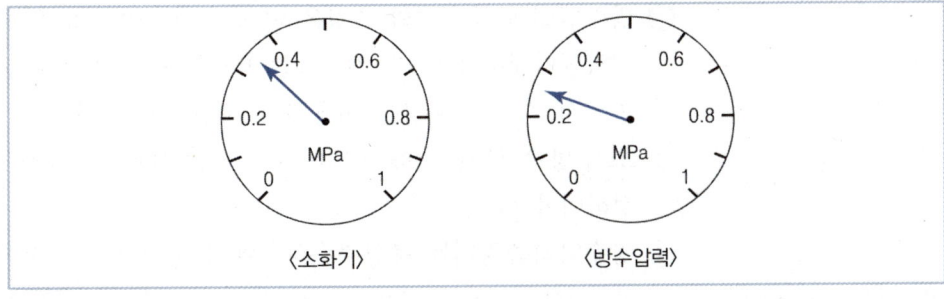

〈소화기〉   〈방수압력〉

	소화기	방수압력
①	양호	양호
②	양호	불량
③	불량	양호
④	불량	불량

해설 소화기의 정상 지시압력은 0.7~0.98MPa이고, 옥내소화전의 정상 방수압력은 0.17~0.7MPa이므로 소화기의 지시압력은 불량이고, 옥내소화전의 방수압력은 양호하다.

04 다음 중 소화기의 실습에 대한 설명으로 옳지 않은 것은?
① 손잡이를 잡은 상태에서 소화기를 든다.
② 바람이 불어오는 방향으로 서서 화점부근으로 접근한다.
③ 안전핀을 뽑고 노즐이 화점을 향하게 한다.
④ 손잡이를 강하게 누른다.

해설 바람을 등지고 화점부근으로 접근한다.

05 피토게이지로 방수압력 점검 시 틀린 것은?
① 직사형 관창을 이용하여 측정한다.
② D/2에 접근하여 점검한다.
③ 분무주수로 점검한다.
④ 이물질 제거 후 점검한다.

해설 분무주수가 아니라 봉상주수 형태로 점검한다.

06

다음 중 옥내소화전 방수압력 및 방수량 측정에 대한 설명으로 옳지 않은 것은?

① 방수압력과 방수량의 측정은 어느 층에 있어서도 2개 이상 설치된 경우에는 2개(설치개수가 1개인 경우에는 1개)를 동시에 개방시켜 놓고 측정해야 한다.
② 반드시 직사형 관창을 이용하여 측정하여야 한다.
③ 초기 방수 시 물 속에 존재하는 이물질이나 공기 등이 완전히 배출된 후에 측정하여야 한다.
④ 방수압력측정계는 봉상주수상태에서 수평으로 측정하여야 한다.

해설 방수압력측정계는 봉상주수상태에서 직각으로 측정하여야 한다.

07

옥내소화전설비 점검 중 피토게이지로 방수압력을 측정한 결과 아래 〈그림〉과 같을 때 옳게 판단한 것은?

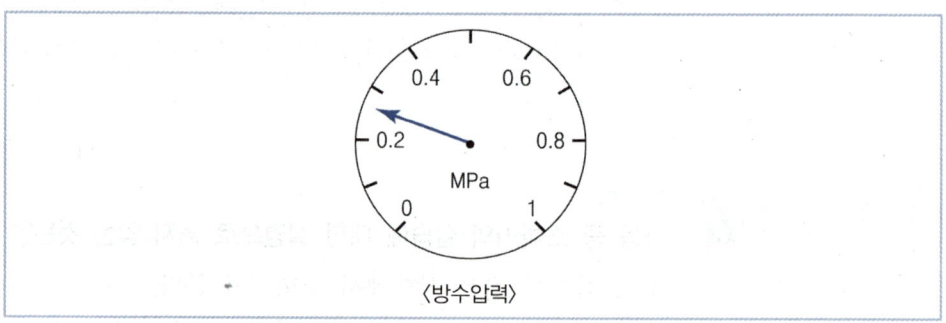

〈방수압력〉

① 0.17MPa보다 낮아서 불합격이다.
② 0.17~0.7MPa 범위 안에 들어서 합격이다.
③ 0.7~0.98MPa 범위 안에 들지 않아서 불합격이다.
④ 0.17~0.98MPa 범위 안에 들어서 합격이다.

해설 옥내소화전설비의 방수압력은 0.17MPa 이상 0.7MPa 이하에 있어야 하므로 〈그림〉의 옥내소화전설비의 방수압력은 합격이다.

08 분말소화기의 지시압력과 옥내소화전설비의 방수압력을 측정하였다. 결과가 다음과 같을 때 맞는 것은?

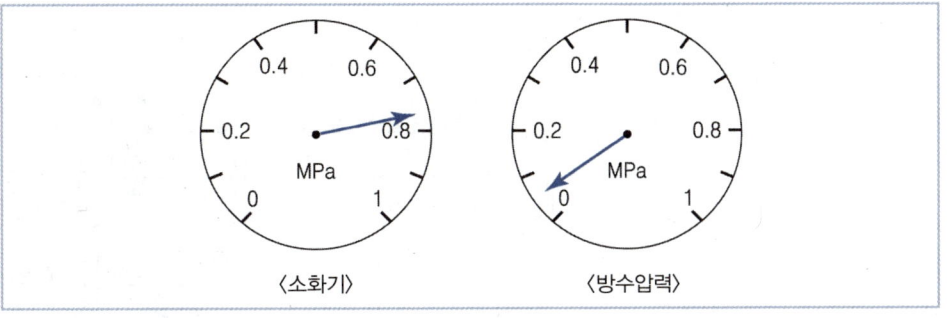
〈소화기〉 〈방수압력〉

	소화기	방수압력
①	불량	정상
②	정상	불량
③	정상	정상
④	불량	불량

[해설] 분말소화기 지시압력의 정상범위는 0.7~0.98MPa, 옥내소화전설비의 방수압력 정상범위는 0.17~0.7MPa이므로 분말소화기의 지시압력은 정상이고, 옥내소화전설비의 방수압력은 불량이다.

09 다음 〈그림〉은 순환배관 설치도이다. 이에 대한 설명 중 옳지 않은 것은?

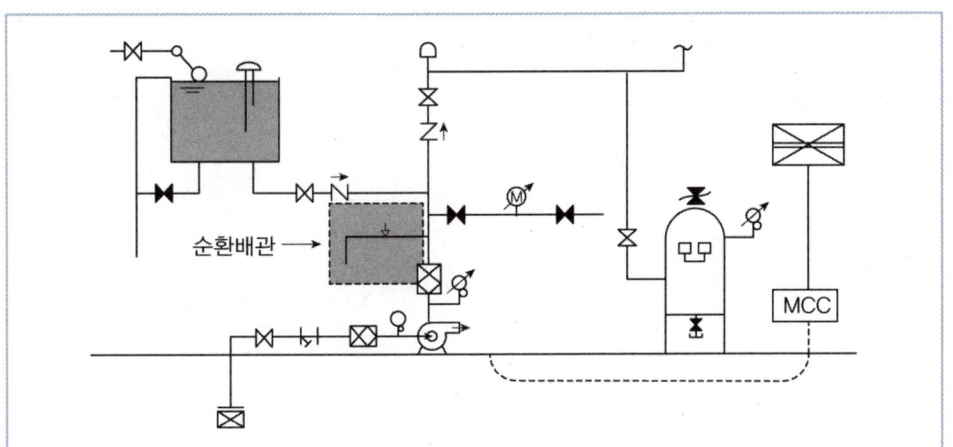

① 순환배관상의 릴리프밸브를 통해 과압을 방출한다.
② 과압을 방출하여 수온상승을 방지하기 위해 설치한다.
③ 펌프의 입출측 체크밸브 이후에서 분기시켜 설치한다.
④ 20mm 이상의 배관으로 설치한다.

[해설] 펌프의 **토출측** 체크밸브 **이전에서** 분기시켜 설치한다.

정답 08.② 09.③

10 다음 〈그림〉은 옥내소화전 방수압력 측정 방법이다. 노즐의 선단에 방수압력측정계 (피토게이지)를 거리(L)만큼 근접하여 측정하여야 한다. 이때 거리(L)는?

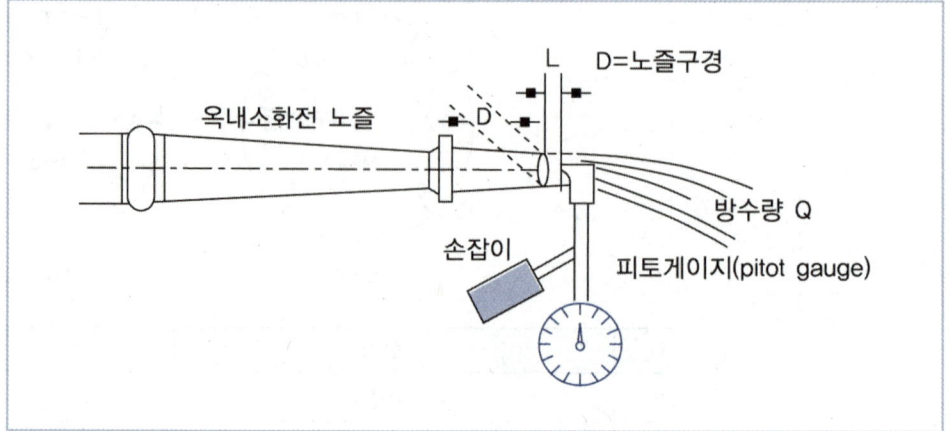

① 9.5mm ② 8.5mm
③ 7.5mm ④ 6.5mm

해설 옥내소화전설비 방수압력측정시 $L = \dfrac{D}{2}$

노즐구경 지름인 D는 옥내소화전설비의 경우 13mm, 옥외소화전설비의 경우 19mm이므로 옥내소화전설비인 위 그림의 경우 $L = \dfrac{13}{2} = 6.5\text{mm}$이다.

정답 10.④

11 다음 옥내소화전설비의 동력제어반의 상태가 아래와 같을 때 평상 시 상태로 하기 위한 조치로 옳지 않은 것은?

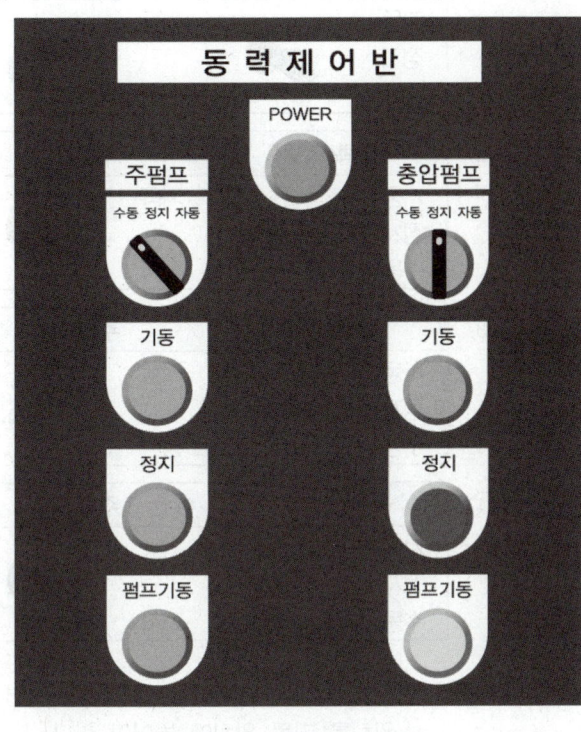

① 주펌프 정지표시등이 점등되어야 한다.
② 충압펌프를 기동해야 한다.
③ 충압펌프 작동 스위치를 자동으로 절환해야 한다.
④ 주펌프 작동 스위치를 자동으로 절환해야 한다.

해설 충압펌프 기동표시등이 소등되어야 한다.

정답 11.②

12

동력제어반의 주펌프, 충압펌프 자동/수동 선택스위치를 자동 위치에 놓았을 경우, 감시제어반에서 충압펌프를 수동으로 동작시킬 때의 〈그림〉으로 맞는 것은?

	선택스위치	주펌프	충압펌프
①	자동 / 정지 / 수동	기동 / 정지	기동 / 정지
②	자동 / 정지 / 수동	기동 / 정지	기동 / 정지
③	자동 / 정지 / 수동	기동 / 정지	기동 / 정지
④	자동 / 정지 / 수동	기동 / 정지	기동 / 정지

해설 감시제어반에서 충압펌프를 기동하려면 선택스위치를 수동으로 하고, 충압펌프의 스위치를 기동 위치에 놓아야 한다.

13

펌프성능시험 시 준비내용으로 틀린 것은?

① 제어반에서 주,충압펌프 정지
② 펌프토출측 밸브 개방
③ 설치된 펌프의 현황을 파악하여 펌프성능시험을 위한 표 작성
④ 유량계에 100%, 150% 유량 표시

해설 펌프토출측 밸브 '폐쇄'가 맞는 내용이다.

정답 12.② 13.②

14. 체절운전은 다음 〈그림〉에서 어떤 것이 체절압력 미만에서 동작하는지를 확인하는 시험인가?

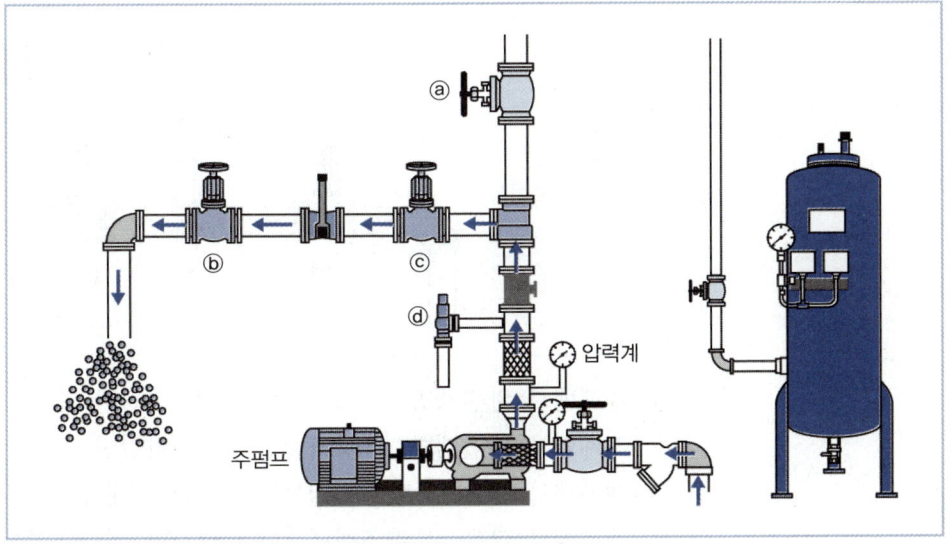

① ⓐ
② ⓑ
③ ⓒ
④ ⓓ

해설 체절운전은 펌프의 토출량을 "0"인 상태로 하여 펌프를 기동하여 체절압력을 확인하여 정격토출압력의 140% 이하인지와 체절운전시 체절압력 미만에서 릴리프밸브(ⓓ)가 동작하는지를 확인하는 시험이다.

15. 다음 중 정격부하운전 단계에 대해 순서대로 짝지은 것은?

> ㉠ 유량조절밸브를 서서히 개방하여 정격토출량일 때의 압력 측정
> ㉡ 주펌프 정지
> ㉢ 성능시험배관상의 개폐밸브 완전개방, 유량조절밸브 약간만 개방
> ㉣ 주펌프 수동기동

① ㉢ - ㉣ - ㉠ - ㉡
② ㉠ - ㉣ - ㉢ - ㉡
③ ㉢ - ㉠ - ㉣ - ㉡
④ ㉠ - ㉢ - ㉣ - ㉡

해설 정격부하운전은 성능시험배관상의 개폐밸브 완전개방, 유량조절밸브 약간만 개방(㉢) - 주펌프 수동기동(㉣) - 유량조절밸브를 서서히 개방하여 정격토출량일 때의 압력 측정(㉠) - 주펌프 정지(㉡)의 순으로 진행한다.

정답 14.④ 15.①

16 펌프성능시험 중 정격부하운전 시 맞는 것은?

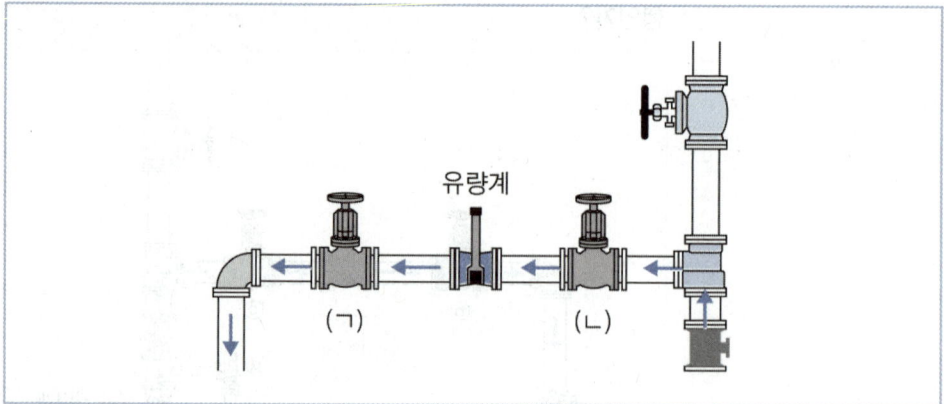

① 개폐밸브 완전개방, 유량조절밸브(ㄱ) 약간만 개방
② 개폐밸브 완전개방, 유량조절밸브(ㄴ) 약간만 개방
③ 개폐밸브 닫음, 유량조절밸브(ㄱ) 약간만 개방
④ 개폐밸브 닫음, 유량조절밸브(ㄴ) 약간만 개방

해설 (ㄱ)이 유량조절밸브이고, 정격부하운전 시 개폐밸브는 완전개방하고, 유량조절밸브를 약간만 개방한다.

정답 16.①

01 소방안전관리제도

Chapter 1 소방안전관리제도

1 소방안전관리 대상물의 구분

(1) 특급 소방안전관리 대상물
   ① 50층 이상 or 높이 200미터 이상인 아파트
   ② 30층 이상 or 높이 120미터 이상(아파트 제외)
   ③ 연면적 10만제곱미터 이상(② 및 아파트 제외)
   ※ 제외 : 동·식물원, 철강 등 불연성 물품 저장·취급 창고, 위험물 저장 처리 시설 중 제조소등, 지하구

(2) 1급 소방안전관리 대상물
   ① 30층 이상 or 높이 120미터 이상인 아파트
   ② 연면적 1만5천 제곱미터 이상, 층수가 11층 이상인 것(아파트 및 연립주택 제외)
   ③ 가연성 가스를 1천톤 이상 저장·취급하는 시설
   ※ 제외 : 동·식물원, 철강 등 불연성 물품 저장·취급 창고, 위험물 저장 처리 시설 중 제조소등, 지하구

(3) 2급 소방안전관리 대상물
   ① 옥내소화전설비, 스프링클러설비, 물분무등소화설비를 설치하는 특정소방대상물
   ② 가연성가스 100톤 이상 1,000톤 미만 저장·취급하는 시설
   ③ 지하구
   ④ 옥내소화전설비 또는 스프링클러설비가 설치된 공동주택
   ⑤ 보물 or 국보로 지정된 목조건축물

(4) 3급 소방안전관리 대상물
   간이스프링클러설비 또는 자동화재탐지설비를 설치하는 특정소방대상물
   (특급·1급·2급 대상물 제외)

시험 직전 꼭! 합격을 좌우하는 알짜 꿀 Tip

(5) 소방안전관리보조자 대상물
   ① 300세대 이상 아파트
   ② 연면적 15,000m² 이상(아파트 및 연립주택 제외)
   ③ ①, ② 제외한 공동주택 중 기숙사, 의료시설, 노유자시설, 수련시설 및 숙박시설(바닥면적 1,500m² 미만 and 24시간 상시 근무 제외)
   ※ 동일 구역(같은 필지) 내 2개 이상의 소방안전관리 대상물이 있는 경우 높은 급수에 따름.

▶ 소방안전관리보조자 최소 선임기준

대상	기본 선임	추가 선임
300세대 아파트	1명	초과 300세대마다 1명
연면적 1만5천m² 이상 특정소방대상물	1명	연면적 1만5천m²마다 1명
		방재실에 자위소방대 24시간 상시근무 and 소방펌프차, 소방물탱크차, 소방화학차, 무인방수차 운용 3만m²마다 1명 추가 선임
공동주택(기숙사), 의료시설, 노유자시설, 수련시설 및 숙박시설	1명	

2 소방안전관리자의 선임자격

구분	선임자격	자격시험 응시자격
특급	① 소방기술사, 소방시설관리사 ② 소방설비기사 자격 취득 후 **5년** 이상 1급 실무경력 ③ 소방설비**산**업기사 자격 취득 후 **7년** 이상 1급 실무경력 (5년＋2글자 ＝ 7년) ④ 소방공무원으로 **20년** 이상 근무경력 ⑤ 특급 시험 합격자	① 1급 5년 이상 실무경력 ② 1급 선임자격 갖춘 후 특급·1급 보조로 7년 이상 실무경력 ③ 소방공무원 10년 이상 근무경력 ④ 특급 보조자로 10년 이상 실무경력
1급	① 소방설비기사, 소방설비산업기사 ② 소방공무원으로 **7년** 이상 근무경력 ③ 1급 시험 합격자	① 5년 이상 2급 이상 실무경력 ② 2급 선임자격 취득 후 특급·1급 보조로 5년 이상 실무경력 ③ 2급 선임자격 취득 후 2급 보조자로 7년 이상 실무경력 ④ 산업안전(산업)기사 자격 취득 후 2년 이상 2·3급 실무경력
2급	① **위험물**기능장, 위험물산업기사, 위험물기능사 ② 소방공무원으로 **3년** 이상 근무경력 ③ 2급 시험 합격자	① 소방본부 또는 소방서에서 1년 이상 화재진압 또는 보조 업무 종사경력 ② 의용소방대원 3년 이상 근무경력 ③ 군부대 및 의무소방대 1년 이상 근무경력 ④ 자체소방대 3년 이상 근무경력 ⑤ 경호공무원 또는 별정직공무원으로 2년 이상 안전검측 업무 근무경력 ⑥ 경찰공무원 3년 이상 근무경력 ⑦ 보조자로 3년 이상 실무경력 ⑧ 3급 안전관리자로 2년 이상 실무경력 ⑨ 건축·산업·기계·전기 등 기사 자격자
3급	① 소방공무원으로 **1년** 이상 근무경력 ② 3급 시험 합격자	① 의용소방대원 2년 이상 근무경력 ② 자체소방대원 1년 이상 근무경력 ③ 경호공무원 또는 별정직공무원으로 1년 이상 안전검측 업무 근무경력 ④ 경찰공무원으로 2년 이상 근무경력 ⑤ 보조자로 2년 이상 실무경력

02 소방관계법령

Chapter 1   **소방기본법** : 공공의 안녕, 질서 유지, 복리증진

1 총칙

(1) 소방대상물 : 건축물, 차량, <u>항구에 매어둔 선박</u>, 선박건조구조물, 산림…
                       ↳ 항해 중인 선박×

(2) 관계인 : 소유자·관리자, <u>점유자</u>
                   ↳ 시공자×

(3) 소방대 : 소방공무원, 의무소방원, 의용소방대원

(4) 소방대장 : 현장에서 소방대를 지휘하는 자(소방본부장 또는 소방서장)

2 한국소방안전원

(1) 설립 목적 : <u>소방기술과 안전관리기술의 향상</u>
              ↳ 검사기관×

(2) 업무
   ① **소방기술과 안전관리에 관한** 교육 및 **조사**·연구
   ② 소방기술과 안전관리에 관한 각종 간행물 발간
   ③ 화재예방과 안전관리의식 고취를 위한 대국민 홍보
   ④ **소방업무에 관하여 행정기관이 위탁하는 업무**
   ⑤ 소방안전에 관한 국제협력
   ⑥ 그 밖에 회원에 대한 기술지원 등 정관이 정하는 사항

3 벌칙

5년 이하 징역 or 5천만원 이하 벌금	① 화재진압·인명구조 또는 구급활동 방해 ② 소방대 출동 방해·활동 방해·장비 훼손 ③ 소방차출동 방해 ④ 구출·소화활동 방해 ⑤ 소방용수 정당한 사유 없이 사용, 효용 침해 및 사용 방해
3년 이하 징역 or 3천만원 이하 벌금	소방대상물 및 토지 강제처분 방해 or 강제처분 불이행
100만원 이하의 벌금	① 소방대의 생활안전활동 방해 ② 소방대 도착 전 구호·소화·불 확산 방지 의무 위반 ③ 피난명령위반 ④ 물 사용 방해, 수도 개폐장치 사용 or 조작 방해 ⑤ 긴급조치 방해

(1) 500만원 이하의 과태료

화재 또는 구조·구급이 필요한 상황을 거짓으로 알린 사람

(2) 200만원 이하의 과태료

① 소방자동차의 출동에 지장을 준 자
② 소방활동구역을 출입한 사람
③ 한국소방안전원 또는 이와 유사한 명칭을 사용한 자

(3) 100만원 이하의 과태료

소방자동차 전용구역에 주차하거나 전용구역에의 진입을 가로막는 등의 방해행위를 한 자

(4) 20만원 이하의 과태료

아래의 지역 또는 장소에서 화재로 오인할 만한 우려가 있는 불을 피우거나 연막소독을 실시하고자 하는 자가 신고를 하지 아니하여 소방자동차를 출동하게 한 자
① 시장지역
② 공장·창고 밀집지역
③ 목조건물 밀집지역
④ 위험물의 저장 및 처리시설 밀집지역
⑤ 석유화학 제품을 생산하는 공장지역
⑥ 그 밖에 시·도 조례로 정하는 지역 또는 장소

시험 직전 꼭! 합격을 좌우하는 알짜 꿀 Tip

Chapter 2 화재예방의 예방 및 안전관리에 관한 법률

1 화재 예방조치

(1) 화재예방강화지구
① 시장지역
② 공장·창고가 밀집한 지역
③ 목조건물이 밀집한 지역
④ 노후·불량건축물이 밀집한 지역
⑤ 위험물 저장 및 처리시설 밀집지역
⑥ 석유화학제품을 생산하는 공장이 있는 지역
⑦ 산업단지
⑧ 소방시설, 소방용수시설, 소방출동로가 없는 지역
⑨ 소방관서장이 지정한 지역

2 소방안전관리자의 업무 내용

① 피난계획에 관한 사항과 소방계획서의 작성 및 시행 ┐
② 자위소방대 및 초기대응체계의 구성·운영·교육 ┤
③ 피난시설, 방화구획 및 방화시설의 유지·관리(대행) │
④ 소방훈련 및 교육(연 1회 이상) ┤ 관계인은
⑤ 소방시설이나 그 밖의 소방관련 시설의 관리(대행) │ 못함
⑥ 화기취급의 감독
⑦ 소방안전관리에 관한 업무수행에 관한 기록·유지 ┘
⑧ 화재발생 시 초기대응
⑨ 소방안전관리에 필요한 업무

3 소방안전관리자의 선임 및 신고(위험물안전관리자도 동일)

(1) 선임기간 : 30일 이내
(2) 신고기간 : 소방서장에게 14일 이내

4 실무교육

소방안전관리자	소방안전관리보조자		
선임된 날부터 **6개월** 이내	① 선임된 날부터 **6개월** 이내 ② **경력**으로 **선임**된 보조자 **3개월** 이내	그 이후 ⇨	**2년** 마다
강습교육 or 실무교육 받은 후 **1년 이내 선임**된 경우 → 강습·실무교육 **수료·이수한 날** 실무교육 이수로 인정			

5 벌칙

1년 이하 징역 또는 1천만원 이하 벌금	소방안전관리자 자격증을 다른 사람에 빌려주거나 빌리거나 이를 알선한 자
300만원 이하 벌금	① 소방안전관리자, 총괄소방안전관리자, 소방안전관리보조자를 선임하지 아니한 자 ② 소방시설·피난시설·방화시설 및 방화구획 등이 법령에 위반된 것을 발견하였음에도 필요한 조치를 할 것을 요구하지 아니한 소방안전관리자 ③ 소방안전관리자에게 불이익한 처우를 한 관계인
300만원 이하 과태료	① 소방안전관리업무를 하지 아니한 특정소방대상물의 관계인 또는 소방안전관리대상물의 소방안전관리자 ② 피난유도 안내정보를 제공하지 아니한 자 ③ 소방훈련 및 교육을 하지 아니한 자
200만원 이하 과태료	기간 내에 선임신고를 하지 아니하거나 소방안전관리자의 성명 등을 게시하지 아니한 자
100만원 이하 과태료	실무교육을 받지 아니한 소방안전관리자 및 소방안전관리보조자

시험 직전 꼭! 합격을 좌우하는 알짜 꿀 Tip

Chapter 3 소방시설의 설치 및 관리에 관한 법률

1 총칙

(1) 무창층
지상층 중 개구부(환기, 통풍, 출입을 위해 만든 창)의 면적의 합계가 해당 층의 바닥면적의 1/30 이하가 되는 층

▶ 개구부 요건

> ① 크기는 지름 **50cm** 이상
> ② 높이가 **1.2m** 이내일 것
> ③ 차량이 진입할 수 있는 빈터를 향할 것
> ④ 장애물이 설치되지 아니할 것
> ⑤ 내부 또는 외부에서 쉽게 열 수 있을 것

(2) 피난층 : 곧바로 지상으로 갈 수 있는 출입구가 있는 층(지하층이라도 피난층이 될 수 있음)

2 건축허가등의 동의 등

(1) 건축허가등의 동의

동의대상	신축·증축·개축·재축·이전·용도변경 또는 대수선의 허가·협의 및 사용승인의 신청 건축물
동의권자	시공지 또는 소재지 관할 소방본부장 또는 소방서장
동의요구자	건축허가등의 권한이 있는 행정기관 ① 건축물, 위험물제조소등 : 건축 허가청 ② 가스시설 : 가스관련 허가권을 가진 행정기관 ③ 지하구 : 도시·군 계획시설사업 실시계획인가의 권한이 있는 행정기관
동의절차	① **5일(특급 10일)** 이내 동의여부 회신 ② **보완** 필요 **4일** 이내 기간 정해서 보완요구 가능 ③ 허가기관에서 **취소 시 7일** 이내 소방본부장 또는 소방서장에게 통보

(2) 건축허가등의 동의 대상물 범위

구 분		연면적 / 층수 / 대수 / 저장용량
㉠ 일반 건축물		400m²
		6층 이상
㉡ **학교**시설		100m²
㉢ **노유자**시설 및 **수련**시설		200m²
㉣ **정신의료**기관(입원실 없는 정신건강의학과 의원 제외)		300m²
㉤ **장애인** 의료재활시설		
㉥ **차고·주차장**	건축물이나 주차시설 바닥면적	200m²
	승강기 등 기계장치에 의한 주차시설	자동차 20대 이상
㉦ **지하층** 또는 **무창층**이 있는 건축물	바닥면적	150m²
	공연장	100m²
㉧ **항공기**격납고, 관망탑, 항공관제탑, 방송용 송·수신탑		면적 층수 제한 없음
㉨ 공동주택, 입원실 또는 인공신장실이 있는 의원, 조산원, 산후조리원, 숙박시설, **위험물** 저장 및 처리 시설, 풍력발전소, 전기저장시설, **지하구**		
㉩ **요양**병원(의료재활시설 제외)		
㉢에 해당되지 않는 노유자시설	노인 관련시설, 아동복지시설, 장애인 거주시설, 정신질환자 관련시설	
	노숙인 관련시설 중 노숙인자활시설, 노숙인 재활시설 및 노숙인요양시설	
	결핵환자나 한센인이 **24시간** 생활하는 노유자시설	
㉪ 공장 또는 창고시설로서 저장·취급하는 특수가연물		750배 이상
㉫ 가스시설로서 지상에 노출된 탱크의 저장용량의 합계		100톤 이상

(3) 동의대상 제외
① 소화기구, 자동소화장치, 누전경보기, 단독경보형감지기, 가스누설경보기, 피난구조설비(비상조명등 제외)가 화재안전기준에 적합한 경우
② 추가로 소방시설이 설치되지 않는 경우
③ 소방시설공사의 착공신고 대상에 해당하지 않는 경우

시험 직전 꼭! 합격을 좌우하는 알짜 꿀 Tip

3 방염

(1) 개요 : 연소 확대의 우려가 높은 다중이용시설이나 고층건물에 대하여 법령이 정하는 물품을 방염처리 하도록 의무를 부여함 → 연소확대 방지, 지연

(2) 방염성능기준 이상의 실내장식물 등을 설치하여야 할 장소
   ① 근린생활시설 중 의원, 치과의원, 한의원, 조산원, 산후조리원, 체력단련장, 공연장 및 종교집회장
   ② 건축물의 옥내에 있는 시설로 문화 및 집회시설, 종교시설, 운동시설(수영장 제외)
   ③ 의료시설, 숙박시설, 방송통신시설 중 방송국 및 촬영소
   ④ 노유자시설 및 숙박이 가능한 수련시설
   ⑤ 다중이용업소
   ⑥ 건축물의 층수가 11층 이상인 것(아파트 제외)
   ⑦ 교육연구시설 중 합숙소

(3) 방염대상 물품
   ① 창문에 설치하는 커튼류(블라인드 포함)
   ② 카펫, 벽지류(두께가 2mm 미만인 종이벽지 제외)
   ③ 전시용 합판·목재 또는 섬유판, 무대용 합판·목재 또는 섬유판
   ④ 암막·무대막(영화상영관에 설치하는 스크린과 가상체험 체육시설업에 설치하는 스크린 포함)
   ⑤ 섬유류 또는 합성수지류 등을 원료로 하여 제작된 소파·의자(단란주점, 유흥주점, 노래연습장에 한함)
   ⑥ 건축물 내부의 천장이나 벽에 부착되거나 설치하는 종이류(두께 2mm 이상), 합성수지류, 섬유류, 합판이나 목재, 공간을 구획하기 위하여 설치하는 간이칸막이, 흡음재, 방음재

   ▶ 권장물품
   > 다중이용업소·의료시설·노유자시설·숙박시설 또는 장례식장에서 사용하는 침구류·소파 및 의자에 대하여 방염처리가 필요하다고 인정되는 경우

(4) ┌ 선처리물품(한국소방산업기술원) : 커튼, 카펫 등 섬유류, 합판·목재류
    └ 현장처리물품[시·도지사(소방서장)] : 합판·목재류

4 소방시설의 자체점검

(1) 점검대상 및 기술인력

점검구분	점검대상	점검기술인력
작동점검	① 간이스프링클러설비 or 자동화재탐지설비 설치된 경우	**관계인**, 소방시설관리사, 특급점검자, 소방기술사
	①을 제외한 경우	소방시설관리사, 소방기술사
작동점검 제외	① 소방안전관리자를 선임하지 않는 대상 ② **위험물**제조소등 ③ **특급** 소방안전관리대상물	
종합점검	① 스프링클러설비가 설치된 경우 ② **물분무**소화설비가 설치된 5,000㎡ 이상인 경우 ③ **다중**이용업의 영업장이 설치된 2,000㎡ 이상인 경우 ④ **제연설비가 설치된 터널**	소방시설관리사, 소방기술사

(2) 자체점검 결과의 조치 등

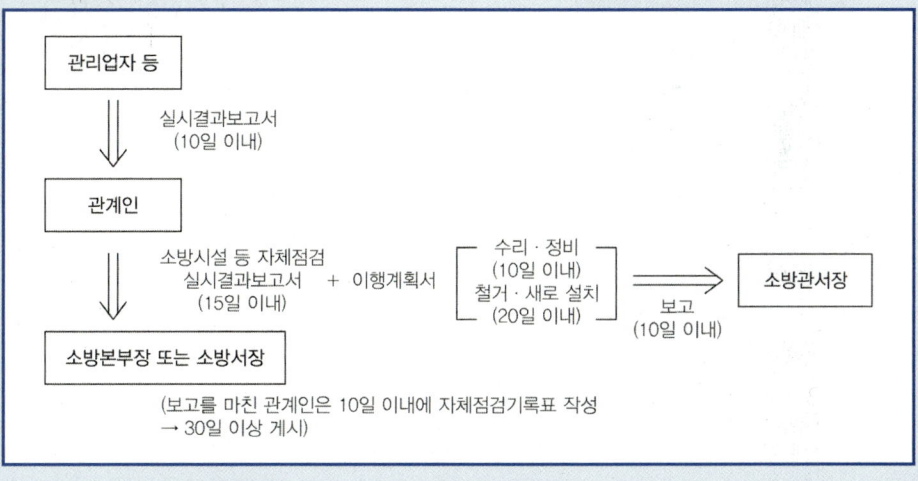

시험 직전 꼭! 합격을 좌우하는 알짜 꿀 Tip

5 벌칙

5년 이하 징역 또는 5천만원 이하 벌금	소방시설에 폐쇄·차단 등의 행위를 한 자
3년 이하 징역 또는 3천만원 이하 벌금	① 소방시설이 화재안전기준에 따라 설치·관리되고 있지 아니할 때 관계인에게 필요한 조치명령을 정당한 사유 없이 위반한 자 ② 피난시설, 방화구획 및 방화시설의 관리를 위하여 필요한 조치 명령을 정당한 사유 없이 위반한 자 ③ 소방시설 자체점검 결과에 따른 이행계획을 완료하지 않아 필요한 조치의 이행 명령을 하였으나, 명령을 정당한 사유 없이 위반한 자
★ 1년 이하 징역 또는 1천만원 이하 벌금	소방시설등에 대하여 스스로 점검을 하지 아니하거나 관리업자 등으로 하여금 정기적으로 점검하게 하지 아니한 자
300만원 이하 벌금	자체점검 결과 소화펌프 고장 등 중대위반사항이 발견된 경우 필요한 조치를 하지 않은 관계인 또는 관계인에게 중대위반사항을 알리지 아니한 관리업자 등
300만원 이하 과태료	① 소방시설을 화재안전기준에 따라 설치·관리하지 아니한 자 ② 공사현장에 임시소방시설을 설치·관리하지 아니한 자 ③ **피난시설, 방화구획 또는 방화시설을 폐쇄·훼손·변경 등의 행위를 한 자** ★ 1차 - 100만원, 2차 - 200만원, 3차 - 300만원 ④ 관계인에게 점검 결과를 제출하지 아니한 관리업자등 ⑤ 점검결과를 보고하지 아니하거나 거짓으로 보고한 관계인 ⑥ 자체점검 이행계획을 기간 내에 완료하지 아니한 자 또는 이행계획 완료 결과를 보고하지 아니하거나 거짓으로 보고한 관계인 ⑦ 점검기록표를 기록하지 아니하거나 특정소방대상물의 출입자가 쉽게 볼 수 있는 장소에 게시하지 아니한 관계인

Chapter 4 다중이용업소의 안전관리에 관한 특별법

1 용어의 정의

(1) 다중이용업

휴게음식점영업 제과점영업	공유주방 운영×	• 지하층 : 66m² 이상 • 지상층 : 100m² 이상	단, 주 출입구가 1층 또는 지상과 직접 접하는 층에 설치되고 영업장의 주된 출입구가 건축물 외부의 지면과 직접 연결된 경우 제외
일반음식점영업	공유주방 운영○	• 지하층 : 66m² 이상 • 지상층 : 100m² 이상	
학원	• 수용인원 300명 이상인 것 • 수용인원 100명 이상 300명 미만인 것 중 아래의 것(단, 방화구획으로 나누어진 경우 제외) ① 하나의 건축물에 기숙사가 함께 있는 경우 ② 하나의 건축물에 학원이 2 이상 있는 경우로서 학원의 수용인원이 300명 이상인 학원 ③ 하나의 건축물에 다중이용업과 학원이 함께 있는 경우		
목욕장업	• 일반목욕장업 : 층별, 면적 구분 없이 수용인원 100명 이상(찜질방 형태의 시설을 갖춘 부분만 산정) • 찜질방 형태의 목욕장업 : 층별, 면적 구분 없이 적용		
층별, 면적 구분 없이 적용되는 것	• **단란주점영업**, 유흥주점영업 • 영화상영관, 비디오물감상실업, 비디오물소극장업, 복합영상물제공업 • 게임제공업, 인터넷컴퓨터게임시설제공업, 복합유통게임제공업 • 권총사격장, 가상체험 체육시설업, 안마시술소, **노래연습장업, 산후조리업** • 고시원업, 전화방업, 화상대화방업, 수면방업, 콜라텍업, 방탈출카페업 • 키즈카페업, 만화카페업		

시험 직전 꼭! 합격을 좌우하는 알짜 꿀 Tip

(2) 안전시설등

소방시설	소화설비	소화기 또는 자동확산소화기, 간이스프링클러설비(캐비닛형 간이스프링클러설비 포함)
	경보설비	비상벨설비 또는 자동화재탐지설비, 가스누설경보기
	피난구조설비	피난기구(미끄럼대·피난사다리·구조대·완강기·다수인 피난장비·승강식피난기), 피난유도선, 유도등, 유도표지 또는 비상조명등, 휴대용비상조명등
비상구		
영업장 내부 피난통로		
그 밖의 안전시설	영상음향차단장치, 누전차단기, 창문	

2 소방안전교육

교육실시권자		소방청장·소방본부장 또는 소방서장	
교육대상자		다중이용업주, 종업원, 다중이용업을 하려는 자	
소방안전교육의 횟수 및 시기	신규 교육	다중이용업을 하려는 자	다중이용업을 시작하기 전
		종업원	다중이용업에 종사하기 전
	수시 교육	위반행위가 적발된 날부터 **3개월** 이내	
	보수 교육	신규교육 또는 직전의 보수교육을 받은 날이 속하는 달의 마지막 날부터 **2년** 이내 **1회** 이상	

Chapter 5 초고층 및 지하연계 복합건축물 재난관리에 관한 특별법

1 용어의 정의

초고층 건축물	층수가 **50층 이상** or **높이가 200m 이상** 건축물
지하연계 복합건축물	①+② 요건을 모두 갖춘 것일 것 ① 층수가 **11층 이상** or 수용인원이 **5천명 이상**인 건축물 ② 건축물 안에 문화 및 집회시설, 판매시설, 운수시설, 업무시설, 숙박시설, 위락시설 중 테마파크업의 시설 또는 종합병원과 요양병원이 하나 이상 있는 건축물
관계지역	재난의 예방·대비·대응 및 수습 등의 활동에 필요한 지역으로 대통령령으로 정하는 지역
일반건축물등	관계지역 안에서 초고층 건축물등을 제외한 건축물 또는 시설물
관리주체	소유자 또는 관리자(계약에 따라 관리책임을 진 자를 포함)
관계인	소유자·관리자 또는 점유자
총괄재난관리자	초고층 건축물등의 재난 및 안전관리 업무를 총괄하는 자

2 피난안전구역

초고층 건축물	지상층으로부터 **30개 층마다** 1개소 이상 설치
30층 이상 49층 이하 지하연계복합건축물	해당 건축물 전체 층수의 **2분의 1**에 해당하는 층으로부터 상하 **5개층 이내에 1개소 이상** 설치
16층 이상 29층 이하 지하연계복합건축물	지상층별 거주밀도 ㎡당 1.5명을 초과하는 층은 해당 층의 사용형태별 면적의 합의 10분의 1에 해당하는 면적을 피난안전구역으로 설치
초고층 건축물등의 지하층이 문화 및 집회시설, 판매시설 등의 용도로 사용되는 경우	해당 지하층 피난안전구역 면적 산정기준에 따라 **피난안전구역**을 설치할 것

시험 직전 꼭! 합격을 좌우하는 알짜 꿀 Tip

3 총괄재난관리자

(1) 지정 및 등록 : 사용승인 또는 사용검사 등을 받은 날부터 30일 이내 지정, 지정한 날부터 14일 이내 지정 등록 신청

(2) 교육 : 지정된 날부터 6개월 이내, 2년마다 1회 이상 보수교육

Chapter 6 재난 및 안전관리 기본법

1 용어의 정의

재난	자연재난	태풍, 홍수, 조류(藻類) 대발생, 조수, 화산활동, 자연우주물체의 추락·충돌 등으로 발생하는 재해
	사회재난	화재·붕괴·폭발·교통사고, 환경오염사고, 감염병 또는 가축전염병의 확산, 인공우주물체의 추락·충돌 등으로 인한 피해
재난관리		재난의 예방·대비·대응 및 복구를 위하여 하는 모든 활동
안전관리		재난이나 각종 사고로부터 사람의 생명·신체 및 재산의 안전을 확보하기 위한 모든 활동
재난관리책임기관		중앙행정기관 및 지방자치단체, 지방행정기관·공공기관·공공단체 및 재난관리의 대상이 되는 중요시설의 관리기관
재난관리주관기관		재난이나 사고유형별로 예방·대비·대응 및 복구 등의 업무를 주관하도록 대통령령으로 정하는 관계 중앙행정기관
긴급구조		국민의 생명·신체 및 재산을 보호하기 위하여 긴급구조기관과 긴급구조지원기관이 하는 인명구조, 응급처치 및 그 밖에 필요한 모든 긴급한 조치
긴급구조기관		소방청, 소방본부 및 소방서

Chapter 7 ▶ 위험물안전관리법

1 위험물 개요

(1) 위험물 제조소등의 구분

제조소	1일 지정수량 이상의 위험물을 제조하기 위한 일련의 시설을 갖춘 곳
저장소	① 옥내저장소, 옥외저장소 ② 옥내/옥외탱크저장소 ④ 지하/이동/간이/암반탱크저장소
취급소	① 주유취급소 ② 판매취급소 : 판매하기 위하여 지정수량 40배 이하의 위험물을 취급하는 장소 ③ 이송취급소 ④ 일반취급소

(2) 위험물의 저장·취급

지정수량 이상	제조소등에서 저장·취급	
지정수량 미만	시·도의 조례	
임시저장	① 관할소방서장의 승인을 받아 **90일** 이내의 기간 동안 ② 군부대	
중요기준 및 세부기준 준수	중요기준(화재 등 위해의 예방과 응급조치에 큰 영향을 미치거나 직접적으로 화재를 일으킬 가능성이 大)	1,500만원 이하 벌금
	세부기준(화재 등 위해의 예방과 응급조치에 중요기준보다 상대적으로 적은 영향을 미치거나 간접적으로 화재를 일으킬 수 있는 기준)	500만원 이하 과태료

2 위험물안전관리자

(1) 선임 및 신고 : 해임하거나 퇴직한 때부터 30일 이내 지정, 선임한 날부터 14일 이내 신고
(2) 1인의 위험물안전관리자를 중복 선임할 수 있는 경우
　① 보일러·버너 또는 이와 비슷한 것으로서 위험물을 소비하는 장치로 이루어진 **7개** 이하의 일반취급소와 그 일반취급소에 공급하기 위한 위험물을 저장하는 저장소(일반취급소 및 저장소가 모두 동일구내 있는 경우)를 동일인이 설치한 경우
　② 위험물을 차량에 고정하는 탱크 또는 운반용기에 옮겨 담기 위한 **5개** 이하의 일반취급소(일반취급소 간 보행거리 **300m 이내**인 경우에 한함)와 그 일반취급소에 공급하기 위한 위험물을 저장하는 저장소를 동일인이 설치한 경우
　③ 동일구내에 있거나 상호 보행거리가 **100m 이내**의 거리에 있는 저장소로서 저장소와 저장소의 규모, 저장하는 위험물의 종류 등을 고려하여 다음에 해당하는 저장소를 동일인이 설치한 경우
　　㉠ **10개** 이하의 옥내/옥외 저장소
　　㉡ **30개** 이하의 옥외탱크저장소
　　㉢ 옥내/지하/간이 탱크저장소
　　㉣ **10개** 이하의 암반탱크저장소
　④ 다음 기준에 모두 적합한 **5개** 이하의 제조소등을 동일인이 설치한 경우
　　㉠ 각 제조소등이 동일구 내에 있거나 상호 보행거리 **100m 이내**의 거리에 있을 것
　　㉡ 각 제조소등에서 저장 또는 취급하는 위험물의 최대수량이 지정수량의 **3,000배** 미만일 것. 다만, 저장소의 경우에는 그러하지 않다.
(3) 중복 선임할 경우 대리자의 자격이 있는 자를 지정하여 보조해야 하는 제조소등
　제조소, 이송취급소, 일반취급소(인화점 38℃ 이상인 제4류 위험물만 지정수량의 30배 이하로 취급하는 일반취급소로서 보일러·버너 또는 이와 비슷한 것으로 위험물을 소비하는 장치로 이루어진 일반취급소, 위험물을 용기에 옮겨 담거나 차량에 고정된 탱크에 주입하는 일반취급소는 제외)

시험 직전 꼭! 합격을 좌우하는 알짜 꿀 Tip

3 위험물시설의 설치 및 변경

(1) 설치 및 변경 허가 등 : 시·도지사(소방서장)
(2) 설치허가 제외대상
　① 주택의 난방시설(공동주택 중앙난방시설 제외)을 위한 저장소 또는 취급소
　② 농예용, 축산용 또는 수산용으로 필요한 난방시설 또는 건조시설을 위한 지정수량 **20배 이하**의 저장소
(3) ┌ 승계신고 : 30일 이내
　　└ 용도폐지 신고 : 14일 이내

4 위험물 제조소등의 점검제도

정기점검 대상	① 지정수량 **10배** 이상 취급하는 제조소 / 일반취급소 ② 지정수량 **100배** 이상 저장하는 **옥외**저장소 ③ 지정수량 **150배** 이상 저장하는 **옥내**저장소 ④ 지정수량 **200배** 이상 저장하는 **옥외탱크**저장소 ⑤ 이송취급소, 암반/지하/이동 탱크저장소 ⑥ 위험물을 취급하는 탱크로서 지하에 매설된 탱크가 있는 제조소·주유취급소 또는 일반취급소
정기점검 실시자	① 제조소등의 안전관리자 ② 위험물운송자(이동탱크저장소에 한함) ③ 안전관리대행기관 또는 탱크시험자(점검 의뢰)
정기점검 대상범위	① 일반점검 : 안전관리자 / 점검기록 3년 보존 / 연 1회 이상 ② 구조안전점검 : 50만 리터 이상의 특정·준특정 옥외탱크저장소 / 점검기록 25년 보존

5 벌칙

(1) 벌금

1년 이상 10년 이하 징역	제조소등 또는 허가 받지 않고 위험물을 저장 또는 취급하는 장소에서 위험물을 유출·방출 또는 확산시켜 사람의 생명·신체 또는 재산에 위험을 발생시킨 자
7년 이하 금고 또는 7천만원 이하 벌금	**업무상 과실로** 제조소등 또는 허가 받지 않고 위험물을 저장 또는 취급하는 장소에서 위험물을 유출·방출 또는 확산시켜 사람의 생명·신체 또는 재산에 위험을 발생시킨 자
5년 이하 징역 또는 1억원 이하 벌금	제조소등의 설치허가를 받지 아니하고 제조소등을 설치한 자
3년 이하 징역 또는 3천만원 이하 벌금	저장소 또는 제조소등이 아닌 장소에서 지정수량 이상의 위험물을 저장 또는 취급한 자
1년 이하 징역 또는 1천만원 이하 벌금	• 탱크시험자로 등록하지 않고 탱크시험자의 업무를 한 자 • 정기점검을 하지 않거나 점검기록을 허위로 작성한 관계인으로서 규정에 따른 허가를 받은 자 • 정기검사를 받지 않은 관계인으로서 규정에 따른 허가를 받은 자 • 자체소방대를 두지 않은 관계인으로서 규정에 따른 허가를 받은 자 • 보고 또는 자료제출을 하지 않거나 허위로 보고 또는 자료제출을 한 자 또는 관계 공무원의 출입·검사 또는 수거를 거부·방해 또는 기피한 자 • 제조소등에 대한 긴급 사용정지·제한명령을 위반한 자
1천500만원 이하 벌금	• 위험물의 **저장 또는 취급**에 관한 **중요기준**을 따르지 않은 자 • 변경허가를 받지 않고 제조소등을 변경한 자 • 제조소등의 완공검사를 받지 않고 위험물을 저장·취급한 자 • 제조소등의 사용정지명령을 위반한 자 • 안전관리자를 선임하지 않은 관계인으로서 규정에 따른 허가를 받은 자 • 업무정지명령을 위반한 자
1천만원 이하 벌금	• 위험물의 취급에 관한 안전관리와 감독을 하지 않은 자 • 안전관리자 또는 그 대리자가 참여하지 않은 상태에서 위험물을 취급한 자 • 위험물의 **운반**에 관한 **중요기준**에 따르지 않은 자

(2) 과태료 : 500만원 이하
　① 위험물의 저장 또는 취급에 관한 세부기준을 위반한 자
　② 정기점검 결과를 점검한 날부터 30일 이내에 점검결과를 제출하지 아니한 자
　③ 위험물의 운반에 관한 세부기준을 위반한 자

03 건축관계법령

Chapter 1 건축관계법령

1 총칙

(1) 방화구획 : 건축물 내부를 방화벽으로 구획 ⇨ 확산방지, 소화 작업 및 피난시간 확보
(2) 지하층 : 바닥으로부터 지표면까지의 평균높이가 해당 층 높이의 1/2 이상인 것
(3) 거실 : 거주, 집무, 작업, 집회, 오락 등의 목적으로 사용되는 방
(4) 건축

신축	건축물이 없는 대지에 새로이 건축물을 축조하는 것
증축	기존 건축물이 있는 대지 안에서 건축물의 건축면적·연면적·층수 또는 높이를 증가시키는 것
개축	기존 건축물의 전부 또는 일부를 자의로 해체하고 그 대지에 종전과 동일한 규모의 건축물을 다시 축조
재축	재해로 멸실된 건축물을 종전 규모로 건축물을 다시 축조
이전	건축물의 주요구조부를 해체하지 않고 동일한 대지 안의 다른 위치로 옮기는 것
리모델링	건축물의 노후화를 억제하거나 기능향상을 등을 위하여 대수선하거나 건축물의 일부를 증축 또는 개축하는 행위
대수선	내력벽 증설 or 해체, 벽면적 30m² 이상 수선 or 변경, 주요구조(기둥, 보, 지붕틀) 증설 or 해체, 3개 이상 수선 또는 변경

(5) 도로 : 보행이나 통행이 가능한 4m 이상의 도로

시험 직전 꼭! 합격을 좌우하는 알짜 꿀 Tip

(6) 내화구조

① **적용대상** : 문화 및 집회시설, 의료시설, 공동주택 등의 주요구조부와 지붕. 다만, 막구조 등은 주요구조부만, 연면적 $50m^2$ 이하인 단층의 부속건축물로서 외벽 및 처마 밑면을 방화화구조로 한 것과 무대의 바닥은 제외

② **내화구조의 기준**

벽	㉠ 철근콘크리트조 또는 철골철근콘크리트조로서 두께가 **10cm** 이상인 것 ㉡ 골구를 철골조로 하고 그 양면을 두께 **4cm** 이상의 철망모르타르(그 바름바탕을 불연재료로 한 것에 한함. 이하 같음) 또는 두께 **5cm** 이상의 콘크리트블록·벽돌 또는 석재로 덮은 것 ㉢ 철재로 보강된 콘크리트블록조·벽돌조 또는 석조로서 철재에 덮은 콘크리트블록등의 두께가 **5cm** 이상인 것 ㉣ 벽돌조로서 두께가 **19cm** 이상인 것 ㉤ 고온·고압의 증기로 양생된 경량기포 콘크리트패널 또는 경량기포 콘크리트블록조로서 두께가 **10cm** 이상인 것
외벽 중 비내력벽	㉠ 철근콘크리트조 또는 철골철근콘크리트조로서 두께가 **7cm** 이상인 것 ㉡ 골구를 철골조로 하고 그 양면을 두께 **3cm** 이상의 철망모르타르 또는 두께 **4cm** 이상의 콘크리트블록·벽돌 또는 석재로 덮은 것 ㉢ 철재로 보강된 콘크리트블록조·벽돌조 또는 석조로서 철재에 덮은 콘크리트블록등의 두께가 **4cm** 이상인 것 ㉣ 무근콘크리트조·콘크리트블록조·벽돌조 또는 석조로서 그 두께가 **7cm** 이상인 것
바닥	㉠ 철근콘크리트조 또는 철골철근콘크리트조로서 두께가 **10cm** 이상인 것 ㉡ 철재로 보강된 콘크리트블록조·벽돌조 또는 석조로서 철재에 덮은 콘크리트블록등의 두께가 **5cm** 이상인 것 ㉢ 철재의 양면을 두께 **5cm** 이상의 철망모르타르 또는 콘크리트로 덮은 것
기둥 (작은 지름≥ 25cm에 한함)	㉠ 철근콘크리트조 또는 철골철근콘크리트조 ㉡ 철골을 두께 **6cm**(경량골재를 사용하는 경우에는 **5cm**) 이상의 철망모르타르 또는 두께 **7cm** 이상의 콘크리트블록·벽돌 또는 석재로 덮은 것 ㉢ 철골을 두께 **5cm** 이상의 콘크리트로 덮은 것
보 (지붕틀 포함)	㉠ 철근콘크리트조 또는 철골철근콘크리트조 ㉡ 철골을 두께 **6cm**(경량골재를 사용하는 경우에는 **5cm**) 이상의 철망모르타르 또는 두께 **5cm** 이상의 콘크리트로 덮은 것 ㉢ 철골조의 지붕틀(바닥으로부터 그 아랫부분까지의 높이가 **4m** 이상인 것에 한함)로서 바로 아래에 반자가 없거나 불연재료로 된 반자가 있는 것

(7) 방화구조 : 화염의 확산을 막을 수 있는 성능을 가진 구조
   ① 방화구조 적용 대상 : 연면적 1,000m² 이상인 목조건축물의 그 외벽 및 처마밑의 연소할 우려가 있는 부분, 그 지붕은 불연재료로 해야 함.
   ② 방화구조의 기준

구분	방화구조의 기준
철망모르타르 바르기	바름두께 2cm 이상인 것
① 석고판 위에 시멘트모르타르 또는 회반죽을 바른 것 ② 시멘트모르타르 위에 타일을 붙인 것	두께의 합계 2.5cm 이상인 것
심벽에 흙으로 맞벽치기 한 것	두께와 무관함
한국산업표준이 정하는 바에 따라 시험한 결과 방화 2급 이상에 해당하는 것	

2 면적 · 높이 · 층수 등의 산정 및 제한

건축면적	건축물의 **외벽**(외벽이 없는 경우에는 외곽 부분의 기둥)의 **중심선**으로 둘러싸인 부분의 수평투영면적
바닥면적	건축물의 **각층 또는 그 일부**로서 벽·기둥, 그 밖에 이와 비슷한 구획의 중심선으로 둘러싸인 부분의 수평투영면적
연면적	하나의 건축물 각층의 바닥면적의 합계
건폐율	대지면적에 대한 **건축**면적(대지에 2 이상의 건축물이 있는 경우에는 이들 건축면적의 합계로 한다)의 비율
용적률	대지면적에 대한 **연**면적(대지에 2 이상의 건축물이 있는 경우에는 이들 연면적의 합계로 한다)의 비율

(1) 건축물 높이 산정에서 제외 : 옥상부분 중 건축면적의 1/8 이하인 경우 **12m**까지
(2) 층수 : 층 구분이 명확하지 않은 경우 **4m**
(3) 층수 산정에서 제외 : 지하층, 옥상부분 중 건축면적의 1/8 이하(공동주택으로 전용면적 85m² 이하인 경우 1/6 이하)

시험 직전 꼭! 합격을 좌우하는 알짜 꿀 Tip

3 피난시설, 방화구획 및 방화시설의 관리

(1) 피난・방화시설의 범위
 ① 피난시설 : 계단(직통・피난), 복도, 출입구(비상구 포함), 그 밖의 피난시설(옥상광장, 피난안전구역, 피난용승강기 및 승강장 등)
 ② 방화시설 : 방화구획(방화문, 자동방화셔터, 내화구조의 바닥・벽), 방화벽 및 내화성능을 갖춘 내부마감재 등

(2) 피난시설
 ① 직통계단 설치기준
  ▶ 보행거리 기준

구분	보행거리
일반기준	• 30m 이하
건축물의 주요구조부 : 내화구조 또는 불연재료	• 50m 이하 • 층수가 16층 이상인 공동주택의 경우 16층 이상의 층 : 40m 이하
반도체 및 디스플레이 패널 제조공장으로 자동화 생산시설에 자동식 소화설비를 설치한 경우	• 75m 이하 • 무인화 공장 : 100m 이하

(3) 피난계단 및 특별피난계단
 ① 종류

피난계단의 종류	피난 시 이동경로
피난계단	옥내 ⇨ 계단실 ⇨ 피난층
특별피난계단	옥내 ⇨ 노대 또는 **부속실** ⇨ 계단실 ⇨ 피난층

② 설치대상

설치대상	직통계단의 종류	
㉠ 5층 이상 지하 2층 이하인 층에 설치하는 직통계단	피난계단 또는 특별피난계단	
㉡ 건축물의 11층(공동주택은 16층) 이상 또는 지하 3층 이하인 층으로부터 피난층 또는 지상으로 통하는 직통계단	특별피난계단	• 갓복도식 공동주택 제외 • 바닥면적 400m² 미만인 층은 제외
㉠에서 판매시설의 용도로 쓰는 층으로부터의 직통계단	그 중 1개소 이상은 특별피난계단으로 설치	
건축물의 5층 이상인 층으로서 문화 및 집회시설 중 전시장 또는 동·식물원, 판매시설, 운수시설(여객용 시설만 해당), 운동시설, 위락시설, 관광휴게시설(다중이 이용하는 시설만 해당) 또는 수련시설 중 생활권 수련시설의 용도로 쓰이는 층	직통계단 외에 그 층의 해당 용도로 쓰는 바닥면적 2,000m²를 넘는 경우는 그 넘는 2,000m² 이내마다 1개소의 피난계단 또는 특별피난계단(4층 이하 층에는 쓰지 아니하는 피난계단 또는 특별피난계단만 해당)	

(4) 옥상광장 등의 설치
  ① 옥상광장 또는 2층 이상인 층에 노대등의 주위에 높이 1.2m 이상의 난간을 설치해야 함
  ② 옥상광장 설치 대상

> 5층 이상의 층이 다음 용도로 쓰이는 경우
> ㉠ 제2종 근린생활시설 중 공연장·종교집회장·인터넷컴퓨터게임시설제공업소(해당 용도로 쓰이는 바닥면적의 합계가 각각 300m² 이상인 경우만 해당)
> ㉡ 문화 및 집회시설(전시장 및 동·식물원 제외)
> ㉢ 종교시설, 판매시설, 위락시설 중 주점영업 또는 장례시설

(5) 피난용승강기
  ① 설치대상 : 층수가 30층 이상 or 높이가 120m 이상인 건축물
  ② 설치기준
    ㉠ 바닥면적은 승강기 1대당 6m² 이상으로 할 것
    ㉡ 각 층으로부터 피난층까지 이르는 승강로를 단일구조로 연결하여 설치할 것
    ㉢ 예비전원으로 작동하는 조명설비를 설치할 것
    ㉣ 승강장의 출입구 부근의 잘 보이는 곳에 해당 승강기가 피난용승강기임을 알리는 표지를 설치할 것

시험 직전 꼭! 합격을 좌우하는 알짜 꿀 Tip

(6) 방화구획의 기준

구분	구획기준
면적별 구획	① 10층 이하의 층은 바닥면적 1,000㎡ 이내마다 구획 ② 11층 이상의 층은 바닥면적 200㎡ 이내마다 구획 다만, 벽 및 반자의 실내마감을 불연재료로 한 경우에는 바닥면적 500㎡ 이내마다 구획 ※ 스프링클러설비 등 자동식 소화설비를 설치한 경우에는 상기면적의 3배 이내마다 구획
층별 구획	매층마다 구획. 다만 지하 1층에서 지상으로 직접 연결하는 경사로 부위는 제외
필로티 등	필로티 등의 부분을 주차장으로 사용하는 경우 그 부분은 건축물의 다른 부분과 구획할 것

(7) 방화문

60분+ 방화문	연기 및 불꽃 차단 60분 이상, 열 차단 30분 이상
60분 방화문	연기 및 불꽃 차단 60분 이상
30분 방화문	연기 및 불꽃 차단 30분 이상 60분 미만

(8) 자동방화셔터 : 비차열 1시간 이상의 내화성능을 확보

(9) 방화시설

① 배연설비

6층 이상 건축물	㉠ 바닥면적 300㎡ 이상의 공연장, 종교집회장, 인터넷컴퓨터게임시설제공업소 및 다중생활시설 ㉡ 문화 및 집회시설, 종교시설, 판매시설, 운수시설 ㉢ 의료시설(요양병원 및 정신병원 제외) ㉣ 교육연구시설 중 연구소 ㉤ 노유자시설 중 아동 관련 시설, 노인복지시설(노인요양시설은 제외) ㉥ 수련시설 중 유스호스텔 ㉦ 운동시설, 업무시설, 숙박시설, 위락시설, 관광휴게시설, 장례시설
다음에 해당하는 용도로 쓰는 건축물	㉠ 의료시설 중 요양병원 및 정신병원 ㉡ 노유자시설 중 노인요양시설·장애인 거주시설 및 장애인 의료재활시설 ㉢ 산후조리원

② 소방관 진입창
  ㉠ 설치대상 : 건축물의 11층 이하의 층
  ㉡ 설치기준

> - 2층 이상 11층 이하인 층에 각각 1개소 이상 설치할 것
> - 소방차 진입로 또는 소방차 진입이 가능한 공터에 면할 것
> - 창문 가운데에 지름 20cm 이상의 역삼각형을 야간에도 알아볼 수 있도록 빛 반사 등으로 붉은색으로 표시할 것
> - 창문의 한쪽 모서리에 타격지점을 지름 3cm 이상의 원형으로 표시할 것
> - 창문 유리의 크기는 폭 90cm 이상, 높이 1m 이상으로 하고, 실내 바닥면으로부터 창의 아랫부분까지의 높이는 80cm 이내로 할 것
> - 두께 6mm 이하인 플로트판유리, 두께 5mm 이하인 강화유리 또는 배강도유리, 두께 24mm 이하인 플로트판유리나 강화유리로 구성된 이중유리, 플로트판유리나 강화유리로 구성된 삼중유리 중 어느 하나의 유리를 사용할 것

04 소방학개론

Chapter 1 연소이론

1 연소의 조건

(1) 연소의 정의 : 물질이 격렬한 산화반응을 함으로서 열과 빛을 발생하는 현상
(2) 연소의 요소 : 가연성물질, 산소공급원, 점화원, 연쇄반응
(3) 가연성물질의 특성 : 산소와 친화력大, 활성 에너지小, 열전도율↓, 연소열大, 비표면적大, 건조도高
(4) 점화원의 종류 : 화염, 열면, 전기 불꽃, 단열압축, 자연발화
(5) 한계산소농도(LOI : Limited Oxygen Index) : 14~15vol%
(6) 연소하한계와 연소상한계 범위

기체 또는 증기	연소범위(vol%)
수소	4.1~75
아세틸렌	2.5~81
중유	1~5
등유	0.7~5

기체 또는 증기	연소범위(vol%)
메틸알코올	6~36
암모니아	15~28
아세톤	2.5~12.8
휘발유	1.2~7.6

2 연소의 형태

(1) 고체 : 분해(목재, 종이, 석탄), 증발(양초, 플라스틱), 표면(숯, 코크스), 자기연소(제5류)
(2) 액체 : 증발, 분해연소
(3) 기체 : 확산연소, 예혼합연소

3 연소의 특성

(1) 인화점 : 외부로부터 열을 받아 착화가 가능한 가연성물질의 최저온도

(2) 연소점 : 발생한 화염이 꺼지지 않고 지속되는 온도, 인화점보다 5~10℃ 높음
(3) 발화점 : 외부로부터 에너지 공급없이 자체의 열 축적에 의해 착화되는 최저 온도
※ 인화점 < 연소점 < 발화점

Chapter 2 화재이론

1 화재이론

(1) 화재의 정의 : 사회공익·인명 및 경제적 이유로 소화시설등을 이용하여 소화할 필요성이 있는 연소현상
(2) 화재의 분류 : A급(목재 - 재를 남김), B급(유류), C급(전기), D급(금속), K급(주방)

2 화재의 양상

(1) 실내화재의 양상 : 초기 - 성장기 - (flash over : 플래시오버) - 최성기 - 감쇠기

구 분	외 관	연소상황	연소위험	활동위험
초 기	창 등의 개구부에서 하얀 연기 분출	실내가구 등의 일부가 독립적으로 연소		
성장기	개구부에서 세력이 강한 검은 연기 분출	• 가구 등에서 천장면까지 화재가 확대 • 실내 전체에 화염 확산	근접한 동으로 연소 확산 위험	
최성기	• 연기의 양 감소 • 강한 화염 분출로 유리 파손	• 실내 전체에 화염 충만 • 연소 최고조	강한 복사열 ⇨ 인접 건물로 연소 확산 위험	구조물 낙하 위험
감쇠기 (감퇴기)	• 지붕이나 벽체 도괴, 대들보나 기둥도 도괴 • 연기는 흑색 ⇨ 백색	화세가 쇠퇴	연소확산 위험 없음	바닥이 무너지거나 벽체낙하 등 위험

시험 직전 꼭! 합격을 좌우하는 알짜 꿀 Tip

　① 플래시오버(flash over) : 축적되었던 가연성가스가 일순간에 폭발적으로 화염에 휩싸임(밀폐)
　② 백드래프트(back draft) : 신선한 공기가 실내에 유입되어 축적되었던 가연성가스가 폭발(개방), 연기폭발(smoke explosion), 폭풍·충격파, 파이어볼(fireball) 형성
　③ 롤오버(roll over) : 화염이 연소되지 않은 가연성가스를 통해 전파
(2) 목조건축물의 화재
　① 온도 : 1,100~1,350℃ 고온
　② 시간 : 출화~최성기 10분, 최성기~감쇠기 20분
(3) 내화구조건축물의 화재
　① 온도 : 800~1,050℃ 저온
　② 시간 : 2~3시간, 때에 따라 수시간

3 화재의 현상

① 열 및 화염의 전달 : 전도, 대류, 복사, 접염(接炎)연소, 비화(飛火)
② 연기의 확산 속도
　㉠ 수평 : 0.5~1m/sec
　㉡ 계단실 등 수직 : 2~3m/sec(농연 3~5m/sec)
※ 보행속도 : 1.0~1.2m/sec

Chapter 3 ▶ 소화이론

1 연소의 조건에 따른 제어분류

물리적 작용에 의한 소화	제거소화	가연물 제거, 가연물 격리
	질식소화	산소 제거, 한계산소농도(LOI) 이하로 유지
	냉각소화	열을 빼앗음, 물의 증발열(539cal/g) 이용
화학적 작용에 의한 소화	억제소화	연쇄반응 중단(라디칼 제거)

05 위험물·전기·가스 안전관리

Chapter 1 위험물안전관리

1 위험물 정의 및 종류

(1) 위험물의 정의 : 「위험물 안전관리법」상 위험물은 '인화성' 또는 '발화성' 물질로 대통령령이 정함
(2) 지정수량 : 대통령령
(3) 위험물의 품명 및 지정수량
  ① 제1류 : 산화성고체(다량의 산소 함유)
  ② 제2류 : 가연성고체
  ③ 제3류 : 자연발화성물질 및 금수성물질(석유에 저장) ※ 황린은 물속에 저장
  ④ 제4류 : 인화성액체(인화하기 쉽다, 증기의 비중은 공기보다 무겁고 약간 혼합되어도 연소, 낮은 발화 온도, 물보다 가볍고 물에 녹기 어렵다)
  ⑤ 제5류 : 자기반응성물질(니트로화합물, 빠른 연소속도)
  ⑥ 제6류 : 산화성액체

2 제4류 위험물(인화성액체)

(1) Slop over
점성이 큰 중질유와 같은 유류에 화재가 발생하면 유류의 액표면 온도가 물의 비점 이상으로 상승하게 되는데, 이때 소화용수가 연소유의 뜨거운 액표면에 유입되면 급비등으로 부피팽창을 일으켜 탱크 외부로 유류를 분출시키는 현상을 슬롭오버(Slop over) 현상이라 한다.

(2) Boil over
비점이 다른 성분의 혼합물인 원유나 중질유 등의 유류저장탱크에 화재가 발생하여 장시간 진행되면 비점이나 비중이 작은 성분은 유류표면에서 먼저 증발연소되고 비점이나 비중이 큰 성분은 가열 축적되어 열류층을 형성하고 이 열류층이 화재진행과 더불어 점차 탱크의 저부로 내려와 탱크 저부의 수분을 비등시켜 연소상태의 상부 유류를 비산, 분출하게 하는 현상을 보일오버(Boil over) 현상이라 한다.

 시험 직전 꼭! 합격을 좌우하는 알짜 꿀 **Tip**

(3) BLEVE 현상

인화점이나 비점이 낮은 인화성액체(유류)가 가득차 있지 않는 저장탱크 주위에 화재가 발생하여 저장탱크 벽면이 장시간 화염에 노출되면 윗부분의 온도가 매우 상승하여 재질의 인장력이 저하되고, 내부의 비등현상으로 인한 압력상승으로 저장탱크 벽면이 파열되어 BLEVE 현상을 일으키게 된다.

(4) Pool Fire

개방된 용기에 휘발유, 등유, 경유 등 제4류 위험물이 저장된 상태에서 그 유증기에 불이 붙어서 발생하는 현상을 Pool Fire(액면화재)라 한다.

(5) Zet fire

제4류 위험물을 이송하는 배관, 저장하는 용기로부터 위험물이 빠른 속도로 누출될 때 발생하는 난류확산형 화재로 이로 인한 복사열로 막대한 피해를 일으키는 현상을 Zet fire(분출화재)라 한다.

Chapter 2 전기안전관리

1 주요 화재원인

(1) 단락(합선)에 의한 발화

(2) 과부하에 의한 발화

(3) 누전에 의한 발화

2 감전사고 방지책

(1) 노출 충전부의 보호

(2) 보호절연

(3) 보호접지

(4) 누전차단기 설치 : 감도전류 30mA 이하, 동작시간 0.03초 이하

※ 욕실 등에 콘센트를 시설하는 경우 15mA, 0.03초 전류동작형 누전차단기를 시설하거나 누전차단기가 부착된 콘센트를 시설하고 접지극이 있는 방적형 콘센트를 사용하여 접지하여야 함.

(5) 이중절연구조의 전동기계·기구 사용

Chapter 3 가스안전관리

1 연료가스의 종류와 특성

구 분	주성분	비 중	폭발범위
액화석유가스 (LPG)	프로판(C_3H_8), 부탄(C_4H_{10})	1.5~2 (누출 시 낮은 곳 체류)	• 프로판(C_3H_8) : 2.1~9.5% • 부탄(C_4H_{10}) : 1.8~8.4%
액화천연가스 (LNG)	메탄(CH_4)	0.6 (누출 시 천장쪽에 체류)	5~15%

06 공사장 안전관리 계획 및 화기취급 감독 등

Chapter 1 공사장 안전관리 계획 및 감독

(1) 임시소방시설의 종류
　① 소화기
　② 간이소화장치
　③ 비상경보장치
　④ 가스누설경보기
　⑤ 간이피난유도선
　⑥ 비상조명등
　⑦ 방화포

(2) 화재위험작업
　① 인화성·가연성·폭발성 물질을 취급하거나 가연성 가스를 발생시키는 작업
　② 용접·용단 등 불꽃을 발생시키거나 화기를 취급하는 작업
　③ 전열기구, 가열전선 등 열을 발생시키는 기구를 취급하는 작업
　④ 알루미늄, 마그네슘 등을 취급하여 폭발성 부유분진을 발생시킬 수 있는 작업

(3) 용접(용단) 작업 시 비산불티의 특성
　① 용접(용단) 작업 시 수천 개의 비산된 불티 발생
　② 비산불티는 풍향, 풍속 등에 의해 비산거리 상이
　③ 비산불티는 약 1,600℃ 이상의 고온체
　④ 발화원이 될 수 있는 비산불티의 크기의 직경은 약 0.3~3mm
　⑤ 비산불티는 짧게는 작업과 동시에부터 수 분 사이, 길게는 수 시간 이후에도 화재 가능성이 있음
　⑥ 용접(용단) 작업 시 작업높이, 철판두께, 풍속 등에 따른 불티의 비산거리는 조건 및 환경에 따라 상이

07 소방시설의 구조 및 점검

Chapter 1 소방시설의 종류 및 기준

1 소화설비

(1) 소화기구 : 소화기, 간이소화용구, 자동확산소화기
(2) 자동소화장치
(3) 옥내소화전설비
(4) (간이 및 화재조기진압용) 스프링클러설비
   ▶ 스프링클러설비의 종류별 특징 및 장·단점

구분	습식	건식	준비작동식	일제살수식	부압식
1차측	가압수 = 소화수					
2차측	소화수	압축공기	대기압상태		부압
헤드	폐쇄형			개방형	폐쇄형
장점	간단·신속	동파방지	동파방지, 헤드보다 감지기가 먼저 작동	초기화재 신속 대처, 층고 높은 장소 소화 可	배관파손 수손피해방지, 진공펌프
단점	동파우려	시간지연, 압축공기로 화재촉진 우려, 유지·관리 어려움	구조복잡, 비용부담	대량살수피해	동파우려 구조복잡

(5) 물분무등소화설비 : 물분무, 미분무, 포, 이산화탄소, 할론, 할로겐화합물 및 불활성기체, 분말, 강화액, **고체에어로졸**
(6) 옥외소화전설비

시험 직전 꼭! 합격을 좌우하는 알짜 꿀 Tip

2 경보설비

(1) 단독형경보형감지기
(2) 비상경보설비 : 비상벨설비 및 자동식사이렌설비
(3) 시각경보기
(4) 자동화재탐지설비
(5) 비상방송설비
(6) 자동화재속보설비
(7) 통합감시시설
(8) 누전경보기
(9) 가스누설경보기

3 피난구조설비

(1) 피난기구 : 미끄럼대·피난사다리·구조대·완강기·그 밖의 피난기구
(2) 인명구조기구 : 방열복·공기호흡기·인공소생기·방화복
(3) 유도등 : 피난유도선, 피난구·통로·객석 유도등, 유도표지
(4) 비상조명등 및 휴대용비상조명등

4 소화용수설비

(1) 상수도소화용수설비
(2) 소화수조·저수조 그 밖의 소화용수설비

5 소화활동설비

(1) 제연설비
(2) 연결송수관설비
(3) 연결살수설비

(4) 비상콘센트설비

(5) 무선통신보조설비

(6) 연소방지설비

Chapter 2 소방시설의 구조 및 원리

1 소화기구

소형소화기	능력단위 1단위~대형소화기 능력단위 미만	
대형소화기	A급화재	10단위
	B급화재	20단위
분말소화기	축압식소화기	지시압력계 0.7~0.98MPa

▶ 분말소화기 소화약제 종류

$NaHCO_3$	탄화수소나트륨	B, C급
$KHCO_3$	탄산수소칼륨	B, C급
$NH_4H_2PO_4$	제1인산암모늄	A, B, C급
$KHCO_3+(NH_2)_2CO$	탄산수소칼륨+요소	B, C급

2 자동소화장치

(1) 주거용 주방자동소화장치의 설치기준
   ① 소화약제 방출구는 환기구의 청소부분과 분리되어 있어야 하며, 형식승인 받은 유효설치 높이 및 방호면적에 따라 설치할 것
   ② 감지부는 형식승인 받은 유효한 높이 및 위치에 설치할 것
   ③ 차단장치(전기 또는 가스)는 상시 확인 및 점검이 가능하도록 설치할 것

④ 가스용 주방자동소화장치를 사용하는 경우 탐지부는 수신부와 분리하여 설치한다.
　㉠ 공기보다 가벼운 가스를 사용하는 경우 : 천장 면으로부터 30cm 이하의 위치에 설치
　㉡ 공기보다 무거운 가스를 사용하는 경우 : 바닥 면으로부터 30cm 이하의 위치에 설치
⑤ 수신부는 주위의 열기류 또는 습기 등과 주위온도에 영향을 받지 않고 사용자가 상시 볼 수 있는 장소에 설치할 것

3 옥내소화전설비

(1) 방수량 : 130L/min

(2) 방수압 : 0.17~0.7MPa

(3) 수원의 저수량 : 설치개수(최대 2) × 2.6m³　예) $2 \times 2.6 = 5.2m^3$

　※ 30층 이상이거나 높이가 120m 이상인 고층건축물의 경우 최대 5개

(4) 소화전방수구 설치거리 : 수평거리 25m 이하

(5) 방수구 호스구경 : 40mm(호스릴은 25mm) 이상

4 옥외소화전설비

(1) 방수량 : 350L/min

(2) 방수압 : 0.25~0.7MPa

(3) 수원의 용량 : 설치개수(최대 2) × 7m³　예) $2 \times 7 = 14m^3$

(4) 소화전함 설치거리 : 호스접결구까지 40m 이하

(5) 방수구지름 : 65mm 이상

5 스프링클러설비

(1) 방수량 : 80L/min

(2) 방수압 : 0.1~1.2MPa

(3) 저수량

폐쇄형	30층 미만	헤드 기준개수 × 1.6m³
	30층 이상~49층 이하	헤드 기준개수 × 3.2m³
	50층 이상	헤드 기준개수 × 4.8m³
개방형	헤드 개수 30개 이하	설치헤드수 × 1.6m³
	30개 초과	수리계산에 따를 것

(4) 스프링클러설비 종류

① 습식 : 1,2차측 가압수, 폐쇄형헤드
② 건식 : 1차측 가압수, 2차측 압축공기 또는 축압된 질소가스, 폐쇄형헤드
③ 준비작동식 : 1차측 가압수, 2차측 대기압, 폐쇄형헤드, **감지기 2개**
④ 부압식 : 1차측 가압수, 2차측 부압수, 폐쇄형헤드
⑤ 일제살수식 : 1차측 가압수, 2차측 대기압, **개방형헤드, 감지기 2개**

6 가스계소화설비

(1) 이산화탄소소화설비(질식, 냉각)

▶ 장단점

장 점	단 점
심부화재적합, 진화 후 깨끗, 전기화재 적합	사람 질식 우려, 소음 과다, 고압으로 특별 주의 및 관리 필요

시험 직전 꼭! 합격을 좌우하는 알짜 꿀 Tip

Chapter 3 경보설비등 구조 및 원리

1 **자동화재탐지설비** : 감지기, 수신기, 발신기, 음향장치, 표시등, 전원, 배선, 시각경보기, 중계기

(1) 수신기 : P, R형
   ① 경계구역일람도를 비치할 것
   ② 설치높이 : 0.8m 이상 1.5m 이하
   ③ 상시 근무하는 장소에 설치

(2) 발신기 : P, T, M(소방서)형
   ① 설치높이 : 0.8m 이상 1.5m 이하
   ② 수평거리 : 25m

(3) 감지기
   ① 열 감지기 : 차동식(거실, 사무실), 정온식(보일러실, 주방 등)
   ② 연기감지기 : 이온화식(작은 입자, B급화재), 광전식(큰 입자, A급화재, 계단, 복도 등)

(4) 음향장치
   ① 층수가 11층(공동주택의 경우 16층) 이상 특정소방대상물
      ㉠ 2층 이상의 층에서 발화 : 발화층 및 그 직상 4개층
      ㉡ 1층에서 발화 : 지하층·발화층·그 직상 4개층
      ㉢ 지하층에서 발화 : 발화층·그 직상층 및 기타의 지하층
   ② 수평거리 : 25m
   ③ 1m 떨어진 곳에서 90dB 이상

(5) 시각경보기 : 청각장애인용, 2m 이상 2.5m 이하
              (천장 높이 2m 이하 천장에서 0.15m 이내)에 설치

(6) 배선 : 송배선식

2 비상방송설비

(1) 스피커 설치기준
   ① 실내 1W 이상, 실외 3W 이상
   ② 수평거리 : 25m
   ③ 방송개시 시간 : 10초 이하

3 피난구조설비

(1) 비상조명등 : 바닥에서 1럭스(lx) 이상, 유효 작동시간 20분 이상
(2) 휴대용비상조명등 : 다중이용업소 및 숙박시설, 배터리용량 20분 이상
(3) 유도등 : 유효작동시간 20분(11층 이상은 60분) 이상

피난구유도등	높이 1.5m 이상, 출입구에 인접한 곳에
복도통로유도등	높이 1m 이하, 구부러진 모퉁이 등 기점으로부터 보행거리 **20m마다**
거실통로유도등	높이 1.5m 이상, 구부러진 모퉁이 및 보행거리 **20m마다**
계단통로유도등	높이 1m 이하, 각층의 경사로 참 또는 계단참마다

시험 직전 꼭! 합격을 좌우하는 알짜 꿀 Tip

Chapter 4 소화용수설비, 소화활동설비

1 소화용수설비

(1) 소화수조
  ① 설치위치 : 소방차가 2m 이내에 접근할 수 있는 위치
  ② 가압송수장치 : 소화수조 또는 저수조가 지표면으로부터 깊이가 4.5m 이상 지하인 경우 설치
  ③ 채수구 설치 : 20~40m^3 미만 1개, 40~100m^3 미만 2개, 100m^3 이상 3개

2 소화활동설비

(1) 연결송수관 ┌ 건식 – 높이 31m 미만 or 지상 11층 미만
              └ 습식 – 높이 31m 이상 or 지상 11층 이상
(2) 연결살수설비 : 판매·운수·창고시설 – 1,000m^2 이상, 150m^2 이상 지하층 송수구, 배관, 살수헤드
(3) 제연설비 : 차압 40Pa(스프링클러 설치 시 12.5Pa)
(4) 비상콘센트설비 : 11층 이상의 층에 설치, 0.8~1.5m 이하에 설치, 수평거리 50m 이하
(5) 연소방지설비 : 송수구, 배관, 방수헤드

08 종합방재실의 운영

Chapter 1 종합방재실의 운영

(1) **구축 효과** : 피해 최소화, 신속 대응, 시스템 안정성 향상, 비용 절감

(2) **종합방재실의 위치**
   ① 1층 또는 피난층
   ② 특별피난계단 출입구 5m 이내인 경우 2층 or 지하 1층
   ③ 공동주택인 경우 관리사무소 내
   ④ 비상용 승강장, 피난 전용 승강장 및 특별피난계단으로 이동 용이한 곳
   ⑤ 재난정보 수집 및 제공, 방재활동 거점 역할 가능 장소
   ⑥ 소방대 접근 용이한 곳
   ⑦ 화재·침수 피해 우려 없는 곳

(3) **종합방재실의 구조 및 면적**
   ① 다른 부분과 방화구획(防火區劃)으로 설치할 것. 다만, 다른 제어실 등의 감시를 위하여 두께 7mm 이상의 망입(網入)유리(두께 16.3mm 이상의 접합유리 또는 두께 28mm 이상의 복층유리를 포함한다)로 된 $4m^2$ 미만의 붙박이창을 설치할 수 있다.
   ② 인력의 대기 및 휴식 등을 위하여 종합방재실과 방화구획된 부속실(附屬室)을 설치할 것
   ③ 면적은 $20m^2$ 이상으로 할 것
   ④ 재난 및 안전관리, 방범 및 보안, 테러 예방을 위하여 필요한 시설·장비의 설치와 근무 인력의 재난 및 안전관리 활동, 재난 발생 시 소방대원의 지휘활동에 지장이 없도록 설치할 것
   ⑤ 출입문에는 출입 제한 및 통제 장치를 갖출 것

09 응급처치

Chapter 1 ▶ 응급처치개요

(1) 응급처치의 목적 : 생명을 구하고, 합병증 예방, 회복을 빠르게 함, 의료비 절감
(2) 기도확보(유지) : 구강 내 이물질 제거

Chapter 2 ▶ 응급처치요령

(1) 출혈(체온저하, 호흡/심박 불규칙, 탈수, 동공확대, 혈압저하, 창백)
　① 성인의 혈액 총량 약 4~6L
　② 직접압박, 압박점 압박, 지혈대 사용
(2) 화상
　① 표피화상(1도) : 피부외증, 홍반, 흉터 없음
　② 부분층화상(2도) : 피부내증, 표피 얼룩, 수포, 진물, 흉터
　③ 전층화상(3도) : 피부 전층 손상, 매끈, 회색 또는 검은색, 건조, 통증 없음
(3) 심폐소생술 시행방법
　① 반응의 확인
　② 119 신고
　③ 호흡확인(10초 이내 관찰)
　④ 가슴압박 30회 시행[분당 100~120회, 약 5cm(소아 4~5cm) 깊이]
　⑤ 인공호흡 2회 시행
　⑥ 가슴압박과 인공호흡의 반복(30 : 2)
　⑦ 회복자세

10 소방계획의 수립

Chapter 1 소방계획의 수립

(1) 소방계획의 주요원리
  ① **종합적 안전관리**
  ② 통합적 안전관리
  ③ 지속적 발전모델
(2) 소방계획의 작성원칙 : 실현가능, 관계인 참여, 구조화, 실행우선

Chapter 2 자위소방대 및 초기대응대 구성·운영

▶ 구역 설정 기준

구 분	수직구역	수평구역	임차구역	용도구역
적용기준	층	면 적	관리권원	용 도
구역설정	단일 층 or 일부 층(5층 이내)을 하나의 구역으로	하나의 층이 1,000㎡ 초과시 추가 설정 or 대상물의 방화구획 기준으로 구분	관리권원(임차권) 별로 분할 or 다수 관리권원 통합	비거주용도 (주차장, 공장, 강당 등) 제외

Chapter 3 화재대응 및 피난

(1) 화재대응
  ① 화재신고 시 소방기관에서 알았다고 할 때까지 전화를 끊지 않는다.
  ② 비상연락체계 활용 대원 소집
(2) 피난
  ① E/V 절대 이용×
  ② 경량칸막이 이용 옆 세대로

11 소방안전교육 및 훈련

1 소화교육 및 훈련의 원칙

(1) 학습자 중심의 원칙

(2) 동기부여의 원칙

(3) 목적의 원칙

(4) 현실성의 원칙

(5) 실습의 원칙

(6) 경험의 원칙

(7) 관련성의 원칙

17 아래 〈보기〉는 펌프성능시험 중 정격부하운전 시험방법을 순서대로 기재한 것이다. 〈보기〉에서 (㉠)에 들어갈 내용과 유량조절밸브(㉡)를 바르게 나열한 것은?

― 보기 ―

[정격부하운전]
펌프를 기동한 상태에서 유량조절밸브를 개방하여 유량계의 유량이 정격유량상태일 때 (㉠) 이상이 되는지를 확인하는 시험이다.

[시험 방법]
(1) 성능시험배관상의 개폐밸브 완전개방, 유량조절밸브(㉡) 약간만 개방
(2) 주펌프 수동기동
(3) 유량계를 보면서 유량조절밸브(㉡)를 서서히 개방하여 정격토출량일 때의 압력 측정
(4) 주펌프 정지

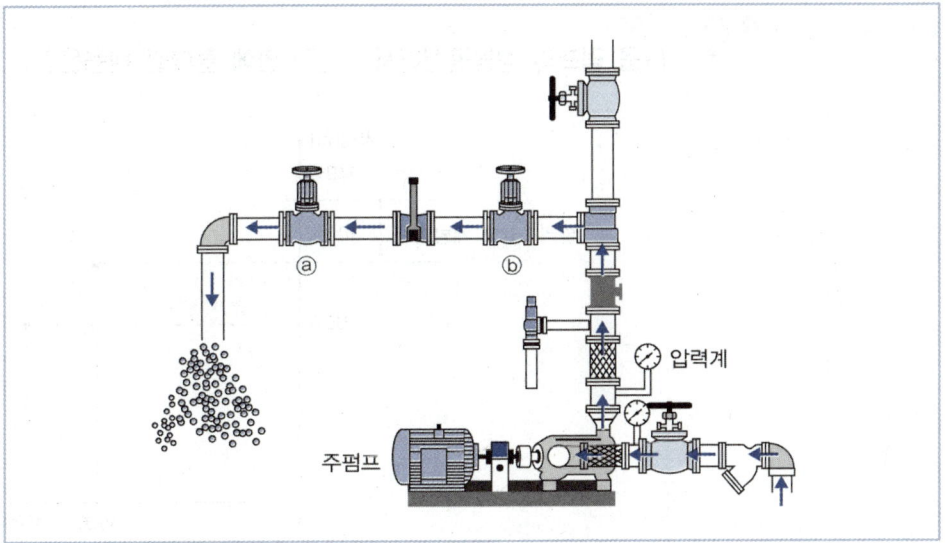

① ㉠ : 정격토출압의 65%,   ㉡ ⓐ밸브
② ㉠ : 정격토출압,   ㉡ ⓑ밸브
③ ㉠ : 정격토출압,   ㉡ ⓐ밸브
④ ㉠ : 정격토출압의 65%,   ㉡ ⓑ밸브

해설 정격부하운전은 100%유량운전 즉 정격토출압으로 운전하는 것이다. 유량조절밸브는 그림에서 ⓐ밸브이다.

정답 17.③

PART 01 소방시설(소화설비, 경보설비, 피난구조설비)의 점검·실습·평가

▶ 교재 2권 p.47

18 펌프성능시험 중 150% 유량운전시험의 목적으로 맞는 것은?

① 펌프토출량을 "0"상태로 하여 릴리프밸브가 동작하는지를 확인하기 위한 시험이다.
② 정격압력 이상이 되는지를 확인하기 위한 시험이다.
③ 정격토출압의 65% 이상이 되는지를 확인하기 위한 시험이다.
④ 펌프의 최대토출량을 확인하기 위한 시험이다.

해설 150% 유량운전(최대운전)은 유량계의 유량이 정격토출량의 150%가 되었을 때 정격토출압의 65% 이상이 되는지를 확인하기 위한 시험이다.

▶ 교재 2권 p.47

19 다음 펌프의 성능곡선에서 ☐ 안에 들어갈 내용은?

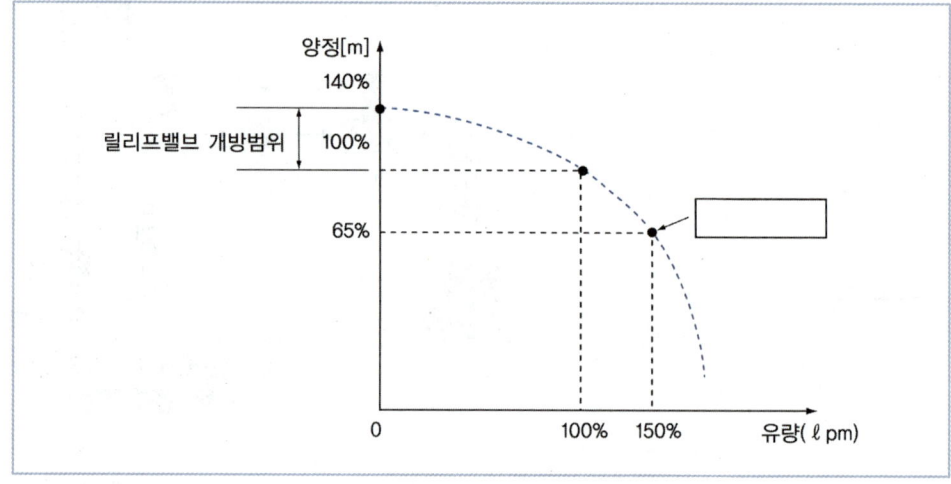

① 최대운전점　　　　② 정격부하운전점
③ 체절운전점　　　　④ 최저운전점

해설 ☐ 안에 들어갈 내용은 최대운전점이다.

20

펌프의 토출량이 1,000L/min이고, 펌프로부터 가장 높이 설치된 방수구까지의 높이가 100m일 때 펌프성능시험 시 합격인 것은?

펌프성능시험 결과표

구분	체절운전	정격운전(100%)	정격유량의 150%운전
토출량(L/min)	0	1,000L/min	1,500L/min
토출압(MPa)	(㉠)MPa	(㉡)MPa	(㉢)MPa
릴리프밸브 작동압력	(㉣)MPa		

① ㉠ 1.5, ㉡ 1.2, ㉢ 0.6, ㉣ 1.3
② ㉠ 1.4, ㉡ 1.1, ㉢ 0.7, ㉣ 1.2
③ ㉠ 1.3, ㉡ 0.9, ㉢ 0.65, ㉣ 1.3
④ ㉠ 1.7, ㉡ 1.5, ㉢ 0.75, ㉣ 1.2

해설 가장 높이 설치된 방수구까지의 높이가 100m인 경우 양정이 곧 100m인 펌프이므로 ㉠ 체절운전의 경우 140% 이하인 경우 합격이므로 100m × 1.4(140%) = 140m = 1.4MPa 이하이면 합격이고, ㉡ 정격운전의 경우 100m × 1.0(100%) = 100m = 1.0MPa 이상이면 합격이며, ㉢ 정격유량의 150% 운전의 경우 100m × 0.65(65%) = 65m = 0.65MPa 이상이면 합격이다. ㉣ 릴리프밸브 작동압력은 체절압력인 1.4MPa 미만에서 개방되도록 조정되어 있으면 된다.

21

아래 〈그림〉의 습식 스프링클러설비 작동순서로 알맞은 것을 고르면?

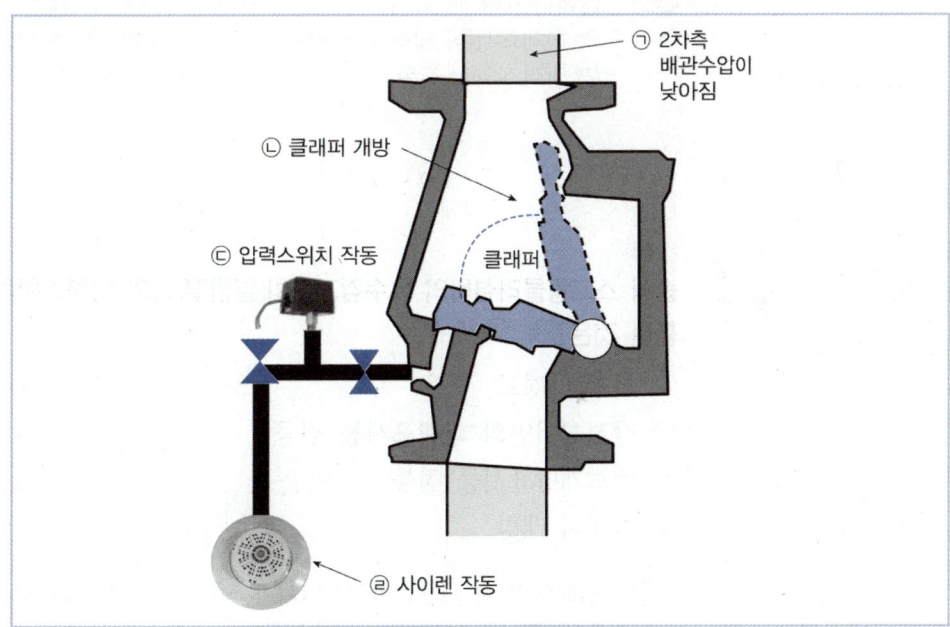

① ㉠ → ㉡ → ㉢ → ㉣
② ㉡ → ㉠ → ㉢ → ㉣
③ ㉢ → ㉠ → ㉡ → ㉣
④ ㉢ → ㉡ → ㉠ → ㉣

정답 20.② 21.①

해설 습식 스프링클러설비는 ㉠(2차측 배관의 수압이 낮아짐) → ㉡(클래퍼 개방) → ㉢(압력스위치 작동) → ㉣(사이렌 작동) 순서로 작동된다.

22 다음 〈사진〉은 습식 스프링클러설비이다. 클래퍼가 개방되어 배관에 압력이 가해져 압력스위치가 작동된 경우 바로 다음에 일어나는 일은?

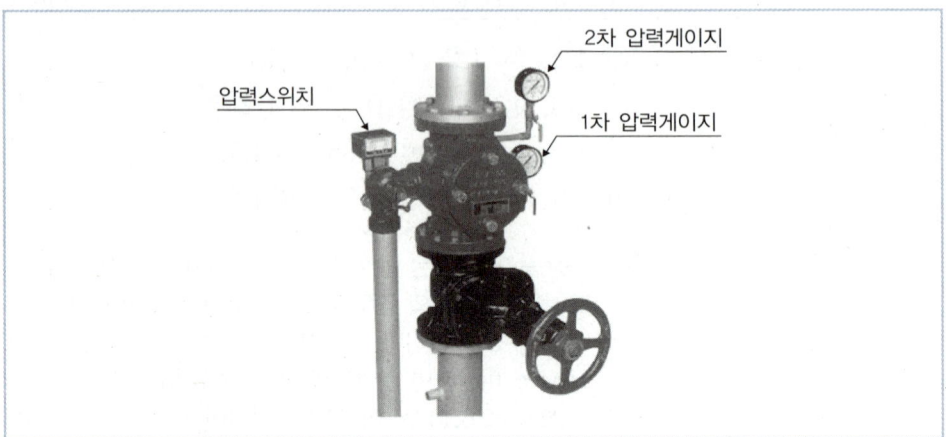

① 2차측 배관 압력 증가
② 헤드 개방 및 방수
③ 감시제어반의 화재표시등 점등
④ 펌프 기동

해설 클래퍼 개방 → 습식 유수검지장치의 압력스위치 작동 → 사이렌 경보, 감시제어반의 화재표시등, 밸브개방표시등 점등 → 배관 내 압력저하로 기동용수압개폐장치의 압력스위치 작동 → 펌프 기동 순으로 진행된다.

23 습식 스프링클러설비의 유수검지장치(알람밸브)의 압력스위치가 작동된 후 동작으로 틀린 것은?

① 사이렌 경보
② 감시제어반의 화재표시등 점등
③ 밸브개방표시등 점등
④ 클래퍼 개방

해설 클래퍼의 개방으로 압력스위치가 작동한 것이다. 압력스위치가 작동된 후에는 사이렌 경보, 감시제어반의 화재표시등, 밸브개방표시등 점등의 순서로 진행된다.

24 습식 스프링클러설비의 시험장치 개폐밸브를 개방하였을 때 확인사항으로 옳지 않은 것은?

① 화재표시등 점등 확인
② 전자밸브(솔레노이드밸브) 개방여부 확인
③ 소화펌프 자동기동 여부 확인
④ 감시제어반의 밸브개방표시등 점등 확인

해설 전자밸브(솔레노이드밸브) 개방여부 확인하는 것은 준비작동식 스프링클러설비의 확인사항에 해당한다.

25 습식 스프링클러설비 점검 중 압력스위치 작동 시 확인되어야 하는 사항으로 옳지 않은 것은?

① 감시제어반(수신기)의 화재표시등 점등
② 출입구 상단에 설치된 방출표시등 점등
③ 해당 방호구역의 경보(사이렌)상태
④ 감시제어반(수신기)의 해당구역 밸브개방표시등 점등

해설 출입구 상단에 설치된 방출표시등 점등은 가스계소화설비의 확인사항이다.

정답 24.② 25.②

PART 01 소방시설(소화설비, 경보설비, 피난구조설비)의 점검·실습·평가

26 상 중 하

아래 〈그림〉은 습식 스프링클러설비의 감시제어반의 상태를 나타낸 것이다. 감시제어반의 각 스위치를 조작하였을 때 나타나는 상황에 대한 설명으로 옳은 것은?

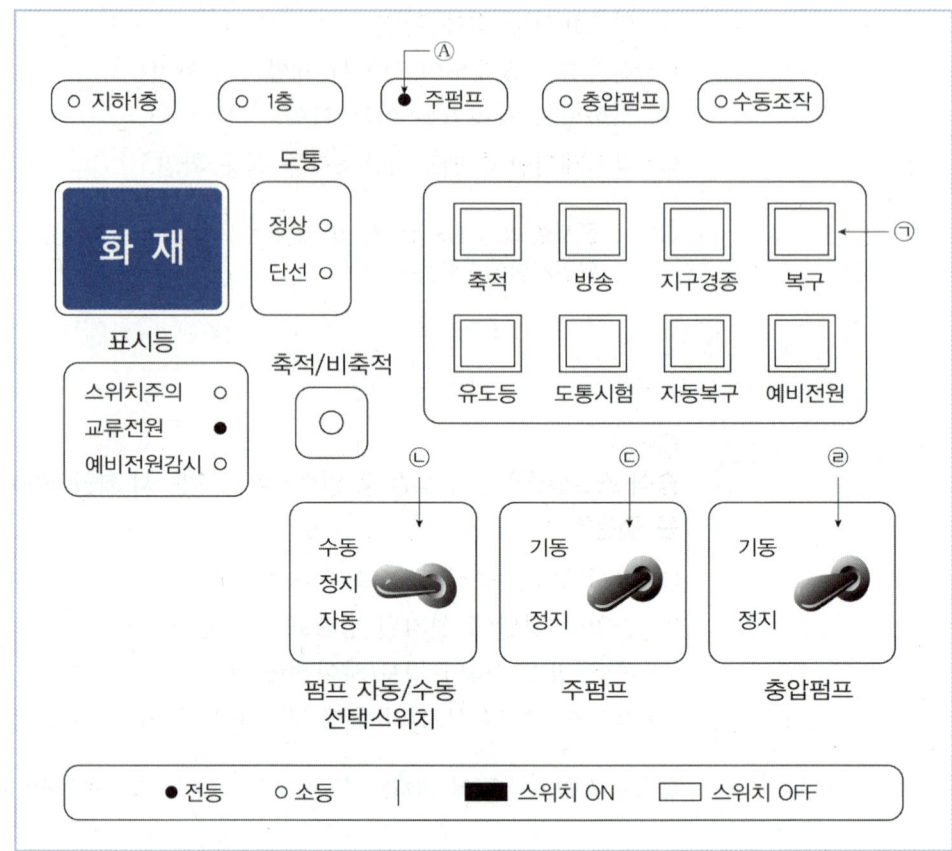

① ㉠을 누르면 Ⓐ표시등은 소등될 것이다.
② ㉡만 '자동' 위치로 내리면 주펌프가 기동할 것이다.
③ ㉢만 '기동' 위치로 올리면 주펌프가 기동할 것이다.
④ ㉣만 '기동' 위치로 올리면 충압펌프가 기동할 것이다.

해설 ① ㉠을 누르면 모든 스위치와 표시등이 복구되므로 Ⓐ표시등은 소등될 것이다.
② ㉡만 '자동' 위치로 내린다고 해도 주펌프 스위치가 '정지' 상태에 있으므로 주펌프는 기동하지 않는다.
③ ㉢만 '기동' 위치로 올려도 펌프 자동/수동 선택스위치가 '정지' 상태에 있으므로 주펌프는 기동하지 않는다.
④ ㉣만 '기동' 위치로 올려도 펌프 자동/수동 선택스위치가 '정지' 상태에 있으므로 충압펌프는 기동하지 않는다.

정답 26.①

27 아래 〈그림〉에 대한 설명으로 옳지 않은 것은?

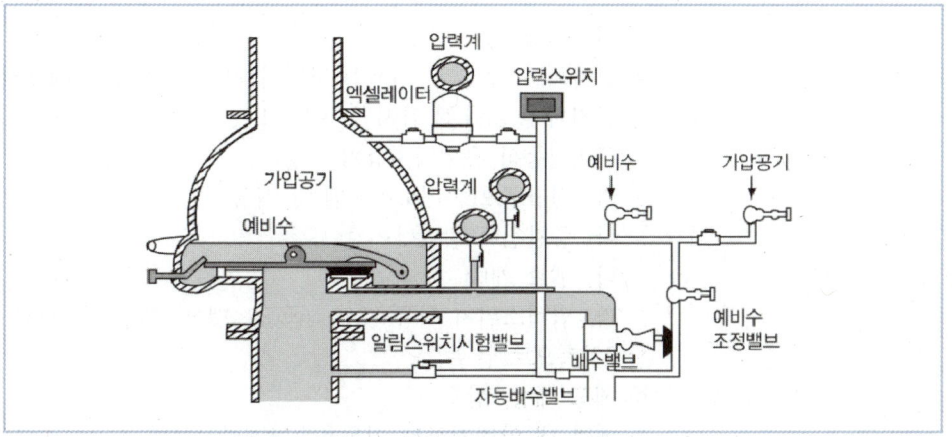

① 건식 유수검지장치의 단면도이다.
② 헤드는 폐쇄형헤드가 사용되고 별도로 공기압축기를 필요로 한다.
③ 헤드 개방 시 2차측 가압수의 압력이 낮아지면 급속개방기구가 작동하여 클래퍼를 신속히 개방시킨다.
④ 시트링의 홀을 통해 압력스위치를 작동시켜 제어반에서 사이렌, 화재표시등, 밸브개방표시등이 점등된다.

해설 건식 유수검지장치의 경우 헤드 개방 시 **2차측 압축공기**의 압력이 낮아지면 급속개방기구가 작동하여 클래퍼를 신속히 개방시킨다. 2차측 가압수의 압력이 낮아져서 작동하는 방식은 습식 유수검지장치이다.

28. 준비작동식 스프링클러설비의 작동순서이다. ( ) 안에 들어갈 내용으로 맞는 것은?

① 화재발생
② 교차회로 방식의 A or B 감지기 작동(㉠ , 화재표시등 점등)
③ 감지기 A and B 감지기 작동 또는 (㉡)
④ 준비작동식 유수검지장치 작동
   가. 전자밸브(솔레노이드밸브) 작동
   나. 중간챔버 감압
   다. 밸브 개방
   라. 압력스위치 작동 ⇨ (㉢), 밸브개방표시등 점등
⑤ 2차측으로 급수
⑥ 헤드 개방, 방수
⑦ 배관 내 압력저하로 기동용수압개방장치의 (㉣) ⇨ 펌프 기동

	㉠	㉡	㉢	㉣
①	사이렌 경보	수동기동장치(SVP) 작동	경종 또는 사이렌 경보	압력스위치 작동
②	경종 또는 사이렌 경보	수동기동장치(SVP) 작동	사이렌 경보	압력스위치 작동
③	경종 또는 사이렌 경보	사이렌 경보	수동기동장치(SVP) 작동	압력스위치 작동
④	사이렌 경보	수동기동장치(SVP) 작동	압력스위치 작동	경종 또는 사이렌 경보

해설 ㉠ 경종 또는 사이렌 경보 – ㉡ 수동기동장치(SVP) 작동 – ㉢ 사이렌 경보 – ㉣ 압력스위치 작동 순이다.

29. 준비작동식 유수검지장치를 작동시키는 방법으로 틀린 것은?

① 해당 방호구역의 감지기 2개 회로 작동
② 밸브 자체에 부착된 수동기동밸브 개방
③ SVP(수동조작함)의 수동조작스위치 작동
④ 감시제어반(수신기)에서 동작시험 스위치 또는 회로선택스위치로 작동

해설 감시제어반(수신기)에서 동작시험 스위치 및 회로선택 스위치로 작동(2회로 작동)해야 한다.

정답 28.② 29.④

▶ 교재 2권 p.73~74

30. 준비작동식 유수검지장치를 작동시키는 방법 중 감시제어반에서 작동시키는 방법은?

① SVP(수동조작함)의 수동조작스위치 작동
② 해당 방호구역 감지기 2개 회로 작동
③ 밸브 자체에 부착된 수동기동밸브 개방
④ 동작시험스위치 및 회로 선택스위치로 작동

해설 감시제어반(수신기)에서 작동시키는 방법은 동작시험스위치 및 회로 선택스위치로 작동(2회로 작동)하는 것이다.

▶ 교재 2권 p.73~74

31. 준비작동식 스프링클러설비의 작동 방법으로 옳지 않은 것은?

① 수동조작함의 수동조작스위치 작동
② 해당 방호구역의 감지기 2개 회로 작동
③ 해당 방호구역의 발신기 작동
④ 유수검지장치에 부착된 수동기동밸브 개방

해설 ▶ 준비작동식 스프링클러설비의 작동방법

> ㉠ 해당 방호구역의 감지기 2개 회로 작동
> ㉡ SVP(수동조작함)의 수동조작스위치 작동
> ㉢ 밸브 자체에 부착된 수동기동밸브 개방
> ㉣ 감시제어반(수신기)측의 준비작동식 유수검지장치 수동기동스위치 작동
> ㉤ 감시제어반(수신기)에서 동작시험 스위치 및 회로선택스위치 작동(2회로 작동)

정답 30.④ 31.③

PART 01 소방시설(소화설비, 경보설비, 피난구조설비)의 점검·실습·평가

32 준비작동식 스프링클러설비의 감시제어반 상태가 아래 〈그림〉과 같을 때 하나의 감지기를 작동시켰을 때 감시제어반의 상태를 설명한 것으로 옳은 것은? (단, 설비는 정상 작동한다)

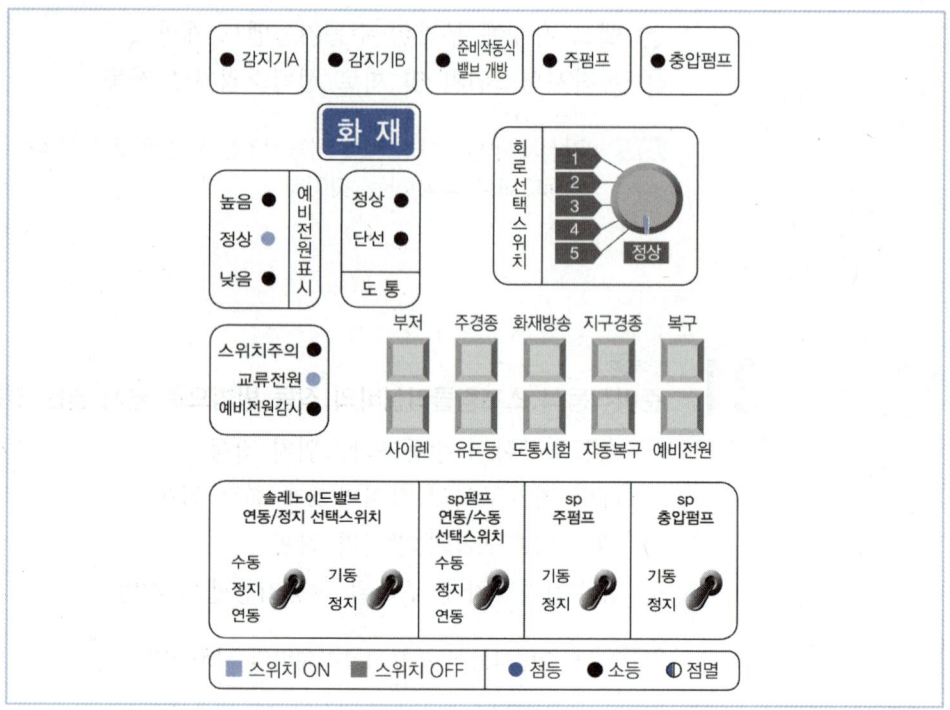

① 화재표시등이 점등된다.
② 주펌프와 충압펌프가 기동한다.
③ 준비작동식 밸브 개방 표시등이 점등된다.
④ 전자밸브(솔레노이드밸브)가 작동된다.

해설 감지기 하나만 작동된 경우 ④ 전자밸브(솔레노이드밸브)가 작동하지 않으므로 ② 주펌프와 충압펌프는 기동하지 않고, ③ 준비작동식 밸브 개방 표시등도 점등되지 않는다.
① 감지기 하나만 작동되더라도 화재표시등은 점등된다.

정답 32.①

33 다음 중 준비작동식 스프링클러설비의 프리액션밸브 작동과 관련이 없는 것은?

① 사이렌 경보
② 압력스위치 작동
③ 방호구역 외부 방출표시등 점등
④ 밸브 개방표시등 점등

해설 방호구역 외부 방출표시등 점등은 가스계소화설비 작동과 관련 있는 사항이다.

34 아래 제시된 준비작동식 스프링클러설비의 감시제어반의 상태에 대한 설명으로 옳은 것은? [솔레노이드 밸브는 자동(연동) 상태이다]

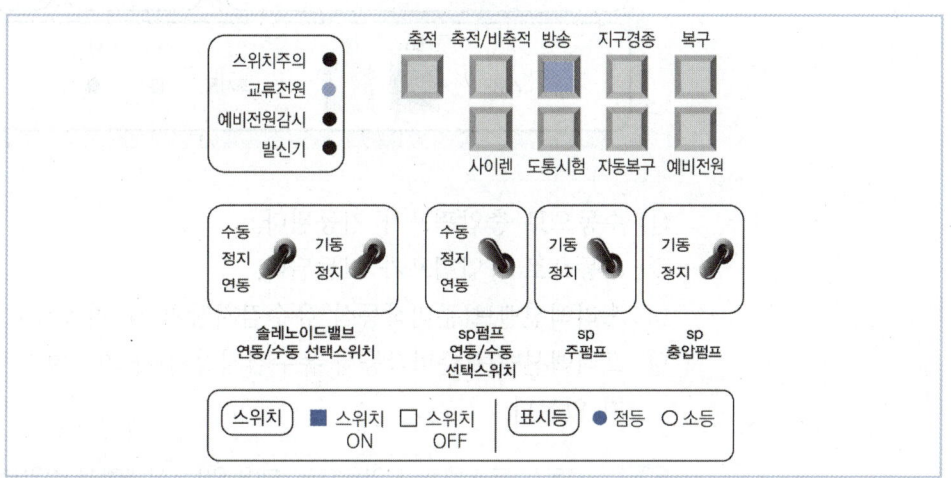

① 충압펌프가 기동 중이다.
② 감시제어반의 전원이 공급되지 않고 있다.
③ 도통시험 중이다.
④ 주펌프가 기동 중이다.

해설 ① 주펌프가 기동 중이다.
② 감시제어반의 교류전원이 점등되어 있는 상태이므로 전원이 공급되고 있다.
③ 도통시험 스위치는 눌려져 있지 않으므로 도통시험 중이 아니다.
④ 연동/수동 선택스위치가 수동으로 되어 있고, 주펌프 스위치가 기동 위치로 되어 있으므로 주펌프가 기동된 상태이다.

정답 33.③ 34.④

35

준비작동식 스프링클러설비 점검 중 실수로 아래 ㉠버튼을 건드려서 〈그림〉과 같이 되었다. 아래 〈그림〉을 보고 맞는 내용을 고르면?

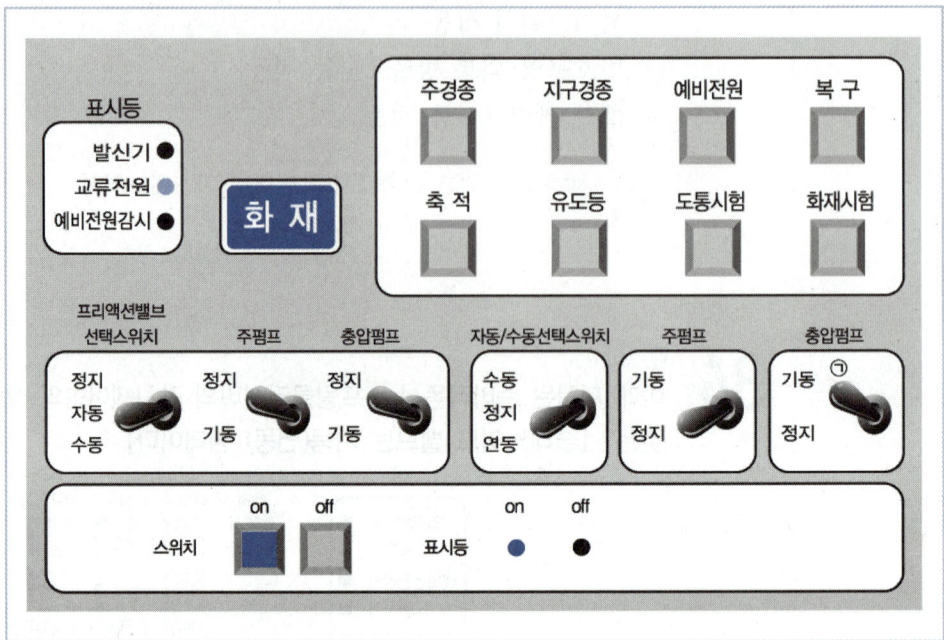

① 수동으로 충압펌프가 기동된다.
② 자동으로 충압펌프가 기동된다.
③ 프리액션밸브(준비작동식 유수검지장치)가 기동하고 충압펌프가 기동한다.
④ 프리액션밸브(준비작동식 유수검지장치)가 기동하지 않고 충압펌프도 기동하지 않는다.

해설 자동/수동스위치가 연동으로 되어 있는 상태에서 충압펌프만 기동 위치로 한 경우 프리액션밸브도 기동하지 않고 충압펌프도 기동하지 않는다.

정답 35.④

▶ 교재 2권 p.75

36 감시제어반(준비작동식)에 감지기 A와 화재표시등에 적색등이 점등되고 있다면 일어나는 현상은?

① 방호구역 내 음향장치(사이렌)가 작동한다.
② 스프링클러 헤드가 개방된다.
③ 펌프가 작동한다.
④ 밸브 1차측 물이 2차측으로 넘어간다.

해설 감지기 A와 화재표시등이 점등된 경우에는 준비작동식 스프링클러설비는 작동하지 않고, 펌프도 기동하지 않는다. 방호구역 내 음향장치(사이렌)만 작동한다.

▶ 교재 2권 p.69~70

37 다음 〈보기〉의 스프링클러설비에 대한 설명 중 옳은 것을 모두 고르면? (부압식은 고려하지 않는다)

|보기|
㉠ 유수검지장치에 전자밸브가 부착되어 있는 방식은 준비작동식, 일제살수식이다.
㉡ 시험밸브는 습식에만 설치된다.
㉢ 유수검지장치 등을 기동하기 위한 화재감지기가 필요한 방식은 준비작동식, 일제살수식이다.
㉣ 유수검지장치를 기준으로 2차측에 가압수가 있는 방식은 습식이다.
㉤ 헤드에 개방형헤드가 사용되는 방식은 준비작동식과 일제살수식이다.

① ㉠, ㉡, ㉢, ㉤
② ㉡, ㉢, ㉤
③ ㉠, ㉢, ㉣
④ ㉠, ㉡, ㉢, ㉣, ㉤

해설 ㉡ 시험밸브는 습식뿐만 아니라 건식에도 설치된다.
㉤ 헤드에 개방형헤드가 사용되는 방식은 일제살수식이다.

정답 36.① 37.③

38

준비작동식 스프링클러설비의 감시제어반이 아래 〈그림〉과 같은 상태일 때 정상으로 관리하기 위해 조치해야 하는 것으로 옳은 것은? (아래 표시된 것 외에는 무시한다)

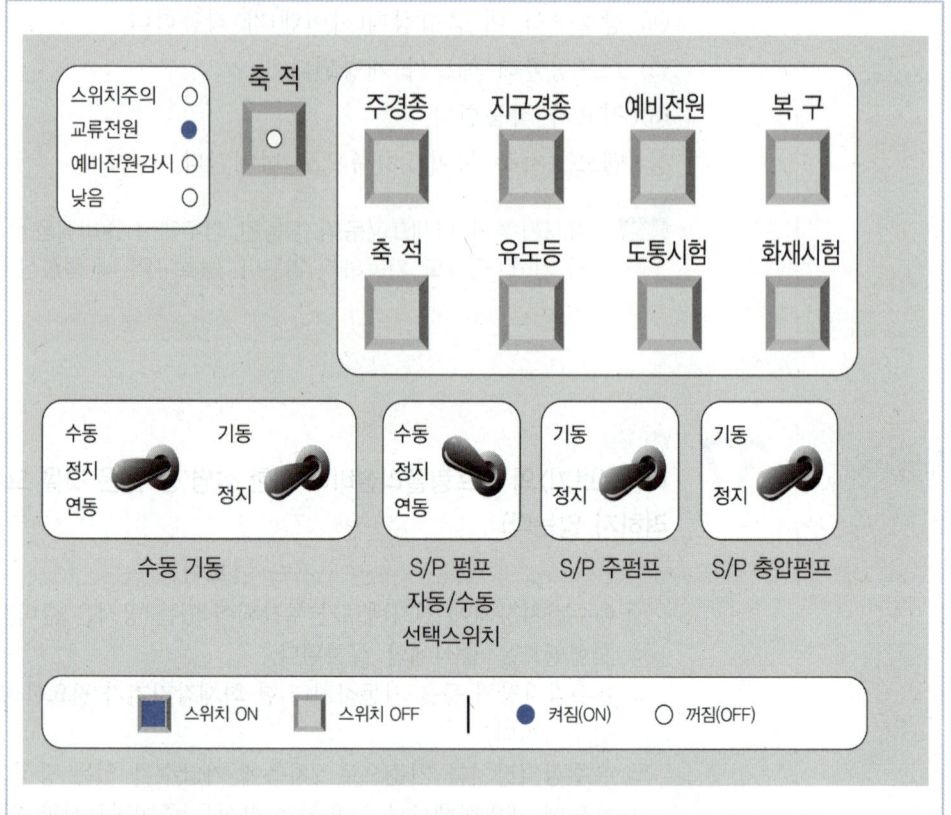

① 비화재보를 방지하기 위하여 자동복구스위치를 눌러야 한다.
② S/P 펌프 자동/수동 스위치를 아래로 내려서 연동위치에 놓아야 한다.
③ S/P 주펌프 스위치를 위로 올려서 기동위치에 놓아야 한다.
④ 도통상태를 유지할 수 있도록 도통시험 스위치를 눌러야 한다.

해설 준비작동식 스프링클러설비의 감시제어반을 정상으로 관리하기 위해서는 S/P 펌프 자동/수동 스위치를 아래로 내려서 연동위치에 놓아야 한다.

정답 38.②

39

다음 〈그림〉은 기동용수압개폐장치(압력챔버)의 압력스위치를 나타낸 것이다. 〈그림〉에서 펌프의 기동점과 정지점의 연결이 바른 것은?

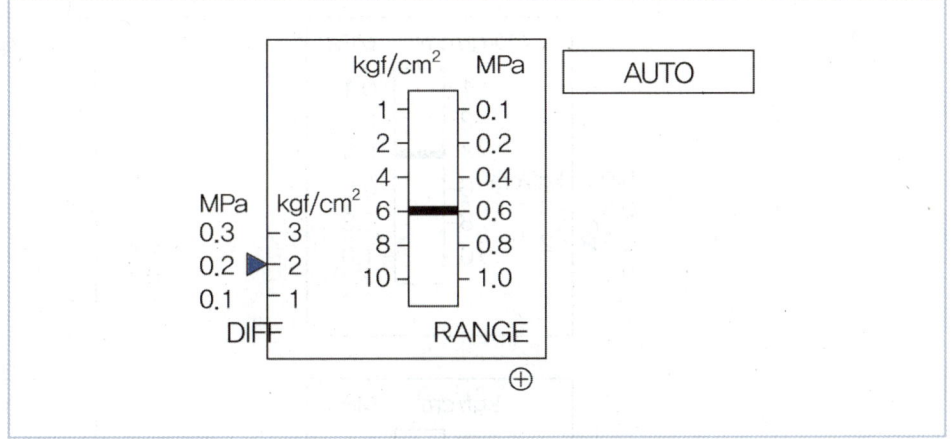

① 기동점 0.2MPa, 정지점 0.6MPa
② 기동점 0.2MPa, 정지점 0.8MPa
③ 기동점 0.4MPa, 정지점 0.6MPa
④ 기동점 0.4MPa, 정지점 0.8MPa

해설 Range가 펌프의 정지압력을 나타내므로 정지점은 0.6MPa이고, 기동점은 Range−DIFF값이므로 기동점＝0.6MPa−0.2MPa＝0.4MPa이다.

정답 39.③

40.

펌프의 기동점이 0.2MPa이고 정지점이 0.4MPa이라고 할 때 압력스위치 세팅이 제대로 된 것은?

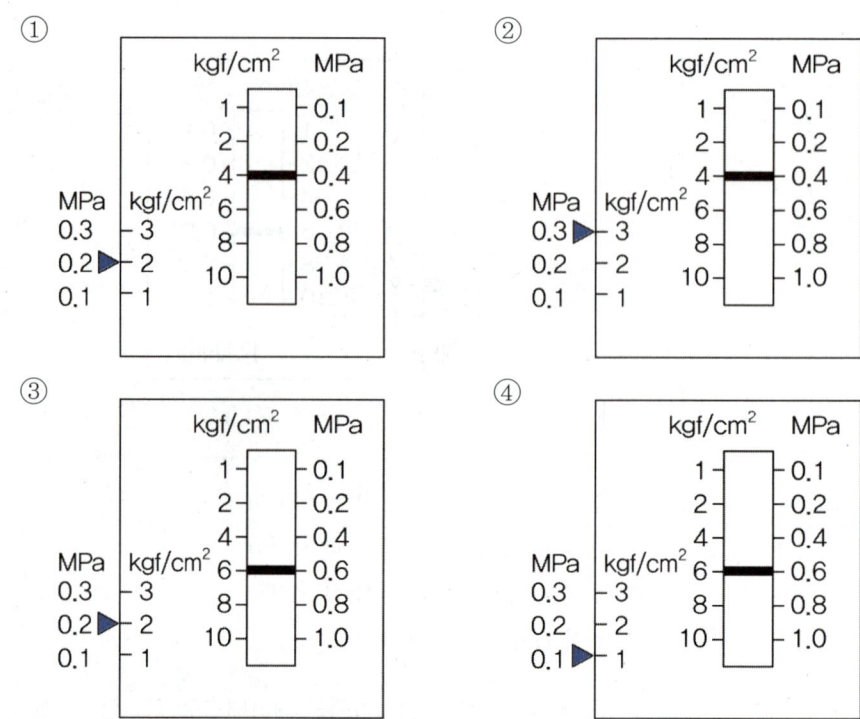

해설 정지점은 0.4MPa이면 Range가 0.4MPa에 놓으면 되고, 기동점이 0.2MPa이므로 DIFF = 정지점 − 기동점 = 0.2MPa이다. 따라서 정답은 ①이다.

정답 40.①

41 〈감시제어반〉에 표시된 상황이 아래와 같을 때 〈동력제어반〉에서 켜져야 하는 표시등으로 알맞게 짝지은 것은?

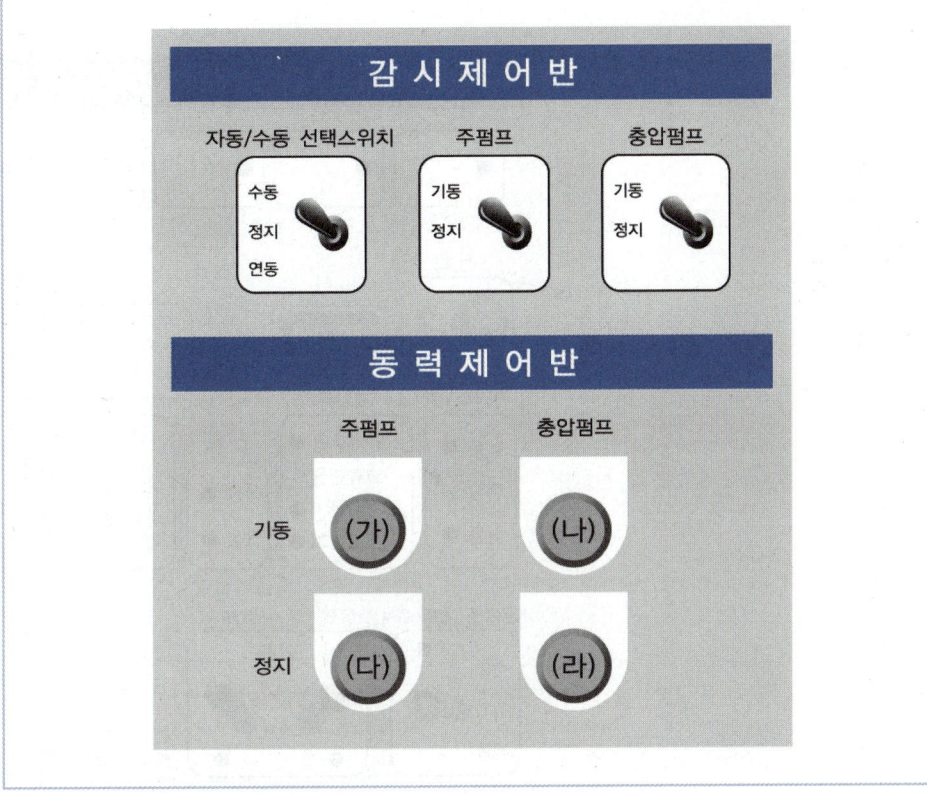

① (가), (나) ② (가), (라)
③ (다), (나) ④ (다), (라)

해설 〈감시제어반〉의 주펌프와 충압펌프가 모두 수동으로 기동된 상황이므로 〈동력제어반〉의 주펌프 기동, 충압펌프 기동 표시등이 모두 켜져야 한다.

정답 41.①

42

다음 〈그림〉을 참조하여, 평상 시 스프링클러설비 감시제어반의 각 스위치 및 표시등의 정상상태를 알맞게 표시한 것으로 짝지은 것은?

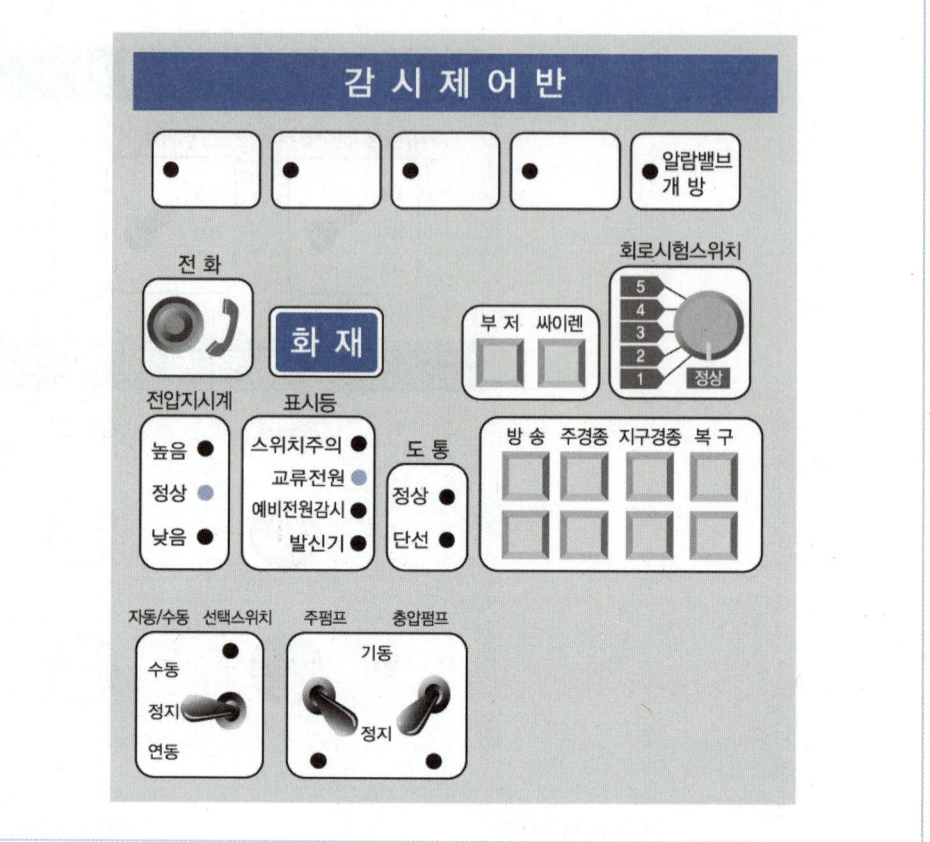

	알람밸브개방등	화재표시등	전압지시계 표시등 위치	표시등 위치
①	점등	점등	정상	스위치주의
②	점등	소등	높음	예비전원감시
③	소등	소등	정상	교류전원
④	소등	점등	낮음	발신기

해설 감시제어반의 각 스위치 및 표시등은 정상상태일 때 알람밸브개방등 – 소등, 화재표시등 – 소등, 전압지시계 표시등 위치 – 정상, 표시등 위치 – 교류전원을 각각 표시한다.

정답 42. ③

43 스프링클러설비의 감시제어반의 상태가 아래와 같을 때 이후 발생되는 상황으로 옳은 것은?

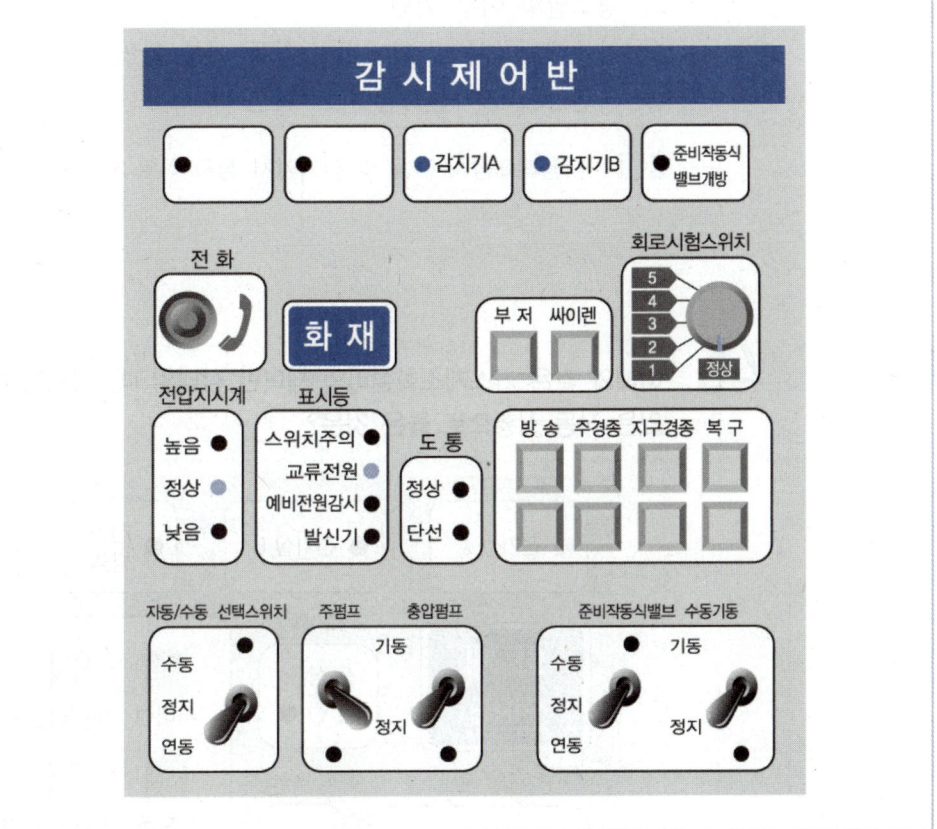

① 솔레노이드밸브 정지
② 준비작동식밸브개방표시등 점등
③ 스위치주의등 점등
④ 펌프 정지

해설 ① 솔레노이드밸브 작동, ③ 사이렌 경보, ④ 펌프 자동기동이 맞는 내용이다.

정답 43.②

44 다음 중 가스계소화설비의 작동확인 내용으로 틀린 것은?

① 솔레노이드밸브 작동 여부 확인
② 경보발령 여부 확인
③ 자동폐쇄장치 및 환기장치 작동 여부 확인
④ 지연장치의 지연시간 체크 확인

[해설] 자동폐쇄장치 작동 및 환기장치 정지 여부 확인이다.

45 아래와 같은 가스계소화설비의 제어반 상태일 때, 감지기 A가 동작할 때 발생할 수 있는 작동 상황으로 옳은 것은?

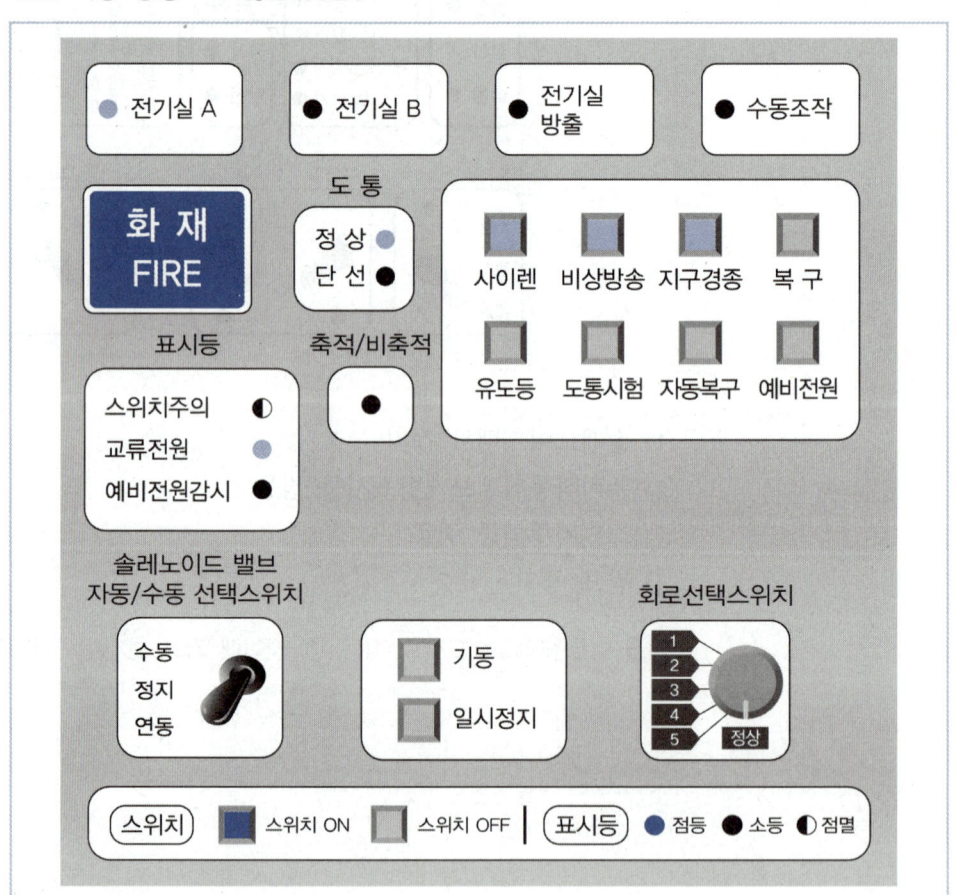

① 솔레노이드밸브는 작동되지 않는다.
② 사이렌이 울린다.
③ 화재표시등은 점등되지 않는다.
④ 방출표시등이 점등된다.

[정답] 44.③ 45.①

해설 ① 솔레노이드밸브는 감지기 A와 감지기 B 모두 동작해야 작동되므로 감지기 A만 동작할 경우 작동되지 않는다.
② 사이렌 버튼이 눌려져 있으므로 사이렌은 울리지 않는다.
③ 화재표시등은 점등된다.
④ 감지기 A만 동작할 경우 가스가 방출되지 않으므로 방출표시등은 점등되지 않는다.

46

자체점검을 위하여 A, B감지기를 작동시켰으나 솔레노이드 밸브가 작동하지 않았을 때 솔레노이드 밸브를 정상 작동시키려면 아래 〈그림〉의 감시제어반에서 작동시켜야 할 스위치와 조치방법으로 타당한 것은?

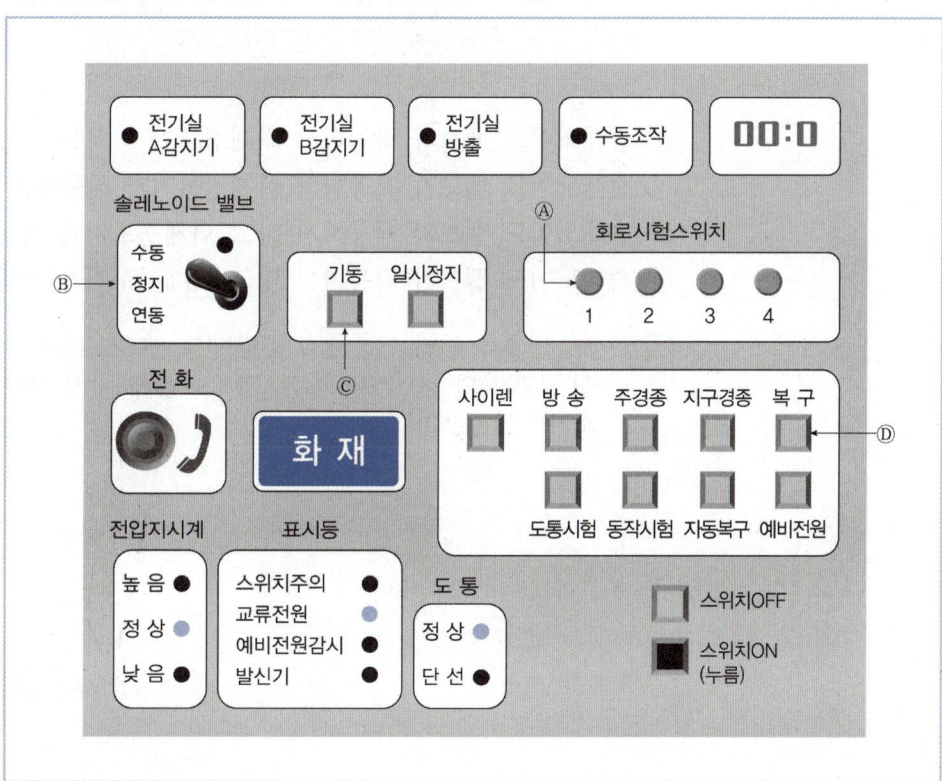

① Ⓐ번 회로시험스위치를 누른다.
② Ⓑ번 스위치를 연동 위치에 놓는다.
③ Ⓒ번 기동스위치를 누른다.
④ Ⓓ번 복구스위치를 누른다.

해설 감지기 A와 감지기 B를 작동시켰을 때는 연동으로 솔레노이드 밸브가 작동하여야 하나, 감시제어반에서 솔레노이드 밸브가 수동으로 되어 있는 상태이다. 따라서 솔레노이드 밸브를 아래로 내려 연동(자동) 위치에 놓아야 한다.

47

아래 〈그림〉은 가스계소화설비의 제어반을 나타낸 것이다. 이때 감지기A와 감지기B를 작동시켰을 때 일어나는 상황을 바르게 설명한 것은?

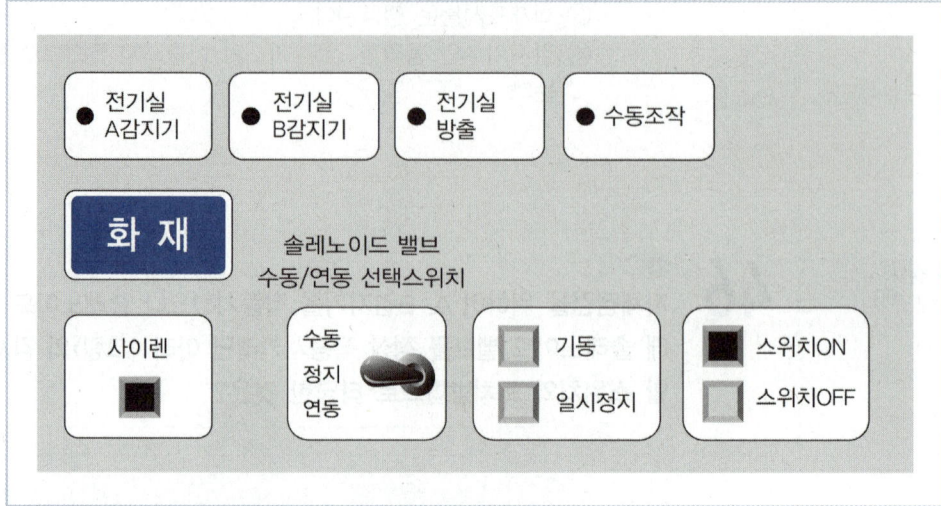

① 솔레노이드 밸브가 작동하고 화재경보기가 작동한다.
② 솔레노이드 밸브가 작동하고 화재경보기가 작동하지 않는다.
③ 솔레노이드 밸브가 작동하지 않고 화재경보기가 작동한다.
④ 솔레노이드 밸브가 작동하지 않고 화재경보기가 작동하지 않는다.

해설 제어반에서 솔레노이드 밸브 수동/연동 선택스위치가 정지 상태에 있으므로 전기실 감지기A와 감지기B를 작동시켰어도 솔레노이드 밸브는 작동하지 않고, 화재경보기만 작동한다.

47.③

48 아래 〈그림〉의 가스계소화설비의 제어반에서 데이터실의 감지기A와 감지기B가 작동되었을 때 점등되는 표시등과 지연시간이 흐른 후에 점등되는 표시등으로 잘못된 것은?

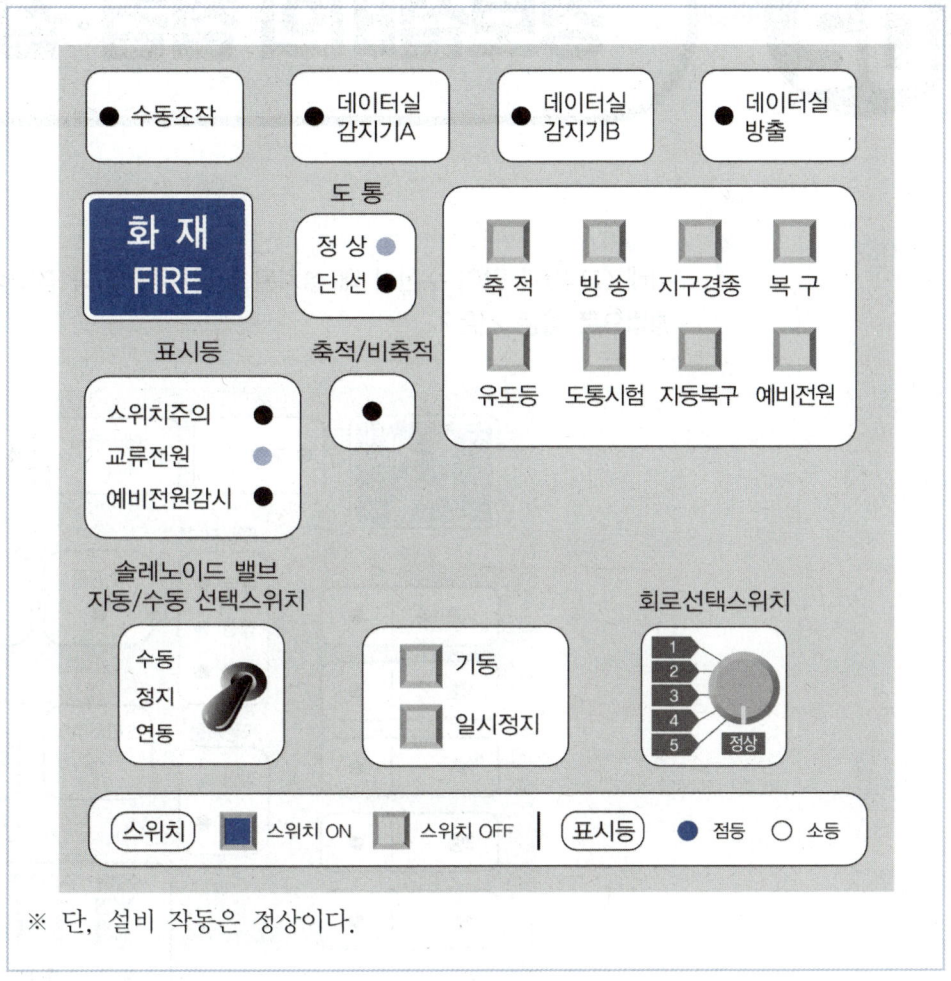

① 수동조작 표시등
② 데이터실 방출표시등
③ 데이터실 감지기A 지구표시등
④ 화재표시등

해설 데이터실의 감지기A와 감지기B가 작동되었을 때는 화재표시등, 데이터실 감지기 A, B 지구표시등과 데이터실 방출표시등이 점등된다. 수동조작 표시등은 수동으로 작동시켰을 때 점등된다.

정답 48.①

PART 01

경보설비의 점검·실습·평가

▶ 교재 2권 p.98

01 상 중 하

아래 〈그림〉과 같이 수신기 내 설치된 스위치주의등이 점멸상태일 경우 원인과 조치 방법으로 옳은 것은?

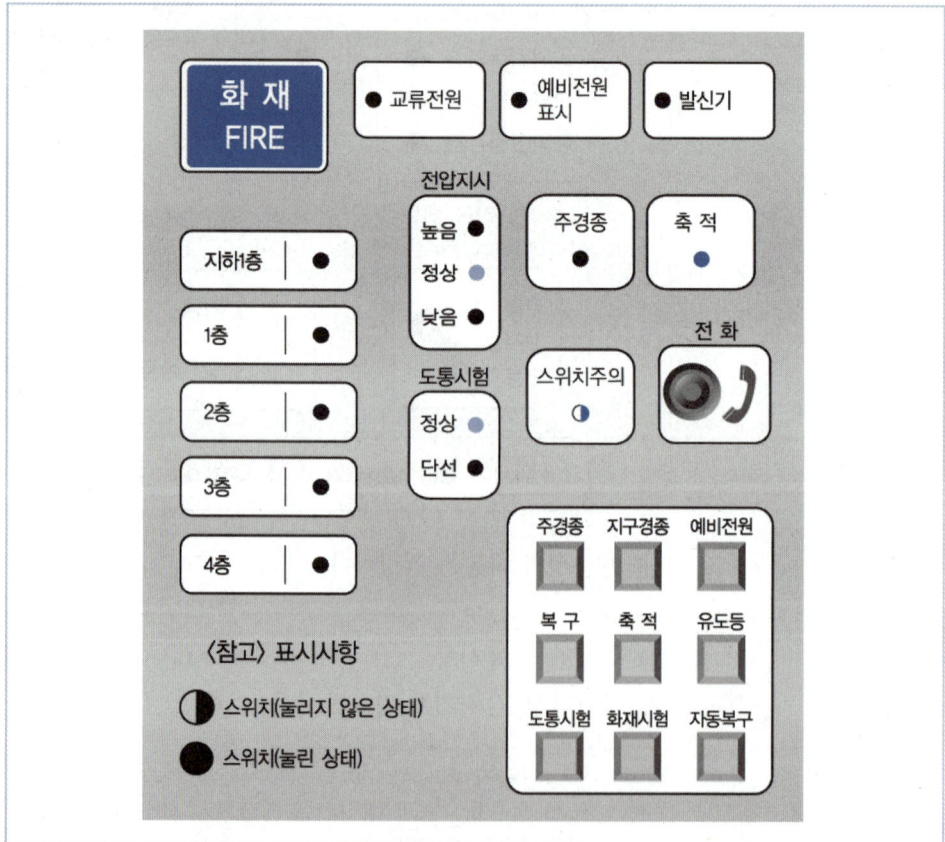

① 조작스위치 중 어느 하나 이상이 조작된 상태로 조작된 스위치를 원상태로 복구한다.
② 수신기가 고장난 상태로 점검해야 한다.
③ 각 경계구역의 버튼을 차례로 눌러 점검한다.
④ 수신기 단락 여부를 확인한다.

해설 조작스위치 중 어느 하나 이상이 조작된 상태로 조작된 스위치를 원상태로 복구한다.

02

이산화탄소소화설비가 설치된 A건물에 대한 작동기능점검 중 3층 감지기를 작동시켰을 때 아래 P형 수신기에서 작동여부를 검사해야 하는 것이 아닌 것은?

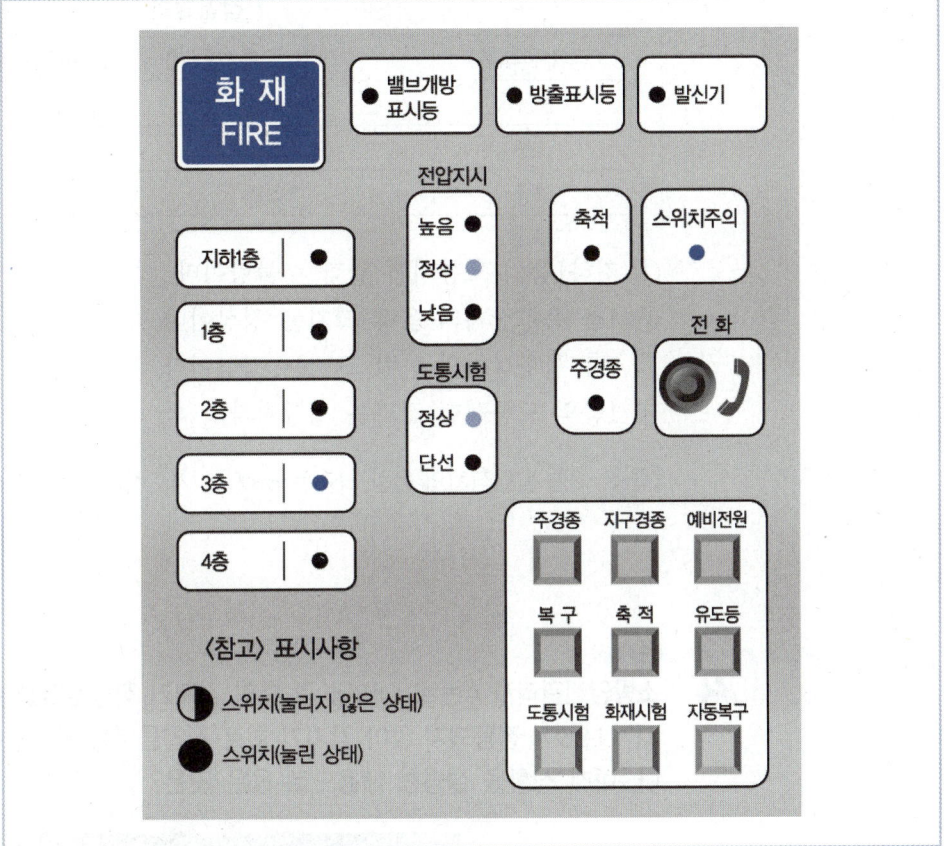

① 수신기응답표시등 작동
② 밸브개방표시등 작동
③ 방출표시등 작동
④ 화재표시등 작동

해설 수신기응답표시등은 발신기에 표시되는 사항으로 P형 수신기에서 작동여부를 점검할 수 없는 사항이다.

정답 02.①

PART 01 소방시설(소화설비, 경보설비, 피난구조설비)의 점검·실습·평가

▶ 교재 2권 p.102

03
다음 전압계가 있는 수신기의 도통시험 결과와 각 층의 동작시험에 따른 음향장치의 음량 크기를 측정한 점검결과에 대한 설명으로 옳지 않은 것은?

| 점검결과 |

경계구역(층)	수신기 도통시험(V)	수신기 동작시험 시 음량 크기
지하1층	0V	90dB
1층	6V	100dB
2층	8V	80dB

① 지하1층의 도통시험 결과는 불량이다.
② 1층 음향장치의 음량 크기는 정상이다.
③ 2층 음향장치의 음량 크기는 정상이다.
④ 1층의 도통시험 결과는 정상이다.

해설 2층 음향장치의 음량 크기는 80dB로 기준치인 90dB 이상에 못 미치므로 불량이다.

▶ 교재 2권 p.107

04
소방안전관리자 A는 ○○빌딩 각 층의 감지기 작동점검을 실시하였다. 검사 도중 감지기 LED가 점등되지 않아 감지기 회로 전압을 확인하였는데, 아래와 같이 측정되었다. 아래 상황을 설명한 내용으로 옳은 것은?

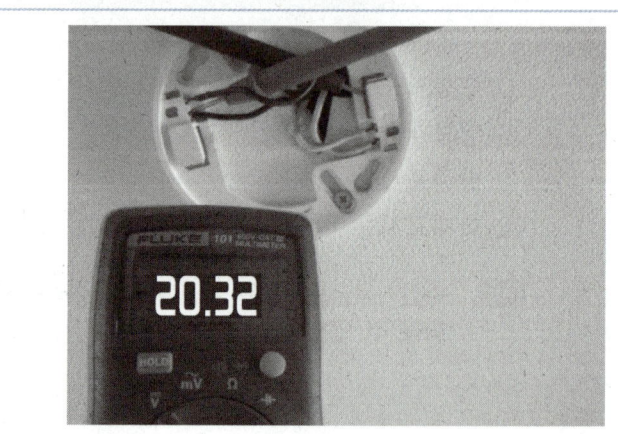

① 위의 결과로 보았을 때, 회로도통시험 시 도통시험지시등의 적색등이 점등된다.
② 정격전압의 80% 이상이므로 감지기 불량으로 감지기를 교체한다.
③ 감지기 전압 측정결과 20.32V이므로 회로가 단선되었다.
④ 수신기의 전원스위치가 OFF 상태이므로 ON 위치로 한다.

해설 ① 도통시험지시등의 적색등이 점등되는 것은 단선(0V)일 경우이다.
③ 감지기 전압 측정결과 20.32V로 정격전압 80% 이상일 경우 감지기 불량이다. 0V일 경우 회로 단선이다.
④ 수신기의 전원스위치가 OFF 상태와 점검결과와는 관련 없다.

05 아래 자동화재탐지설비의 수신기의 상태를 보았을 때 3층 발신기의 작동 시 확인할 수 있는 것으로 옳지 않은 것은?

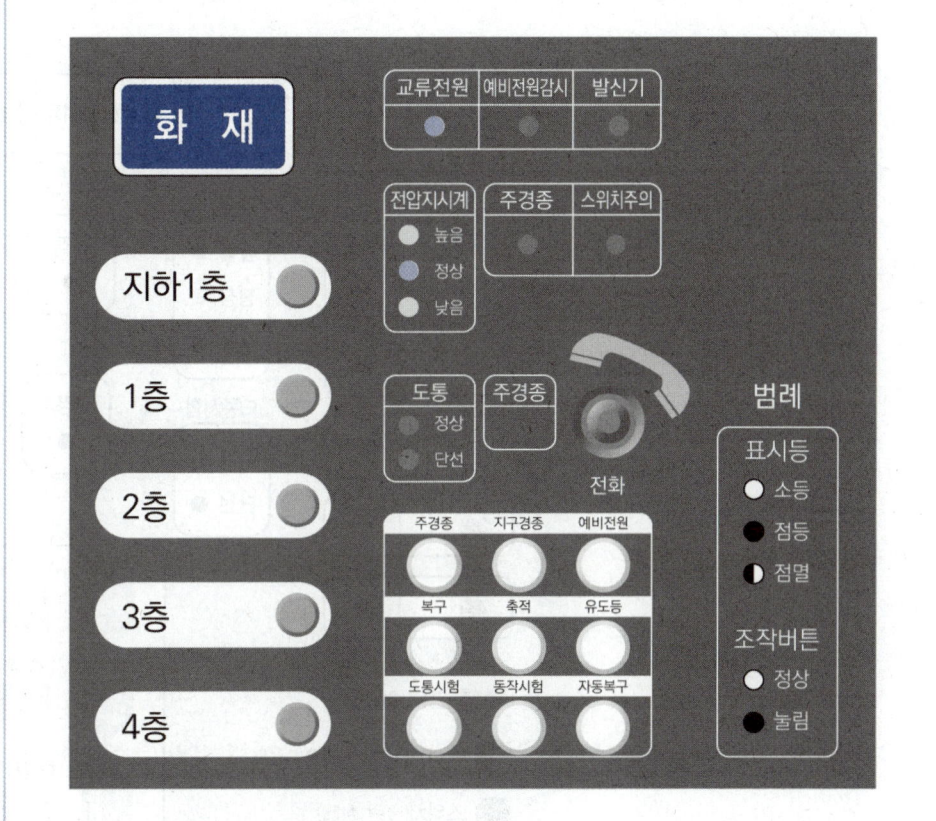

① 수신기의 발신기 표시등 점등
② 수신기의 3층 지구표시등 점등
③ 수신기의 화재표시등 점등
④ 수신기의 스위치주의등 점멸

해설 3층 발신기가 작동했을 경우 화재표시등 점등, 수신기의 발신기 표시등 점등, 수신기의 3층 지구표시등 점등은 확인할 수 있으나, 스위치주의등 점멸은 확인할 수 없다.

정답 05.④

06

3층 발신기에서 누름버튼이 작동되었다. 아래 수신기를 참조할 때 제대로 작동되지 않은 것은?

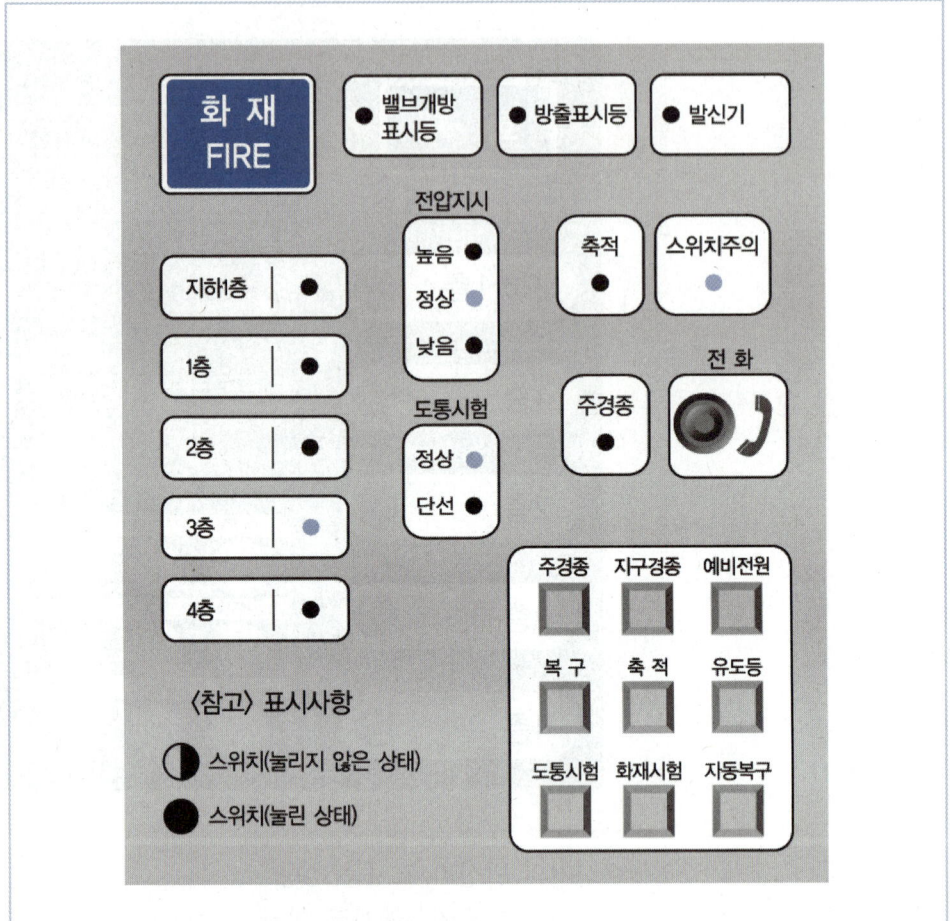

① 3층 발신기 응답램프가 점등되었다.
② 3층 지구표시등이 점등되었다.
③ 스위치주의등이 점등되었다.
④ 화재표시등이 점등되었다.

[해설] 스위치주의등이 점등된 것은 제대로 작동된 것이 아니다.

정답 06.③

07

P형수신기(로터리 방식)의 동작시험 순서로 알맞은 것은?

㉠ 동작시험 및 자동복구 시험스위치를 누른다.
㉡ 회로선택스위치를 차례로 회전시켜 시험한다.
㉢ 화재표시등, 각 지구표시등, 기타 표시장치의 점등, 음향장치의 작동을 확인한다.
㉣ 동작시험 및 자동복구 시험스위치를 복구한다.
㉤ 수신기를 초기상태로 복구한다.

① ㉠ - ㉡ - ㉢ - ㉣ - ㉤
② ㉠ - ㉢ - ㉣ - ㉤ - ㉡
③ ㉠ - ㉡ - ㉣ - ㉢ - ㉤
④ ㉠ - ㉢ - ㉤ - ㉣ - ㉡

해설 '㉠ 동작시험 및 자동복구 시험스위치를 누른다. → ㉡ 회로선택스위치를 차례로 회전시켜 시험한다. → ㉢ 화재표시등, 각 지구표시등, 기타 표시장치의 점등, 음향장치의 작동을 확인한다. → ㉣ 동작시험 및 자동복구 시험스위치를 복구한다. → ㉤ 수신기를 초기상태로 복구한다.' 순으로 동작시험이 진행된다.

08

P형 수신기(로터리 방식)의 동작시험 순서로 올바른 것은?

㉠ 동작(화재)시험 스위치를 누른다.
㉡ 경계구역마다 회로선택스위치를 차례로 회전시켜 시험한다.
㉢ 화재표시등, 지구(경계구역)표시등, 음향장치의 작동 등 정상 동작여부를 확인한다.
㉣ 자동복구스위치를 누른다.
㉤ 수신기를 초기상태로 복구한다.

① ㉠ → ㉡ → ㉢ → ㉣ → ㉤
② ㉠ → ㉡ → ㉢ → ㉤ → ㉣
③ ㉠ → ㉣ → ㉡ → ㉢ → ㉤
④ ㉠ → ㉣ → ㉡ → ㉤ → ㉢

해설 '㉠ 동작(화재)시험 스위치를 누른다. → ㉣ 자동복구스위치를 누른다. → ㉡ 경계구역마다 회로선택스위치를 차례로 회전시켜 시험한다. → ㉢ 화재표시등, 지구(경계구역)표시등, 음향장치의 작동 등 정상 동작여부를 확인한다. → ㉤ 수신기를 초기상태로 복구한다.' 순으로 동작시험이 진행된다.

정답 07.① 08.③

PART 01 소방시설(소화설비, 경보설비, 피난구조설비)의 점검·실습·평가

▶ 교재 2권
p.112

09 상 중 하
로터리 방식 자동화재탐지설비의 회로 도통시험의 적부판정방법에 대한 내용으로 옳지 않은 것은?

① 전압계가 있는 경우 단선이면 0V를 가리킨다.
② 도통시험 확인등이 있는 경우 정상인 경우 녹색으로 점등된다.
③ 전압계가 있는 경우 정상이면 22~24V를 가리킨다.
④ 도통시험 확인등이 있는 경우 단선인 경우 적색으로 점등된다.

[해설] 전압계가 있는 경우 정상이면 4~8V를 가리킨다.

▶ 교재 2권
p.109~114

10 상 중 하
자동화재탐지설비의 점검에 대한 내용으로 옳지 않은 것은?

① 로터리방식의 경우 도통시험스위치를 누른 후 회로시험스위치를 각 경계구역별로 차례로 회전하여 점검한다.
② 전압계가 6V일 경우 정상이다.
③ 예비전원시험에서 전압계가 14V일 경우 정상이다.
④ 예비전원시험은 예비전원스위치를 누른 상태로 점검한다.

[해설] 예비전원시험에서 전압계가 19~29V일 경우 정상이다.

▶ 교재 2권
p.114

11 상 중 하
자동화재탐지설비의 예비전원시험에 대한 내용으로 옳지 않은 것은?

① 예비전원 시험스위치를 누르고 있을 경우에만 시험 가능하다.
② 전압계인 경우 정상이면 14~28V를 가리킨다.
③ 램프방식인 경우 정상이면 녹색을 가리킨다.
④ 예비전원의 전압 및 상호 자동절환이 정상인지 확인한다.

[해설] 전압계인 경우 정상이면 19~29V를 가리킨다.

정답 09.③ 10.③ 11.②

12 자동화재탐지설비의 점검사항으로 옳지 않은 것은?

① 비상전원 연결소켓이 분리된 경우 예비전원감시등이 점등된다.
② 수신기 내부의 퓨즈가 단선되면 퓨즈 옆에 적색 LED가 점등된다.
③ 점검시간을 단축하기 위하여 수신기를 축적위치로 하고 감지기 점검을 실시한다.
④ 수신기에 공급되는 전압상태가 정상상태라면 교류전원등에 점등되고, 전압지시 표시등은 정상에 점등되어야 한다.

해설 수신기를 비축적위치로 하고 감지기 점검을 실시한다.

13 다음 중 수신기의 회로도통시험과 관련이 없는 것은?

① 도통시험스위치를 누른다.
② 회로시험스위치를 각 경계구역에 맞춰 회전시킨다.
③ 자동복구스위치를 눌러놓고 시험한다.
④ 전압계가 있는 경우 도통시험 시 정상전압은 4~8[V]이다.

해설 자동복구스위치를 눌러놓고 시험하는 것은 동작시험이다. 회로도통시험 시에는 자동복구스위치를 눌러놓고 시험하지 않는다.

정답 12.③ 13.③

14

아래와 같은 수신기에서 회로시험스위치를 정상위치에서 1, 2번을 거쳐 3번으로 돌렸을 때 나타나는 현상으로 옳은 것은?

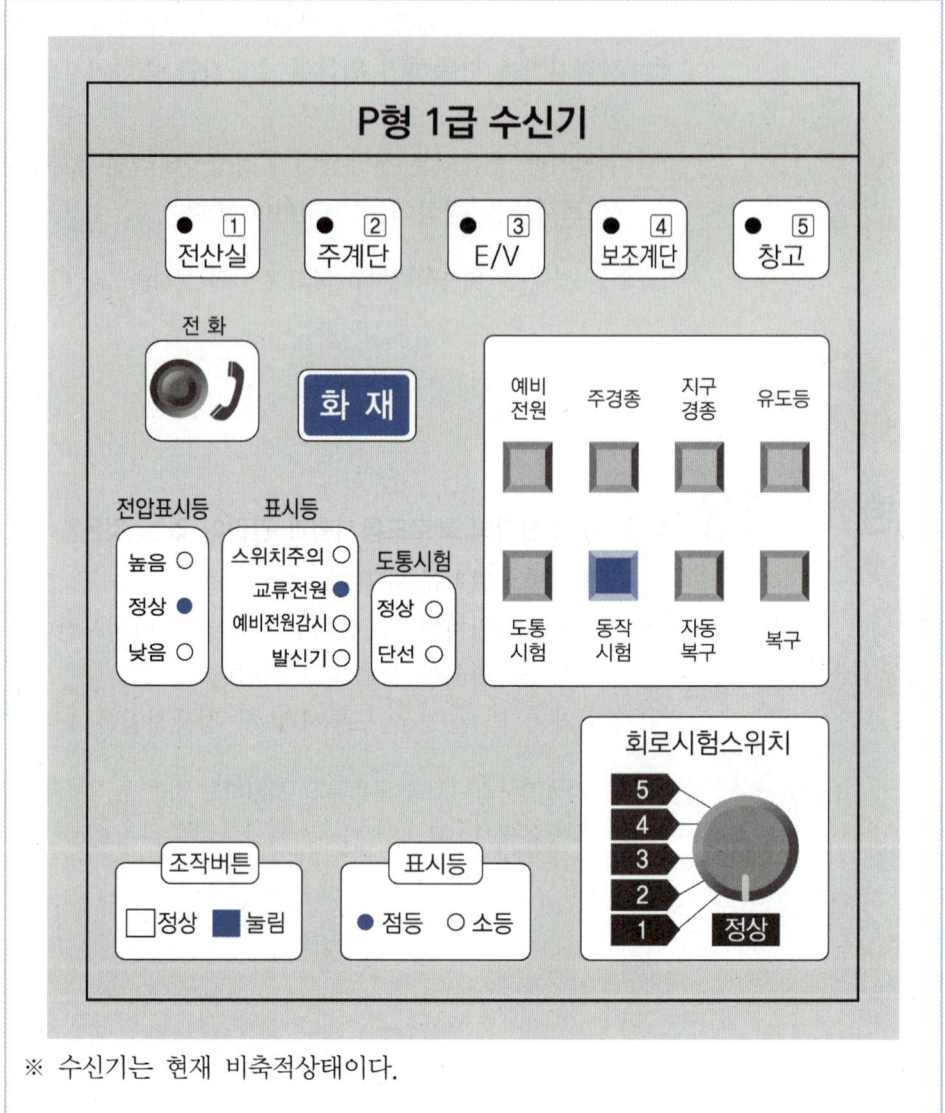

※ 수신기는 현재 비축적상태이다.

① E/V의 지구표시등만 점등상태를 계속 유지한다.
② 도통시험 표시등의 정상등이 미점등상태를 유지한다.
③ 주경종과 지구경종은 작동되나 화재표시등은 미점등상태를 유지한다.
④ 전산실, 주계단, E/V의 지구표시등이 점등상태를 계속 유지한다.

해설 동작시험스위치가 눌려져 있는 상태이므로 회로시험스위치를 1, 2번에서 3번으로 돌렸다면 화재표시등, E/V의 지구표시등이 점등상태를 유지한다. 동작시험 중이므로 도통시험 표시등의 정상등은 미점등상태를 유지한다.

정답 14.②

15. 자동화재탐지설비 점검에 대한 설명으로 옳지 않은 것은?

① 동작시험 및 자동복구 시험스위치를 누른 후 각 경계구역별 동작버튼을 누른 후 시험한다.
② 전압계가 있는 경우 24V이면 정상, 0V이면 단선이다.
③ 예비전원시험에서 19~29V인 경우 정상이다.
④ 감지기 사이의 회로배선은 송배선식으로 한다.

해설 전압계가 있는 경우 4~8V이면 정상이고, 0V이면 단선이다.

16. P형 수신기(버튼식) 도통시험의 결과가 정상임을 알려주는 것은?

① 전압지시 녹색등
② 교류전원 녹색등
③ 각 경계구역 녹색등
④ 측정전압 0V

해설 P형 수신기(버튼식) 도통시험은 각 경계구역과의 연결을 시험하는 것이므로 각 경계구역을 나타내는 등이 녹색등으로 점등되면 정상이다.

정답 15.② 16.③

17 다음 〈그림〉은 A건물의 P형 수신기이다. 예비전원시험에 대한 내용으로 옳지 않은 것은?

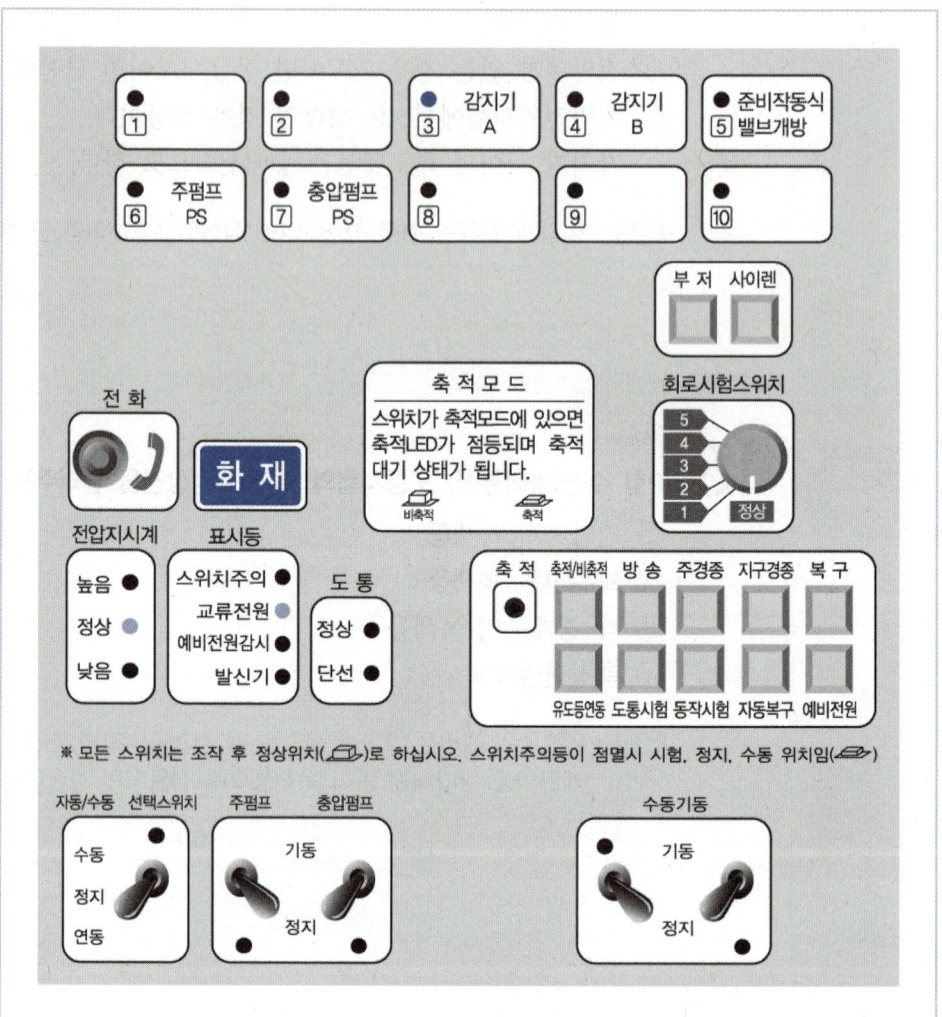

① 예비전원 스위치를 누른 상태에서 시험한다.
② 전압계의 경우 19~29V인 경우 정상이다.
③ 램프방식의 경우 스위치주의등이 점등된 경우 정상이다.
④ 예비전원의 전압 및 상호 자동절환이 정상인지 확인한다.

해설 램프방식의 경우 녹색등이 점등된 경우 정상이다.

18 ○○ 건축물에 화재경보가 발생하여 관계인이 화재 발생 여부 확인한 후 수신기를 복구하였다. 아래 R형 수신기의 기록 상태를 보고 알 수 있는 것은?

일시	회선설명	동작구분	메세지
2024.3.4. 14:07:26	3F 자동화재탐지설비	화재	화재발생
2024.3.4. 14:07:30	3F 지구경종 작동	출력	중계기출력
2024.3.4. 14:07:30	4F 지구경종 작동	출력	중계기출력
2024.3.4. 14:07:30	5F 지구경종 작동	출력	중계기출력
2024.3.4. 14:07:30	6F 지구경종 작동	출력	중계기출력
2024.3.4. 14:07:30	7F 지구경종 작동	출력	중계기출력
2024.3.4. 14:07:34		수신기	수신기 전체 복구완료

① 해당 건물의 화재 경보방식은 발화층 및 그 직상 4개 층 경보방식이다.
② 해당 건물은 층수가 7층이다.
③ 2024년 3월 4일 14시 7분 30초에 3~7층에서 화재신호가 발생하였다.
④ 관계인이 옥내소화전설비로 화재를 진압하고 2024년 3월 4일 14시 7분 30초에 수신기를 복구하였다.

해설 ① 3층에서 화재신호가 발생하여 3~7층에서 지구경종이 작동한 경우이므로 해당 건물의 화재 경보방식은 발화층(3층) 및 그 직상 4개 층(4~7층) 경보방식이다.
② R형 수신기의 기록 상태만으로는 해당 건물의 층수가 7층인지는 모른다.
③ 2024년 3월 4일 14시 7분 26초에 화재신호가 발생한 곳은 3층이다.
④ 관계인이 옥내소화전설비로 화재를 진압했는지는 R형 수신기의 기록 상태만으로는 알 수 없다.

정답 18.①

19. 다음과 같이 R형 수신기의 표시창이 나타날 경우 표시되지 않은 것은?

운영기록   금호빌딩 방재실

시작일자 : 2018.01.01.   종료일자 : 2018.05.17

☐전체   ☐화재   ☐가스   ☐축적   ☐감시   ☐이상   ☐고장

no	일시	수신기	회선정보	회선설명	동작구분	메세지
			-중략-			
13	18/05/15 17:33:05	1	002	기계실 가스계소화설비	감시	CO_2 방출
14	18/05/15 17:32:35	1	002	기계실 감지기 B	화재	화재발생
15	18/05/15 17:32:05	1	002		수신기	사이렌 출력
16	18/05/15 17:27:03	1	002	2층 지구경종	출력	중계기 출력
17	18/05/15 17:27:02	1	002		수신기	주음향 출력
18	18/05/15 17:27:02	1	002	기계실 감지기 A	화재	화재발생
			-중략-			

① 기계실에 화재 발생   ② 주경종 출력
③ 2층 지구경종 출력   ④ 스프링클러설비 주펌프 작동

해설   R형 수신기의 표시창으로 볼 때 기계실에 화재 발생, 주경종·2층 지구경종·사이렌 출력, 가스계소화설비 작동이 표시되었다.

20. 다음 R형 수신기 기록상태로 알 수 있는 것은?

운영기록

☐ 전체   ☐ 화재   ☐ 가스   ☐ 감시   ☐ 이상   ☐ 고장

no	일시	회선정보	회선 설명	동작부분	메모
1		3	3층 감지기	화재	
2		3	3층 수신기	작동	주음향 출력
3		3	3층 발신기	출력	사이렌 출력
4		4	4층 발신기	출력	사이렌 출력
5			가스계 소화설비	작동	CO_2 방출
6					

① 4층 발신기에서 먼저 작동했다.
② 3층 발신기에서 수동으로 작동했다.
③ 가스계 소화설비가 작동하여 CO_2가 방출하였다.
④ 이 건물은 11층이다.

정답 19.④   20.③

해설 ① 3층 감지기에서 먼저 감지하였다.
② 3층 발신기에서 수동으로 작동한 것이 아니고 3층 감지기에서 감지하여 작동했다.
④ 이 건물이 11층이라는 것은 주어진 R형 수신기 기록만으로 알 수 없다.

21

R형 수신기 운영기록의 일부이다. 어느 설비의 운영기록인가?

운영기록					
□ 전체	□ 화재	□ 가스	□ 감시	□ 이상	□ 고장
no	수신기	회선정보	회선 설명	동작부분	메모
1	B1F	001	지하1층 지구경종	화재	화재발생
2	B1F	001	수신기	작동	사이렌 출력
3	1F	001	1층 지구경종	출력	중계기 출력
4	1F	001	1층 급기 댐퍼	작동	급기 댐퍼 가동
5	1F	001	1층 송풍기	작동	송풍기 가동
6					

① 거실제연설비
② 부속실 제연설비
③ 스프링클러설비
④ 옥내소화전설비

해설 급기 댐퍼가 가동되고 송풍기가 가동된 것으로 볼 때 거실 제연설비에 대한 기록이다.

22

차동식열감지기가 천장형온풍기에 밀접하게 설치되어 오동작이 발생하였다. 올바른 조치가 아닌 것은?

① 감지기 위치를 기류방향 외에 이격설치한다.
② 감지기의 면적을 고려하여 연기감지기로 교체한다.
③ 감지기로 바람이 들어오지 않게 바람의 방향을 막아준다.
④ 정온식 감지기로 교체한다.

해설 정온식 감지기로 교체하는 것은 천장형온풍기의 열기로 인해 오동작이 발생할 수 있으므로 올바른 조치가 아니다.

정답 21.① 22.④

PART 01 소방시설(소화설비, 경보설비, 피난구조설비)의 점검·실습·평가

▶ 교재 2권
p.122~123

23 상중하
비화재보 발생 시 조치 방법을 순서대로 나열한 것은?

㉮ 수신기 확인	㉯ 실제 화재 여부 확인
㉰ 수신기 복구	㉱ 음향장치 복구
㉲ 음향장치 정지	㉳ 비화재보 원인 제거

① ㉮ → ㉰ → ㉯ → ㉲ → ㉱ → ㉳
② ㉮ → ㉰ → ㉯ → ㉲ → ㉳ → ㉱
③ ㉮ → ㉯ → ㉲ → ㉰ → ㉱ → ㉳
④ ㉮ → ㉯ → ㉲ → ㉳ → ㉰ → ㉱

해설 비화재보 시 ㉮ 수신기 확인 → ㉯ 실제 화재 여부 확인 → ㉲ 음향장치 정지 → ㉳ 비화재보 원인 제거 → ㉰ 수신기 복구 → ㉱ 음향장치 복구 순으로 대처한다.

정답 23.④

CHAPTER 03

PART 01 피난구조설비의 점검·실습·평가

01 ▶ 교재 2권 p.132

다음 중 3층인 노유자시설에서 적합하지 않은 피난시설은?
① 간이완강기
② 미끄럼대
③ 승강식피난기
④ 다수인피난장비

해설 간이완강기는 노유자시설 3층에 설치하기 적합하지 않다.

02 ▶ 교재 2권 p.132

다음 중 5층인 조산원에 설치하기 적합하지 않은 것은?
① 구조대
② 미끄럼대
③ 피난용트랩
④ 피난교

해설 4층 이상 10층 이하 조산원인 경우 미끄럼대는 설치하기 적합하지 않다.

03 ▶ 교재 2권 p.132

지하에 설치된 탁구장의 피난시설로 적합한 것은?
① 피난용사다리
② 미끄럼대
③ 간이완강기
④ 승강식피난기

해설 지하에 설치된 탁구장의 경우 피난사다리, 피난용트랩이 피난시설로 적합하다.

04 ▶ 교재 2권 p.132

다음 소방대상물의 설치장소별 피난기구의 적응성으로 옳은 것은?
① 다중이용업소 2층에 간이완강기를 설치하였다.
② 교육연구시설 4층에 미끄럼대를 설치하였다.
③ 공연장 3층에 피난사다리를 설치하였다.
④ 입원실이 있는 조산원 5층에 완강기를 설치하였다.

정답 01.① 02.② 03.① 04.③

[해설]
① 다중이용업소 2층에는 미끄럼대, 피난사다리, 구조대, 완강기, 다수인피난장비, 승강식피난기가 적응성 있는 피난기구에 해당한다.
② 교육연구시설은 그 밖의 것의 적응성에 해당되는데 4층에는 피난사다리, 구조대, 완강기, 피난교, 간이완강기, 공기안전매트, 다수인피난장비, 승강식피난기가 적응성 있는 피난기구에 해당한다.
③ 그 밖의 것에 해당하는 공연장 3층에는 피난사다리를 설치할 수 있다. 그 밖의 것 3층에는 미끄럼대, 피난사다리, 구조대, 완강기, 피난교, 피난용트랩, 간이완강기, 공기안전매트, 다수인피난장비, 승강식피난기가 적응성 있는 피난기구에 해당한다.
④ 입원실이 있는 조산원 5층에는 구조대, 피난교, 피난용트랩, 다수인피난장비, 승강식피난기가 적응성 있는 피난기구에 해당한다.

05 다음 소방대상물의 설치장소별 적응성으로 옳은 것은?
① 다중이용업소 3층에 간이완강기를 설치하였다.
② 다중이용업소 4층에 피난사다리를 설치하였다.
③ 업무시설 4층에 미끄럼대를 설치하였다.
④ 입원실이 있는 접골원 7층에 완강기를 설치하였다.

[해설]
① 다중이용업소 3층에는 미끄럼대, 피난사다리, 구조대, 완강기, 다수인피난장비, 승강식피난기가 적응성 있는 피난기구에 해당한다.
② 다중이용업소 4층에는 피난사다리를 설치할 수 있다. 다중이용업소 4층에는 미끄럼대, 피난사다리, 구조대, 완강기, 다수인피난장비, 승강식피난기가 적응성 있는 피난기구에 해당한다.
③ 업무시설은 그 밖의 것의 적응성에 해당되는데 4층에는 피난사다리, 구조대, 완강기, 피난교, 간이완강기, 공기안전매트, 다수인피난장비, 승강식피난기가 적응성 있는 피난기구에 해당한다.
④ 입원실이 있는 접골원 7층에는 구조대, 피난교, 피난용트랩, 다수인피난장비, 승강식피난기가 적응성 있는 피난기구에 해당한다.

06 소방대상물의 설치장소별 피난기구의 적응성에 대한 설명으로 옳지 않은 것은?
① 간이완강기 – 숙박시설의 3층 이상에 있는 객실
② 공기안전매트 – 공동주택
③ 미끄럼대, 피난사다리, 구조대, 완강기, 다수인피난장비, 승강식피난기 – 영업장의 위치가 4층인 노래방영업소
④ 미끄럼대, 공기안전매트, 간이완강기 – 입원실이 있는 의원의 4층

[해설] 입원실이 있는 의원의 4층에는 구조대, 피난교, 피난용트랩, 다수인피난장비, 승강식피난기가 적응성이 있다. 미끄럼대, 공기안전매트, 간이완강기 모두 적응성이 없다.

정답 05.② 06.④

07

특정소방대상물 4층에 운영하고 있는 다중이용업소에 적응성이 없는 피난기구는?

① 승강식피난기
② 피난용트랩
③ 미끄럼대
④ 피난사다리

해설 다중이용업소 4층에는 미끄럼대, 피난사다리, 구조대, 완강기, 다수인피난장비, 승강식피난기가 적응성 있는 피난기구에 해당한다.

08

객석통로의 직선부분의 길이가 17m일 때 객석유도등의 설치 개수는?

① 3개
② 4개
③ 5개
④ 6개

해설 객석유도등의 개수 = $\dfrac{\text{객석통로의 직선부분의 길이(m)}}{4} - 1$

$= \dfrac{17}{4} - 1 = 3.25$ ∴ 4개를 설치해야 한다.

09

유도등을 나타낸 아래 〈그림〉을 보고 옳지 않은 것을 고르시오.

㉠   ㉡   ㉢

① ㉠은 통로유도등, ㉡은 피난구유도등, ㉢은 객석유도등이다.
② ㉠은 각각 복도, 거실 및 계단 통로유도등으로 구분된다.
③ ㉡은 피난구의 바닥으로부터 1.5m 이상으로서 출입구에 인접한 곳에 설치하여야 한다.
④ ㉢은 객석통로의 직선부분의 길이가 43m이면 7개를 설치하여야 한다.

해설 ④ 객석유도등 설치개수(개) = $\dfrac{\text{객석통로의 직선부분의 길이(m)}}{4} - 1$ 이므로

$43 \div 4 - 1 = 9.75$ ∴ 10개를 설치해야 한다.

정답 07.② 08.② 09.④

10 다음 중 유도등의 3선식 배선 시 자동으로 점등되는 경우가 아닌 것은?

① 방재업무를 통제하는 곳 또는 전기실의 배전반에서 자동으로 점등하는 때
② 상용전원이 정전되거나 전원이 단선되는 때
③ 자동소화설비가 작동되는 때
④ 자동화재탐지설비의 감지기 또는 발신기가 작동되는 때

해설 방재업무를 통제하는 곳 또는 전기실의 배전반에서 수동으로 점등하는 때이다.

11 유도등의 3선식 배선 시 자동으로 점등되는 경우가 아닌 것은?

① 자동화재탐지설비의 감지기와 발신기가 작동하는 때
② 상용전원이 정전된 때
③ 자동소화설비가 작동되는 때
④ 비상경보설비의 발신기가 작동되는 때

해설 자동화재탐지설비의 감지기 **또는** 발신기가 작동하는 때이다.

12 유도등 점검으로 옳지 않은 것은?

① 2선식 유도등은 평상시 점등되어 있는지 확인한다.
② 3선식 유도등은 점등스위치를 ON하고 건물 내 점등이 안 되는 유도등을 확인한다.
③ 2선식 유도등을 껐을 때 예비배터리에 충전되는지 확인한다.
④ 3선식 유도등의 경우 스프링클러설비 등을 현장에서 작동과 동시에 유도등이 점등되는지 확인한다.

해설 2선식 유도등을 절전을 위하여 꺼 놓으면 유도등 내의 예비배터리가 충전되어 있지 않아 정전 시에도 점등이 되지 않는다.

정답 10.① 11.① 12.③

13 유도등 점검내용으로 옳지 않은 것은?

① 3선식 유도등은 수신기에서 수동으로 점등시킨 후 점등여부 확인
② 2선식 유도등일 경우 평상 시 점등되어 있는지 여부 확인
③ 3선식 유도등일 경우 감지기 또는 발신기를 현장에서 동작시켜 유도등이 점등되는지 확인
④ 수신기에서 예비전원 시험을 통해 유도등의 예비전원 상태 확인

해설 예비전원 점검은 외부에 있는 점검스위치(배터리상태 점검스위치)를 당겨보는 방법 또는 점검버튼을 눌러서 점등상태를 확인한다.

14 유도등의 점검내용으로 옳지 않은 것은?

① 2선식 유도등은 평상 시 점등되어 있는지 확인한다.
② 2선식 유도등을 절전을 위하여 꺼 놓을 경우 예비전원에 충전되는지 확인한다.
③ 3선식 유도등은 수신기에서 수동으로 점등할 때 일괄 점등이 되는지 확인한다.
④ 3선식 유도등은 감지기를 작동시켜 점등이 되는지 확인한다.

해설 2선식 유도등을 절전을 위하여 꺼 놓으면 유도등 내의 배터리가 충전이 되어 있지 않아 정전 시에도 점등이 되지 않는다.

15 유도등 점검으로 틀린 것은?

① 지하상가의 경우 정전 시 60분 이상 작동되는지 확인한다.
② 3선식 배선의 경우 감지기 작동 시 점등되는지 확인한다.
③ 2선식 배선의 경우 항상 점등되어 있는지 확인한다.
④ 예비전원 상태의 점검은 수신반에서 점검한다.

해설 예비전원 상태의 점검은 외부에 있는 점검스위치를 당겨보는 방법 또는 점검버튼을 눌러서 점등상태를 확인하는 방법으로 한다.

정답 13.④ 14.② 15.④

PART 01 소방시설(소화설비, 경보설비, 피난구조설비)의 점검·실습·평가

▶ 교재 2권 p.149

16 다음 〈사진〉은 무엇을 점검하는 것인가? (왼쪽 사진은 화살표 부분을 손으로 당기고 있다)

① 작동 점검 ② 예비전원 점검
③ 단선 점검 ④ 조도 점검

해설 좌측 사진의 화살표를 잡아당기고, 우측 사진의 버튼을 눌러서 점등 상태를 확인하는 것은 모두 예비전원 점검이다.

정답 16.②

CHAPTER 04
PART 01
소화용수설비, 소화활동설비의 점검·실습·평가

01 아래 〈그림〉의 소방시설에 대한 설명으로 옳지 않은 것은?

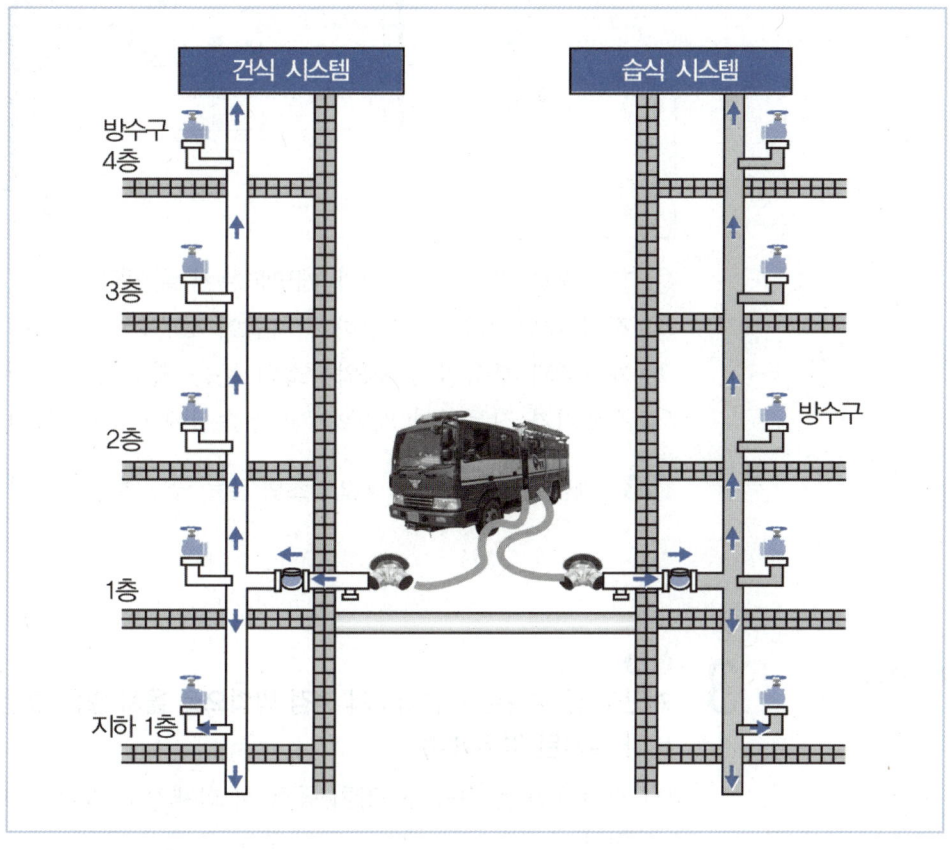

① 소화용수설비 중 연결살수설비이다.
② 5층 이상으로 연면적 6,000m² 이상인 곳에 설치한다.
③ 송수구, 방수구, 방수기구함 및 배관 등으로 구성되어 있다.
④ 지면으로부터 높이가 31m 이상인 특정소방대상물에는 습식을 적용한다.

해설 〈그림〉은 소화활동설비 중 연결송수관설비로 넓은 면적의 고층 또는 지하 건축물에 설치하며, 화재 시 소방관이 소화하는데 사용하는 설비이다.

정답 01.①

02
아래 〈그림〉은 A건물의 제연설비 점검계통도이다. 동 건물의 점검 시 확인해야 할 내용이 아닌 것은?

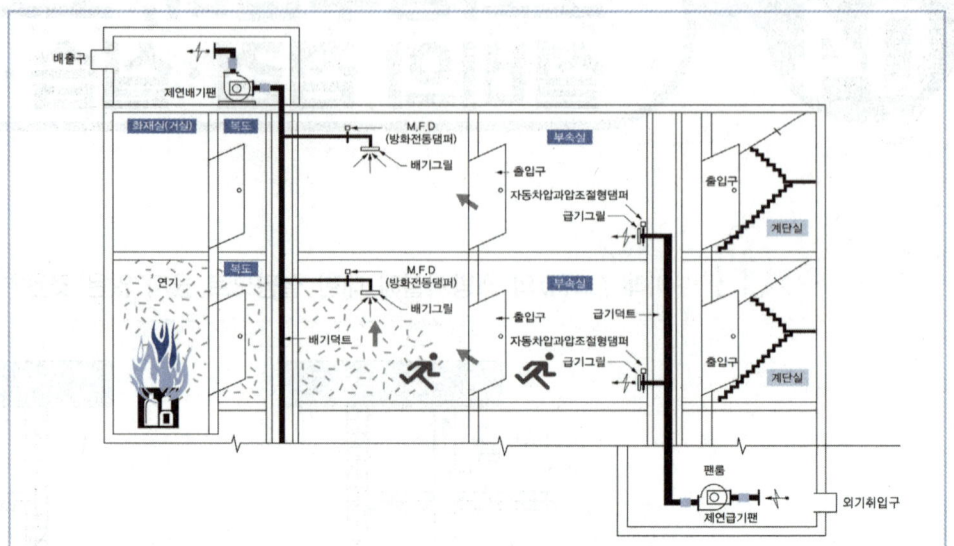

① 화재경보 발생 및 댐퍼가 개방되는지 확인한다.
② 전실 내의 차압을 측정하여 차압이 40Pa 이상인지 확인한다.
③ 계단실과 부속실 등 차압장소의 문을 열고 전실안에서 측정한다.
④ 송풍기가 작동하여 계단실 및 부속실에 바람이 들어오는지 확인한다.

해설 계단실과 부속실 등 차압장소의 문을 닫고 측정해야 한다.

03
계단실 및 부속실 제연설비의 점검 방법으로 옳지 않은 것은? (옥내에 스프링클러설비가 설치된 경우이다)

① 감지기 또는 수동기동장치 동작 시 화재경보 발생 및 댐퍼가 개방되는지 확인한다.
② 제연구역과 옥내와의 차압을 측정하여 12.5Pa 미만인지 확인한다.
③ 댐퍼가 개방된 후 송풍기가 작동하여 부속실과 계단실에 바람이 들어오는지 확인한다.
④ 송풍기 작동 시 출입문을 개방한 상태에서 풍속계로 방연풍속을 측정한다.

해설 제연구역과 옥내와의 차압을 측정하여 12.5Pa **이상**인지 확인한다.

04 비상콘센트설비에 대한 설명으로 옳지 않은 것은?

① 소방시설의 분류상 소화활동설비이다.
② 바닥에서 높이 0.8m 이상 1.5m 이하에 설치한다.
③ 보호함 상부에 적색 표시등을 설치한다.
④ 전원회로는 단상교류 110V로 한다.

[해설] 전원회로는 단상교류 **220V**로 한다.

정답 04.④

1급 소방안전관리자 기출예상문제집

제2과목

PART 02

소방계획의 수립
이론·실습·평가

PART 02 소방계획의 수립 이론·실습·평가

01 다음 중 소방계획의 주요내용에 대한 내용으로 틀린 것은?

① 소방안전관리대상물에 설치한 전기시설·수도시설·가스시설 및 위험물시설현황
② 화재예방을 위한 자체점검계획 및 대응대책
③ 소방훈련 및 교육에 관한 계획
④ 소방안전관리대상물의 위치·구조·연면적·용도·수용인원 등 일반현황

해설 소방안전관리대상물에 설치한 전기시설·가스시설 및 위험물시설현황이다.

02 소방계획서 작성 내용에 포함되지 않는 것은?

① 건물의 증축·리모델링에 대한 계획
② 방화시설의 점검·정비계획
③ 위험물의 저장·취급에 관한 사항
④ 소방훈련 및 교육에 관한 계획

해설 소방계획서 주요내용
ⓐ 소방안전관리대상물의 위치·구조·연면적·용도 및 수용인원 등 일반 현황
ⓑ 소방안전관리대상물에 설치한 소방시설·방화시설(防火施設), 전기시설·가스시설 및 위험물시설의 현황
ⓒ 화재 예방을 위한 자체점검계획 및 대응대책
ⓓ 소방시설·피난시설 및 방화시설의 점검·정비계획
ⓔ 피난층 및 피난시설의 위치와 피난경로의 설정, 화재안전취약자의 피난계획 등을 포함한 피난계획
ⓕ 방화구획, 제연구획, 건축물의 내부 마감재료 및 방염대상물품의 사용현황과 그 밖의 방화구조 및 설비의 유지·관리계획
ⓖ 관리의 권원이 분리된 특정소방대상물의 소방안전관리에 관한 사항
ⓗ 소방훈련·교육에 관한 계획
ⓘ 소방안전관리대상물의 근무자 및 거주자의 자위소방대 조직과 대원의 임무(화재안전취약자의 피난 보조 임무를 포함한다)에 관한 사항
ⓙ 화기취급작업에 대한 사전 안전조치 및 감독 등 공사 중 소방안전관리에 관한 사항
ⓚ 소화에 관한 사항과 연소 방지에 관한 사항

정답 01.① 02.①

ⓛ 위험물의 저장·취급에 관한 사항
ⓜ 소방안전관리에 대한 업무수행기록 및 유지에 관한 사항
ⓝ 화재발생 시 화재경보, 초기소화 및 피난유도 등 초기대응에 관한 사항
ⓞ 그 밖에 소방본부장 또는 소방서장이 소방안전관리대상물의 위치·구조·설비 또는 관리 상황 등을 고려하여 소방안전관리에 필요하여 요청하는 사항

03 소방계획의 내용으로 볼 수 없는 것은?

① 화재 예방을 위한 자체점검계획 및 대응대책
② 화재안전취약자의 피난계획을 포함한 피난계획
③ 소방설비의 유지관리계획
④ 화재예방강화지구의 지정

해설 시·도지사가 화재가 발생할 우려가 높거나 화재가 발생하는 경우 그로 인하여 피해가 클 것으로 예상되는 지역을 화재예방강화지구로 지정한다. 따라서 소방안전관리자가 소방계획으로 정할 수 있는 사항이 아니다.

04 특정소방대상물의 소방계획서 작성 시 주요내용에 해당하지 않는 것은?

① 화재 예방을 위한 자체점검계획 및 대응대책
② 소화와 연소 방지에 관한 사항
③ 화재원인 조사에 관한 사항
④ 피난층 및 피난시설의 위치와 피난경로의 설정(화재안전취약자의 피난계획 포함)

해설 화재원인 조사는 조사에 필요한 전문적 지식과 기술을 가진 조사관이 수행해야 한다. 따라서 소방안전관리자가 소방계획으로 정할 수 있는 사항이 아니다.

05 아래 〈보기〉에 해당하는 소방계획의 주요원리로 맞는 것은?

|보기|
모든 형태의 위험을 포괄하고, 재난의 전주기적 단계의 위험성 평가

① 통합적 안전관리 ② 종합적 안전관리
③ 지속적 발전모델 ④ 단속적 발전모델

해설 모든 형태의 위험을 포괄하고, 재난의 전주기적 단계의 위험성을 평가하는 것은 "종합적" 안전관리에 해당한다.

정답 03.④ 04.③ 05.②

PART 02 소방계획의 수립 이론·실습·평가

▶ 교재 2권 p.178

06 상중하
소방계획 수립절차의 순서로 알맞게 배열한 것은?

㉠ 위험환경 분석   ㉡ 사전기획
㉢ 시행 및 유지관리   ㉣ 설계 및 개발

① ㉠ → ㉡ → ㉢ → ㉣   ② ㉡ → ㉢ → ㉣ → ㉠
③ ㉡ → ㉠ → ㉣ → ㉢   ④ ㉠ → ㉡ → ㉣ → ㉢

[해설] 소방계획의 수립절차는 ㉡ 사전기획 – ㉠ 위험환경 분석 – ㉣ 설계 및 개발 – ㉢ 시행 및 유지관리의 단계로 구성된다.

▶ 교재 2권 p.178

07 상중하
소방계획의 절차는 1단계(사전기획) → 2단계(위험환경 분석) → 3단계(설계/개발) → 4단계(시행/유지관리)의 단계를 거쳐 시행된다. 2단계 위험환경 분석 내용에 해당되지 않는 것은?

① 위험환경 식별
② 위험환경 예방·대응계획 수립
③ 위험환경 분석/평가
④ 위험경감대책 수립

[해설] 위험환경 분석은 위험환경 식별 → 위험환경 분석/평가 → 위험경감대책 수립의 단계로 진행된다.

▶ 교재 2권 p.176, 178

08 상중하
다음의 소방계획서 관련 대화 내용에서 옳은 설명을 한 학생을 모두 고른 것은?

대한 : 소방계획서란 예방, 대비, 대응, 복구의 재난 전주기적 내용을 담고 있어야 해.
민국 : 소방계획은 사전기획, 위험환경 분석, 설계·개발, 시행·유지관리 4단계 수립절차로 구성되어 있어.
무궁 : 소방교육·훈련 실시 결과 기록부를 1년간 보관해야 해.

① 민국, 무궁   ② 대한, 민국, 무궁
③ 대한, 민국   ④ 대한, 무궁

[해설] 소방교육·훈련 실시 결과 기록부를 2년간 보관해야 해야 한다. 따라서 대한, 민국 두 학생이 옳은 설명을 했다.

정답 06.③ 07.② 08.③

O× 문제

01
종합적 위험관리의 주요내용은 외부적으로 거버넌스 및 안전관리 네트워크 구축, 내부적으로 협력 및 파트너십 구축, 전원참여가 있다.

× **통합적** 위험관리의 주요내용은 외부적으로 거버넌스 및 안전관리 네트워크 구축, 내부적으로 협력 및 파트너십 구축, 전원참여가 있다.

02
소방계획의 작성에서 가장 핵심적인 측면은 위험관리이다.

○

03
소방계획의 수립 및 시행과정에 방문자를 제외한 소방안전관리대상물의 관계인, 재실자 등이 참여하도록 수립하여야 한다.

× 소방계획의 수립 및 시행과정에 소방안전관리대상물의 관계인, 재실자 및 방문자 등 전원이 참여하도록 수립하여야 한다.

04
체계적이고 전략적인 계획의 수립을 위해 작성-검토-승인-평가의 4단계의 구조화된 절차를 거쳐야 한다.

× 체계적이고 전략적인 계획의 수립을 위해 작성-검토-승인의 3단계의 구조화된 절차를 거쳐야 한다.

05
소방계획의 수립절차 중 대상물 내 물리적 및 인적 위험요인 등에 대한 위험요인을 식별하고, 이에 대한 분석 및 평가를 정성적·정량적으로 실시한 후 이에 대한 대책을 수립하는 단계는 설계 및 개발 단계이다.

× 소방계획의 수립절차 중 대상물 내 물리적 및 인적 위험요인 등에 대한 위험요인을 식별하고, 이에 대한 분석 및 평가를 정성적·정량적으로 실시한 후 이에 대한 대책을 수립하는 단계는 위험환경분석 단계이다.

1급 소방안전관리자 기출예상문제집

제2과목

PART 03

자위소방대 및 초기 대응체계 구성·운영

PART 03 자위소방대 및 초기대응체계 구성·운영

01 자위소방대의 소방활동으로 잘못 연결된 것은?

① 피난유도 – 위험물시설에 대한 제어 및 비상반출
② 초기소화 – 초기소화설비를 이용한 조기 화재진압
③ 비상연락 – 화재신고 및 통보연락 업무
④ 응급구조 – 응급의료소 설치·지원

해설 ▶ 자위소방활동

구분	업무특성
비상연락	화재 시 상황전파, 화재신고(119) 및 통보연락 업무
초기소화	초기소화설비를 이용한 조기 화재진압
응급구조	응급상황 발생 시 응급조치 및 응급의료소 설치·지원
방호안전	화재확산방지, 위험물시설에 대한 제어 및 비상반출
피난유도	재실자, 방문자의 피난유도 및 피난약자에 대한 피난보조 활동

02 자위소방대의 주요업무에 관한 설명으로 옳지 않은 것은?

① 피난유도 – 피난유도 및 피난약자에 대한 피난보조 활동
② 초기소화 – 위험물시설에 대한 제어 및 비상반출
③ 응급구조 – 응급상황 발생 시 응급조치 등
④ 비상연락 – 화재 시 상황전파, 화재신고(119) 및 통보연락 업무

해설 '초기소화 – 초기소화설비를 이용한 조기 화재진압'이다. 위험물시설에 대한 제어 및 비상반출은 방호안전에 해당한다.

정답 01.① 02.②

03 자위소방대 인력편성에 대한 내용으로 옳지 않은 것은?

① 각 팀별 최소편성 인원은 2명 이상으로 하고 각 팀별 책임자를 지정하여 운영한다.
② 소방안전관리자를 자위소방대장으로 지정하고, 소방안전관리대상물의 소유주, 법인의 대표 또는 관리기관의 책임자를 부대장으로 지정한다.
③ 소방안전관리대상물의 대장 또는 부대장이 대상물에 부재하는 경우에는 업무를 대리하기 위하여 대리자를 지정하여 운영한다.
④ 각 팀별 구성인원이 부족한 경우에는 팀별 기능을 통합하여 팀 조직을 가감하거나 현장대응팀으로 구성하여 운영할 수 있다.

해설 소방안전관리대상물의 소유주, 법인의 대표 또는 관리기관의 책임자를 자위소방대장으로 지정하고, 소방안전관리자를 부대장으로 지정한다.

04 다음 초기대응체계의 인원편성에 대한 내용으로 옳지 않은 것은?

① 소방안전관리자, 경비(보안) 근무자 또는 대상물 관리인 등 비상시 근무자를 중심으로 구성한다.
② 소방안전관리대상물의 근무자의 근무위치, 근무인원 등을 고려하여 편성한다.
③ 초기대응체계 편성 시 1명 이상은 수신반(또는 종합방재실)에 근무해야 한다.
④ 휴일 및 야간에 무인경비시스템을 통해 감시하는 경우에는 무인경비회사와 비상연락체계를 구축할 수 있다.

해설 소방안전관리보조자, 경비(보안) 근무자 또는 대상물 관리인 등 상시 근무자를 중심으로 구성한다.

05 자위소방대 초기대응체계의 인원편성에 대해 틀린 것은?

① 소방안전관리보조자, 경비근무자 또는 대상물 관리인 등 상시 근무자를 중심으로 구성한다.
② 소방안전관리대상물의 근무자의 근무위치, 근무인원 등을 고려하여 편성한다.
③ 초기대응체계편성 시 2명 이상은 수신반에 근무해야 한다.
④ 휴일 및 야간에는 무인경비회사와 비상연락체계를 구축할 수 있다.

해설 초기대응체계편성 시 1명 이상은 수신반에 근무해야 한다.

정답 03.② 04.① 05.③

PART 03 자위소방대 및 초기대응체계 구성·운영

▶ 교재 2권 p.185

06 자위소방대 인력편성과 구성에 대한 설명으로 옳지 않은 것은?

① 자위소방대원은 상시 근무하거나 거주하는 인원 중 자위소방활동이 가능한 인력으로 편성한다.
② 자위소방대의 각 팀별 기능을 통합하여 운영할 수 없다.
③ 각 팀별 최소편성 인원은 2명 이상으로 한다.
④ 각 팀별 구성인원이 부족한 경우에는 현장 대응팀으로 구성하여 운영할 수 있다.

해설 각 팀별 구성인원이 부족한 경우에는 현장 대응팀으로 구성하여 운영할 수 있고, 자위소방대의 각 팀별 기능을 통합하여 운영할 수 있다.

▶ 교재 2권 p.181, 185

07 다음은 ○○건물의 자위소방대 및 초기대응체계 편성표의 내용이다. ㉠~㉣에 대한 내용으로 옳지 않은 것은?

자위소방대	□ 편성인원 ㉠ 대장 1명 ㉡ 부대장 1명 대원 10명 □ 조직구성 지휘통제팀 2명 비상연락팀 2명 ㉢ 초기소화팀 2명 피난유도팀 4명
㉣ 초기대응체계	□ A조 2명, B조 2명

① ㉣ - ○○건물이 이용되는 기간 동안에는 상시로 운영되어야 한다.
② ㉠ - ○○건물 소유주(건물주)를 자위소방대 대장으로 지정할 수 있다.
③ ㉢ - 초기소화팀의 주된 임무는 각 팀을 지휘하는 것이다.
④ ㉠, ㉡ - 대장 또는 부대장이 대상물에 부재하는 경우에는 업무 대리자를 지정해야 한다.

해설 ㉢ - 초기소화팀은 초기소화설비를 이용한 조기 화재진압 임무를 수행한다.

정답 06.② 07.③

08 다음 중 자위소방대의 교육 및 훈련에 대한 내용으로 옳지 않은 것은?

① 교육·훈련의 대상자는 자위소방대원, 대상물의 재실자, 종업원, 방문자 등을 포함할 수 있다.
② 연간 교육·훈련계획을 수립하여 시행한다.
③ 화재안전관리체계 확립을 위해 종업원에 대한 교육 및 훈련계획을 별도로 작성할 수 있다.
④ 자위소방대장은 자위소방대 교육·훈련을 실시하기 전에 관할 소방서장의 허가를 받아야 한다.

해설 자위소방대 교육·훈련을 실시하기 전에 관할 소방서장의 허가를 받아야 하는 규정은 없다.

09 자위소방대의 훈련내용으로 가장 옳은 것은?

① 교육훈련 대상자는 거주자를 제외한 자위소방대원, 재실자이다.
② 자위소방대원만을 대상으로 야간 피난훈련을 실시한다.
③ 합동훈련은 자위소방대와 소방관서가 참여하여 실시한다.
④ 소방훈련 실시결과 기록은 2년간 보관해야 한다.

해설
① 교육훈련 대상자는 자위소방대원, 대상물의 재실자, 종업원, 방문자 등을 포함할 수 있다.
② 자위소방대원과 재실자를 대상으로 야간 피난훈련을 실시한다.
③ 합동훈련은 자위소방대원, 재실자, 소방관서가 참여하여 실시한다.

10 자위소방대의 교육 및 훈련에 대한 내용으로 옳은 것은?

① 재실자를 제외한 거주자, 종업원을 대상으로 실시한다.
② 야간에는 자위소방대원만을 대상으로 피난훈련을 실시한다.
③ 자위소방대장은 대상물의 규모, 인원 및 이용형태와 관계없이 모든 훈련을 실시한다.
④ 훈련 후에는 훈련기록결과를 2년간 보관해야 한다.

해설
① 자위소방대원, 대상물의 재실자, 종업원, 방문자 등을 포함하여 실시할 수 있다.
② 야간에는 자위소방대원과 재실자를 대상으로 피난훈련을 실시한다.
③ 자위소방대장은 대상물의 규모, 인원 및 이용형태 등을 이용하여 대상물에 적합한 훈련대상 및 훈련방법을 결정해야 한다.

정답 08.④ 09.④ 10.④

PART 03 자위소방대 및 초기대응체계 구성·운영

▶ 교재 2권
p.187

11 상 중 하
소방안전관리대상물의 자위소방대 교육 및 훈련계획에 대한 내용으로 옳은 것은?

① 대상물의 규모, 인원 및 이용형태와 관계없이 모든 훈련방법으로 실시한다.
② 피난훈련은 자위소방대만을 대상으로 주간 및 야간훈련으로 나누어 실시한다.
③ 교육·훈련 후 실시결과보고서를 작성하여 1년간 보관한다.
④ 자위소방대 교육·훈련의 대상자는 자위소방대원, 대상물의 재실자, 종업원 방문자 등을 포함할 수 있다.

해설 ① 대상물의 규모, 인원 및 이용형태 등을 이용하여 **대상물에 적합한** 훈련대상 및 훈련방법을 결정해야 한다.
② 피난훈련은 자위소방대와 **재실자**를 대상으로 주간 및 야간훈련으로 나누어 실시한다.
③ 교육·훈련 후 실시결과보고서를 작성하여 **2년간** 보관한다.

정답 11.④

O× 문제

01
자위소방조직은 소방안전관리대상물의 화재 시 초기소화, 조기피난 및 응급처치 등에 필요한 골든타임(화재 시 10분, CPR은 5~7분 이내) 확보를 위해 필수적이다.

× 자위소방조직은 소방안전관리대상물의 화재 시 초기소화, 조기피난 및 응급처치 등에 필요한 골든타임(화재 시 **5분**, CPR은 **4~6분** 이내) 확보를 위해 필수적이다.

02
자위소방조직의 시초는 1958년 행정 지시로 편성된 자위소방대이다.

× 자위소방조직의 시초는 1952년 직장방공단 규정에 의한 방공단 및 하부조직인 소방반으로 볼 수 있다.

03
소방안전관리자는 연 1회 이상 자위소방조직을 소집하여 편성상태를 확인하고 교육·훈련을 실시해야 한다.

○

04
소방안전관리자는 소방교육 실시결과를 기록부에 작성하고 1년간 보관하여야 한다.

× 소방안전관리자는 소방교육 실시결과를 기록부에 작성하고 **2년간** 보관하여야 한다.

05
자위소방대의 인력편성에서 초기대응체계 편성 시 3명 이상은 수신반(또는 종합방재실)에 근무해야 하며 화재상황에 대한 모니터링 또는 지휘통제가 가능해야 한다.

× 자위소방대의 인력편성에서 초기대응체계 편성 시 **1명** 이상은 수신반(또는 종합방재실)에 근무해야 하며 화재상황에 대한 모니터링 또는 지휘통제가 가능해야 한다.

06
소방안전관리자를 두어야 하는 특정소방대상물이 둘 이상 있고, 그 관리에 관한 권원(權原)을 가진 자가 동일인인 경우에는 이를 하나의 특정소방대상물로 보되, 그 특정소방대상물이 특급, 1급, 2급 중 둘 이상에 해당하는 경우에는 그 중에서 등급이 낮은 특정소방대상물로 본다.

× 소방안전관리자를 두어야 하는 특정소방대상물이 둘 이상 있고, 그 관리에 관한 권원(權原)을 가진 자가 동일인인 경우에는 이를 하나의 특정소방대상물로 보되, 그 특정소방대상물이 특급, 1급, 2급 중 둘 이상에 해당하는 경우에는 그 중에서 등급이 **높은** 특정소방대상물로 본다.

1급 소방안전관리자 기출예상문제집

제2과목

PART 04
작동기능점검표 작성·실습·평가

PART 04 작동기능점검표 작성·실습·평가

01 2023년 소방시설 작동점검을 실시하여 A~C실의 분말소화기 점검결과가 아래 표와 같을 때 점검표를 올바르게 작성한 것은?

	A실	B실	C실
압력상태	0.6MPa	0.8MPa	0.9MPa
제조년월	2012.7	2020.7	2015.3

[작동점검표]

번호	점검항목	점검결과
1-A-007	○ 지시압력계(녹색범위)의 적정여부	(ⓐ)
1-A-008	○ 수동식 분말소화기 내용연수(10년) 적정여부	(ⓑ)

	ⓐ	ⓑ
①	○	×
②	○	○
③	×	○
④	×	×

해설 ⓐ 분말소화기 지시압력계의 적정범위는 0.7~0.98MPa이므로 B, C실 소화기는 양호하나, A실 소화기의 지시압력이 적정범위 내에 있지 않으므로 불량(×)이다.
ⓑ A실 소화기의 경우 제조년월이 2012.7이므로 분말소화기 내용연수 10년을 넘었으므로 불량(×)이다. 제품을 교체하거나 성능검사에 합격하여야 한다.

정답 01.④

02 자동화재탐지설비의 자체점검 시 다음과 같은 시험을 점검하여 확인한 결과를 점검표에 작성하였을 때 점검결과를 잘못 작성한 것을 고르면?

〈점검 시 확인한 결과〉

㉠ 배전실 연기감지기가 불량으로 확인되었다.
㉡ 수신기에서 도통시험 실시 결과 단선이 표시되었다.
㉢ 수신기의 스위치주의표시등이 점멸을 반복하고 있었다.
㉣ 예비전원 시험결과 전원표시등이 녹색으로 점등되었다.

〈점검결과를 작성한 점검표〉 (양호 ○, 불량 ×, 해당없음 /)

	구분	점검항목	점검결과
①	전원	예비전원 성능 적정 여부	○
②	배선	수신기 도통시험 회로 정상 여부	○
③	수신기	조작스위치가 정상 위치에 있는지 여부	×
④	감지기	감지기 작동시험 적합 여부	×

해설 수신기에서 도통시험 실시 결과 단선을 표시하였으므로 불량(×)으로 표시해야 한다.

정답 02.②

PART 04 작동기능점검표 작성·실습·평가

03

소방안전관리자 A씨가 습식스프링클러 작동점검 중 감시제어반을 확인한 결과 아래 〈그림〉과 같을 때 A씨의 판단으로 옳은 것은? (단, 〈그림〉에 나온 것만으로 판단한다)

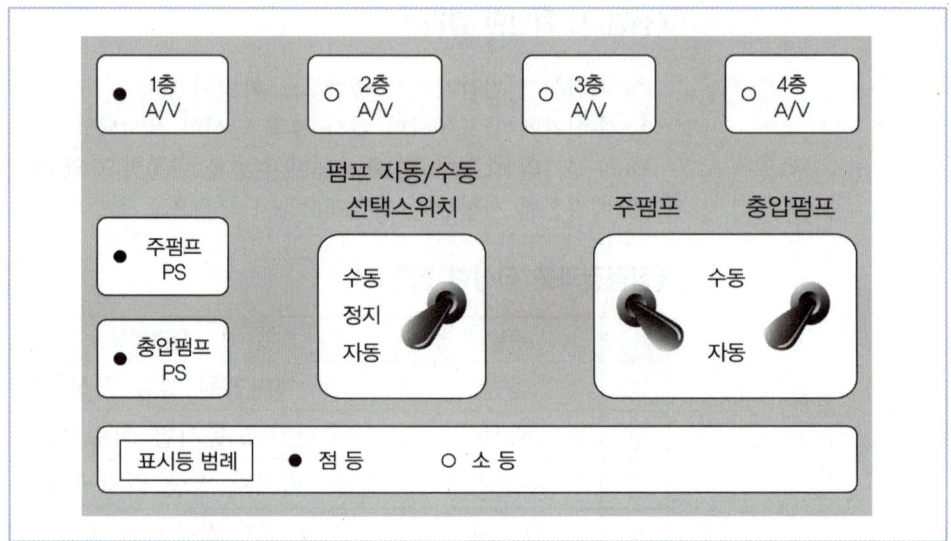

점검번호	점검항목	점검결과
3-g-011	유수검지장치의 발신이나 기동용 수압개폐장치의 작동에 따른 펌프기동 확인	×

① 1층 알람밸브가 정상 작동하지 않았다.
② 점검결과 양호 "○"로 해야 한다.
③ 주펌프의 기동용수압개폐장치는 동작하지 않았다.
④ 주펌프가 기동하지 않는 이유는 수동/자동 선택스위치가 자동상태에 있기 때문이다.

해설 작동점검 중 주펌프, 충압펌프 모두 정상적으로 작동하였으므로 점검결과 양호 "○"로 표시해야 한다.

정답 03.②

▶ 교재 2권 p.327~328

04 다음은 ○○빌딩에 설치된 소방시설 현황표다. 소방안전관리자 甲이 반드시 작성해야 할 점검항목을 모두 고르면?

[○○빌딩 소방시설 현황]
(1) 소화기 (2) 옥내소화전설비
(3) 가스계소화설비 (4) 자동화재탐지설비
(5) 유도등

	점검항목
㉠	유수검지에 따른 음향장치 작동 가능 여부(습식·건식의 경우)
㉡	펌프별 자동·수동 전환 스위치 정상 작동 여부
㉢	급기댐퍼 설치상태(화재감지기 동작에 따른 개방) 적정 여부
㉣	지시압력계(녹색범위)의 적정 여부

① ㉠, ㉡
② ㉠
③ ㉠, ㉡, ㉣
④ ㉠, ㉡, ㉢, ㉣

해설 ㉢은 제연설비 점검항목에 해당한다. 제연설비는 ○○빌딩에 설치된 소방시설이 아니므로 소방안전관리자 甲이 반드시 작성해야 할 점검항목에 해당하지 않는다.

▶ 교재 2권 p.327

05 자동화재탐지설비 수신기에서 도통시험 시 1층 회로의 전압지시침이 7V, 2층 회로의 전압지시침이 0V로 나타났으며, 예비전원시험 시 전압지시침이 12V를 지시하였다. 다음 점검표에 작성한 내용으로 옳지 않은 것은?

〈점검표〉 [양호○, 불량×]

구분	점검항목	점검결과	불량내용
전원	예비전원 성능 적정 및 상용전원 차단 시 예비전원 자동전환 여부	㉠ ×	㉡ 예비전원불량
배선	수신기 도통시험 회로 정상 여부	㉢ ×	㉣ 1층 회로 단선

① ㉠
② ㉡
③ ㉢
④ ㉣

해설 ㉠ 예비전원시험 시 전압지시침이 19~29V여야 정상이므로 점검결과는 "×"이고, 불량내용은 ㉡ 예비전원불량으로 기재하여야 한다.
㉢ 수신기 회로 도통시험에서 정상은 4~8V이므로 1층의 경우 7V로 정상이나, 2층의 전압지시침이 0V이므로 점검결과는 "×"이고, 불량내용은 ㉣ "2층 회로 단선"으로 기재하여야 한다. 따라서 ㉣이 옳지 않다.

정답 04.③ 05.④

PART 04 작동기능점검표 작성·실습·평가

▶ 교재 1권
p.65~66
▶ 교재 2권
p.328

06 상중하

다음은 ○○건물의 소방시설 점검표이다. 아래 제시된 점검항목에 해당하는 소방시설물을 점검하기 위해 필요한 점검 장비가 아닌 것은?

점검번호	점검항목
25-C-001	• 급기댐퍼 설치 상태(화재감지기 작동에 따른 개방) 적정 여부
25-D-002	• 화재감지기 작동 및 수동조작에 따라 작동하는지 여부
25-G-002	• 수동기동장치(옥내 수동발신기 포함) 조작 시 관련 장치 정상 작동 여부
25-H-002	• 제어반 감시 및 원격조작 기능 적정 여부

① 차압계
② 헤드결합렌치
③ 전류전압측정계
④ 폐쇄력측정기

해설 위에 제시된 점검항목에 해당하는 소방시설은 제연설비이다. 제연설비 점검 시 필요한 장비는 ① 차압계, ④ 폐쇄력측정기이고, ③ 전류전압측정계는 모든 소방시설의 점검 장비에 해당한다. ② 헤드결합렌치는 스프링클러설비나 포소화설비 점검장비에 해당한다.

▶ 교재 2권
p.230

07 상중하

다음은 ○○건축물의 소방안전관리자로 선임된 甲이 할로겐화합물 및 불활성기체 소화설비가 설치된 연면적 5,300m²인 업무시설로 사용되는 건축물에 대해 작성한 자체점검 계획의 내용이다. 아래 표에서 작성이 잘못된 것은? (건축물의 사용승인일은 2012년 4월 3일이다)

종합점검	점검대상	☐ 스프링클러설비 ☐ 물분무등소화설비 + 5천m² 이상 ①☑ 다중이용업의 영업장 + 2천m² 이상		
	점검자격	☐ 소방안전관리자 ②☑ 소방시설관리업자		
	점검시기	③2024년 4월 12일 ~ 2024년 4월 12일(1일간)		
	결과보고	④2024년 4월 25일	제출처	○○소방서

해설 할로겐화합물 및 불활성기체 소화설비가 설치된 연면적 5,300m²인 업무시설이므로 다중이용업의 영업장 + 2천m² 이상에 체크하면 안 되고, 물분무등소화설비 + 5천m² 이상으로 체크해야 옳은 내용이 된다.

정답 06.② 07.①

제2과목

PART 05

응급처치 이론·실습·평가

PART 05 응급처치 이론·실습·평가

01 응급처치 기본사항 중 기도확보에 대한 내용으로 옳지 않은 것은?

① 환자의 입(구강) 내에 이물질이 있을 경우 이물질이 빠져나올 수 있도록 기침을 유도한다.
② 만약 기침을 할 수 없는 경우에는 복부 밀어내기를 실시한다.
③ 눈에 보이는 이물질은 손으로 꺼낸다.
④ 환자가 구토를 하는 경우 머리를 옆으로 돌려 구토물의 흡입으로 인한 질식을 예방해주어야 한다.

해설 눈에 보이는 이물질이라 하여 함부로 제거하려 해서는 안 된다.

02 다음 중 응급처치의 일반원칙에 대한 내용으로 옳지 않은 것은?

① 긴박한 상황에서 응급환자의 안전을 최우선한다.
② 응급처치 시 사전에 보호자 또는 당사자의 이해와 동의를 얻어 실시하는 것을 원칙으로 한다.
③ 당황하거나 흥분하지 말고 침착하게 사고의 정도와 환자의 모든 상태를 확인한다.
④ 환자상태를 관찰하며 모든 손상을 발견하여 처치하되 불확실한 처치는 하지 않는다.

해설 긴박한 상황에서도 구조자는 자신의 안전을 최우선한다.

정답 01.③ 02.①

03 응급처치에 관한 설명으로 옳은 것은?

①	기도확보	이물질이 제거된 후 머리를 뒤로 젖히고, 턱을 위로 들어 올려 기도가 개방되도록 한다.
②	출혈	출혈부위를 심장보다 높여주고 상처부위에 따뜻한 찜질을 해준다.
③	화상	화상부위에 옷가지가 붙어 있을 경우에는 감염의 위험이 있으므로 흐르는 물로 씻어 낸다.
④	심폐소생술	심폐소생술은 '기도유지 → 인공호흡 → 가슴압박' 순으로 한다.

해설 ② 출혈 시 출혈부위를 심장보다 높여주고 상처부위에 차가운 국소찜질을 해준다.
③ 화상부위에 옷가지가 붙어 있을 경우에는 옷을 제거하지 말아야 한다.
④ 심폐소생술은 '가슴압박 → 기도유지 → 인공호흡' 순으로 한다.

04 다음 중 출혈의 증상으로 옳지 않은 것은?

① 호흡과 맥박이 느리고 약하고 불규칙하며 체온이 떨어지고 호흡곤란도 나타난다.
② 불안과 갈증, 반사작용이 둔해지고 다른 증상으로 구토도 발생한다.
③ 탈수현상이 나타나면 갈증을 호소한다.
④ 피부가 창백하고 차며 축축해진다.

해설 호흡과 맥박이 빠르고 약하고 불규칙하며 체온이 떨어지고 호흡곤란도 나타난다.

05 출혈의 증상으로 틀린 것은?

① 호흡과 맥박이 빠르고 약하고 불규칙하다.
② 체온이 떨어지고 호흡곤란도 나타난다.
③ 혈압이 점차 높아지고 피부가 창백해진다.
④ 동공이 확대되고 두려움이나 불안을 호소한다.

해설 혈압이 점차 저하되고 피부가 창백해진다.

정답 03.① 04.① 05.③

PART 05 응급처치 이론·실습·평가

06 출혈 시 증상과 응급처치에 대한 대화내용 중 옳지 않은 얘기를 하는 사람을 모두 고른 것은?

- 철수 : 출혈이 발생한 경우 동공이 축소되고, 혈압이 점차 높아진다.
- 영희 : 체온유지를 위하여 보온해준다.
- 수진 : 직접압박법은 소독거즈로 출혈부위를 덮은 후 4~6인치 압박붕대로 출혈부위를 압박되게 감아준다.
- 현우 : 지혈대 사용법은 출혈이 심하지 않은 경우 사용한다.

① 영희, 현우　　② 철수, 영희
③ 철수, 현우　　④ 영희, 수진

해설 철수와 현우가 옳지 않은 얘기를 한 사람이다.
- 출혈이 발생한 경우 동공이 확대되고, 혈압이 점차 낮아진다.
- 지혈대 사용법은 절단과 같은 심한 출혈이 있을 때나 지혈법으로 출혈을 막지 못할 경우 최후의 수단으로 사용한다.

07 화상 환자 이동 전 조치사항으로 틀린 것은?

① 화상부위를 흐르는 물에 식혀준다.
② 옷가지가 피부조직에 붙어 있을 때에는 옷을 잘라낸다.
③ 식용기름을 바르는 일이 없도록 한다.
④ 소독거즈로 화상부위를 덮어준다.

해설 화상환자가 착용한 옷가지가 피부조직에 붙어 있을 때에는 옷을 잘라내지 말아야 한다.

08 다음 중 화상에 대한 내용으로 옳지 않은 것은?

① 화상은 신체가 손상받지 않고 흡수할 수 있는 양보다 많은 에너지에 노출될 때 에너지와 신체접촉면 사이의 온도가 증가하여 발생한다.
② 화상의 심각성은 그 자체의 위험성뿐만 아니라 치유되기 어려운 후유증을 남기는 데 있다.
③ 수포가 발생하므로 표피가 얼룩얼룩하게 되고 진피의 모세혈관이 손상되며 물집이 터져 진물이 나고 감염의 위험이 있는 것은 2도 화상이다.
④ 물집이 터지지 않은 1, 2도 화상은 흐르는 물을 사용하고 젖은 드레싱을 해주고 팽팽하게 붕대로 감는다.

해설 물집이 터지지 않은 1, 2도 화상은 흐르는 물을 사용하고 젖은 드레싱을 해주고 느슨하게 붕대로 감는다.

정답 06.③　07.②　08.④

09 다음 중 화상환자의 이동 전 조치로 옳지 않은 것은?

① 화상부위를 흐르는 찬물에 씻어주거나 물에 적신 차가운 천을 대어 열기가 심부로 전달되는 것을 막아주고 통증을 줄여 준다.
② 화상환자가 부분층화상일 경우 수포상태의 감염 우려가 있으니 터뜨리지 말아야 한다.
③ 골절환자라도 감염예방을 위해 화상부위를 압박하여 드레싱하도록 한다.
④ 통증 호소 또는 피부의 변화에 동요되어 간장, 된장, 식용기름을 바르는 일이 없도록 한다.

해설 골절환자일 경우 무리하게 압박하여 드레싱하는 것은 금한다.

10 화상환자 이동 전 조치로 알맞은 것은?

① 피부조직에 옷가지가 붙어 있을 경우 통기를 위해 옷을 잘라낸다.
② 물집은 흉터가 생길 수 있으니 터트린다.
③ 화상부분의 오염 우려 시는 소독거즈가 있을 경우 화상부위에 덮어주면 좋다.
④ 화상부위의 열기는 온수로 식혀준다.

해설 ① 피부조직에 옷가지가 붙어있더라도 옷을 잘라내지 않는다.
② 물집은 감염의 위험이 있으므로 터트리지 않는다.
④ 실온의 흐르는 물로 화상부위를 식혀준다.

11 고온의 액체를 사용하는 공장에서 일하는 작업자 A씨가 화상을 입자 동료들이 나눈 대화 중 옳은 것을 모두 고르면?

(갑) 1도, 2도 화상이면 화상 부위를 흐르는 물로 식혀주는 것이 좋아.
(을) 3도 화상의 경우 물에 적신 천을 대어 열기가 더 깊게 전달되는 것을 막아줘야 해.
(병) 표피 및 진피가 손상되고, 발적, 수포가 발생한 것을 보니 1도 화상이네.
(정) 간장, 된장, 식용기름 등을 발라 통증을 줄여야 해.

① (을), (병) ② (갑), (을)
③ (을), (정) ④ (병), (정)

해설 (병) 표피 및 진피까지 손상되고 발적, 수포가 발생한 경우 2도(부분층화상)이다.
(정) 간장, 된장, 식용기름 등 민간요법은 사용하지 말고 흐르는 실온의 물로 화상부위의 열기를 식혀준다.

정답 09.③ 10.③ 11.②

PART 05 응급처치 이론·실습·평가

▶ 교재 1권 p.263

12 다음 중 가슴압박에 대한 내용으로 옳지 않은 것은?

① 환자를 바닥이 단단하고 평평한 곳에 등을 대고 눕힌 뒤에 가슴뼈의 아래쪽 절반 부위에 두 손을 댄다.
② 깍지를 낀 두 손의 손바닥과 손가락이 가슴에 닿도록 댄 상태에서 양팔을 쭉 편 상태로 체중을 실어서 환자의 몸과 수직이 되도록 가슴을 압박한다.
③ 가슴압박은 분당 100~120회의 속도와 약 5cm의 깊이로 강하고 빠르게 시행한다.
④ '하나', '둘', '셋', …, '서른'하고 세어가면서 규칙적으로 시행하며, 환자가 회복되거나 119구급대가 도착할 때까지 지속한다.

[해설] 깍지를 낀 두 손의 손바닥 뒤꿈치를 댄다. 손가락이 가슴에 닿지 않도록 주의하면서 양팔을 쭉 편 상태로 체중을 실어서 환자의 몸과 수직이 되도록 가슴을 압박하고, 압박된 가슴은 완전히 이완되도록 한다.

▶ 교재 1권 p.263~264

13 성인심폐소생술에 대한 설명으로 옳지 않은 것은?

① 가슴 압박은 성인에서 분당 100~120회의 속도로 한다.
② 가슴 압박은 5cm 깊이로 강하고 빠르게 시행한다.
③ 양팔을 쭉 편 상태로 체중을 실어서 환자의 몸과 수직이 되도록 가슴을 압박하고, 압박된 가슴이 완전히 이완되지 않도록 주의한다.
④ 심폐소생술은 환자가 회복되거나 119구급대가 현장에 도착할 때까지 지속되어야 한다.

[해설] 양팔을 쭉 편 상태로 체중을 실어서 환자의 몸과 수직이 되도록 가슴을 압박하고, 압박된 가슴이 **완전히 이완되도록 한다**.

▶ 교재 1권 p.265~266

14 자동심장충격기(AED) 사용방법에 대한 내용으로 옳지 않은 것만 고른 것은?

㉠ 오른쪽 빗장뼈 아래에 패드1, 왼쪽 젖꼭지 아래의 중간겨드랑선에 패드2를 부착한다.
㉡ 측정이 잘되도록 환자에게 붙어서 측정한다.
㉢ 제세동이 필요 없는 경우에는 "환자의 상태를 확인하고, 심폐소생술을 계속 하십시오"라는 음성 지시가 나오며, 이 경우에는 즉시 심폐소생술을 시작한다.

① ㉠
② ㉡
③ ㉠, ㉡
④ ㉠, ㉢

[해설] ㉡ 환자에게 붙어서 측정하면 측정에 오류가 생길 수 있으므로 환자에게서 손을 떼고 뒤로 물러나 있어야 한다.

[정답] 12.② 13.③ 14.②

15. 자동심장충격기(AED)의 사용순서로 옳지 않은 것은?

㉠ 자동심장충격기를 심폐소생술에 방해가 되지 않는 위치에 놓고 전원을 켠다.
㉡ 하나의 패드는 왼쪽 빗장뼈(쇄골) 바로 아래쪽에, 다른 패드는 오른쪽 젖꼭지 아래의 중간겨드랑선에 부착 후 심장충격기 본체와 연결한다.
㉢ "분석중...."이라는 음성 지시가 나오면, 심폐소생술을 멈추고 환자에게서 손을 뗀다.
㉣ 심장 리듬 분석결과 심장충격이 필요 없을 경우는 즉시 심폐소생술을 시행한다.

① ㉠
② ㉡
③ ㉢
④ ㉣

해설 ㉡ 하나의 패드는 **오른쪽** 빗장뼈(쇄골) 바로 아래쪽에, 다른 패드는 **왼쪽** 젖꼭지 아래의 중간겨드랑선에 부착 후 심장충격기 본체와 연결한다.

16. 다음 중 자동심장충격기(AED) 패드 부착위치로 바르게 짝지어진 것은?

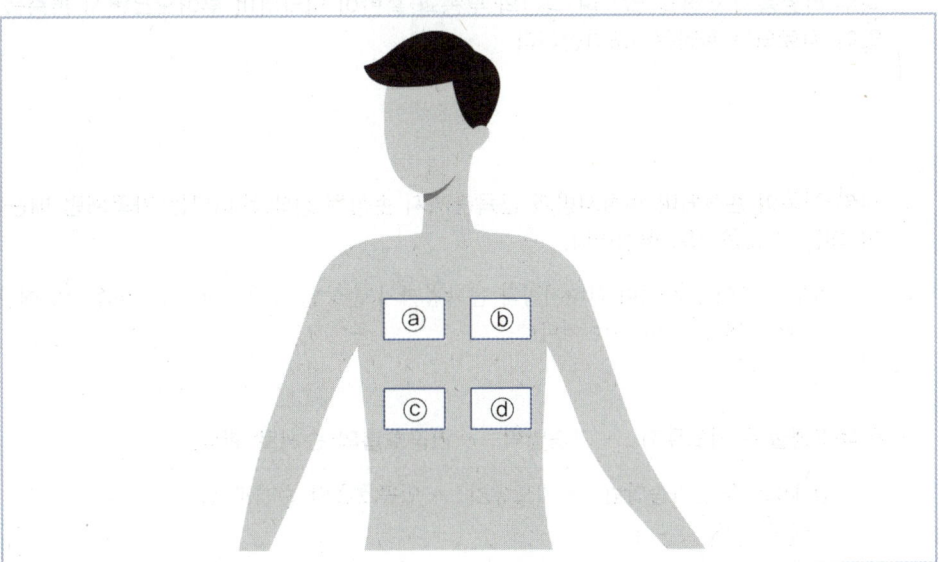

① ⓐ, ⓑ
② ⓐ, ⓓ
③ ⓒ, ⓑ
④ ⓒ, ⓓ

해설 하나의 패드는 **오른쪽** 빗장뼈(쇄골) 바로 아래쪽에, 다른 패드는 **왼쪽** 젖꼭지 아래의 중간겨드랑선에 부착 후 심장충격기 본체와 연결한다. 따라서 그림의 ⓐ, ⓓ 위치에 부착한다.

정답 15.② 16.②

O× 문제

01
사람의 체내에는 체중의 약 6%의 혈액이 있으며 출혈로 혈액량 감소 시 온몸이 저산소 출혈성 쇼크상태가 된다. ○ ×

× 사람의 체내에는 체중의 약 **8%**의 혈액이 있으며 출혈로 혈액량 감소 시 온몸이 저산소 출혈성 쇼크상태가 된다.

02
성인의 혈액 총량은 약 5~7L 정도이다. ○ ×

× 성인의 혈액 총량은 약 **4~6L** 정도이다.

03
절단과 같은 심한 출혈이 있을 때나 지혈법으로도 출혈을 막지 못한 경우 최후의 수단으로 사용하는 것은 지혈대이다. ○ ×

○

04
피부 바깥층의 화상을 말하며 약간의 부종과 홍반이 나타나며 부어오르면서 통증을 느끼나 치료 시 흉터 없이 치료되는 화상은 1도화상이다. ○ ×

○

05
피부 전층이 손상되며 피하지방과 근육층까지 손상된 상태로 피부는 가죽처럼 매끈하고 회색이나 검은색이 되는 화상은 4도 화상이다. ○ ×

× 피부 전층이 손상되며 피하지방과 근육층까지 손상된 상태로 피부는 가죽처럼 매끈하고 회색이나 검은색이 되는 화상은 **3도 화상**이다.

06
심폐소생술은 기도유지 → 가슴압박 → 인공호흡의 순서로 한다. ○ ×

× 심폐소생술은 가슴압박 → 기도유지 → 인공호흡의 순서로 한다.

07
자동심장충격기는 자동으로 3분마다 심장 리듬을 분석한다. ○ ×

× 자동심장충격기는 자동으로 **2분**마다 심장 리듬을 분석한다.

제2과목

PART 06
소방안전 교육 및 훈련 이론·실습·평가

PART 06 소방안전 교육 및 훈련 이론·실습·평가

▶ 교재 2권 p.284

01 상중하
다음 소방교육 및 훈련의 원칙 중 〈보기〉에 해당하는 것은?

—|보기|—
• 한 번에 한 가지씩 습득 가능한 분량을 교육 및 훈련시킨다.
• 쉬운 것에서 어려운 것으로 교육을 실시하되 기능적 이해에 비중을 둔다.

① 현실성의 원칙　　　　　② 학습자 중심의 원칙
③ 동기부여의 원칙　　　　④ 목적의 원칙

[해설] 〈보기〉에서 설명하는 것은 학습자 중심의 원칙이다.

▶ 교재 2권 p.284~285

02 상중하
다음 소방교육 및 훈련의 원칙 중 〈보기〉에 해당하는 것은?

—|보기|—
• 교육의 중요성을 전달해야 한다.
• 전문성을 공유해야 한다.
• 교육에 재미를 부여해야 한다.

① 학습자 중심의 원칙　　② 실습의 원칙
③ 경험의 원칙　　　　　　④ 동기부여의 원칙

[해설] 〈보기〉에서 설명하는 것은 동기부여의 원칙이다.

▶ 교재 2권 p.285

03 상중하
다음 소방교육 및 훈련의 원칙 중 〈보기〉에 해당하는 것은?

—|보기|—
• 어떠한 기술을 어느 정도까지 익혀야 하는가를 명확하게 제시한다.
• 습득하여야 할 기술이 활동 전체에서 어느 위치에 있는가를 인식하도록 한다.

① 관련성의 원칙　　　　　② 경험의 원칙
③ 동기부여의 원칙　　　　④ 목적의 원칙

[해설] 〈보기〉에서 설명하는 것은 목적의 원칙이다.

정답 01.② 02.④ 03.④

04 소방교육 및 훈련의 실시원칙으로 알맞게 짝지은 것은?

① 현실의 원칙, 교육자 중심의 원칙, 관련성의 원칙
② 실습의 원칙, 비현실의 원칙, 경험의 원칙
③ 교육자 중심의 원칙, 동기부여의 원칙, 목적의 원칙
④ 경험의 원칙, 동기부여의 원칙, 관련성의 원칙

해설 소방교육 및 훈련의 실시원칙
㉠ 학습자 중심의 원칙
㉡ 동기부여의 원칙
㉢ 목적의 원칙
㉣ 현실성의 원칙
㉤ 실습의 원칙
㉥ 경험의 원칙
㉦ 관련성의 원칙

05 다음 중 동기부여의 원칙에 해당하는 것만 고른 것은?

㉠ 학습에 대한 보상을 제공해야 한다.
㉡ 학습자에게 감동이 있는 교육이 되어야 한다.
㉢ 교육은 시기적절하게(Just-in-time) 이루어져야 한다.
㉣ 실습을 통해 지식을 습득한다.
㉤ 어떠한 기술을 어느 정도까지 익혀야 하는가를 명확하게 제시한다.

① ㉠, ㉡
② ㉠, ㉢
③ ㉡, ㉢, ㉤
④ ㉠, ㉡, ㉢, ㉣

해설 동기부여의 원칙에 해당하는 것은 ㉠, ㉢이다.
▶ 동기부여의 원칙
ⓐ 교육의 중요성을 전달해야 한다.
ⓑ 학습을 위해 적절한 스케줄을 적절히 배정해야 한다.
ⓒ 교육은 시기적절하게(Just-in-time) 이루어져야 한다.
ⓓ 핵심사항에 교육의 포커스를 맞추어야 한다.
ⓔ 학습에 대한 보상을 제공해야 한다.
ⓕ 교육에 재미를 부여해야 한다.
ⓖ 교육에 있어 다양성을 활용해야 한다.
ⓗ 사회적 상호작용(social interaction)을 제공해야 한다.
ⓘ 전문성을 공유해야 한다.
ⓙ 초기성공에 대해 격려해야 한다.

정답 04.④ 05.②

06 상 중 하

소방서장은 소방안전관리대상물의 관계인으로 하여금 합동소방훈련을 실시하게 할 수 있는데 그 대상물에 해당되지 않는 것은?

① 연면적 35,000m²인 종합병원
② 연면적 25,000m²인 시외버스터미널
③ 지상 28층, 지하 4층인 아파트
④ 층수가 12층인 업무시설

해설 소방서장은 특급 및 1급 소방안전관리대상물의 관계인으로 하여금 합동소방훈련을 실시하게 할 수 있으므로 최소 1급 소방안전관리대상물이 아닌 경우 합동소방훈련을 실시하게 할 수 있는 대상물이 아니다. 아파트의 경우 지하층을 제외한 지상 30층 이상이거나 지상으로부터 높이가 120m 이상이어야 하므로 ③의 경우 1급 소방안전관리대상물이 아니다.

07 상 중 하

다음 중 소방훈련 교육실시 결과 기록부에 포함되는 내용으로 옳지 않은 것은?

① 참석한 인원 수
② 교육훈련 일시 및 장소
③ 대상물의 소방시설 현황
④ 교육훈련 시 문제점 및 개선계획

해설 소방훈련 교육실 결과 기록부에서 소방안전관리대상물에 대한 기재는 대상명, 용도, 대표자, 전화번호, 주소, 등급만을 기재하게 되어 있다. 대상물의 소방시설 현황은 기재사항이 아니다.

정답 06.③ 07.③

O× 문제

01
소방안전교육의 원칙 중 학습자의 능력을 고려하는 것을 학습자 중심의 원칙이라 한다.

× 소방안전교육의 원칙 중 학습자의 능력을 고려하는 것을 현실성의 원칙이라 한다.

02
소방안전교육의 원칙 중 교육의 중요성을 전달해야 하고, 교육에 재미를 부여해야 하는 것을 목적의 원칙이라 한다.

× 소방안전교육의 원칙 중 교육의 중요성을 전달해야 하고, 교육에 재미를 부여해야 하는 것을 동기부여의 원칙이라 한다.

03
합동소방훈련은 소방안전관리대상물과 소방관서에서 함께 실시하는 훈련으로, 소방서장은 특급 및 1급·2급 소방안전관리대상물의 관계인으로 하여금 합동소방훈련을 실시하게 할 수 있다.

× 합동소방훈련은 소방안전관리대상물과 소방관서에서 함께 실시하는 훈련으로, 소방서장은 **특급 및 1급** 소방안전관리대상물의 관계인으로 하여금 합동소방훈련을 실시하게 할 수 있다.

1급 소방안전관리자 기출예상문제집

제2과목

PART 07

화재 시 초기대응 및 피난 실습·평가

PART 07 화재 시 초기대응 및 피난 실습·평가

01 화재발생 시 초기대응에 대해 나눈 대화 중 옳지 않은 얘기를 한 사람은?

> 명수 : 소화기를 사용하여 신속한 초기소화 작업을 실시한다.
> 용만 : 초기소화는 화원의 종류, 화세의 크기를 고려하여 초기대응 여부를 결정한다.
> 수용 : 초기대응 시 피난경로 확보도 고려해야 한다.
> 원희 : 초기소화가 어려울 경우 피난경로를 표시하기 위해 출입문을 열어놓고 대피한다.

① 명수
② 용만
③ 수용
④ 원희

해설 초기소화가 어려울 경우에는 열 또는 연기의 확산방지를 위해 출입문을 닫고 즉시 대피한다.

02 다음은 ○○건물의 4층 평면도이다. 화재 시 피난행동으로 옳지 않은 것은?

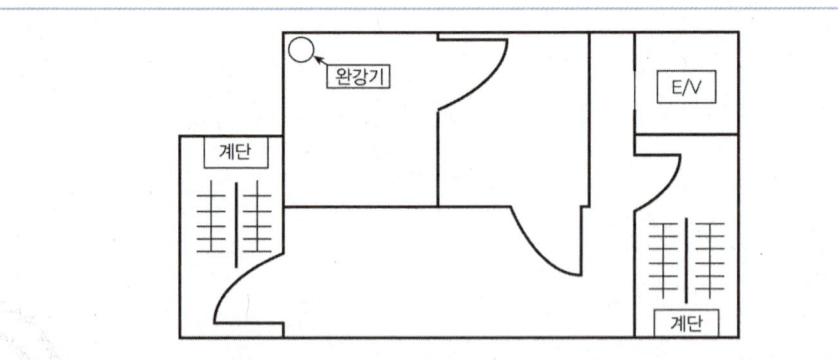

① 피난약자의 경우 승강기를 이용하여 신속하게 피난한다.
② 모든 계단이 폐쇄됐다면 완강기를 이용하여 피난한다.
③ 가능하다면 양쪽 계단을 모두 활용하여 피난인원을 분산한다.
④ 유도등 또는 유도표지를 따라 피난한다.

해설 피난약자의 경우라도 화재 시 엘리베이터는 절대 이용하지 않도록 하며 계단을 이용해 옥외로 대피한다.

정답 01.④ 02.①

03 화재 시 피난에 대한 내용으로 옳지 않은 것은?

① 유도등, 유도표지를 따라 대피한다.
② 출입문을 열기 전 문 손잡이가 뜨거우면 문을 열지 말고 다른 길을 찾는다.
③ 코와 입을 젖은 수건 등으로 막아 연기를 마시지 않도록 한다.
④ 건물 밖으로 대피하지 못한 경우에는 밖으로 통하는 창문이 없는 방으로 들어간다.

해설 건물 밖으로 대피하지 못하는 경우에는 밖으로 통하는 창문이 있는 방으로 들어간다.

04 다음 중 일반적 피난계획 수립에 대한 내용으로 옳지 않은 것은?

① 소방안전관리자는 해당 대상물의 특성에 부합하는 피난계획을 사전에 수립해야 한다.
② 대상물의 붕괴, 폭발 가능성으로 인해 긴급 피난이 필요한 경우에는 대상물 재실자 및 방문자 모두가 즉시 피난을 개시한다.
③ 효율적인 피난을 위해 피난 시 재실자 및 방문자를 집합하여 피난을 유도한다.
④ 피난유도 시 피난자의 패닉방지를 위한 심리적 안정조치를 취해야 한다.

해설 계단 등에서 병목현상이 발생하지 않도록 재실자 및 방문자를 분산하여 피난을 유도한다.

05 ○○건물에서 작성한 피난계획의 일부를 보고 옳지 않은 것을 고르면?

[○○건물 피난계획]		
피난인원	근무자 25명, 거주자 40명	
경보방식	☑ 일제경보방식 □ 우선경보방식	
피난경로	제1피난로	서측계단
	제2피난로	동측계단
피난약자	☑ 고령자 □ 영유아 ☑ 이동장애	

① 소방계획서 작성 시 피난계획 관련 사항을 포함시켜야 한다.
② 일제경보방식은 화재감지 시 모든 층에 경보를 발생시키는 방식이다.
③ 한 개의 피난계단을 이용하여 피난하는 것으로 계획을 수립해야 한다.
④ 고령자, 이동장애인 등 피난약자를 위한 피난대책을 강구해야 한다.

해설 피난계단이 서측과 동측 2군데 있으므로 두 개의 피난계단을 이용하여 피난하는 것으로 계획을 수립해야 한다.

정답 03.④ 04.③ 05.③

PART 07 화재 시 초기대응 및 피난 실습·평가

▶ 교재 2권 p.195~196

06 장애인에 대한 피난계획으로 틀린 것은?

① 지체장애인의 경우 불가피한 경우를 제외하고는 2인 이상이 1조가 되어 피난을 보조한다.
② 시각장애인의 경우 팔과 어깨를 살며시 기대도록 하여 안내한다.
③ 청각장애인의 경우 청각적으로 전달하기 위해 큰 소리로 얘기한다.
④ 지적장애인의 경우 차분하고 느린 어조로 도움을 주러 왔음을 밝힌다.

해설 청각장애인의 경우 시각적인 전달을 위해 표정이나 제스처를 사용한다.

▶ 교재 2권 p.192~196

07 피난계획의 수립 내용으로 옳지 않은 것은?

① 피난구 위치를 거주자가 숙지토록 한다.
② 피난약자의 재배치 등 적합한 피난전략을 고려하여 시행한다.
③ 건축물 환경에 적합한 피난보조기구의 설치가 권장된다.
④ 시각장애인의 경우 시각적인 전달을 위해 표정이나 제스처를 사용한다.

해설 시각장애인의 경우 평상시와 같이 지팡이를 이용하여 피난토록 한다. 피난보조자는 팔과 어깨에 살며시 기대도록 하여 안내하며 계단, 장애물 등을 미리 알려준다.

▶ 교재 2권 p.195~196

08 장애유형별 피난보조 예시에 관한 내용으로 옳은 것을 모두 고르면?

㉠ 노약자 : 지병을 표시하고, 1인의 유도자를 지정하여 줄서서 피난한다.
㉡ 지체장애인 : 2인 이상이 1조가 되어 피난을 보조한다.
㉢ 시각장애인 : 시각적인 전달을 위해 표정이나 제스처를 사용한다.
㉣ 청각장애인 : 피난유도 시 여기, 저기 등 애매한 표현보다 좌측 1m, 왼쪽 2m 같이 명확하게 표현하고 피난한다.

① ㉠, ㉡
② ㉠, ㉡, ㉢
③ ㉠, ㉢, ㉣
④ ㉠, ㉡, ㉢, ㉣

해설 ㉠, ㉡이 옳은 내용이다.
㉢ 시각장애인 : 피난유도 시 여기, 저기 등 애매한 표현보다 좌측 1m, 왼쪽 2m 같이 명확하게 표현하고 피난한다.
㉣ 청각장애인 : 시각적인 전달을 위해 표정이나 제스처를 사용한다.

정답 06.③ 07.④ 08.①

1급 소방안전관리자 기출예상문제집

부록

PART 01

2025 기출문제

2025 기출문제

※ 이 기출문제는 수험생의 기억에 의해 문제를 복원하여 편집하였으므로 실제 기출문제와 다소 차이가 있을 수 있음.

제1과목

▶ 교재 2권 p.132

01 상 중 하

완강기 적응성이 없는 것은?

① 장례식장 8층
② 공동주택 5층
③ 노유자시설 3층
④ 업무시설 10층

해설 노유자시설의 경우 층에 관계없이 완강기에 피난기구 적응성이 없다. ① 장례식장, ② 공동주택, ④ 업무시설은 모두 그 밖의 것에 해당되고 3층 이상의 경우 모두 완강기의 피난기구 적응성이 있다.

▶ 교재 1권 p.51~52

02 상 중 하

300만원 이하 벌금 사유가 아닌 것은?

① 화재안전조사를 정당한 사유 없이 거부·방해 또는 기피한 자
② 소방안전관리업무를 하지 아니한 특정소방대상물의 관계인
③ 소방안전관리자를 선임하지 않은 관계인
④ 소방안전관리자에게 불이익한 처우를 한 관계인

해설 소방안전관리업무를 하지 아니한 특정소방대상물의 관계인에게는 300만원 이하의 과태료를 부과한다.

정답 01.③ 02.②

03. 다음 중 소방시설관리업자로 하여금 업무를 대행하게 할 수 있는 대상물은?

① 높이 250m인 아파트
② 10층 오피스텔
③ 연면적 20,000m²인 건물
④ 가연성 가스 2천톤을 저장·취급하는 시설

해설 10층 오피스텔은 2급 소방안전관리대상물로 업무대행이 가능하다.

▶ 업무대행 불가
> ㉠ 아파트를 제외한 대상물은 **특급, 1급** 중 연면적 **15,000m²** 이상은 업무대행 불가
> ㉡ 아파트의 경우 **특급** 및 **1급**은 업무대행 불가

04. 다음 중 방화구획 설치기준으로 옳은 것만 고른 것은?

조건
☐ 설치된 소화설비 : 스프링클러설비
☐ 벽 및 반자의 실내마감 : 불연재료

구분	구획기준
면적별 구획	1. 10층 이하의 층은 바닥면적 (㉠) 이내마다 구획 2. 11층 이상의 층은 바닥면적 (㉡) 이내마다 구획
층별 구획	매층마다 구획 다만, 지하 1층마다 지상으로 직접 연결하는 (㉢) 부위는 제외

	㉠	㉡	㉢
①	1,000m²	200m²	경사로
②	1,000m²	1,500m²	특별계단
③	1,000m²	500m²	옥외계단
④	3,000m²	1,500m²	경사로

해설 스프링클러설비가 설치된 경우 원래 방화구획의 3배 이내마다 구획하므로 10층 이하의 층은 1,000m²의 3배인 ㉠ 3,000m²이고, 11층 이상의 경우 벽 및 반자의 실내마감이 불연재료로 되어 있으므로 500m²의 3배인 ㉡ 1,500m²이다. 층별 구획에서 지하 1층마다 지상으로 직접 연결하는 ㉢ 경사로 부위는 제외된다.

정답 03.② 04.④

05 자동소화장치에 해당하지 않는 것은?

① 분말자동소화장치
② 주거용 주방자동소화장치
③ 캐비닛형자동소화장치
④ 자동소화자동확산소화기

해설 자동소화자동확산소화기는 현재까지 존재하지 않는 것이다.
▶ 자동소화장치
㉠ 주거용 주방자동소화장치
㉡ 상업용 주방자동소화장치
㉢ 캐비닛형 자동소화장치
㉣ 가스자동소화장치
㉤ 분말자동소화장치
㉥ 고체에어로졸자동소화장치

06 임시소방시설에 해당하는 것을 고르면?

① 소화기, 가스누설경보기, 방수포
② 비상경보장치, 비상조명등, 자동소화장치
③ 간이소화장치, 간이피난유도선, 비상조명등
④ 화재알람설비, 비상조명등, 방화포

해설 ▶ 임시소방시설
㉠ 소화기
㉡ 간이소화장치
㉢ 비상경보장치
㉣ 가스누설경보기
㉤ 간이피난유도선
㉥ 비상조명등
㉦ 방화포

07 아래 〈그림〉은 ○○건물 10층의 평면도이다. 이 층의 경계구역은 몇 개인가?

```
           70m
    ┌─────────────────┐
    │                 │
    │      700m²      │ 10m
    │                 │
    └─────────────────┘
```

① 1개
② 2개
③ 3개
④ 4개

정답 05.④ 06.③ 07.②

해설 하나의 경계구역의 면적은 600m² 이하로 하고 한 변의 길이는 50m 이하로 해야 하므로, 이 건물 10층의 면적이 700m²이고, 한 변의 길이 가로 70m, 세로 10m이 므로 경계구역은 2개로 해야 한다.

▶ 교재 1권
p.41

08
소방안전관리자의 업무수행 기록의 작성·유지에 대한 내용 중 ( ) 안에 들어갈 내용으로 알맞게 짝지은 것은?

> ⓐ 소방안전관리대상물의 소방안전관리자는 소방안전관리업무를 수행한 날을 포함하여 (   ) 작성한다.
> ⓑ 소방안전관리자는 업무 수행에 관한 기록을 작성한 날부터 (   ) 보관해야 한다.

① 분기에 1회 이상, 1년간
② 분기에 1회 이상, 2년간
③ 월 1회 이상, 1년간
④ 월 1회 이상, 2년간

해설 ⓐ 소방안전관리대상물의 소방안전관리자는 소방안전관리업무를 수행한 날을 포함하여 (월 1회 이상) 작성한다.
ⓑ 소방안전관리자는 업무 수행에 관한 기록을 작성한 날부터 (2년간) 보관해야 한다.

▶ 교재 1권
p.62~63

09
소방시설의 자체점검에 대한 설명으로 옳은 것은?

① 고시원업의 영업장이 설치된 연면적 2,500m²인 특정소방대상물은 종합점검 대상에 해당하지 않는다.
② 선임된 소방안전관리자는 선임자격의 종류와 무관하게 종합점검을 실시할 수 있는 자격자에 해당한다.
③ 특급 및 1급 소방안전관리대상물은 연 1회 자체점검을 실시하여야 한다.
④ 특정소방대상물의 규모, 설치된 소방시설, 건축물의 사용승인일에 따라 자체점검의 종류 및 실시하는 시기 등이 다르다.

해설 ① 고시원업의 영업장이 설치된 연면적 2,000m² 이상인 특정소방대상물은 종합점검대상이다.
② 소방안전관리자로 선임된 소방시설관리사 및 소방기술사여야 종합점검을 실시할 수 있다.
③ 특급 소방안전관리대상물은 연 2회(반기에 1회 이상) 실시하여야 한다.

정답 08.④ 09.④

10 건축법에 따른 대수선에 해당하지 않는 것은?

① 지붕틀을 3개 이상 수선 또는 변경하는 것
② 기둥을 2개 이상 수선 또는 변경하는 것
③ 보를 3개 이상 수선 또는 변경하는 것
④ 주계단, 피난계단을 수선 또는 변경하는 것

[해설] 기둥을 3개 이상 수선 또는 변경하는 경우에 대수선에 해당한다.

11 다음 건축물의 평면도 및 입면도에서 건축법령상 면적의 산정내역으로 옳은 것은?

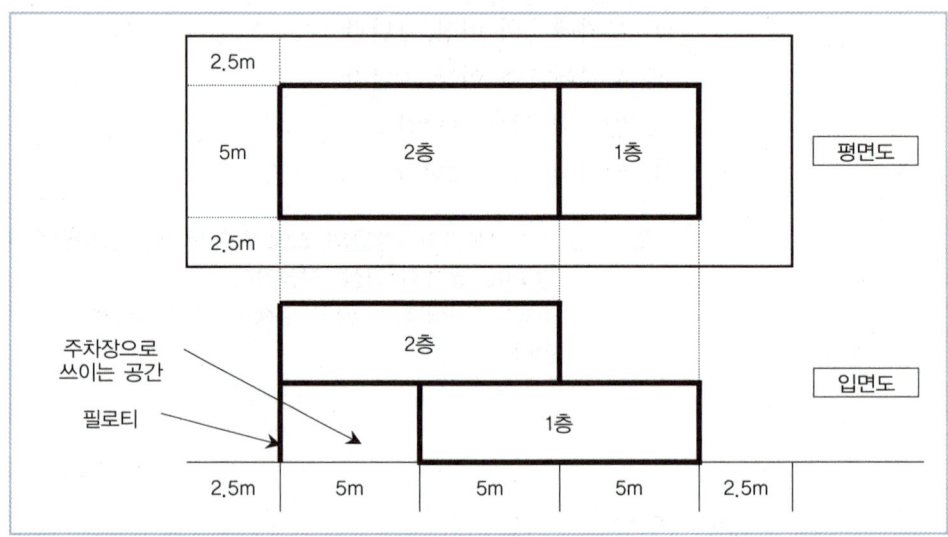

	연면적	건축면적	용적률	건폐율
①	100m²	75m²	50.0%	37.5%
②	125m²	75m²	62.5%	37.5%
③	125m²	75m²	50.0%	37.5%
④	100m²	50m²	62.5%	25.0%

[해설]
㉠ 연면적은 바닥면적의 합계인데 바닥면적 산정에서 필로티는 제외된다. 따라서 1층 바닥면적은 2층과 똑같이 10m×5m=50m² 따라서 연면적은 (10m × 5m) + (10m × 5m) = 100m²이다.
㉡ 건축면적은 15m × 5m = 75m²이다.
㉢ 용적률은 100m² ÷ 200m² × 100 = 50.0%이다.
㉣ 건폐율은 75m² ÷ 200m² × 100 = 37.5%이다.

정답 10.② 11.①

▶ 교재 1권 p.191~192

12 다음은 소화이론에 대한 설명이다. 같은 원리로 소화하는 것은?

> 연소가 진행되고 있는 계의 열을 빼앗아 온도를 떨어트림으로써 불을 끄는 방법이다.

① 가스화재에서 밸브를 잠금
② 알코올램프에 붙은 불을 뚜껑을 닫아 화재를 진압함
③ 이불을 덮어 화재를 진압함
④ 물을 뿌려 화재를 진압함

[해설] 계의 열을 빼앗아 온도를 떨어트림으로 불을 끄는 방법은 냉각소화이다. 이에 해당하는 것은 ④이다. ①은 제거소화, ②③은 질식소화에 해당한다.

▶ 교재 1권 p.245~246

13 다음의 종합방재실 설치기준에 대한 설명으로 옳은 것을 모두 고르시오.

> ㉠ 공동주택의 경우 관리사무소 내에 설치할 수 있다.
> ㉡ 1층에만 설치할 수 있다.
> ㉢ 설치면적은 20m² 이상으로 한다.
> ㉣ 다른 부분과 방화구획으로 설치하여야 한다.

① ㉠, ㉡
② ㉢, ㉣
③ ㉠, ㉢, ㉣
④ ㉠, ㉡, ㉢, ㉣

[해설]
㉠ 공동주택의 경우에는 관리사무소 내에 설치할 수 있다(○).
㉡ 1층 또는 피난층에 설치할 수 있다(×).
㉢ 면적은 20m² 이상으로 한다(○).
㉣ 다른 부분과 방화구획으로 설치해야 한다(○).

▶ 교재 1권 p.201

14 제4류 위험물의 공통적인 성질에 해당하는 것을 모두 고르면?

> ㉠ 인화하기 쉽다.
> ㉡ 증기는 대부분 공기보다 가볍다.
> ㉢ 증기는 공기와 혼합되어 연소·폭발한다.
> ㉣ 착화온도가 높을수록 더 위험하다.

① ㉠, ㉡
② ㉠, ㉢
③ ㉠, ㉢, ㉣
④ ㉠, ㉡, ㉢, ㉣

[정답] 12.④ 13.③ 14.②

해설 ▶ 제4류 위험물의 공통적인 성질
ⓐ 인화하기 쉽다.
ⓑ 증기는 대부분 공기보다 무겁다.
ⓒ 증기는 공기와 혼합되어 연소·폭발한다.
ⓓ 착화온도가 낮은 것은 위험하다.
ⓔ 대부분 물보다 가볍고 물에 녹지 않는다.

15 다음 〈조건〉에서 가스안전관리에 대한 설명으로 맞는 내용은?

|조건|
□ 증기비중이 1보다 작은 경우
㉠ 가스 연소기로부터 수평거리 (㉠) 이내의 위치에 설치
㉡ 탐지기의 하단은 천장면의 (㉡) 이내의 위치에 설치

① ㉠ 4m, ㉡ 상방 30cm
② ㉠ 4m, ㉡ 하방 30cm
③ ㉠ 8m, ㉡ 하방 30cm
④ ㉠ 8m, ㉡ 상방 30cm

해설 ㉠ 가스 연소기로부터 수평거리 (㉠ 8m) 이내의 위치에 설치
㉡ 탐지기의 하단은 천장면의 (㉡ 하방 30cm) 이내의 위치에 설치

16 통합 감시시스템에 해당하는 것이 아닌 것은?

① 언제, 어디서나 정보의 수집 및 감시가 용이하다.
② 장소적 통합 개념으로 구성되어 있다.
③ 시스템적 통합 방식이다.
④ 비용, 장소, 인력에 따른 문제가 해결될 수 있다.

해설 장소적 통합 개념이 아니라 시스템적 통합 방식으로 구성되어 있다.

17 상 중 하

○○건물의 관계인이 2024년 작동기능점검을 실시하였다. 자동화재탐지설비 작동점검결과 1층 회로의 전압지시침이 6V, 2층 회로의 전압지시침이 0V로 나타났으며, 예비전원시험 시 전압지시침이 10V를 지시하였다. 작성된 점검표에서 옳지 않은 것은?

구분	점검결과	불량내용
예비전원시험	① 불량×	② 예비전원 불량
도통시험	③ 불량×	④ 1층 단선

해설 예비전원시험 시 전압지시침이 19~29V여야 정상이므로 점검결과는 불량×이고, 불량내용은 예비전원 불량으로 기재하여야 하므로 ①과 ②는 맞는 내용이다.
도통시험에서 정상은 4~8V이므로 1층의 경우 6V로 정상이나 2층 회로의 경우 0V로 단선이다. 따라서 점검결과는 불량×이고, 불량내용은 2층 단선으로 기재하여야 한다. 따라서 ④가 옳지 않다.

18 상 중 하

초고층 및 지하연계 복합건축물 재난관리에 관한 특별법상 지상층으로부터 100층 건축물의 경우 피난안전구역의 최소 개수로 맞는 것은?

① 1개　　② 2개
③ 3개　　④ 4개

해설 지상층으로부터 최대 30개 층마다 1개소 이상 설치해야 하므로 100층 건축물인 경우 최소 3개를 설치해야 한다.

정답 17.④ 18.③

19 다음은 옥내소화전설비 계통도이다. 아래 〈그림〉에서 유수흐름의 방향이 잘못된 것은?

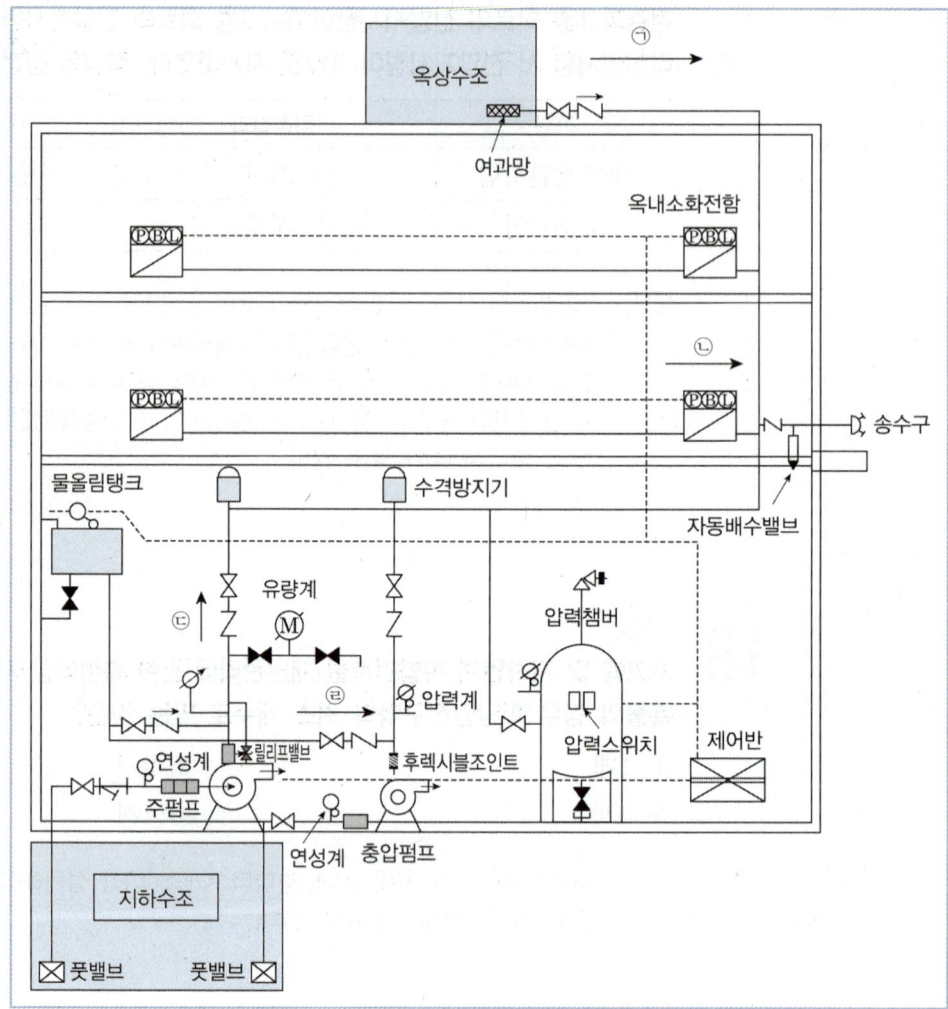

① ㉠ ② ㉡
③ ㉢ ④ ㉣

해설 ㉡의 방향은 '왼쪽에서 오른쪽'이 아니라 '오른쪽에서 왼쪽'이다.

정답 19.②

20 아래 자동화재탐지설비의 수신기의 상태를 보았을 때 옳은 것은?

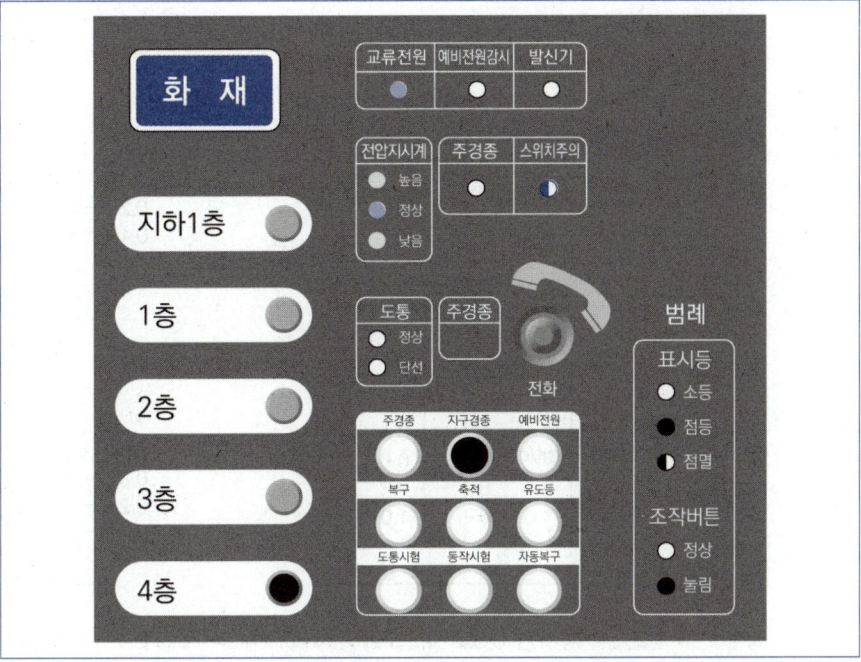

① 예비전원으로 작동하고 있다.
② 경계구역 버튼을 원상태로 하면 스위치주의등이 깜빡이지 않을 것이다.
③ 4층 발신기가 작동하였다.
④ 지구경종이 작동하고 있다.

해설 ① 교류전원으로 작동하고 있다.
③ 4층 경계구역 버튼이 작동하였다.
④ 지구경종 버튼이 눌려 있어서 지구경종은 작동하지 않는다.

21

정지점이 0.8MPa이고 기동점이 0.7MPa일 때 맞는 그림은?

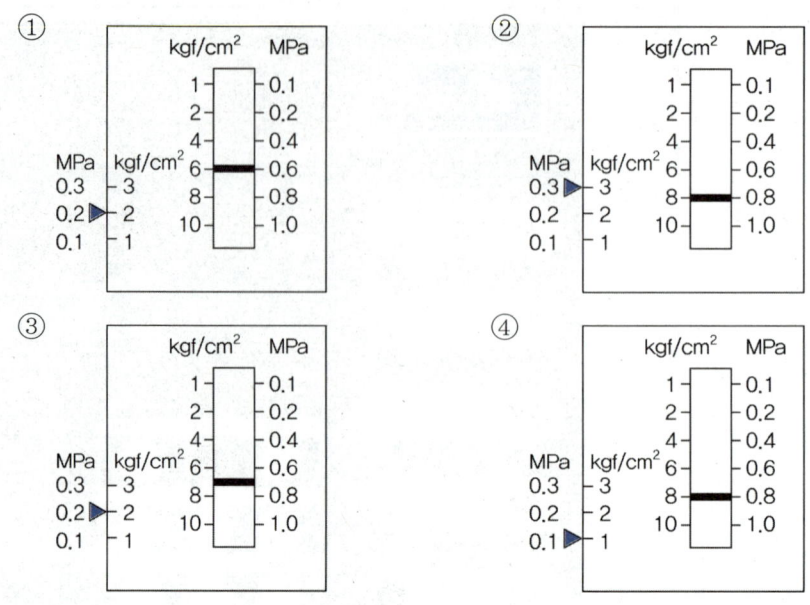

해설 정지점 0.8MPa는 Range이고 Diff = Ragne - 기동점이므로 Diff는 0.1MPa이다. 따라서 ④가 옳은 그림이다.

22

다음은 ○○건물의 자위소방대 및 초기대응체계 편성표의 내용이다. ㉠∼㉣에 대한 내용으로 옳지 않은 것은?

자위소방대	□ 편성인원 ㉠ 대장　　1명 ㉡ 부대장　1명 대원　　10명 □ 조직구성 지휘통제팀　2명 비상연락팀　2명 ㉢ 초기소화팀　2명 피난유도팀　4명
㉣ 초기대응체계	□ A조 2명, B조 2명

① ㉣ - ○○건물이 이용되는 기간 동안에는 상시로 운영되어야 한다.
② ㉠ - ○○건물 소유주(건물주)를 자위소방대 대장으로 지정할 수 있다.
③ ㉢ - 초기소화팀의 주된 임무는 각 팀을 지휘하는 것이다.
④ ㉠, ㉡ - 대장 또는 부대장이 대상물에 부재하는 경우에는 업무 대리자를 지정해야 한다.

해설 ㉢ - 초기소화팀은 초기소화설비를 이용한 조기 화재진압 임무를 수행한다.

정답 21.④ 22.③

23. 준비작동식 스프링클러설비의 작동 방법으로 옳지 않은 것은?

① 수동조작함의 수동조작스위치 작동
② 해당 방호구역의 감지기 2개 회로 작동
③ 해당 방호구역의 발신기 작동
④ 유수검지장치에 부착된 수동기동밸브 개방

해설 ▶ 준비작동식 스프링클러설비의 작동방법
㉠ 해당 방호구역의 감지기 2개 회로 작동
㉡ SVP(수동조작함)의 수동조작스위치 작동
㉢ 밸브 자체에 부착된 수동기동밸브 개방
㉣ 감시제어반(수신기)측의 준비작동식 유수검지장치 수동기동스위치 작동
㉤ 감시제어반(수신기)에서 동작시험 스위치 및 회로선택스위치 작동(2회로 작동)

24. 용접(용단) 작업 시 비산불티의 특성으로 옳은 것만 짝지은 것은?

㉠ 용접(용단) 작업 시 수천 개의 비산된 불티 발생
㉡ 비산불티는 풍향, 풍속 등에 상관없이 비산거리는 동일
㉢ 비산불티는 약 1,600℃ 이상의 고온체이다.
㉣ 비산불티는 짧게는 작업과 동시에서부터 수 분 사이, 길게는 수 시간 이후에도 화재가능성이 있다.

① ㉠, ㉡
② ㉠, ㉡, ㉢
③ ㉠, ㉢, ㉣
④ ㉠, ㉡, ㉢, ㉣

해설 ㉡ 비산불티는 풍향, 풍속 등에 의해 비산거리가 상이하다.

25. 다음 중 자연발화의 연결이 잘못된 것은?

① 산화열 – 석탄, 건성유
② 발효열 – 퇴비
③ 중합열 – 목탄, 활성탄
④ 분해열 – 셀룰로이드, 나이트로셀룰로스

해설 중합열에 해당하는 것은 시안화수소, 산화에틸렌이다. 목탄, 활성탄은 흡착열에 해당한다.

정답 23.③ 24.③ 25.③

제 2 과목

26 다음 층에 설치하여야 하는 ABC 분말소화기의 최소개수는?

> 가. 바닥면적은 2,000m²이다.
> 나. 용도는 공연장이다.
> 다. 건축물은 내화구조이고 내장재는 불연재료이다.
> 라. 소화기의 능력단위는 3단위로 설치한다.
> ※ 상기 외의 기준은 산정에서 제외한다.

① 5개 ② 6개
③ 7개 ④ 8개

해설 공연장의 경우 소화기구의 능력단위 기준은 해당 용도의 바닥면적 50m²마다 능력단위 1단위 이상이다. 건축물이 내화구조이고 내장재는 불연재료인 경우 위 기준의 2배를 능력단위 기준으로 보게 되므로 100m²마다 능력단위 1단위 이상의 소화기를 설치해야 한다. 따라서 이 층은 20단위가 충족되어야 하고 소화기의 능력단위 3단위이므로 20÷3=6.666…이다. 결국 ABC 분말소화기의 최소개수는 7개이다.

27 소화기 실기실습 내용으로 옳지 않은 것은?

① 소화기를 불이 난 곳으로 옮긴다.
② 손잡이를 쥐고 안전핀 제거 중 소화기가 쓰러지지 않도록 주의한다.
③ 소화 시에 바람을 마주보고 화점을 향하여 방사한다.
④ 약제를 화점을 향하여 비를 쓸듯이 골고루 방사한다.

해설 소화 시에 바람을 등지고 화점을 향하여 방사한다.

28 준비작동식 스프링클러설비의 프리액션밸브 작동과 관계없는 것은?

① 밸브 개방표시등 점등
② 사이렌 경보
③ 압력스위치 작동
④ 방호구역 외부 방출표시등 점등

해설 방호구역 외부 방출표시등 점등은 이산화탄소소화설비에 해당하는 내용이다.

정답 26.③ 27.③ 28.④

29

▶ 교재 2권 p.48

상 중 하

정격토출압력이 1MPa인 경우 릴리프밸브 작동압력으로 옳은 것은?

① 1.5MPa　　　　　　　　② 2MPa
③ 1.3MPa　　　　　　　　④ 1.65MPa

해설 릴리프밸브 작동압력은 체절압력 미만에서 개방되도록 조정해야 하므로 정격토출압력이 1MPa일 경우 체절압력은 정격토출압력의 140% 미만이므로 체절압력은 1.4MPa이고 체절압력 미만인 것은 ③ 1.3MPa이다.

30

▶ 교재 2권 p.101

상 중 하

다음 장소에 설치되는 감지기의 최소 개수로 맞는 것은?

- 주용도 : 업무시설(바닥면적 175m^2)
- 주요구조부 : 내화구조
- 감지기의 부착높이 : 6m
- 설치 감지기의 종류 : 차동식 스포트형 감지기 2종

① 3개　　　　　　　　② 4개
③ 5개　　　　　　　　④ 6개

해설 주요구조부가 내화구조로된 특정소방대상물에서 설치높이가 4m 이상 8m 미만인 경우 차동식 스포트형 감지기 2종의 감지기 설치유효면적은 35m^{2}이다.
175m^2 ÷ 35m^2 = 5개
∴ 5개를 설치해야 한다.

정답 29.③　30.③

31 아래 〈그림〉의 소방시설에 대한 설명으로 옳지 않은 것은?

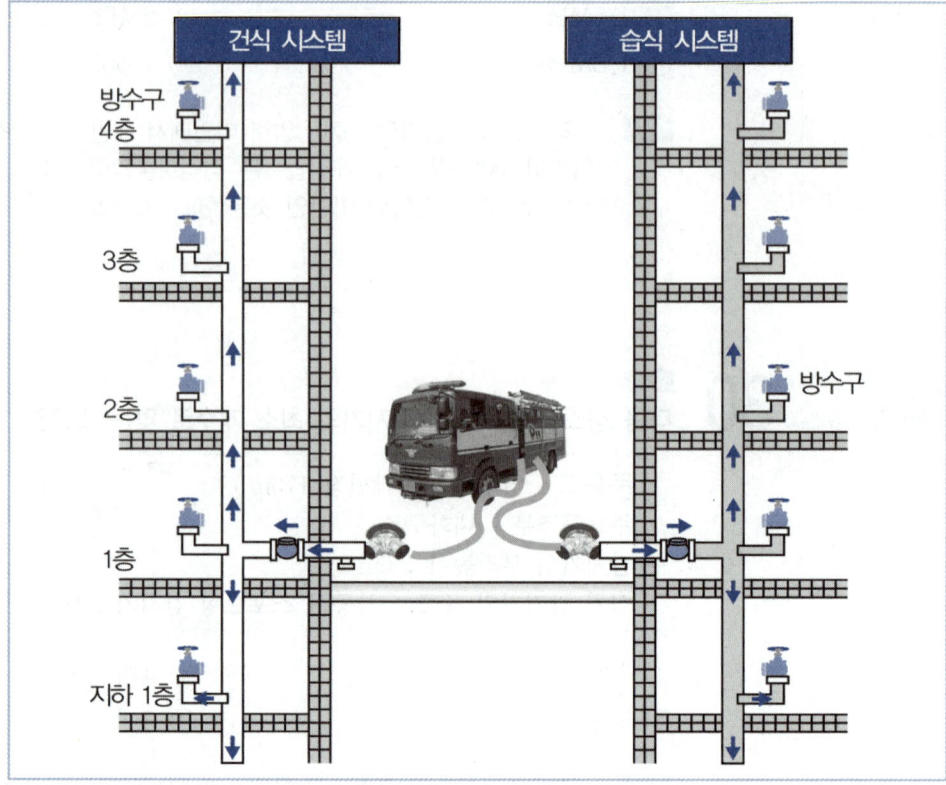

① 소화용수설비 중 연결살수설비이다.
② 5층 이상으로 연면적 6,000m² 이상인 곳에 설치한다.
③ 송수구, 방수구, 방수기구함 및 배관 등으로 구성되어 있다.
④ 지면으로부터 높이가 31m 이상인 특정소방대상물에는 습식을 적용한다.

해설 〈그림〉은 소화활동설비 중 연결송수관설비로 넓은 면적의 고층 또는 지하 건축물에 설치하며, 화재 시 소방관이 소화하는데 사용하는 설비이다.

32 P형 수신기(로터리 방식)의 동작시험 순서로 올바른 것은?

㉠ 동작(화재)시험 스위치를 누른다.
㉡ 경계구역마다 회로선택스위치를 차례로 회전시켜 시험한다.
㉢ 화재표시등, 지구(경계구역)표시등, 음향장치의 작동 등 정상 동작여부를 확인한다.
㉣ 자동복구스위치를 누른다.
㉤ 수신기를 초기상태로 복구한다.

① ㉠ → ㉡ → ㉢ → ㉣ → ㉤
② ㉠ → ㉡ → ㉢ → ㉤ → ㉣
③ ㉠ → ㉣ → ㉡ → ㉢ → ㉤
④ ㉠ → ㉣ → ㉡ → ㉤ → ㉢

정답 31.① 32.③

해설 '㉠ 동작(화재)시험 스위치를 누른다. → ㉣ 자동복구스위치를 누른다. → ㉡ 경계구역마다 회로선택스위치를 차례로 회전시켜 시험한다. → ㉢ 화재표시등, 지구(경계구역)표시등, 음향장치의 작동 등 정상 동작여부를 확인한다. → ㉤ 수신기를 초기상태로 복구한다.' 순으로 동작시험이 진행된다.

33

○○ 건축물에 화재경보가 발생하여 관계인이 화재 발생 여부 확인한 후 수신기를 복구하였다. 아래 R형 수신기의 기록 상태를 보고 알 수 있는 것은?

일시	회선설명	동작구분	메세지
2024.3.4. 14:07:26	3F 자동화재탐지설비	화재	화재발생
2024.3.4. 14:07:30	3F 지구경종 작동	출력	중계기출력
2024.3.4. 14:07:30	4F 지구경종 작동	출력	중계기출력
2024.3.4. 14:07:30	5F 지구경종 작동	출력	중계기출력
2024.3.4. 14:07:30	6F 지구경종 작동	출력	중계기출력
2024.3.4. 14:07:30	7F 지구경종 작동	출력	중계기출력
2024.3.4. 14:07:34		수신기	수신기 전체 복구완료

① 해당 건물의 화재 경보방식은 발화층 및 그 직상 4개 층 경보방식이다.
② 해당 건물은 층수가 7층이다.
③ 2024년 3월 4일 14시 7분 30초에 3~7층에서 화재신호가 발생하였다.
④ 관계인이 옥내소화전설비로 화재를 진압하고 2024년 3월 4일 14시 7분 30초에 수신기를 복구하였다.

해설 ① 3층에서 화재신호가 발생하여 3~7층에서 지구경종이 작동한 경우이므로 해당 건물의 화재 경보방식은 발화층(3층) 및 그 직상 4개 층(4~7층) 경보방식이다.
② R형 수신기의 기록 상태만으로는 해당 건물의 층수가 7층인지는 모른다.
③ 2024년 3월 4일 14시 7분 26초에 화재신호가 발생한 곳은 3층이다.
④ 관계인이 옥내소화전설비로 화재를 진압했는지는 R형 수신기의 기록 상태만으로는 알 수 없다.

정답 33.①

34. 비화재보 발생 시 조치 방법을 순서대로 나열한 것은?

㉮ 수신기 확인 ㉯ 실제화재 여부 확인
㉰ 수신기 복구 ㉱ 음향장치 복구
㉲ 음향장치 정지 ㉳ 비화재보 원인 제거

① ㉮ → ㉰ → ㉯ → ㉲ → ㉱ → ㉳
② ㉮ → ㉰ → ㉯ → ㉲ → ㉳ → ㉱
③ ㉮ → ㉯ → ㉲ → ㉰ → ㉱ → ㉳
④ ㉮ → ㉯ → ㉲ → ㉳ → ㉰ → ㉱

해설 비화재보 시 ㉮ 수신기 확인 → ㉯ 실제화재 여부 확인 → ㉲ 음향장치 정지 → ㉳ 비화재보 원인 제거 → ㉰ 수신기 복구 → ㉱ 음향장치 복구 순으로 대처한다.

35. 계단실 및 부속실 제연설비의 점검 방법으로 옳지 않은 것은? (옥내에 스프링클러설비가 설치된 경우이다)

① 송풍기 작동 시 출입문을 개방한 상태에서 풍속계로 방연풍속을 측정한다.
② 댐퍼가 개방된 후 송풍기가 작동하여 부속실과 계단실에 바람이 들어오는지 확인한다.
③ 감지기 또는 수동기동장치 동작 시 화재경보 발생 및 댐퍼가 개방되는지 확인한다.
④ 제연구역과 옥내와의 차압을 측정하여 12.5Pa 미만인지 확인한다.

해설 제연구역과 옥내와의 차압을 측정하여 12.5Pa 이상인지 확인한다.

36. 소화용수설비에 해당하는 소화수조의 소요수량이 80m³일 때, 채수구의 최소 설치 개수는?

① 3개 ② 2개
③ 1개 ④ 4개

해설 소요수량이 80m³일 경우 채수구는 2개를 설치해야 한다.

▶ 채수구 설치수

소요수량	20m³ 이상 40m³ 미만	40m³ 이상 100m³ 미만	100m³ 이상
채수구의 수	1개	2개	3개

정답 34.④ 35.④ 36.②

37. 비상콘센트설비에 대한 설명으로 옳지 않은 것은?

① 소방시설의 분류상 소화활동설비이다.
② 바닥에서 높이 0.8m 이상 1.5m 이하에 설치한다.
③ 보호함 상부에 적색 표시등을 설치한다.
④ 전원회로는 단상교류 110V로 한다.

해설 전원회로는 단상교류 220V로 한다.

38. 다음은 □□건물의 개요이다. 2025년 소방시설등 자체점검 계획으로 가장 적합한 것은?

> ○ 주용도 : 업무시설
> ○ 층수 : 지하 2층, 지상 5층
> ○ 연면적 : 5,850m²
> ○ 사용승인일 : 2000.2.18.
> ○ 소방시설 설치현황 : 소화기, 옥내소화전설비, 유도등, 자동화재탐지설비, 비상방송설비, 비상조명등
>
> ※ 상기조건을 제외한 나머지 조건은 무시한다.

① 소방시설관리업자로 하여금 2월 중 작동점검, 8월 중 종합점검을 실시하도록 한다.
② 소방시설관리업자로 하여금 2월 중 종합점검, 8월 중 작동점검을 실시하도록 한다.
③ 소방시설관리업자로 하여금 2월 중 종합점검만 실시하도록 계획한다.
④ 소방시설관리업자로 하여금 2월 중 작동점검만 실시하도록 계획한다.

해설 물분무등소화설비가 설치된 연면적 5,000m² 이상인 특정소방대상물의 경우에는 종합점검대상에 해당하나, 소화설비 중 옥내소화전만 설치된 이 건물은 작동점검 대상이다. 따라서 건축물의 사용승인일인 2000년 2월 18일이 속하는 달인 매년 2월 중에 작동점검만 실시하도록 계획해야 한다.

정답 37.④ 38.④

▶ 교재 2권 p.185~186

39 다음 중 초기대응체계의 인원편성에 대한 설명으로 옳지 않은 것은?

① 소방안전관리대상물의 근무자의 근무위치, 근무인원 등을 고려하여 편성한다.
② 소방안전관리보조자, 경비근무자 또는 대상물 관리인 등 상시 근무자를 중심으로 구성한다.
③ 휴일 및 야간에 무인경비시스템을 통해 감시하는 경우에는 무인경비회사와 비상연락체계를 구축할 수 있다.
④ 소방안전관리의 책임자인 소방안전관리자를 대장으로 지정하고, 소유주 등 관리기관의 책임자를 부대장으로 지정하여 지휘체계를 명확하게 한다.

해설 소방안전관리대상물의 소유주, 법인의 대표 또는 관리기관의 책임자를 자위소방대장으로 지정하고, 소방안전관리자를 부대장으로 지정한다.

▶ 교재 2권 p.196

40 다음 〈보기〉는 장애인 및 노약자의 피난계획 중 누구에 해당하는 것인가?

―보기―
• 공황상태에 빠질 수 있으므로 차분하고 느린 어조로 도움을 주러 왔음을 밝히고 피난을 보조한다.

① 시각장애인 ② 청각장애인
③ 지적장애인 ④ 지체장애인

해설 공황상태에 빠질 수 있으므로 차분하고 느린 어조로 도움을 주러 왔음을 밝히고 피난을 보조하는 대상은 지적장애인이다.

▶ 교재 2권 p.284

41 다음 소방교육 및 훈련의 원칙 중 〈보기〉에 해당하는 것은?

―보기―
• 한 번에 한 가지씩 습득 가능한 분량을 교육 및 훈련시킨다.
• 쉬운 것에서 어려운 것으로 교육을 실시하되 기능적 이해에 비중을 둔다.

① 현실의 원칙 ② 학습자 중심의 원칙
③ 동기부여의 원칙 ④ 목적의 원칙

해설 〈보기〉에서 설명하는 것은 학습자 중심의 원칙이다.

정답 39.④ 40.③ 41.②

▶ 교재 2권 p.176

42

아래 〈보기〉에 해당하는 소방계획의 주요원리로 맞는 것은?

―보기―
모든 형태의 위험을 포괄하고, 재난의 전주기적 단계의 위험성 평가

① 통합적 안전관리
② 종합적 안전관리
③ 지속적 발전모델
④ 단속적 발전모델

해설 모든 형태의 위험을 포괄하고, 재난의 전주기적 단계의 위험성을 평가하는 것은 "종합적" 안전관리에 해당한다.

▶ 교재 1권 p.263

43

성인심폐소생술에 대한 설명으로 옳지 않은 것은?

① 가슴 압박은 성인에서 분당 100~120회의 속도로 한다.
② 가슴 압박은 5cm 깊이로 강하고 빠르게 시행한다.
③ 양팔을 쭉 편 상태로 체중을 실어서 환자의 몸과 수직이 되도록 가슴을 압박하고, 압박된 가슴이 완전히 이완되지 않도록 주의한다.
④ 심폐소생술은 환자가 회복되거나 119구급대가 현장에 도착할 때까지 지속되어야 한다.

해설 양팔을 쭉 편 상태로 체중을 실어서 환자의 몸과 수직이 되도록 가슴을 압박하고, 압박된 가슴이 <u>완전히 이완되도록 한다</u>.

▶ 교재 2권 p.309

44

소방서장은 소방안전관리대상물의 관계인으로 하여금 합동소방훈련을 실시하게 할 수 있는데 그 대상물에 해당되지 않는 것은?

① 연면적 35,000m²인 종합병원
② 연면적 25,000m²인 시외버스터미널
③ 지상 28층, 지하 4층인 아파트
④ 층수가 12층인 업무시설

해설 소방서장은 특급 및 1급 소방안전관리대상물의 관계인으로 하여금 합동소방훈련을 실시하게 할 수 있으므로 최소 1급 소방안전관리대상물이 아닌 경우 합동소방훈련을 실시하게 할 수 있는 대상물이 아니다. 아파트의 경우 지하층을 제외한 지상 30층 이상이거나 지상으로부터 높이가 120m 이상이어야 하므로 ③의 경우 1급 소방안전관리대상물이 아니다.

정답 42.② 43.③ 44.③

45

이산화탄소소화설비 질식사고 예방 기본 안전수칙의 내용으로 옳지 않은 것은?

① 관리감독자 또는 감시인 배치
② 관리자외 출입금지 표지 설치 및 공기호흡기 비치
③ CO_2소화설비가 설치된 장소에서 작업시에는 소화설비 오작동 방지를 위해 소화설비의 자동·수동전환스위치는 반드시 자동측으로 전환
④ CO_2의 유해성·위험성 등에 대한 소방안전교육 실시

해설 CO_2소화설비가 설치된 장소에서 작업시에는 소화설비 오작동 방지를 위해 소화설비의 자동·수동전환스위치는 반드시 「**수동**」측으로 전환한다.

46

회로 도통시험에 대한 설명으로 옳지 않은 것은?

① 로터리방식의 경우 도통시험스위치와 자동복구스위치를 누른 후에 점검한다.
② 버튼 방식의 경우 도통시험스위치를 누른 후 각 경계구역 동작버튼을 차례로 누른다.
③ 로터리방식의 경우 회로시험스위치와 도통시험스위치를 복구한다.
④ 버튼 방식의 경우 도통시험스위치를 복구한다.

해설 회로 도통시험의 경우 자동복구스위치를 누르지 않는다. 자동복구스위치를 누르고 시험하는 것은 동작시험이다.

정답 45.③ 46.①

47

다음 〈그림〉은 방호구역과 방출표시등을 나타낸 것이다. 이에 대한 설명으로 옳게 말한 사람은?

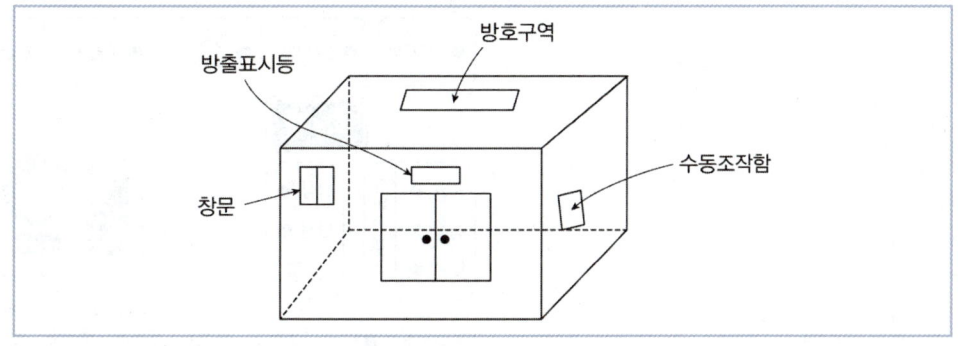

① 갑 – 수동조작함 위에 방출표시등을 설치하여 가스가 제대로 방출되는지 확인해야 한다.
② 을 – 방출표시등 위치는 정상이고 수동제어반에서 기동스위치를 작동하여 방출여부를 결정한다.
③ 병 – 창문으로 가스가 새는 경우 문제가 될 수 있으므로 창문 위에 방출표시등을 설치한다.
④ 정 – 방호구역 표지판 위에 방출표시등으로 표시하여 사람들의 출입을 방지하여야 한다.

해설 방출표시등은 방호구역 안으로 거주자의 진입을 방지할 목적으로 설치되어야 하는 것이므로 출입문 위에 표시되어야 한다. 따라서 을만 옳게 설명한 것이다.

정답 47.②

48

준비작동식 스프링클러설비의 감시제어반의 상태가 아래 〈그림〉과 같을 때 점등되는 것으로 맞는 것은?

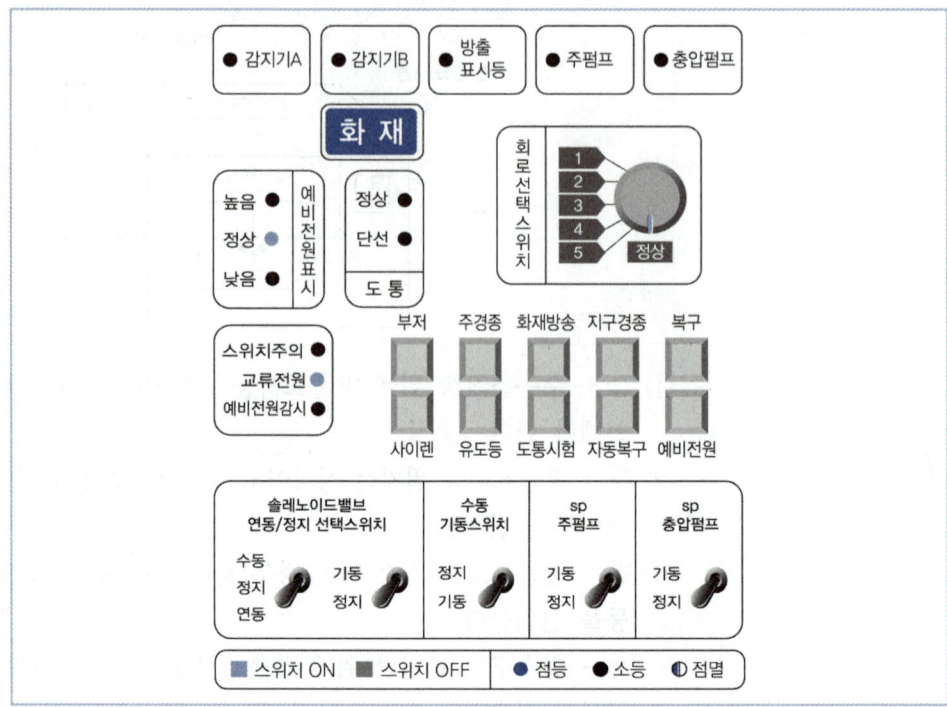

① 감지기 a
② 감지기 b
③ 방출표시등
④ 도통 정상등

해설 수동기동장치를 작동하였을 때는 방출표시등이 점등된다. 감지기가 작동한 것이 아니므로 ① 감지기 a, ② 감지기 b는 점등되지 않는다. ④ 도통 정상등은 도통시험에 정상적으로 도통되는 경우에만 점등된다.

정답 48.③

49

준비작동식 스프링클러설비의 감시제어반의 상태가 아래 〈그림〉과 같을 때 발생하는 현상으로 옳은 것은?

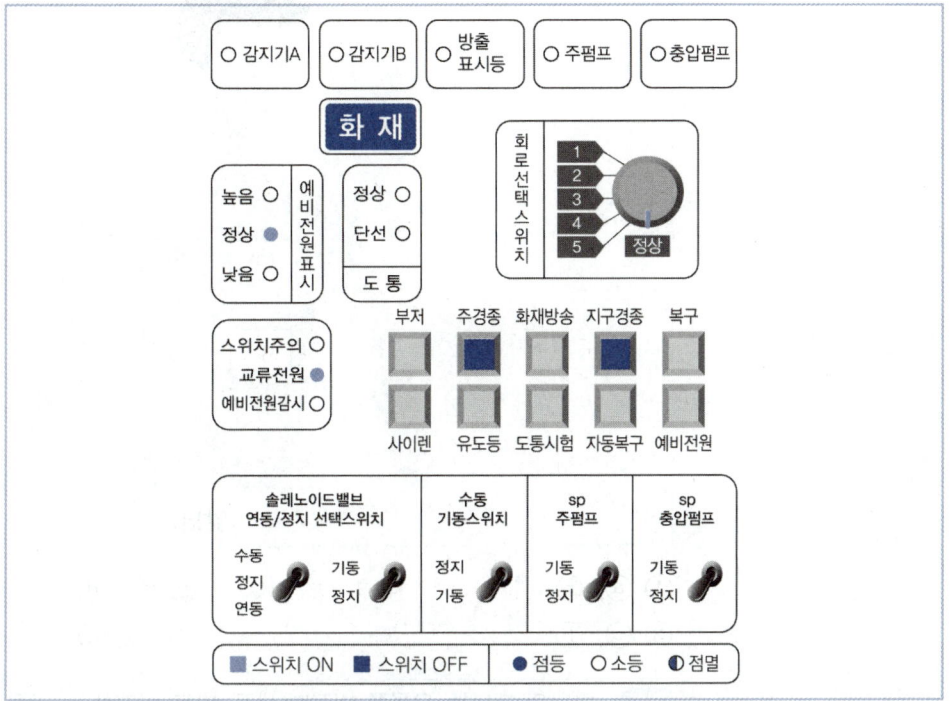

① 감지기 a, b가 작동하여 펌프가 기동하였다.
② 주경종과 지구경종이 작동하였다.
③ 수신기에서 화재표시등이 점등되었다.
④ 예비전원감시등이 점등되었다.

해설 ③ 화재표시등은 점등되었다.
① 수동기동스위치가 작동하여 펌프가 기동한 것이므로 틀린 내용이다.
② 주경종과 지구경종 버튼이 눌려 있으므로 주경종과 지구경종은 작동하지 않는다.
④ 예비전원감시등은 작동하지 않았다.

정답 49.③

50. 다음 중 자동심장충격기(AED) 패드 부착위치로 바르게 짝지어진 것은?

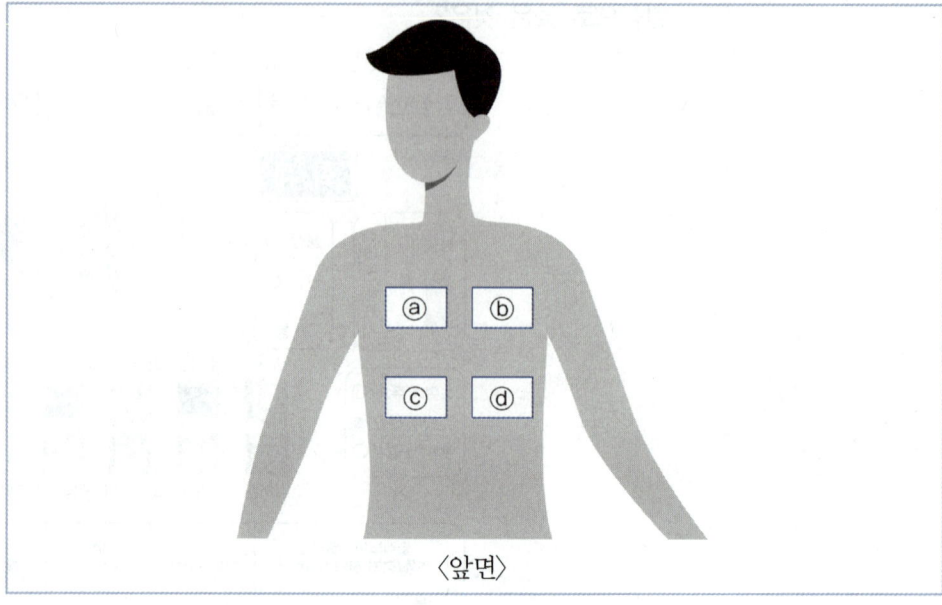

〈앞면〉

① ⓐ, ⓑ
② ⓐ, ⓓ
③ ⓒ, ⓑ
④ ⓒ, ⓓ

해설 하나의 패드는 **오른쪽** 빗장뼈(쇄골) 바로 아래쪽에, 다른 패드는 왼쪽 젖꼭지 아래의 중간겨드랑선에 부착 후 심장충격기 본체와 연결한다. 따라서 그림의 ⓐ, ⓓ 위치에 부착한다.

정답 50. ②